"十二五"普通高等教育本科国家级规划教材

北京高等教育精品教材
BEIJING GAODENG JIAOYU JINGPIN JIAOCAI

中级有机化学

裴 坚 编著

北京大学出版社
PEKING UNIVERSITY PRESS

图书在版编目(CIP)数据

中级有机化学/裴坚编著. —北京：北京大学出版社,2012.1
ISBN 978-7-301-15957-6

Ⅰ.①中… Ⅱ.①裴… Ⅲ.①有机化学 Ⅳ.①O62

中国版本图书馆 CIP 数据核字(2009)第 179166 号

书　　　　名：	中级有机化学
著作责任者：	裴　坚　编著
责 任 编 辑：	郑月娥
封 面 设 计：	张　虹
标 准 书 号：	ISBN 978-7-301-15957-6/O·0803
出 版 发 行：	北京大学出版社
地　　　　址：	北京市海淀区成府路 205 号　100871
网　　　　址：	http：//www.pup.cn　新浪官方微博：@北京大学出版社
编辑部信箱：	lk2@pup.pku.edu.cn
总编室信箱：	zpup@pup.pku.edu.cn
电　　　　话：	邮购部 62752015　发行部 62750672　编辑部 62767347　出版部 62754962
印　　刷　者：	北京圣夫亚美印刷有限公司
经　　销　者：	新华书店
	787 毫米×1092 毫米　16 开本　19.75 印张　500 千字
	2012 年 1 月第 1 版　2024 年 10 月第 9 次印刷
定　　　　价：	45.00 元

未经许可,不得以任何方式复制或抄袭本书之部分或全部内容
版权所有,侵权必究
举报电话：010-62752024　电子信箱：fd@pup.pku.edu.cn

内 容 简 介

本书是北京大学化学与分子工程学院的"中级有机化学"课程的教材。此书主要介绍了十种复杂分子的合成,所选用的每一个分子的合成过程中均包含新的方法或功能性研究。此书的定位是学生学习用书,因此选用了一些结构不太复杂的分子,以便于学生掌握和理解。书中着重拓展近些年来发展的一些新合成方法、反应机理、有机化学在有机功能分子研究中的应用以及作者个人对有机化学的理解和体会。

本书每章的写作方式包含背景介绍,问题总览,问题的提出、提示、解答和讨论等。各章均包含许多反应的介绍,并着重介绍其机理;每一章的后面还增加了扩展内容,重点介绍与这一章相关的一些有机前沿研究结果。这与国内的许多教材是不同的。这种方式可以给学生更广阔的学习空间,鼓励他们去思考。正文中还列出了参考文献,以鼓励学生深入学习,便于学生加深理解并拓宽他们的知识面。

本书适合高等院校化学、化工等专业的高年级本科生和研究生作教材使用,也可供科研人员参考。

作者简介

  裴坚教授于1985年9月至1995年7月就读于北大化学系,1995年7月获得博士学位。1995年7月赴新加坡国立大学化学系从事博士后研究工作。两年后,转入新加坡材料研究与工程研究院从事新型有机光电材料的合成及应用研究。1998年6月,加入美国加利福尼亚大学圣芭芭拉分校的有机固体和高分子研究所。2000年1月,回到新加坡材料研究与工程研究院继续从事新材料合成方面的工作。2001年4月,回到北京大学化学与分子工程学院工作。2004年获得国家基金委杰出青年基金资助。2011年9月,获得北京市高等学校教学名师奖。在北京大学化学与分子工程学院,主要讲授有机化学、中级有机化学以及立体化学等课程。

序　言

　　2004年春,我首次在北大化学学院开设"中级有机化学"课程,至今已经给八届的学生讲授了这门课。第一版讲义使用了当年翻译出版的《有机合成进阶》(*Organic Synthesis Workbook*, C. Bittner 等编著,裴坚等译,化工出版社,第一、二册,2005)。讲了三年后,觉得需要对教材进行一些必要的补充和提升,特别是需要增加一些重要反应的介绍。因此,想再编写一本"中级有机化学"的教材。于是,就着手组织自己的研究生编写新的讲义。学生们很努力,这也督促着我抓紧时间修改、补充和完善。很快,新讲义编成了,并于2008年在教学中开始使用。北大出版社的郑月娥老师知道后,希望我能将此讲义出版。当时我不假思索地答应了。但是事实与理想总是有差距的。着手开始修改讲义后,发现编写一本自己上课用的讲义和一本可以称做教材的书完全是两回事。写了一些后放下;经郑老师催促后,再次拿起来却又很快放下,屡次爽约成了一个不守信用的人。此时才真正明白十年前夏日,和裴伟伟老师、邢其毅先生商量重编《基础有机化学》第三版时,邢先生在送给我的第二版书的扉页上写的话:"写一本跟得上时代的书,不是一件容易的事,望努力为之。"这段话每每想起,犹如鞭策。今年正好是先生百年诞辰纪念,可以告慰邢先生的是,经过几年的反复和努力,书稿终于完成了。

　　"一本跟得上时代的书"可以说是我编写这本书的宗旨。因此,在讲义编写阶段,我就决定选用一些最新的复杂分子的合成研究成果,不仅包括天然产物分子的全合成研究成果,还包括人工功能分子的合成和表征,如书中的第9章和第10章。因为时至今日,有机合成已经不仅是天然产物全合成,功能导向的有机分子的合成也已成为有机化学重要的研究方向。同时,此书选用的每一个分子的合成过程中必须包含新的方法或功能性研究。为便于学生掌握和理解一些有机化学的新发展,书中还包括近些年来发展的一些新合成方法、反应机理、有机化学在有机功能分子研究中的应用以及我个人对有机化学的理解和体会。需要特别说明的是,由于本书定位是学生学习参考用书,所选用的分子不是太复杂。另外,由于自己的专长不是天然产物全合成研究,不敢班门弄斧,因此书中缺少了对天然产物分子逆合成路线的详细分析和讲解,这是此书的一个缺陷。虽然抱憾,但为避免误人子弟,也只能舍弃了。

　　"一本跟得上时代的书"不仅要有新的内容,还要有新的样式。本书借鉴了 *Organic Synthesis Workbook* 的写作样式,包括背景介绍,问题总览,问题的提出、提示、解答和讨论的方式等等。这与国内的许多教材是不同的。我觉得这种方式可以给学生更广阔的学习空间,鼓励他们去思考,而且在行文中列出相关参考文献又可以鼓励他们深入学习。与该书有一些不同的是,本书增加了许多反应的介绍,并着重于其机理的介绍;每一章的最后还增加了扩展内容,重点介绍与这一章相关的一些前沿研究结果。在本书的正文中,我着重介绍每一步反应的重点和相关的知识点;在书的侧栏中,重点介绍在合成过程中涉及的那些合成的发展、机理、特点以及需要注意的关键问题,以便于学生加深理解并拓宽他们的知识面。本书中所有试剂名、外国人名均以英文的方式表达,没有翻译,这是为了使学生在阅读英文文献时直观明确。书末还提供了所有的缩写,以便于学生对照学习。

最后,尽管我努力去纠正书中的各种错误,力求准确完善、风格一致,比如每一章正文和侧栏中图片的大小,甚至苯环的大小(除了第10章由于分子太大很难与前面九章保持一致外)都是一样的,但是由于自身能力有限,书中不免还有许多谬误,敬请读者批评指正。

裴坚
于北大化学楼
2011年9月

目　　录

第 1 章　有机合成的艺术性：
　　　　　串联反应在天然产物全合成中的应用
　　　　　1-O-Methyllateriflorone：K. C. Nicolaou（2004）……………………………（1）

第 2 章　简捷明快的合成路线：
　　　　　桥环分子的构筑和分子内的反应
　　　　　（+）-Upial：T. Honda（2008）………………………………………………（32）

第 3 章　无保护基的全合成研究：
　　　　　高效的偶联反应
　　　　　（+）-Ambiguine H：P. S. Baran（2007）……………………………………（53）

第 4 章　螺环环化体系的构筑：
　　　　　金属催化剂在有机全合成中的作用
　　　　　（±）-Platensimycin：K. C. Nicolaou（2006）………………………………（82）

第 5 章　完美的环内双键和大环的构筑：
　　　　　烯烃复分解反应
　　　　　（+）-Nakadomarin A：M. A. Kerr（2007）…………………………………（111）

第 6 章　生源合成：
　　　　　对天然产物来源的探讨
　　　　　（−）-Kendomycin：A. B. Smith，Ⅲ（2006）………………………………（143）

第 7 章　大环内酯类化合物的构筑：
　　　　　大环内酯化反应
　　　　　（−）-Clavosolide B：D. H. Lee（2007）……………………………………（174）

第 8 章　多环体系的抗生素：
　　　　　多组分反应在有机全合成中的应用
　　　　　Cyanocycline A：P. Garner（2008）…………………………………………（207）

第 9 章　科学探索的道路：
　　　　　分子马达的合成
　　　　　Molecular Motors：T. R. Kelly（2007）………………………………………（236）

第 10 章　树枝状化合物 G2：
　　　　　模拟光合作用的分子
　　　　　G2：J. Pei（2008）……………………………………………………………（265）

缩写对照表 …………………………………………………………………………………（302）
后记 …………………………………………………………………………………………（308）

第 1 章

有机合成的艺术性：
串联反应在天然产物全合成中的应用
1-O-Methyllateriflorone：K. C. Nicolaou（2004）

1.1 背景介绍

在有机化学中，探索安全、快速、高效地合成目标分子的方法和策略一直是有机化学家们最感兴趣的研究领域。在众多的合成策略研究中，串联反应独树一帜，以其独特且优雅的特点迅速发展成一个重要的研究方向。[1,2]

串联反应(也叫多米诺反应)的特征是：反应底物在受外界刺激或作用下，发生一系列连串的化学反应生成相应的产物或中间体。该产物或中间体在生成的同时又成为下一步反应的底物而继续反应，直至生成最终稳定的产物为止。串联反应在合成一些具有复杂立体结构的化合物中展示了其独特的优越性，突出表现在：

1. 反应过程中生成的中间体或产物不需分离，直接进行下一步反应，大大简化了操作；
2. 在一锅反应中完成了多步反应，缩短了合成步骤；
3. 节约了反应试剂、溶剂以及时间，使反应更经济；
4. 由于底物的特性，串联反应经常可得到具有独特的化学结构的化合物，且表现出较高的化学、区域以及立体选择性。

本章节要介绍的是 1-O-methyllateriflorone **1** 的合成。1-O-methyllateriflorone **1** 的结构与天然产物 lateriflorone **2** 的结构相比，差别在于 **2** 中酮羰基的 α-位羟基被甲基化了。Lateriflorone **2** 是 1998 年由 S. Kosela 从一种产自印度尼西亚的名为 *Garcinia lateriflora Bl*（*Guttiferae*）的植物中分离、提纯并表征的。[3] Lateriflorone **2** 对 P388 癌细胞存在着潜在的细胞活性。尽管其作用机理尚不明确，但其潜在的抗癌活性以及令人感兴趣的多环结构吸引着人们对其全合成工作进行了系统的研究。

2004 年，K. C. Nicolaou 小组完成了 1-O-methyllateriflorone **1**

的全合成研究。[4] 在 1-*O*-methyllateriflorone 的全合成研究中，K. C. Nicolaou 利用串联反应快速、高效地构筑了分子中关键的桥环骨架，充分体现了串联反应在合成一些特殊分子结构中所具有的快速、经济、高效且优雅的特性。

1.2 概览

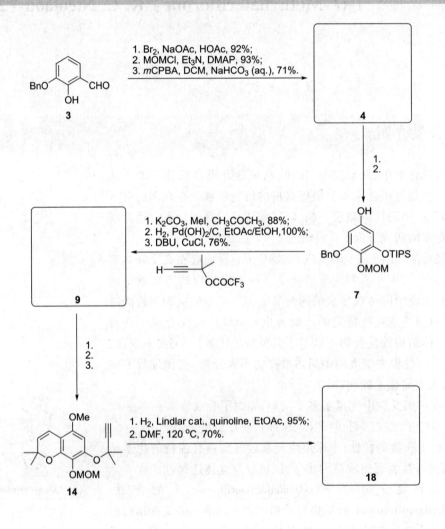

第 1 章 有机合成的艺术性：串联反应在天然产物全合成中的应用 / 3

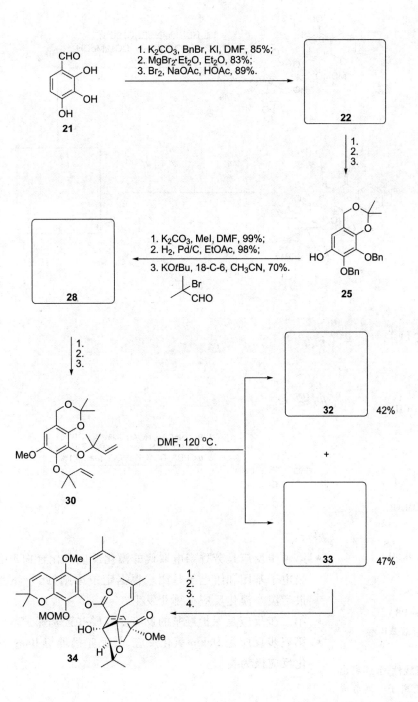

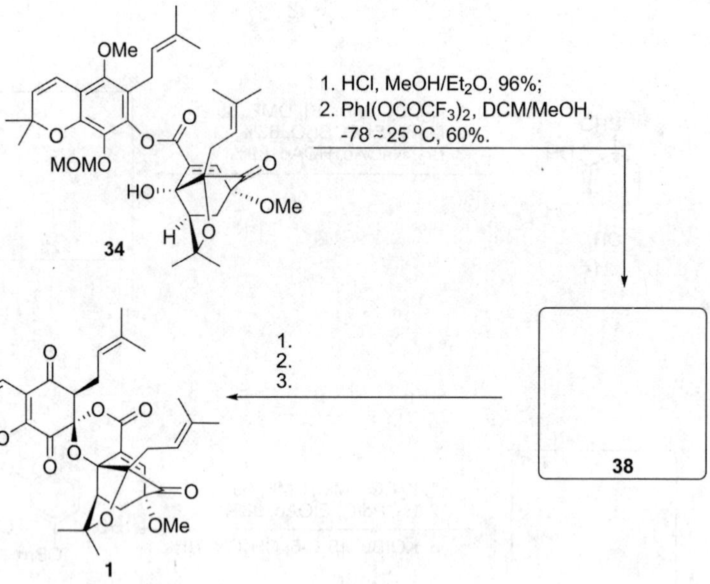

1.3 合成

Bn：PhCH₂-
MOM：CH₃OCH₂-
DCM：CH₂Cl₂

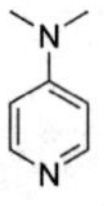

DMAP

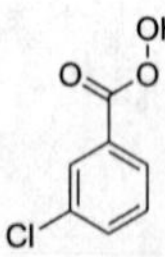

*m*CPBA
间氯过氧苯甲酸

酚羟基具有酸性,会解离出少量酚氧负离子。氧负离子的给电子能力比苄氧基强,在芳香亲电取代反应的定位效应中起主要作用。

问题 1：

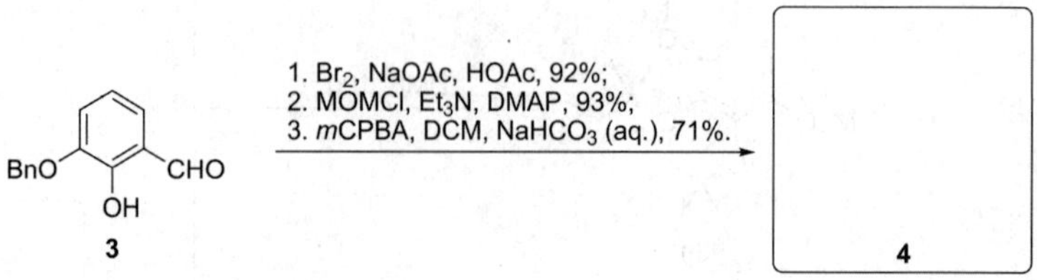

- 第一步反应是芳香亲电取代的溴化反应。化合物 **3** 中苯环上有吸电子基团和给电子基团。根据定位原则,此芳环上哪个位置最活泼？溴化反应在哪儿发生？
- 第二步反应是保护羟基的反应。有哪些羟基保护基？
- 第三步反应是 Dakin 氧化反应,其反应机理与 Baeyer-Villiger 氧化反应极为类似。

解答:

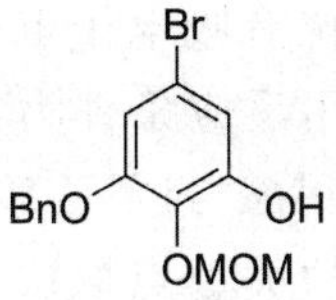

[化合物 4: 3-Br, 5-OBn, 4-OMOM, 2-OH 苯环]

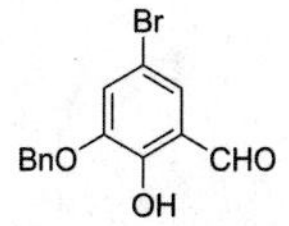

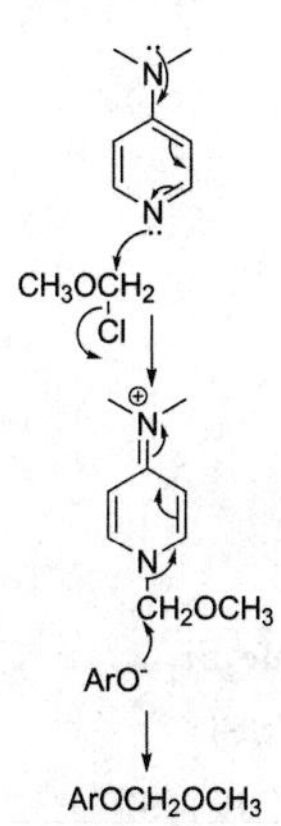

讨论:

Br$_2$ 在强极性溶剂中容易解离为 Br$^+$ 和 Br$_3^-$，化合物 **3** 随后与体系内存在的 Br$^+$ 发生芳香亲电取代反应。由于 **3** 在 NaOAc/HOAc 弱碱性条件下可以解离成酚氧负离子，氧负离子的给电子能力比苄氧基的要强，而甲酰基为吸电子基团，因此溴化反应在给电子强的氧负离子的对位进行，即酚羟基对位的氢原子最容易被取代。加入的 NaOAc 不仅使反应在弱碱性条件下进行，而且可以吸收反应中生成的 HBr，无需使用尾气吸收装置，简化操作。此外，在此缓冲溶液中反应，也可以防止苯环被过度溴化。

溴化产物随后与 MOMCl 反应，将羟基转化为 MOMO 基团，完成对酚羟基的保护。在反应中，三乙胺作碱，吸收反应中生成的 HCl；DMAP 作为催化剂，加速反应进行。

1909 年，H. D. Dakin 发现用过氧苯甲酸可以将邻羟基苯甲醛氧化为邻苯二酚。此后，芳香醛酮氧化生成相应的苯酚衍生物的反应被称为 Dakin 氧化反应。Dakin 氧化反应可以在有机过氧酸或过氧化氢的存在下，将芳香醛类衍生物转化为酚或者芳基甲酸。[5~7] 其机理和 Baeyer-Villiger 氧化类似：

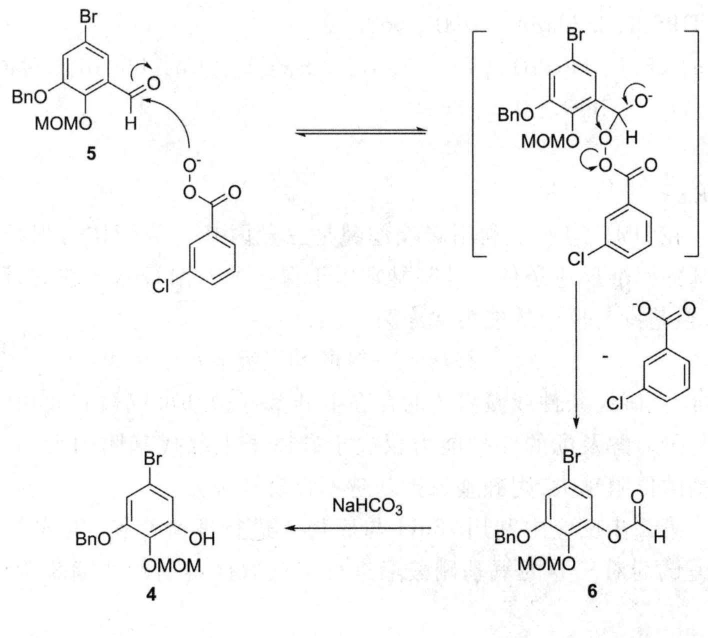

ArOH ⇌ ArO$^-$ + H$^+$

[反应机理图示：化合物 5 → 过渡态 → 化合物 6 → 化合物 4，经 NaHCO$_3$]

通常情况下，在过氧有机酸或过氧化氢作用下，脂肪醛很容易被氧化成羧酸。而芳香醛则需要根据具体的反应条件和芳环上的取代基而定。苯甲醛通常在此条件下可被氧化成苯甲酸。

在过氧有机酸作用下，酮转化为酯，环酮转化为内酯的反应为 Baeyer-Villiger 氧化反应。

思考题：
综合以上分析，芳基甲醛在何种情况下被氧化成芳基甲酸，在何种情况下会被氧化成甲酸酚酯？

当甲酰基（醛基）的邻位或对位有给电子取代基时，主产物为酚酯；当醛基的邻位或对位有吸电子取代基时，主产物为芳基甲酸。Dakin 氧化反应的常用反应条件为：碱性条件下的 H_2O_2、酸性条件下的 H_2O_2、过氧苯甲酸、过氧乙酸等等。

在这个过程中，反应的关键点取决于迁移基团。不管 Dakin 氧化反应还是 Baeyer-Villiger 氧化反应，均是富电子体系的基团优先迁移，形成稳定的中间体。

问题 2：

TMS：Me_3Si-
TES：Et_3Si-
TIPS：$(iPr)_3Si-$
TBS：$(CH_3)_2tBuSi-$
TBDPS：$tBuPh_2Si-$

咪唑
imidazole

DMF：$HCON(CH_3)_2$
N,N-二甲基甲酰胺

此反应也可用 $(MeO)_3B$ 代替 $(iPrO)_3B$。

碱性条件下硅基醚的稳定性：
TMS (1) < TES (10~100) < TBS ≈ TBDPS (20 000) < TIPS (100 000)

提示：
- 由于要进行后续的转换，因此需要对一些活泼基团进行保护。
- 第一步反应先对活泼的酚羟基进行保护。保护酚羟基的方法以及保护基有哪些？
- 在前面的一步反应中，我们知道可以通过 Dakin 氧化将芳基甲醛转化为甲酸酚酯；这里提供了另一种在苯环上引入酚羟基的方法。
- 第二步反应需要先将底物转化为硼酸酯，随后对硼酸酯进行氧化水解，即可将芳卤代物转化为酚类衍生物。

解答：
1. TIPSCl, imidazole, DMF, 96%。
2. a) tBuLi, $(iPrO)_3$B, -78℃, 2 h, 0℃, 1 h; b) 10% NaOH (aq.), H_2O_2, 0℃, 86%。

讨论：
在 DMF 溶液中利用咪唑作碱是三异丙基硅基（TIPS）保护酚羟基的标准反应条件。硅基醚常用于保护醇及酚羟基。在此过程中，羟基参与反应的能力次序为：

一级醇 > 二级醇 > 三级醇

通常，在碱性条件或氟离子的存在下硅基保护基可以被有效切除。硅基醚对醇及酚的保护能力取决于硅原子上取代基团的大小，取代基的位阻越大，则硅基保护基越不容易被脱去。

第二步反应中利用 tBuLi 与底物 **4** 进行锂卤交换，生成的芳基锂试剂对三异丙氧基硼酸酯进行亲核取代得到硼酸酯 **8**，随后在碱性条件下用过氧化氢对硼酸酯 **8** 进行氧化,生成化合物 **7**。[8] 这个氧化过程与碳碳双键的硼氢化氧化转化为醇的过程基本类似。

碳碳双键的硼氢化氧化:

[反应式:化合物 4 经 tBuLi 锂卤交换生成芳基锂中间体,再与 B(OiPr)₃ 反应生成硼酸酯 8,经 -OOH 氧化得到化合物 7]

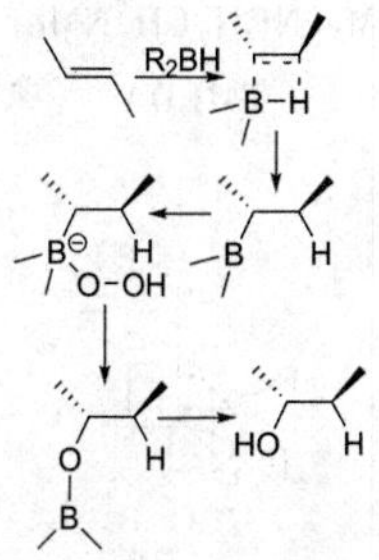

此反应的特点:
(1)碳碳双键与硼氢键形成四元环过渡态,因此硼烷对碳碳双键的加成方式是顺式加成;
(2)由于空阻的原因,硼加到取代基少的双键碳上,氢加到取代基多的双键碳上,符合反马氏规则;
(3)由于氧氧键的不稳定性,氧氧键断裂导致烷基迁移,烷基碳的构型保持不变。

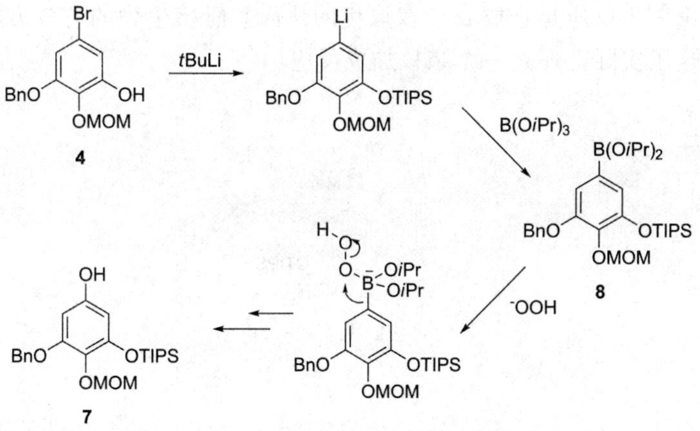

卤代烃和有机锂化物之间发生的锂和卤原子间交换反应称为锂卤交换。[9] 这一反应是动力学控制的,最终的平衡位置由相应的碳负离子中间体的稳定性所决定($sp \gg sp^2 \gg sp^3$)。常用的烷基锂试剂有正丁基锂、二级丁基锂和叔丁基锂。其中叔丁基锂有一些特殊,其与卤代烃交换的同时会和交换生成的卤代叔丁烷反应得到异丁烯和卤化锂,因此当使用叔丁基锂与卤代烷交换时锂试剂的用量为卤代烷的两倍。其中,卤代烷的活性也有很大的差别。在锂卤交换中,碘代物的活性最高,溴代物其次,而氯代物是惰性的。通常使用活性较高的烷基锂试剂和卤代芳烃交换制备活性相对较弱的芳香锂试剂,原位生成并立即使用。大多数情况下,它能替代格氏试剂且应用范围比格氏试剂更广。

解聚后有机锂试剂的碱性:
tBuLi > sBuLi > nBuLi
在烃类溶剂中,烷基锂化物通常以聚集体的方式存在。为了保证反应的顺利进行,增加其碱性,许多锂卤交换或锂化反应可以在与锂形成配合物的螯合试剂(如 TMEDA)参与下进行反应。而一些富电子溶剂,像 THF 或者更好的二胺类化合物都可以有效地消除烷基锂化物的聚集,使之在溶液中以单体或者二聚体的形式存在,这样就可以显著增强

RLi + R'X ⇌ RX + R'Li

问题 3:

[反应式:化合物 7 经以下步骤转化为化合物 9]
1. K₂CO₃, MeI, acetone, 88%;
2. H₂, Pd(OH)₂/C, EtOAc/EtOH, 100%;
3. DBU, cat. CuCl₂, H—≡—C(CH₃)₂—OCOCF₃, 76%.

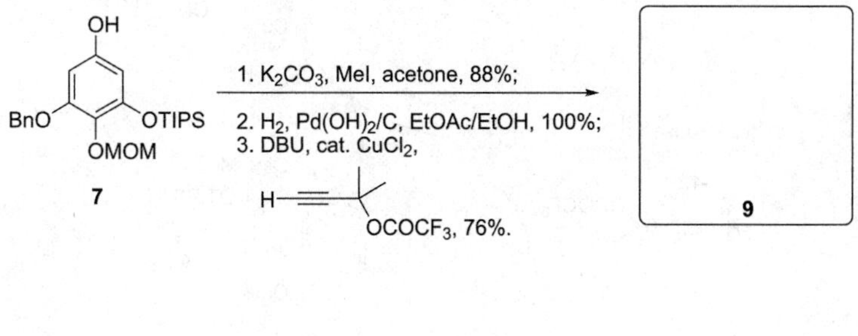

锂化物的碱性以及脱质子化的反应活性。

Me₂NCH₂CH₂NMe₂
TMEDA

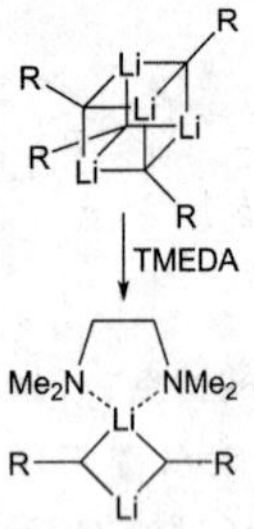

提示:
- 第一步反应还是对酚羟基的保护。
- 第二步反应是其中一个酚羟基保护基的脱保护反应。那么,在 Pd 催化氢化的条件下四个保护基中的哪一个先被脱除?
- 第三步反应是合成 α 位双取代的炔丙基醚衍生物的有效方法。这里实际上还是一个亲核加成反应。

解答:

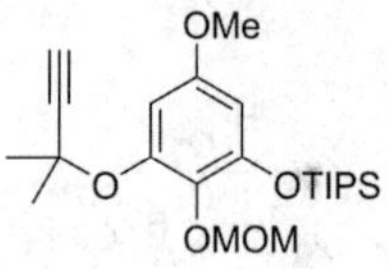

9

讨论:

在丙酮中用碳酸钾作碱、MeI 作甲基化试剂是对酚羟基进行保护的标准条件。

随后苄基保护基在 Pd 催化氢解的条件下被还原成甲苯而被脱去。四个酚羟基保护基中只有苄基在此条件下会参与反应。

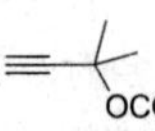

在第三步反应中,在 Cu(I) 的催化下,利用三氟乙酸-2-甲基-3-丁炔-2-酯(TFA proparayl ester)12 可以对羟基炔丙基化,得到 α 位双取代的炔丙基醚衍生物。[10] 其可能的反应机理如下:

12 (OCOCF₃)

其他常用的酚甲基化试剂有 Me₂SO₄ 和 CH₂N₂。

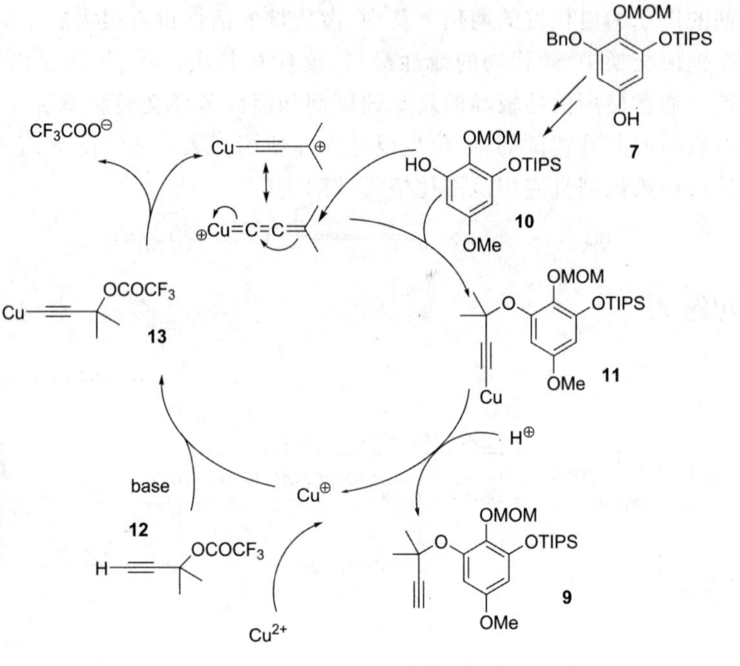

加入反应体系的二价铜离子被 12 还原成一价铜,生成一价铜在碱的作用下与 12 反应生成中间体 13。由于三氟乙酸根离子是一个好的离去基团,中间体 13 很容易离去一个三氟乙酸根离子,并被化合物 10 中的酚羟基进攻生成 11。中间体 11 随后在体系内质子的作用下生成目标产物 9,同时重新形成一价铜离子。因此一价铜离子是整个催化反应的关键。

问题 4:

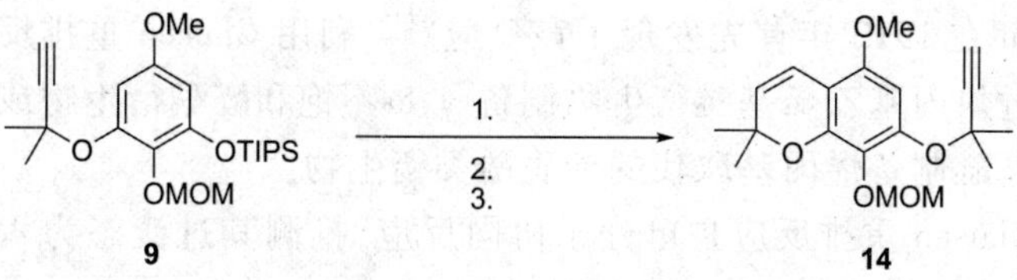

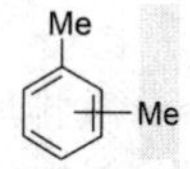

[反应式: 化合物 9 经过步骤 1、2、3 转化为化合物 14]

二甲苯 xylene

提示:
- 第一步反应是与[3,3]σ 迁移的 Claisen 重排类似的反应。
- 在这三步转化过程中,还涉及硅基醚保护基的脱除反应。
- 再一次进行炔丙基醚化反应。此反应机理我们前面已经详细讨论过。

TBAF: nBu_4NF
四丁基氟化铵

解答:
1. Xylene,140℃,0.5 h。
2. TBAF (1.5 equiv.),THF,0℃,5 min,93% (2 steps)。
3. Proparayl alcohol,DBU,TFAA,MeCN,0℃,0.5 h;DBU,$CuCl_2$,10 min;TFA proparayl ester,4 h,0℃,80%。

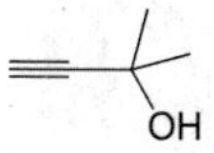

2-甲基-3-丁炔-2-醇
proparayl alcohol

讨论:
  利用以苯基炔丙基醚为底物进行类似于 Claisen 重排再接着羟基对丙二烯的亲核加成关环的串联反应是合成苯并吡喃衍生物的有效方法。[11~14] 其反应转换过程可能如下:

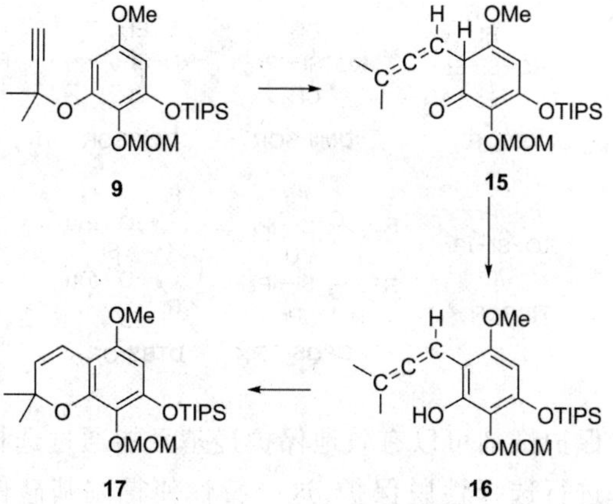

[反应机理图: 化合物 9 → 15 → 16 → 17]

Claisen 重排反应的原料为烯丙基芳香醚或烯丙基乙烯醚。这些常用原料的制备方法有:
(1) 在汞离子催化下,烯丙基醇与乙烯基乙基醚进行交换反应;
(2) 在酸催化下,烯丙基醇与乙烯基醚进行交换反应;
(3) 在加热条件下的一些消除反应;
(4) 甲酸烯丙基酯或其他类似物的 Wittig 反应;
(5) 不饱和酯的 Tebbe 反应。

在这些制备过程中,烯丙基芳香醚或烯丙基乙烯醚不需要提纯,直接加热就可以进行 Claisen 重排反应。

如果 Claisen 重排反应中参与反应的六个原子均为碳原子的话,此[3,3]σ迁移反应为 Cope 重排反应。实际上,烯丙基苯基醚发生 Claisen 重排反应后,最终将烯丙基迁移至对位。其中就包含了迁移到邻位的 Claisen 重排反应,以及由邻位迁移至对位的 Cope 重排反应。

烯丙基芳香醚或烯丙基乙烯醚发生[3,3]σ迁移生成醛或酮的反应被称为 Claisen 重排反应,是一类重要的重排反应。L. Claisen 在 1912 年首先发现了该反应。[15] 利用 Claisen 重排反应可以通过炔丙基乙烯基醚衍生物制备 γ,δ-不饱和醛酮衍生物或芳基炔丙基醚制备烯丙基取代的芳香酚类衍生物。

Claisen 重排反应是单分子协同反应,推测其过渡态为六元环状构型,得到具有立体选择性的产物。

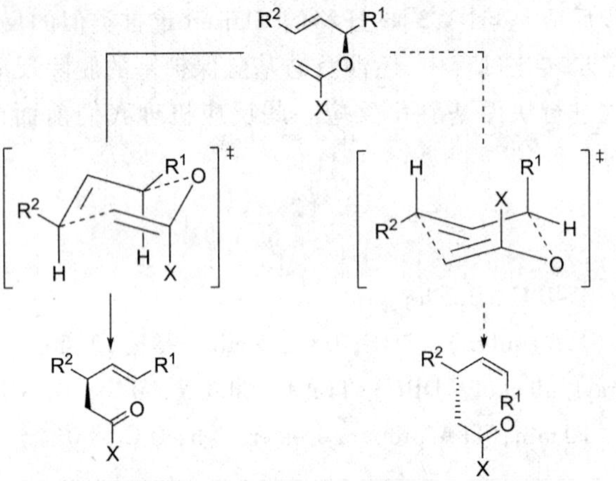

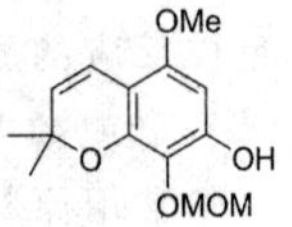

化合物 17 在 TBAF 的作用下脱去 TIPS,裸露的酚羟基随后被炔丙基化得到化合物 14。在此过程中,DBU 作碱,与酚羟基反应生成氧负离子,增加其亲核能力。

常用的烷基硅保护基有如下几种:

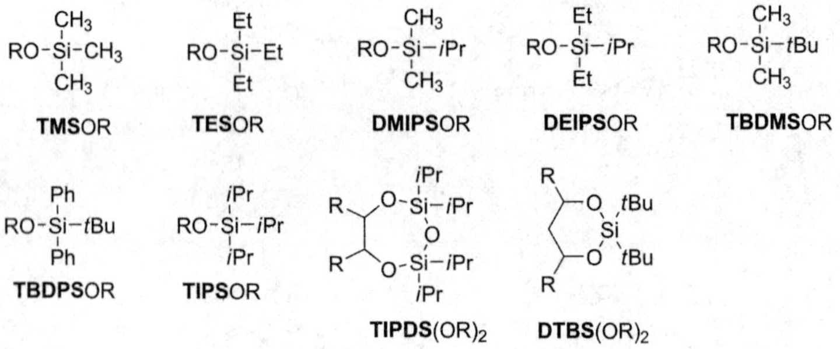

TMSOR   **TESOR**   **DMIPSOR**   **DEIPSOR**   **TBDMSOR**

TBDPSOR   **TIPSOR**   **TIPDS(OR)$_2$**   **DTBS(OR)$_2$**

烷基硅保护基对酸碱的稳定性取决于与硅相连的烷基取代基团的大小。烷基硅的取代基越大,其对酸碱的稳定性就越高。因此,烷基硅保护试剂在特定的酸或碱性条件下可以被选择性地切除。

烷基硅保护试剂可以有效地保护羟基且能通过选择不同的烷基硅保护基进行选择性脱保护,这一特性使得烷基硅保护试剂在天然产物全合成中有着十分广泛的用途。[16] 通常使用含氟的化合物作为脱除硅保护基的试剂。常用的氟离子源有四丁基氟化铵(TBAF)、吡啶与氟化氢的复合物(Py·(HF)$_x$)、三乙胺与氟化氢的复合物（Et₃N·3HF）、二氟三甲基硅酸三-N,N-二甲基锍化盐（(NMe₂)₃S⁺SiF₂Me₃⁻，TASF）、氟化铵等。含氟化合物对烷基硅保护基的切除能力取决于其在有机溶剂中的自由氟离子的浓度。

由于硅与氟的亲和力很强，硅氟键的键能要比硅氧键的键能高 30 kcal/mol。利用这一差异，可以使用含氟离子的试剂有效切断有机化合物中的硅氧键。

问题 5:

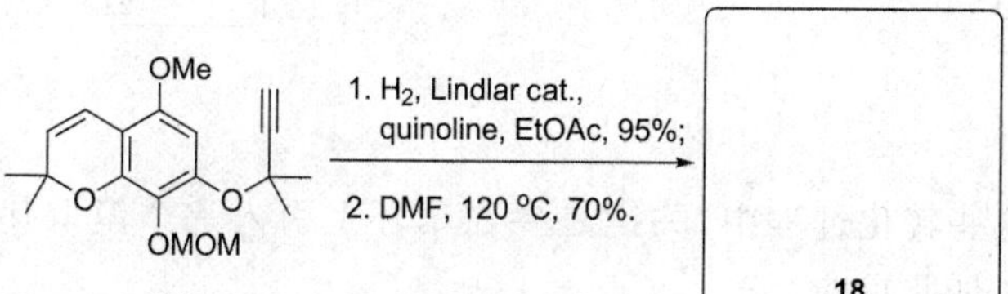

化合物 **14** → **18**
1. H₂, Lindlar cat., quinoline, EtOAc, 95%;
2. DMF, 120 ℃, 70%.

提示:
- Lindlar 催化剂（含喹啉）只能还原炔烃，不能还原烯烃，生成的烯烃为顺式构型；
- 第一步反应是对炔烃的还原；
- 第二步反应是再一次 Claisen 重排反应。

将炔烃还原成烯烃的常用方法有两种：除了使用 Lindlar 催化剂外，还可用金属 Na 和液氨体系。而与 Lindlar 催化剂反应不同的是，用金属 Na 和液氨体系还原炔烃得到反式烯烃。这与反应中间体生成双负离子紧密相关：

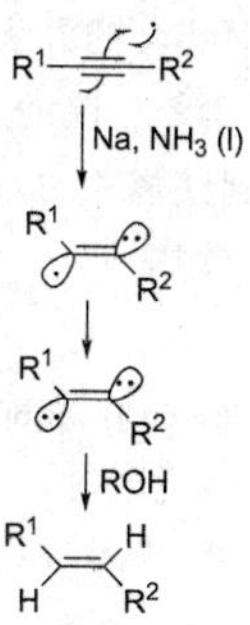

解答:

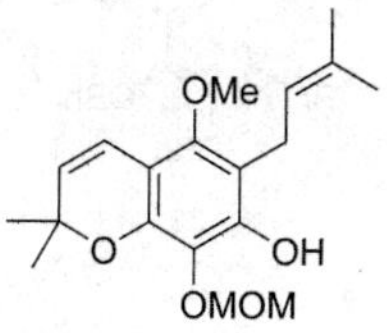

化合物 **18**

讨论:

Lindlar 催化剂是一种中毒性的钯催化剂。其活性较弱，可以将炔烃氢化还原为烯烃，生成 **19**。得到烯烃的构型通常是顺式的。这与催化氢化的加成方式是一致的。

得到的芳基烯丙基醚 **19** 随后发生 Claisen 重排反应，得到产物 **18**。其反应的转化过程如下：

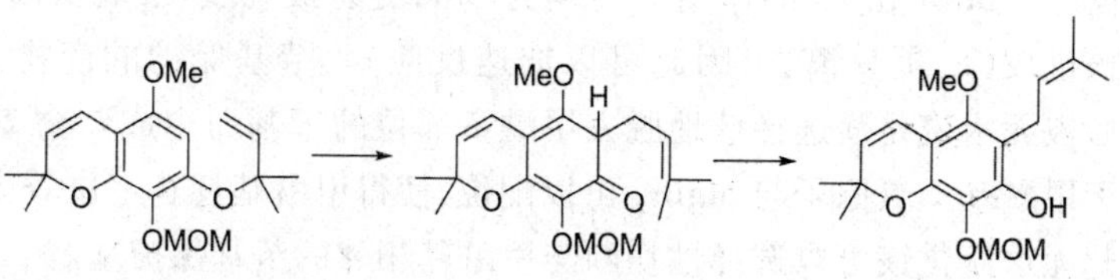

19 → **20** → **18**

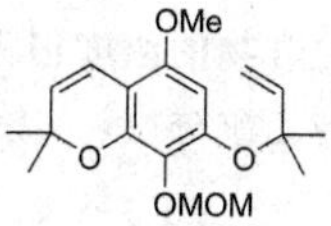

生成负离子后，由于负电荷的相互排斥，必须以反式的方式存在，质子化后形成的碳碳双键就呈反式。

化合物 **19**

问题 6:

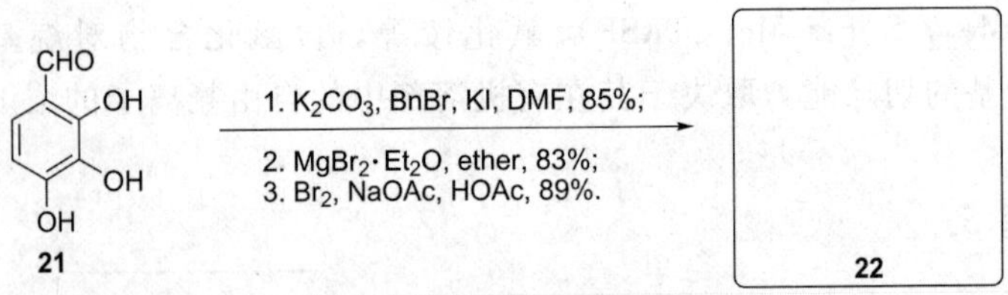

化合物 **21** (苯环上带 CHO、三个 OH) 经以下条件:
1. K$_2$CO$_3$, BnBr, KI, DMF, 85%;
2. MgBr$_2$·Et$_2$O, ether, 83%;
3. Br$_2$, NaOAc, HOAc, 89%。

得到产物 **22**。

提示:
- 在这些转化过程中,关键是要在苯环上引入一个溴取代基,如何实现此目的?
- 第一步反应就是对酚羟基进行保护。在这里使用了苄基。
- 加入 KI 的目的是什么?
- 使用无水溴化镁乙醚溶液是为了切断苄基保护基。那么共有三个苄基可供选择。其区域选择性来源于什么?
- 最后,再进行苯环的芳香亲电取代的溴化反应。

解答:

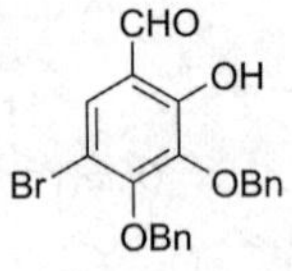

化合物 **22**: 苯环,1位 CHO,2位 OH,3位 OBn,4位 OBn,5位 Br。

讨论:

在这些转化过程中,关键是要在苯环上引入一个溴取代基,但是由于这个苯环有三个酚羟基,而且苯环上还有两个位点可以溴化。为了保证在甲酰基的间位进行溴化反应,就需要对这三个酚羟基进行区分。因此,需要先对这三个酚羟基进行保护反应,还是选用了苄基保护基。

在对羟基/酚羟基进行烷基化的时候,加入些许碘化钾可以加速反应。BnBr 在 KI 的作用下转化为 BnI,更易被烷氧/酚氧负离子亲核进攻(I$^-$ 更易离去,因此可以加速反应)。苄基保护的产物 **23** 随后被无水溴化镁选择性地脱去甲酰基邻位的苄基而生成产物 **24**。由于甲酰基上氧原子与 MgBr$_2$ 可以配位,使得甲酰基具有定位效应,因此无水溴化镁可以选择性切断与甲酰基相邻的苄基保护基。

无水溴化镁可以选择性切断甲酰基邻位烷氧基的碳氧键。其过程如下:甲酰基的氧先与镁配位,接着邻位苄氧基上的氧由于可以形成六元环稳定体系,也与镁配位。由于此苄氧基上的氧与

边注:

通常 MgBr$_2$ 不能溶于乙醚。制备在有机溶剂(乙醚)中可溶的 MgBr$_2$ 的方法如下:将 1,2-二溴乙烷的乙醚溶液滴加到镁屑中,反应迅速进行,并放热。

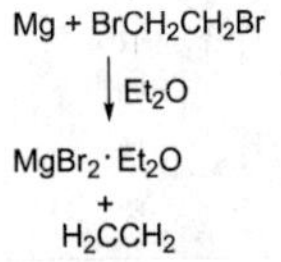

$$\text{Mg} + \text{BrCH}_2\text{CH}_2\text{Br} \xrightarrow{\text{Et}_2\text{O}} \text{MgBr}_2\cdot\text{Et}_2\text{O} + \text{H}_2\text{CCH}_2$$

1,2-二溴乙烷转化成乙烯逸出,而以这种方式生成的 MgBr$_2$ 可以与乙醚形成配合物的方式溶解在乙醚中。需要注意的是,如果 MgBr$_2$-乙醚复合物的浓度很大,也容易与乙醚分层。

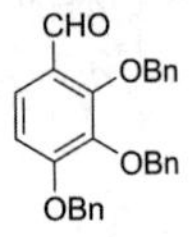

化合物 **23**: 苯环,1位 CHO,2位 OBn,3位 OBn,4位 OBn。

镁配位后使得苄基可以被 Br⁻ 进行亲核进攻。这样就区分了这三个苄氧基。其可能的机理如下:

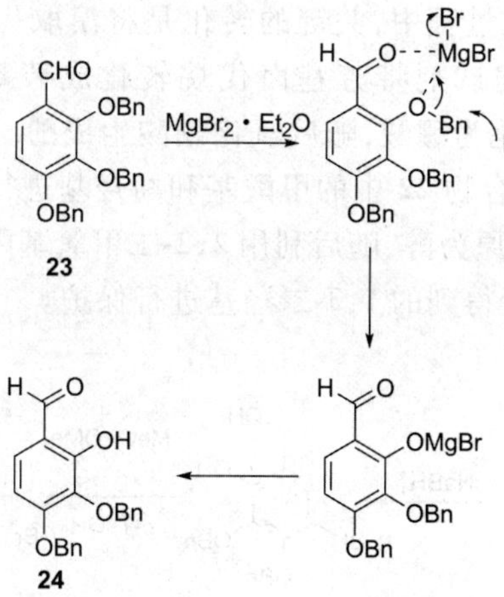

分子内的酚羟基和甲酰基进一步调控下一步溴化反应的区域选择性。对于接下来的溴化反应,我们前面已经讨论过。由于酚羟基在碱性条件下可转化为氧负离子,而氧负离子的强给电子作用使溴化反应只能在其对位发生,故溴化生成化合物 **22**。

问题 7:

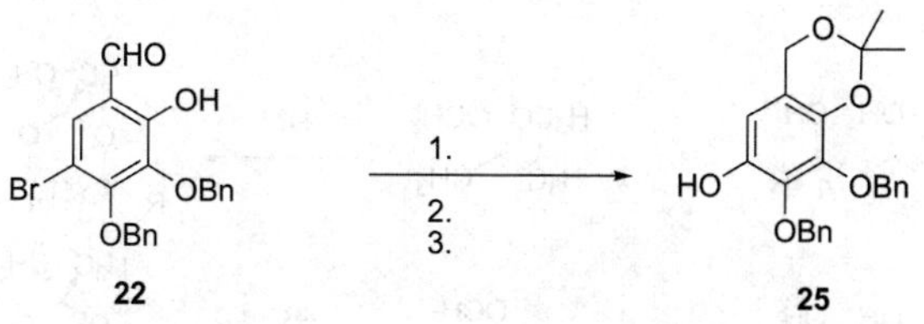

提示:
- 在这三步转化过程中,关键的转化是将溴取代基转化为酚羟基。如何将芳烃上的溴转化为酚,在前面已经讨论过。
- 在进行这个转化前,我们需要对酚羟基和甲酰基进行保护。
- 如何分别保护甲酰基和羟基?

醛/酮在无水酸性条件下与 1,2-二醇或 1,3-二醇生成缩醛/缩酮。缩醛/缩酮化合物在碱性条件下较为稳定,但在酸性溶液中可以被破坏。缩醛/缩酮化合物的这一特点被广泛应用于天然产物的全合成和糖化学反应中,用于对分子内的羟基进行选择性保护。为保护 1,2-二醇或 1,3-二醇,可以

解答:
1. $NaBH_4$, CH_3CH_2OH, $0 \sim 25$ ℃, 0.5 h, 91%。
2. $CH_3C(OMe)_2CH_3$, pTsOH, CH_2Cl_2, 1 h, 95%。
3. nBuLi (1.1 equiv.), Et_2O, -78 ℃, 2 h; $B(OMe)_3$, 1 h,

通过形成以下几种化合物来进行:

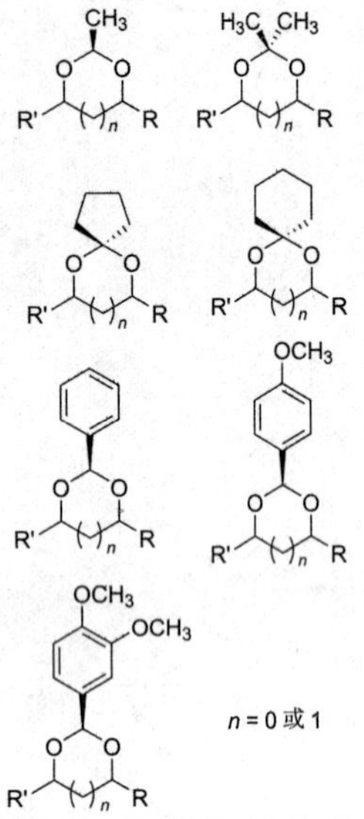

$-78\sim0℃,10\%\ NaOH(aq.),H_2O_2,0℃,0.5\ h,90\%。$

讨论:

在这三步转化过程中,关键的转化是将溴取代基转化为酚羟基。再使用丁基锂试剂将芳基卤代烷转化成芳基锂,接着再与$B(OMe)_3$反应转化为硼酸,随后氧化硼酸生成酚。在这一步反应之前,需要先将化合物 **22** 中的甲酰基和酚羟基进行保护。将化合物 **22** 用 $NaBH_4$ 还原为醇,随后利用2,2-二甲氧基丙烷通过缩酮与醇的交换反应对所得到的1,3-二羟基进行保护。

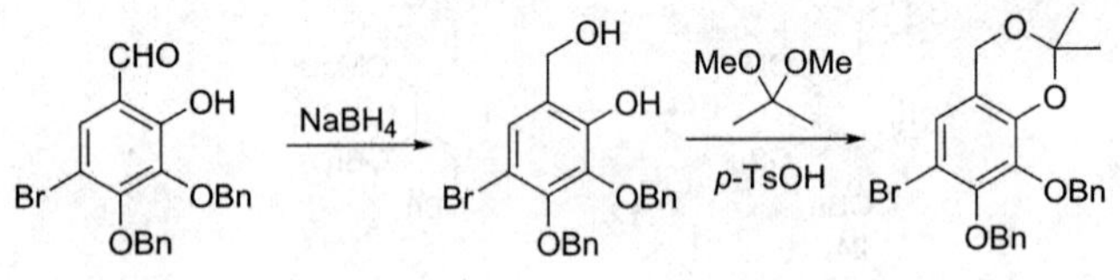

通常利用醛/酮、缩醛/缩酮、烷氧基乙烯基醚在酸或 Lewis 酸的催化下对1,2-二醇或1,3-二醇进行保护,如:

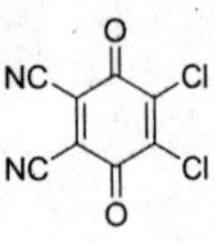

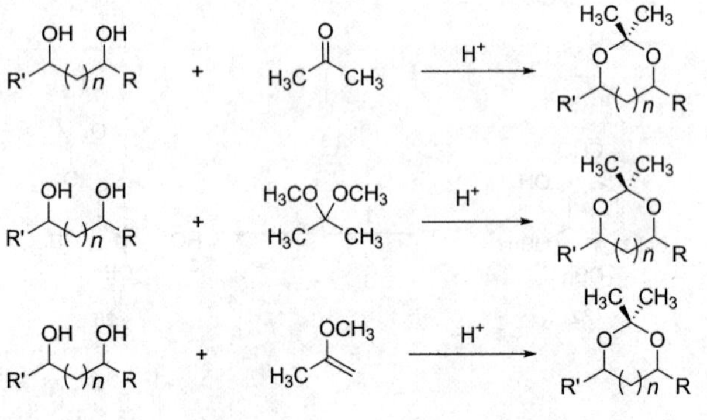

DDQ 一般只能脱除有强给电子取代的苄基保护基,如对甲氧基苄基(PMB)。这是一个氧化反应。

这里使用的是 $B(OMe)_3$,而不是 $(iPrO)_3B$。

在这里还是先锂卤交换,接着与硼酸酯进行亲核取代

脂肪缩醛/缩酮可以在酸或 Lewis 酸的催化下水解得到相应的1,2-二醇或1,3-二醇。而芳香缩醛/缩酮除可以在酸或 Lewis 酸的催化下水解外,还可以在还原条件下(如氢气,Pd/C)切断醛/酮的碳氧键或者在氧化条件(如二氯二氰苯醌(DDQ))下切断醛/酮的碳氧键,得到1,2-二醇或1,3-二醇或相应衍生物,如下图所示:

第1章 有机合成的艺术性：串联反应在天然产物全合成中的应用 / 15

反应，然后在碱性条件下，硼酸酯被氧化重排生成酚酯，水解后得到酚 25。

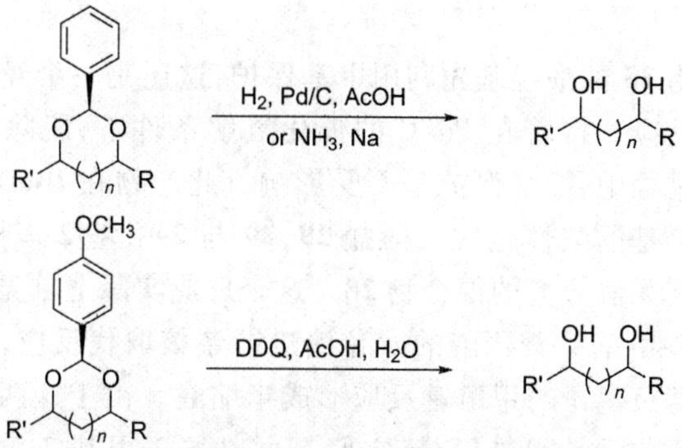

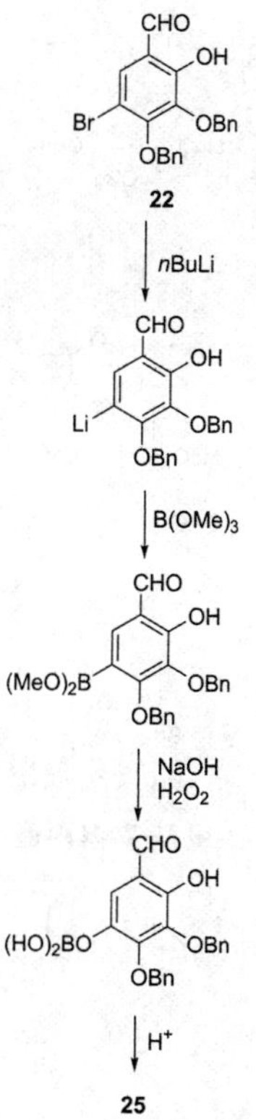

将分子内活泼的甲酰基和酚羟基保护以后，可以利用之前合成化合物 7 的方法来将化合物 27 中的溴取代基转化为酚羟基，得到产物 25。

问题 8:

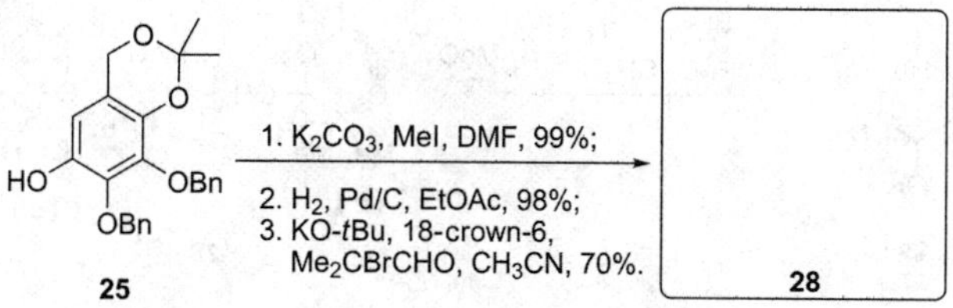

提示：
- 第一步反应还是酚羟基的甲基化反应；
- 苄基在 Pd 催化氢解的条件下很容易被还原为甲苯，从而脱除此保护基；
- 第三步反应得到的是一组混合物，不需分离，在随后的反应中被转化；
- 18-冠-6 是一个冠醚类化合物。它在这里起什么作用？

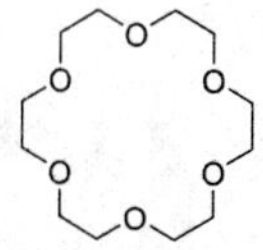

解答：

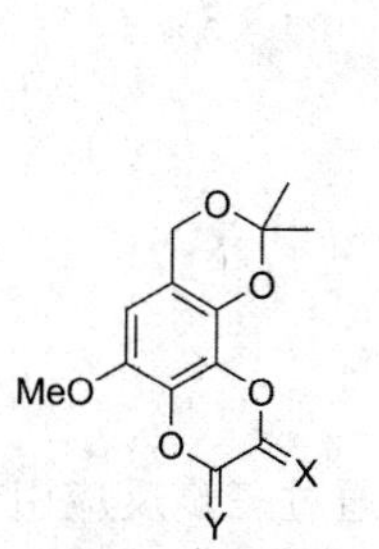

X = H, OH; Y = Me, Me
X = Me, Me; Y = H, OH
28

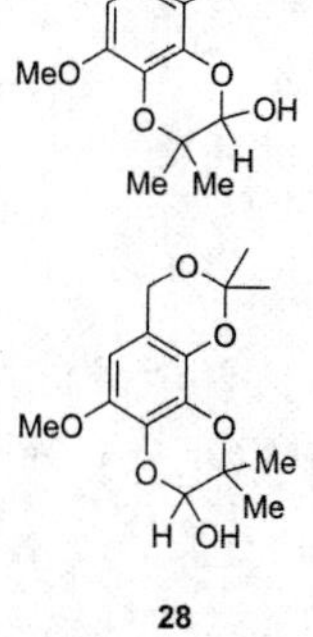

讨论：

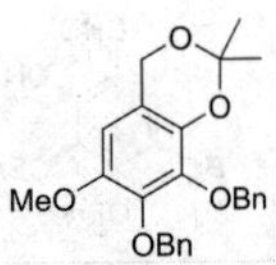

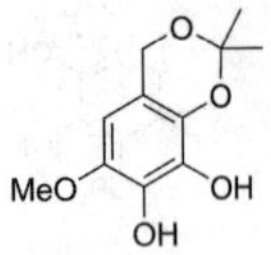

化合物 **25** 的酚羟基先利用甲基保护，这还是一个经典的酚羟基甲基化反应。接着在 Pd/C 的催化氢解条件下，脱除苄基保护基。在此过程中，缩醛保护基不受影响。此产物在 *t*BuOK 的作用下由于酚羟基的酸性生成二酚盐 **29**，**29** 与 2-甲基-2-溴丙醛[17] 反应得到一组无法分离的混合物 **28**。这个反应实际上首先是酚羟基负离子与 2-甲基-2-溴丙醛的 α 位溴进行亲核取代反应，接着是另一个酚羟基负离子与甲酰基反应形成半缩醛。由于这两个酚羟基负离子的反应活性很难区分，它们都可以与 2-甲基-2-溴丙醛的 α 位进行亲核取代反应，因此生成了含有四个产物的混合物。该混合物无需分离，可以直接用于下一步反应。此外，由于此半缩醛形成了六元环体系，因此相对比较稳定。

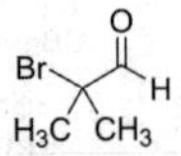

2-甲基-2-溴丙醛

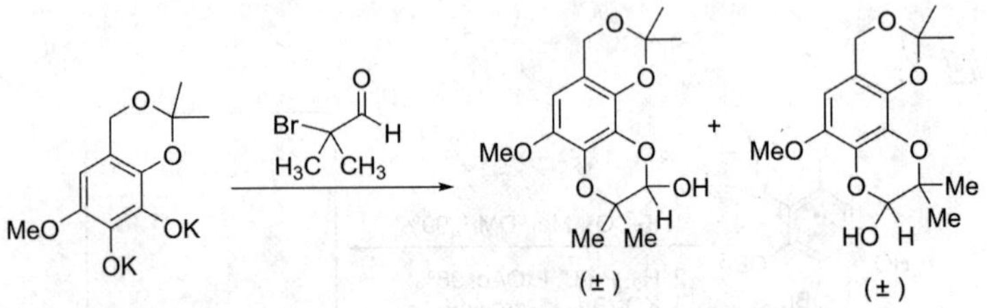

29 **28**

在这里，18-冠-6 的作用是与 K^+ 配位，这样可以减少 K^+ 与 *t*BuO$^-$ 的静电作用，从而增加了 *t*BuO$^-$ 的碱性。

问题 9:

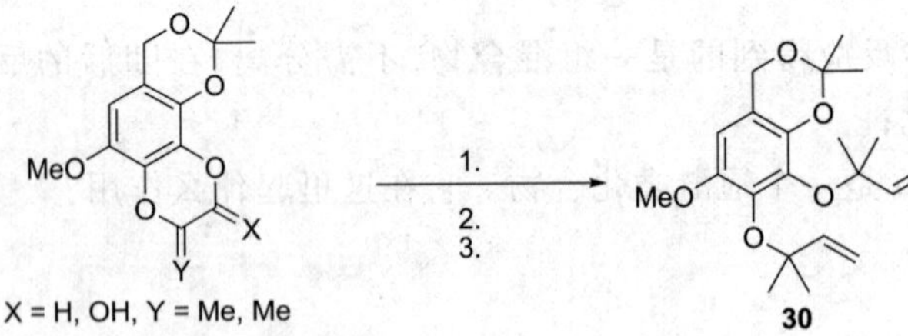

X = H, OH, Y = Me, Me
X = Me, Me, Y = H, OH

28 **30**

提示：

- 底物是一个半缩醛。通过三步反应引入了两个碳碳双键。
- 什么反应可以将甲酰基转化为碳碳双键？
- 这需要多步转化。

解答:
1. Ph_3PCH_3Br, NaHMDS, THF, 0℃, 1 h, 75%。
2. a) tBuOK, THF, 0℃; b) 18-C-6, CH_3CN, 15 min; $Me_2CBrCHO$, 0~25℃, 1 h, 75%。
3. Ph_3PCH_3Br, NaHMDS, THF, 0℃, 1 h, 80%。

NaHMDS

讨论:
　　Wittig 反应是将羰基转化为碳碳双键的有效反应。化合物 **28** 中的半缩醛在碱的作用下解离生成甲酰基和酚羟基,甲酰基与 Wittig 试剂反应生成碳碳双键,得到混合物 **31**。

除了 NaHMDS 外,还有 LiHMDS 和 KHMDS。它们与二异丙基胺锂(LDA)一样均是大空阻碱,这三个碱的碱性比 LDA 强,空阻也比 LDA 大。

Wittig 反应是一个非常有效的形成碳碳双键的反应。关于它的立体选择性以及反应机理,我们会在后面的章节中讨论。

　　随后混合物 **31** 中的另一个酚羟基在碱性条件下与 2-甲基-2-溴丙醛进行反应,重复之前的反应步骤,得到化合物 **30**。

18 / 中级有机化学

在这里我们可以看到，不管化合物 **28** 的半缩醛形成在哪一个酚羟基上，经过这几步反应后，均生成了化合物 **30**。因此，化合物 **28** 无需提纯。从中也可以看到设计者在设计合成路线时的巧妙之处。

问题 10:

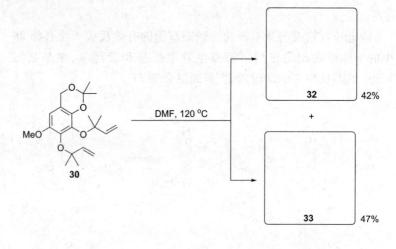

芳基烯丙基醚衍生物发生 Claisen 重排反应后的中间体的结构如下：

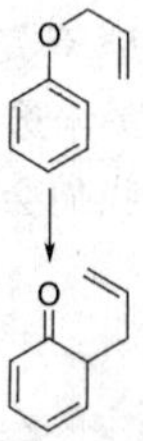

重排后的中间体为 2,4-环己二烯酮，酮烯醇化后重新形成苯环，这是芳基烯丙基醚衍生物发生 Claisen 重排反应的驱动力。而中间体 2,4-环己二烯酮正好是 1,3-共轭双烯，这是发生 Diels-Alder 反应的起始原料。

提示：
- 这一步反应是 1-O-methyllateriflorone 合成中的关键反应，构建了目标化合物中的笼状分子骨架；
- 化合物 **30** 的骨架正好是芳基烯丙基醚，这是发生 Claisen 重排反应的基本结构单元；
- 考虑芳基烯丙基醚衍生物发生 Claisen 重排反应后中间体的基本结构；
- 实际上这是一串联反应，第一步反应的产物紧接着进行了下一步反应，构建了目标产物中的笼状分子骨架。

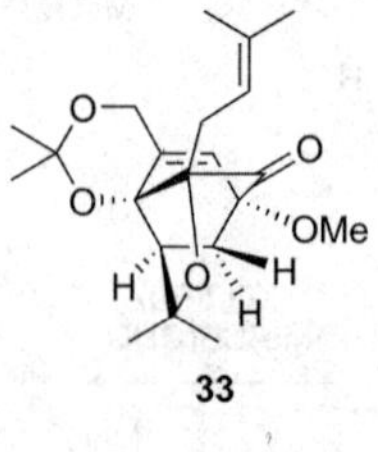

解答：

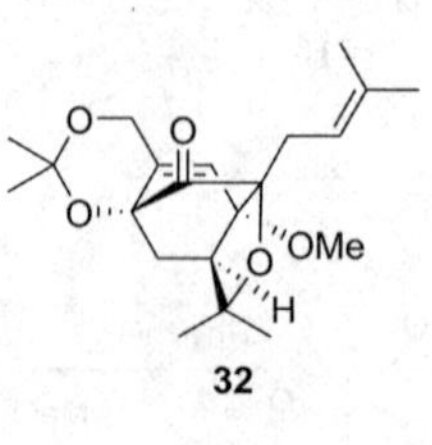

讨论：

化合物 **30** 在加热条件下串联发生了两步反应。化合物 **30** 首先发生 Claisen 重排,生成的环己二烯酮中间体随后发生一步分子内的 Diels-Alder 反应,得到 1-*O*-methyllateriflorone **1** 分子中的笼状骨架。[18~20]

由于化合物 **30** 中含有两个烯丙基醚官能团,两个烯丙基分别经过 Claisen 重排得到两个中间体。中间体中的烯丙基醚(亲双烯体)优先与分子内的双烯体发生反应,得到相应的 Diels-Alder 环加成产物。反应中间体中有两个亲双烯体(一个是两个甲基取代的碳碳双键,由底物 **30** 中的烯丙基醚经 Claisen 重排得到;另一个是原料中本身就存在的单取代的碳碳双键)。在发生分子内 Diels-Alder 反应时,单取代的碳碳双键优先发生反应,这是因为反应可以形成六元环并五元环的过渡态;而另一个亲双烯体(多取代的碳碳双键)与双烯体进行环加成后会得到一个有较大环张力的六元环并四元环的过渡态,因此此过渡态不会与中间体中的双烯体发生 Diels-Alder 环加成反应。化合物 **30** 经串联的 Claisen 重排-Diels Alder 环加成反应只得到产物 **32** 和 **33**,其中化合物 **33** 就是合成 1-*O*-methyllateriflorone **1** 分子所必需的笼状骨架分子片段。

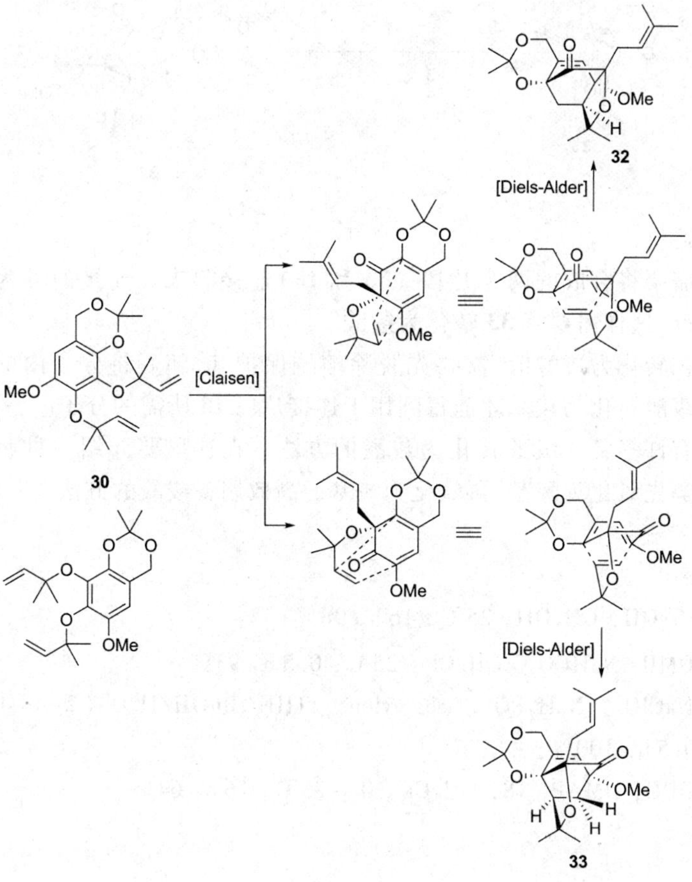

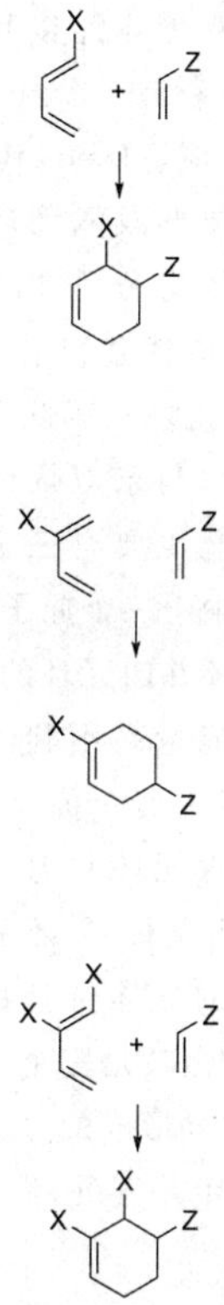

这就是 Diels-Alder 反应中双烯体上取代基的邻对位定位效应,这也是 Diels-Alder 反应的区域选择性的来源。

此外,Diels-Alder 反应还有内型和外型的产物之分。在这里我们一定要清楚的是,内型和外型的产物一定要针对亲双烯体的取代基而言。

由于存在邻对位定位效应、内外型产物以及一次最多可以产生四个手性中心,因此此反应可能会有较多的产物。这样为了尽可能减少立体异构体产物,将双烯体和亲双烯体连接起来就可以进行分子内 Diels-Alder 反应。Diels-Alder 反应由于要形成六元环的过渡态，因此分子内 Diels-Alder 反应就会产生一并六元环的过渡态,因此必须要求双烯体与亲双烯体的连接链长至少要有三个原子以上。少于三个原子，会形成六元环并四元环的体系，过渡态能量高不利于反应进行；多于五个原子以上，会形成六元环并七元环或并更大环的体系，不利于提高反应的立体选择性。因此，通常链长是三个或四个原子，这样形成的过渡态就是六元环并五元环或并六元环。

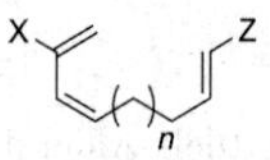

分子内的 Diels-Alder 反应可能形成的过渡态：
(1) 六元环并五元环过渡态

(2) 六元环并六元环过渡态

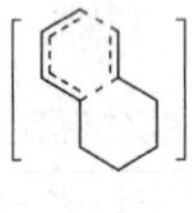

在 Diels-Alder 反应中,双烯体和亲双烯体的反应性高度依赖于它们的电子结构。在一个具有正常电子需求的 Diels-Alder 反应中,双烯体被给电子取代基 X 取代,而亲双烯体被吸电子取代基 Z 取代。在这类例子中,反应性的增强可以通过 Fukui 和 Houk 的前线轨道理论来合理解释。根据这一理论,通过改变取代基可以降低双烯体的最高占有分子轨道（HOMO）和亲双烯体的最低未占有分子轨道（LUMO）之间的能量差,使之对反应有利。双烯体和亲双烯体的电子结构同时也可以影响反应的区域选择性。

这里可以看出,串联反应在合成一些特殊骨架的分子时具有其他方法无法比拟的快速、高效的特点。通过一个结构相对简单、易于合成的化合物 33,一步构建了一个复杂的笼状结构,大大降低了合成难度,不得不说是一神来之笔。

问题 11：

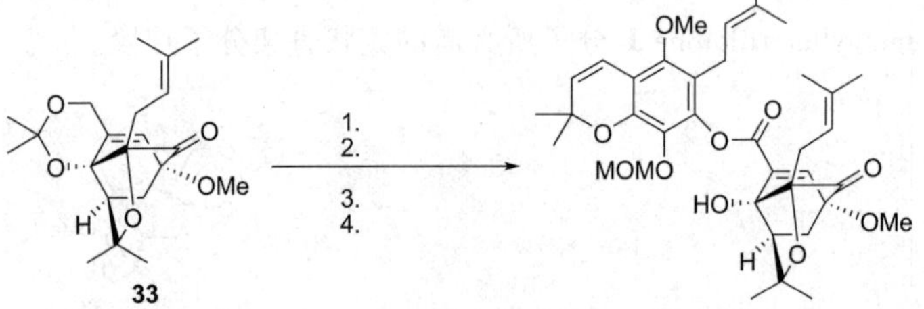

提示：
- 需要将合成的两个片段（33 和 18）连接起来。连接的键为酯键,这样需要将 33 转化为羧酸。
- 在转化为羧酸前,需要先脱除缩酮保护基,随后将分子内的一级醇转化为羧基才能得到用于连接片段 18 所需的分子。
- 有许多将一级醇转化为羧酸的方法。在这里要介绍一种将伯醇先氧化为醛基,再氧化为羧基的高效制备羧酸的方法。

解答：
1. pTsOH, CH$_3$OH, 25℃, 16 h, 98%;
2. DMP, NaHCO$_3$, CH$_2$Cl$_2$, 25℃, 0.5 h, 93%;
3. NaClO$_2$, NaH$_2$PO$_4$, isoamylene, THF/tBuOH/H$_2$O (2:4:1), 0.5 h, 100%;
4. EDC, DMAP, 18, CH$_2$Cl$_2$, 0～25℃, 16 h, 64%。

讨论：

缩酮官能团在酸性环境下不稳定，很容易被水解为 1,3-二醇 **35**。由于此分子存在很多官能团，很难采用一次到位的方式将一级醇直接氧化成羧酸，因为通常这些方法都比较剧烈，会影响到原料中的其他官能团。此外，将伯醇一步直接氧化为羧酸的方法产率通常不高，采取分步氧化伯醇为羧酸的方法可以有效地提高制备羧酸的产率。利用 Dess-Martin 氧化[21,22] 可以先温和地将伯醇 **35** 转化为醛 **36**，随后利用 NaClO$_2$[23~25] 将醛高效地转化为羧酸 **37**。

Dess-Martin 氧化反应的优点：
（1）反应条件温和，室温，中性；
（2）高的化学选择性，只与一级醇和二级醇反应；
（3）官能团的兼容性高；
（4）DMP 可长久保存。

Dess-Martin 氧化反应还可以实现其他氧化反应不能实现的转换，如：
（1）烯丙醇可转化为 α,β-不饱和羰基化合物；
（2）β-氨基醇可转化为 α-氨基醛。

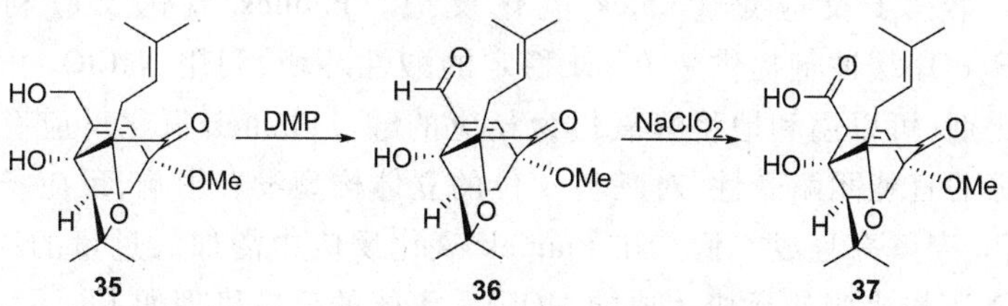

DMP 是 Dess-Martin 氧化反应所使用的高价碘氧化剂，在 1983 年首次被报道。[21] 由于 Dess-Martin 氧化反应条件温和、选择性高，逐渐发展成为一个应用广泛的氧化醇的方法，在许多复杂敏感的多官能团体系均有不俗表现。DMP 试剂的合成如下：

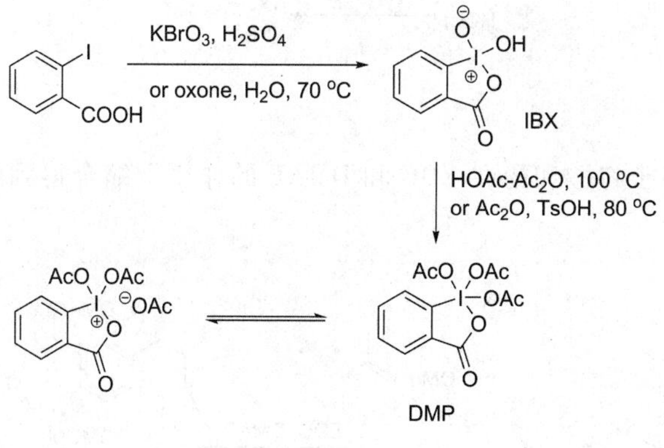

Dess-Martin 氧化反应的机理如下：

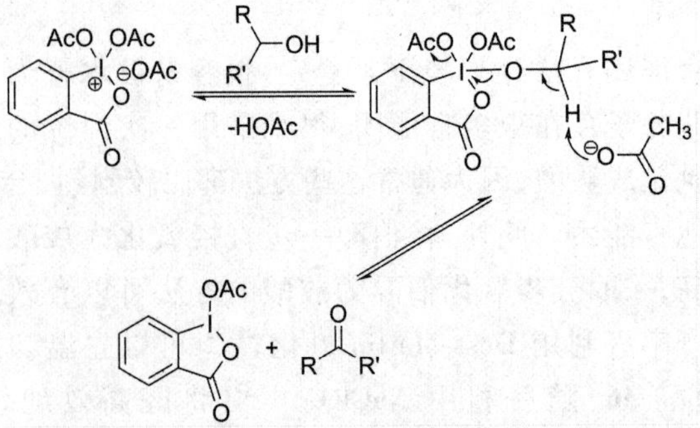

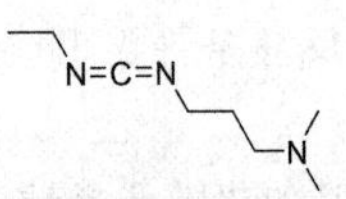

第三步反应是 Pinnick 氧化反应。Pinnick 氧化反应利用 NaH_2PO_4 缓冲剂提供一个 pH 稳定的酸性环境，利用 $NaClO_2$ 作为氧化剂，可以温和地将醛氧化为相应的酸。Pinnick 氧化反应有着良好的官能团耐受性，对醛基 α 位的立体构型没有影响，反应条件温和，产率高且成本低。在 Pinnick 氧化反应中需加入过量的 2-甲基-2-丁烯来吸收反应生成的 HOCl。可能的反应机理如下：

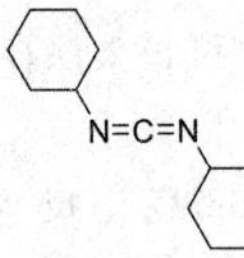

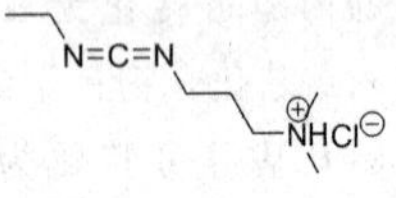

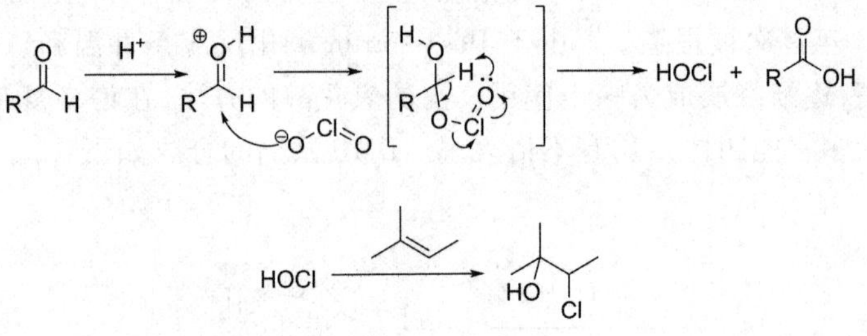

第四步将酸和酚在 EDC 和 DMAP 的作用下缩合得到酯 **34**。

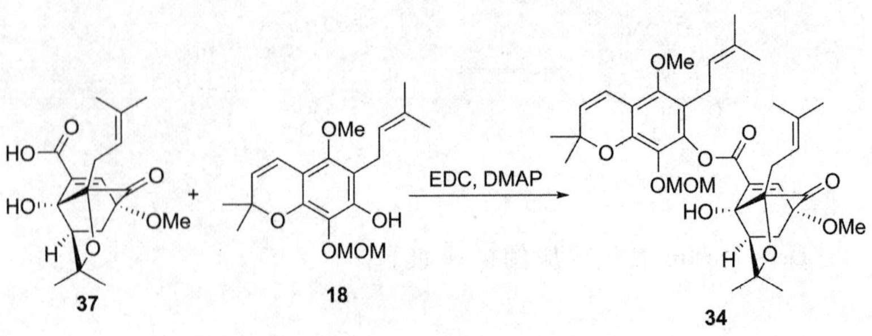

羧酸和醇或胺在二环己基碳二亚胺（DCC）或1-乙基-3-(3-二甲氨基丙基)碳二亚胺（EDC）的作用下脱水生成酯和酰胺，这一反应被称为Steglich酯化反应。[26]反应中生成的水和二烷基脲衍生物生成在一般有机溶剂中溶解度很差的二烷基脲。1985年，G. E. Keck和E. P. Boden改进了这一类酯化反应，通过在反应中加入一些N,N-4-二甲氨基吡啶（DMAP）或N,N-4-二甲氨基吡啶盐酸盐（DMAP·HCl），可以提高反应产率且能用于大环内酯的合成，这一反应被称为Keck大环内酯化反应。[27]其反应机理如下：

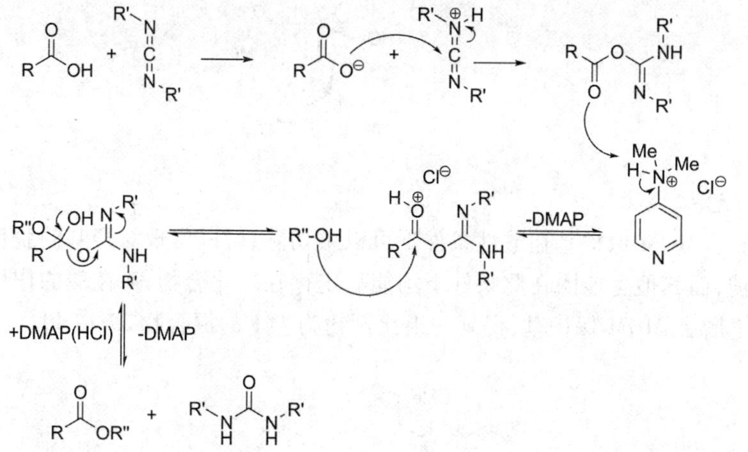

在Keck大环内酯化反应中，通常使用过量的二烷基碳二亚胺确保高的反应转化率，加入N,N-4-二甲氨基吡啶盐酸盐的作用是确保反应中关键的质子转移过程，且可以抑制N-酰基脲副产物的生成。[28,29]

问题12:

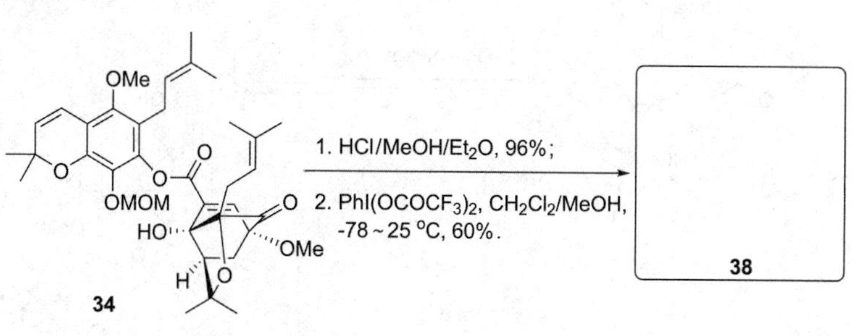

提示：
- 这是一个酸性条件下脱除保护基的反应。在酸性条件下，哪些基团不稳定？

MOM保护基是缩醛类保护基，用于对羟基的保护，且在酸性条件下可以被有效地切除。

化合物 **39** 转化为 **40** 的可能过程如下:

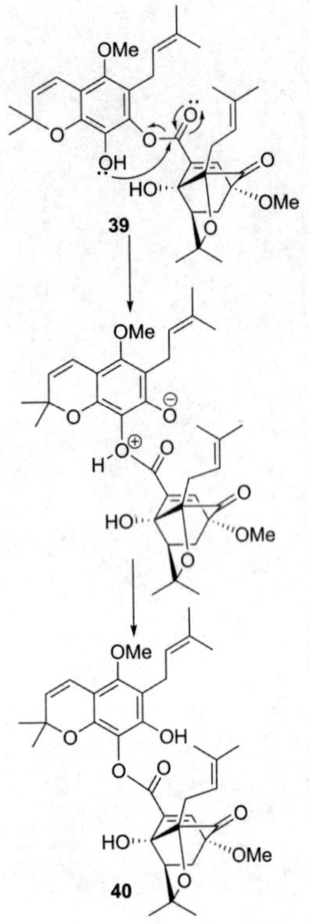

- MOM 保护基在酸性条件下不稳定。
- 第二步反应中的含碘化合物与 DMP 一样也是氧化试剂。它氧化哪个官能团？生成何类官能团？

解答:

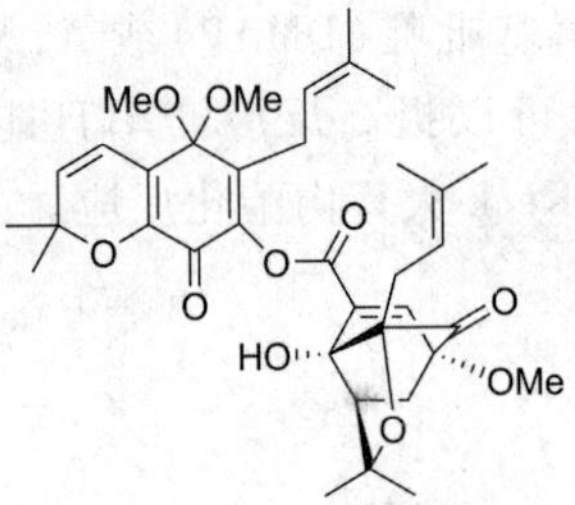

讨论:

MOM 保护基在酸性条件下可以被切除，可以实现对羟基的脱保护，而其他官能团在此条件下均能稳定存在。化合物 **34** 在酸的作用下脱去 MOM 保护基，得到一组比例约为 1:1 的混合物 **39** 和 **40**。

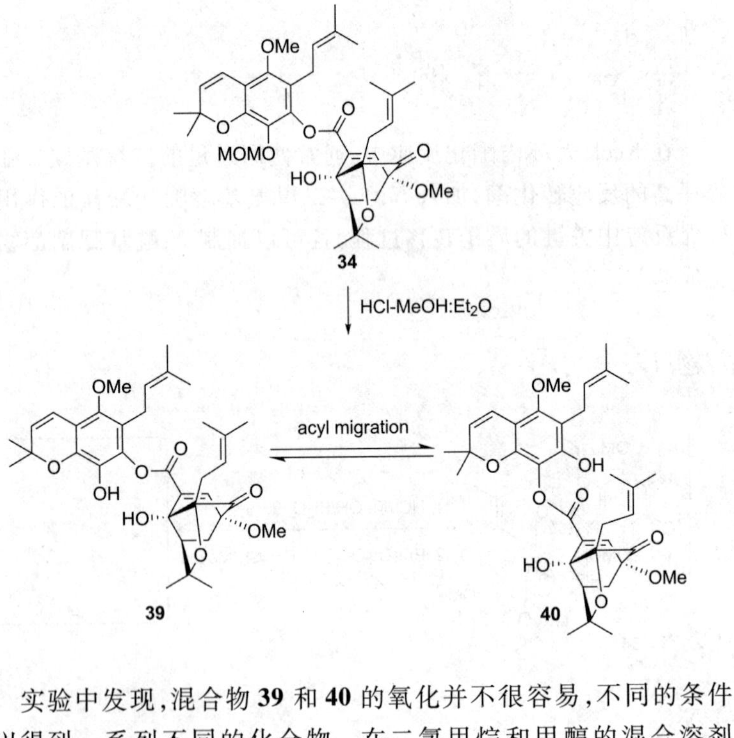

实验中发现，混合物 **39** 和 **40** 的氧化并不很容易，不同的条件可以得到一系列不同的化合物。在二氯甲烷和甲醇的混合溶剂中，用碘氧化剂 PhI(OCOCF$_3$)$_2$ 可将混合物 **39** 和 **40** 氧化生成苯醌单缩酮 **38**。[30]

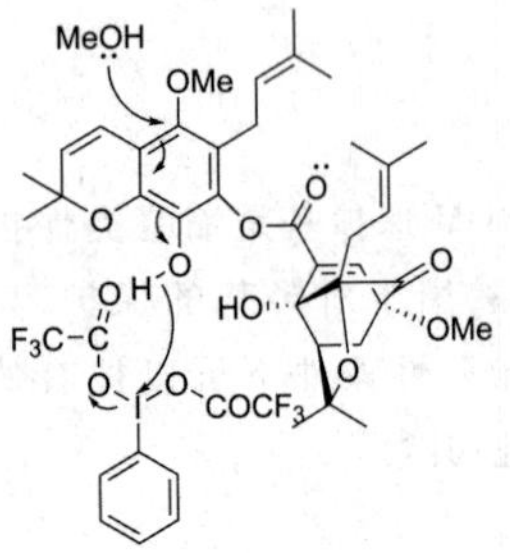

问题 13:

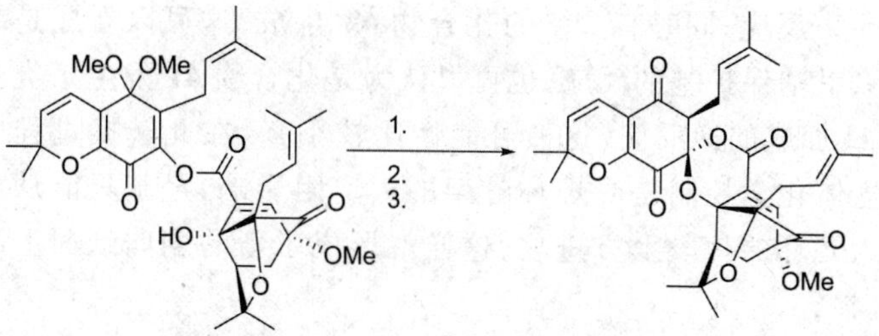

38　　　　　　　　　　1

提示:

- 这三步反应实现了最终的关环，得到了最终的目标产物 **1**。
- 在此转换过程中，甲氧基要被消除。怎样脱去甲基保护基？
- 最终是一个 1,4-加成反应。通过 Michael 加成反应实现了螺烷结构的构建。

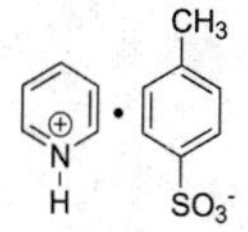

PPTS

解答:

1. PPTS, PhH, reflux, 4 h, 69％;
2. 1 mol/L HCl(aq.), THF, 0～25℃, 16 h, 80％;
3. PPTS, PhH, reflux, 4 h, 83％。

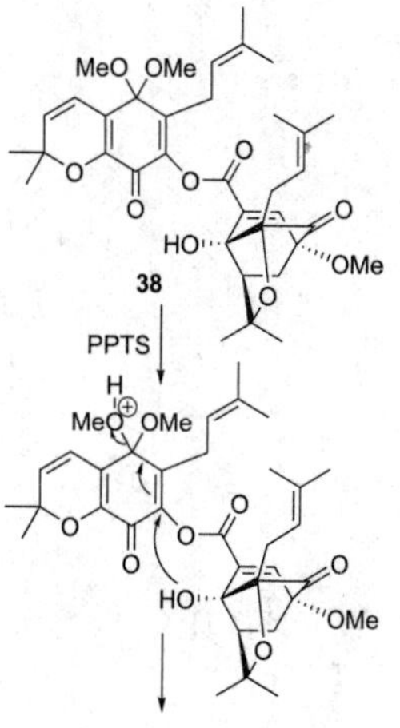

41

讨论:

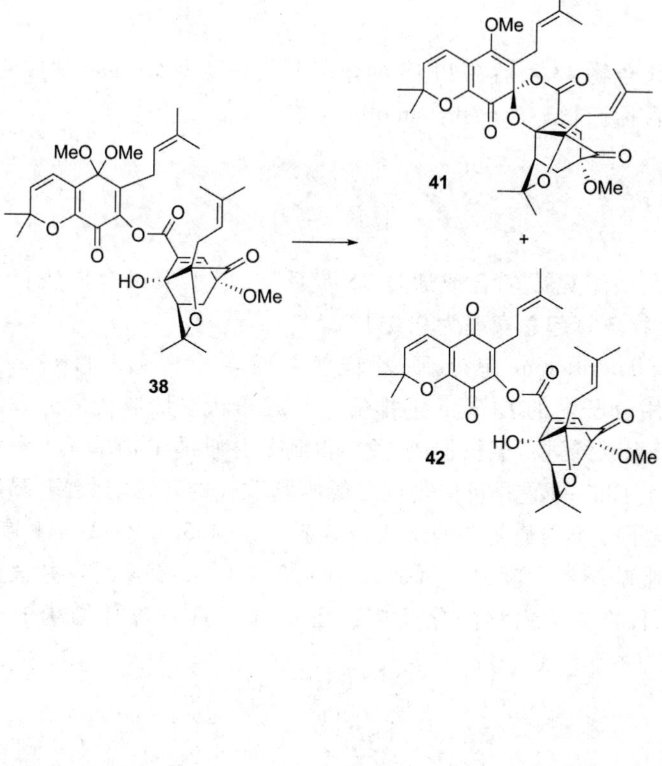

38

化合物 **38** 在 PPTS 的作用下可以关环生成螺烷结构 **41**,这是一个 S_N2' 反应;同时有少量的化合物 **42** 生成,这可以看成是缩酮的脱除甲基保护基的反应,也可以认为是化合物 **41** 发生了类似于 Michael 加成的逆反应(这种可能性比较小)。在此转换过程中的产物立体化学控制是受螺环骨架的大空阻影响,羟基只能从六元环并六元环的片段上方进攻,这样就形成了新的朝向纸面上的碳氧键。

化合物 **42** 也可由混合物 **39** 和 **40** 的氧化得到,但实验过程中发现,**42** 难以通过直接关环的方式形成最终目标产物 1-*O*-methyllateriflorone **1**。其原因可能是,化合物 **42** 中的三级醇亲核能力差,难以和双键发生 Michael 加成。而在化合物 **38** 中,由于三级醇与碳碳双键发生 Michael 加成会离去一分子甲醇,因此推动了反应顺利进行关环得到 **41**。随后,化合物 **41** 在 HCl 的作用下顺利脱去一分子甲醇,得到苯醌衍生物 **43**。

化合物 **43** 最后在 PPTS 的作用下顺利发生 Michael 加成,得到最终目标产物 1-*O*-methyllateriflorone **1**。

1.4 结论

这个由 K. C. Nicolaou 研究小组完成的合成通过 35 步反应,以汇聚式合成法合成了 1-*O*-methyllateriflorone **1**,从化合物 **3** 算起总产率为 0.011%。

逆合成分析显示,1-*O*-methyllateriflorone 包含了一个笼状 4-氧杂三环[4.3.1.0]-2-癸酮骨架和苯并吡喃结构单元。利用分子内的 Claisen 重排反应生成累积双烯取代的芳香酚类中间体,随后发生的酚羟基对累积双烯进行亲核加成,关环得到苯并吡喃结构单元。利用双烯丙基芳基醚在加热条件下发生 Claisen 重排反应得到二烯丙基取代的环己二烯酮,随后串联 Diels-Alder 反应,巧妙地构筑了分子内最复杂的笼状 4-氧杂三环[4.3.1.0]-2-癸酮骨架。

通过汇聚式合成法将苯并吡喃结构片段和 4-氧杂三环[4.3.1.0]-2-癸酮骨架片段进行拼接,随后通过一系列酸催化下的分子内缩醛化反应制备得到了具有螺环结构的 1-*O*-methyllateriflorone **1**。

1.5 串联反应简介

串联反应在有机合成中有着不可置疑的优越性：它在"一锅煮"反应中完成多步反应，具有很好的原子经济性；在一个反应溶剂体系中进行反应，只需进行一次反应的后处理和纯化，与多步反应所需多个反应溶剂体系、多次后处理及纯化相比，更节约时间、溶剂、试剂、劳动力，从而降低了成本。可以这么说，串联反应是绿色化学在天然产物全合成中的生动诠释。

由于串联反应的特殊性，因此对其底物的设计也是充满了挑战和艺术。串联反应的中间体必须具有较高的反应活性，以利于进行下一步的反应。早在 1917 年，R. Robinson 就已将串联反应应用于天然产物 tropinone **46** 的全合成中。[31]丁二醛、甲胺与化合物 **44** 发生两步 Mannich 反应得到化合物 **45**，中间体 **45** 随后脱羧，一步反应得到 tropinone **46**。

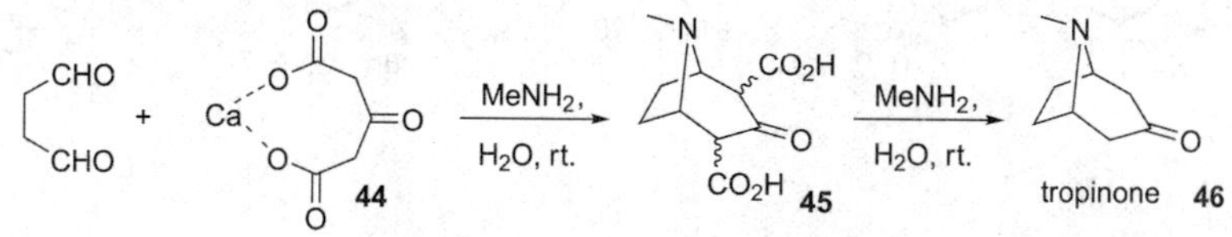

在这之后的近百年中，有机化学家们发展了众多的串联反应，并应用于天然产物的合成。依据串联反应的特性，可以将串联反应简单地分为以下五类：[32]

1. 亲核性串联反应；
2. 亲电性串联反应；
3. 自由基串联反应；
4. 周环串联反应；
5. 过渡金属催化的串联反应。

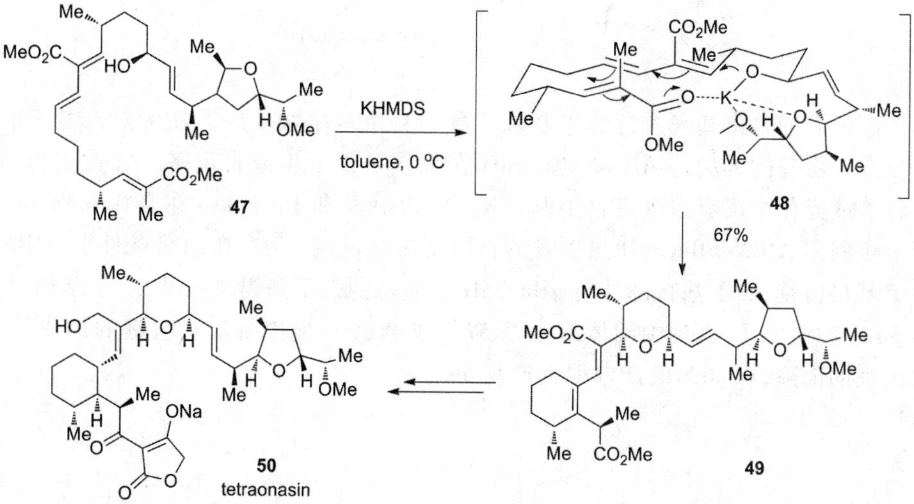

在亲核性串联反应中，亲核进攻是反应中最关键的一步。在亲核性串联反应中，共轭加成作为亲核反应的重点被广泛应用，同时包含一些周环反应、有机金属加成反应、阴离子反应等构成整个串联反应。如 S. V. Ley 完成的化合物 tetraonasin **50** 的全合成工作[32~35]中，化合物 **47** 在甲苯中与 1.1 倍量 KHMDS 作用生成醇钾 **48**，中间体 **48** 在钾离子的模板作用下经历阴离子亲核加成环化串联反应以 67% 的产率得到了环化产物 **49**。

在亲电性串联反应中，亲电进攻是反应中最关键的一步，同时可能与亲核反应构成串联反应。在合成 hemibrevetoxin B **55** 的工作中，Holton 等人采用了一步仿生亲电串联反应。[36]化合物 **51** 与 N-PSP 发生亲电加成反应，生成的环硒化合物 **52** 经历两步分子内亲核开环反应得到化合物 **54**。

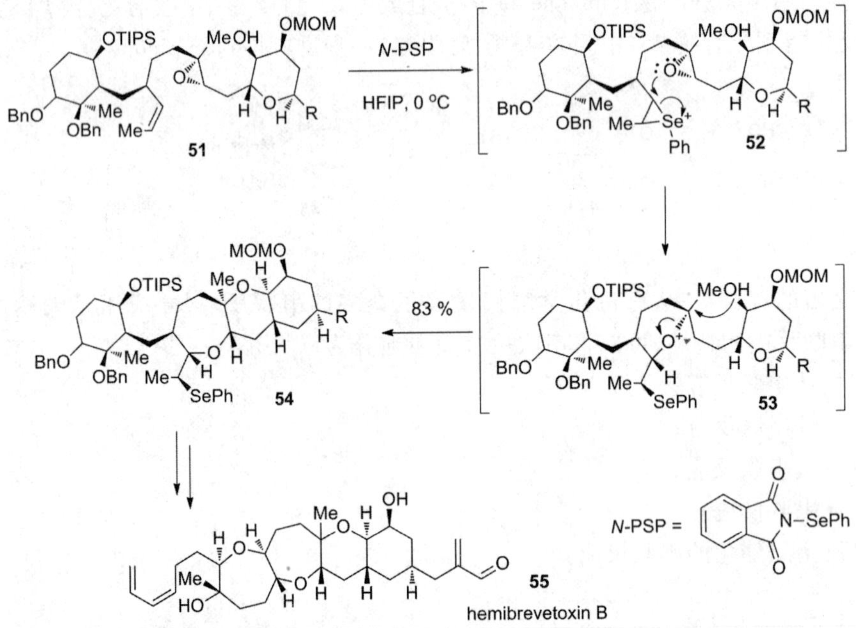

利用高活性的自由基来进行的串联反应称为自由基串联反应。在天然产物全合成中，常用的生成自由基的方法是 AIBN/nBu$_3$SnH 在加热条件下生成自由基。除此之外，也常用单电子转移或光化学反应来生成自由基。K. A. Parker 和 D. Fokas 在合成 morphine **61** 时采用了一步利用 AIBN/nBu$_3$SnH 热引发的自由基串联反应。[37,38]在加热条件下 AIBN 分解，生成异丁基自由基，异丁基自由基与 nBu$_3$SnH 反应得到三丁基锡自由基，三丁基锡自由基夺取底物 **56** 中的溴原子，得到中间体自由基 **57**。**57** 再经一步自由基对双键的加成及一步苯巯基自由基的消除，以 30% 的产率得到产物 **60**。

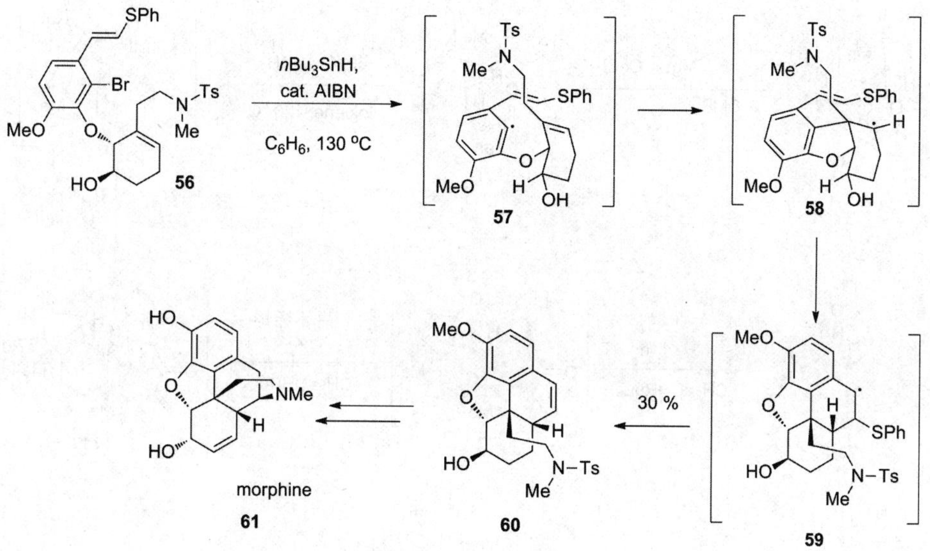

周环反应是串联反应中最常见的反应,包括环加成反应、σ重排反应、电环化反应等。在合成(-)-vindorosine 66 的工作中,D. L. Boger 等人采用了周环串联反应来合成分子内的笼状结构。[39] 底物 62 经分子内 Diels-Alder 反应得到中间体 63。63 随后发生逆 Diels-Alder 反应,失去氮气得到 1,3-偶极中间体 64,随后再发生一次分子内 Diels-Alder 反应得到笼状化合物 65。

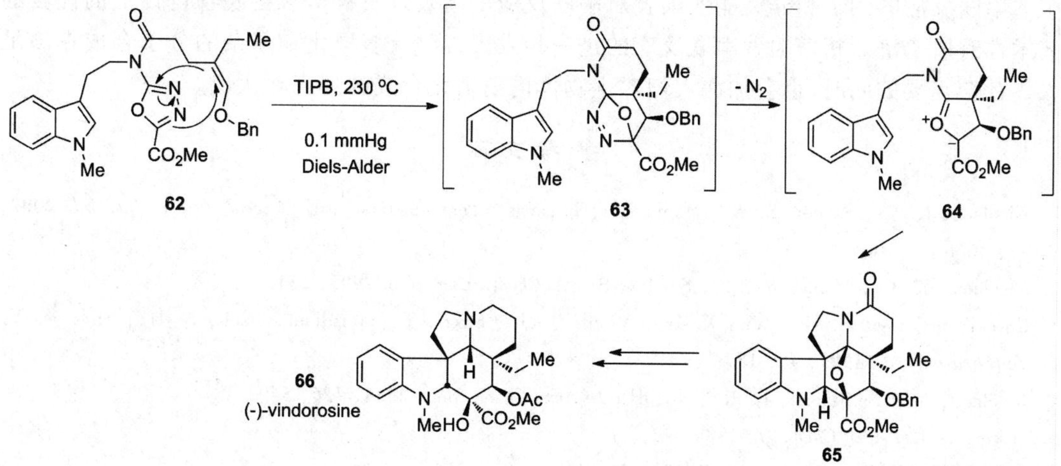

过渡金属催化的串联反应近年来引起了科学家越来越大的兴趣。过渡金属催化的串联反应一方面可以用于合成结构比较复杂的化合物且官能团耐受性好,其次过渡金属催化的反应能比较好地实现"原子经济性"。M. W. B. Pfeiffer 和 A. J. Phillips 在合成(+)-cyanthiwigin U 74 的工作中,使用 Grubbs Ⅱ 催化剂 69 通过串联反应高效地合成了 73。底物 68 在 Grubbs Ⅱ 催化剂 69 和乙烯的作用下,发生烯烃复分解开环得到中间体 71。随后,底物 71 发生两步分子内烯烃复分解反应关环得到底物 73,一步反应构建了三元并环体系,十分高效。[40]

应用串联反应来制备天然产物的精彩工作不胜枚举,在此不一一作详细介绍。希望列举的串联反应的例子和分类能使读者对串联反应的高效以及科学家在底物设计上的优雅的艺术性有所了解。相信随着串联反应的进一步发展,高效、多样化和复杂的分子合成在满足人类社会需要的同时,也会加深人们对生物体内酶催化合成的理解和认识。

参 考 文 献

1. Nicolaou, K. C.; Snyder, S. A.; Montagnon, T.; Vassilikogiannakis, G. E. *Angew. Chem. Int. Ed.* **2002**, *41*, 1668.
2. Nicolaou, K. C.; Montagnon, T.; Snyder, S. A. *Chem. Commun.* **2003**, 551.
3. Kosela, S.; Cao, S.-G.; Wu, X.-H.; Vittal, J. J.; Sukri, T.; Masdianto; Goh, S.-H.; Sim, K.-Y. *Tetrahedron Lett.* **1999**, *40*, 157.
4. Nicolaou, K. C.; Sasmal, P. K.; Xu, H. *J. Am. Chem. Soc.* **2004**, *126*, 5493.
5. Dakin, H. D. *Am. Chem. J.* **1909**, *42*, 477.
6. Dakin, H. D. *Proc. Chem. Soc.* **1910**, *25*, 194.
7. Lee, J. B.; Uff, B. C. *Quart. Rev. Chem. Soc.* **1967**, *21*, 429.
8. Luszniak, M. C.; Topiwala, U. P.; Whiting, D. A. *J. Chem. Res., Miniprint* **1998**, *7*, 1401.
9. Bailey, W. F.; Patricia, J. J. *J. Organomet. Chem.* **1988**, *352*, 1.
10. Godfrey, J. D.; Mueller, R. H.; Sedergran, T. C.; Soundararajan, N.; Colandrea, V. J. *Tetraheron Lett.* **1994**, *35*, 6405.
11. Quillinan, A. J.; Scheinmann, F. J. *J. Chem. Soc., Perkin Trans. 1* **1972**, 1382.
12. Subramanian, R. S.; Balasubramanian, K. K. *Tetrahedron Lett.* **1988**, *29*, 6797.
13. Joshi, S. C.; Trivedi, K. N. *Tetrahedron* **1992**, *48*, 563.

14. Yamaguchi, S.; Ishibashi, M.; Akasaka, K.; Yokoyama, H.; Miyazawa, M.; Hirai, Y. *Tetrahedron Lett.* **2001**, *42*, 1091.
15. Claisen, L. *Ber.* **1913**, *45*, 3157.
16. Greene, T. W.; Wuts, P. G. M. *Protective Groups In Organic Synthesis*, 3rd ed. John Wiley & Sons: New York, **1991**.
17. Beckwith, A. L. J.; Thomas, C. B. *J. Chem. Soc., Perkin Trans. 2* **1972**, 861.
18. Nicolaou, K. C.; Li, J. *Angew. Chem. Int. Ed.* **2001**, *40*, 4264.
19. Quillinan, A. J.; Scheinmann, F. *Chem. Commun.* **1971**, 966.
20. Tisdale, E. J.; Vong, C.; Chowdhury, B. G.; Li, H.; Theodorakis, E. A. *Org. Lett.* **2002**, *4*, 909.
21. Dess, D. R.; Martin, J. C. *J. Org. Chem.* **1983**, *48*, 4155.
22. Meyer, S. D.; Schreiber, S. L. *J. Org. Chem.* **1994**, *59*, 7549.
23. Lindgren, B. O.; Nilsson, T. *Acta Chem. Scand.* **1973**, *27*, 888.
24. Kraus, G. A.; Taschner, M. *J. Org. Chem.* **1980**, *45*, 1175.
25. Kraus, G. A.; Roth, B. *J. Org. Chem.* **1980**, *45*, 4825.
26. Neises, B.; Steglish, W. *Angew. Chem.* **1978**, *90*, 556.
27. Boden, E. P.; Keck, G. E. *J. Org. Chem.* **1985**, *50*, 2394.
28. Meng, Q.; Hesse, M. *Top. Curr. Chem.* **1992**, *161*, 107.
29. Keck, G. E.; Sanchez, C.; Wager, C. A. *Tetrahedron Lett.* **2000**, *41*, 8673.
30. Corey, E. J.; Wu, L. I. *J. Am. Chem. Soc.* **1993**, *115*, 9327.
31. Robinson, R. *J. Chem. Soc. Trans.* 1917, 762.
32. Nicolaou, K. C.; Edmonds, D. J.; Bulger, P. G. *Angew. Chem. Int. Ed.* **2006**, *45*, 7134.
33. Boons, G.-J.; Brown, D. S.; Clase, J. A.; Lennon, I. C.; Ley, S. V. *Tetrahedron Lett.* **1994**, *35*, 319.
34. Boons, G.-J.; Lennon, I. C.; Ley, S. V.; Owen, E. S. E.; Staunton, J.; Wadsworth, D. J. *Tetrahedron Lett.* **1994**, *35*, 323.
35. Ley, S. V.; Brown, D. S.; Clase, J. A.; Fairbanks, A. J.; Lennon, I. C.; Osborn, H. M. I.; Stokes (née Owen), E. S. E.; Wadsworth, D. J. *J. Chem. Soc. Perkin Trans. 1* **1998**, 2259.
36. Zakarian, A.; Batch, A.; Holton, R. A. *J. Am. Chem. Soc.* **2003**, *125*, 7822.
37. Parker, K. A.; Fokas, D. *J. Am. Chem. Soc.* **1992**, *114*, 9688.
38. Parker, K. A.; Fokas, D. *J. Org. Chem.* **2006**, *71*, 449.
39. Elliot, G. I.; Velcicky, J.; Ishikawa, H.; Li, Y.; Boger, D. L. *Angew. Chem. Int. Ed.* **2006**, *45*, 620.
40. Pfeiffer, M. W. B.; Phillips, A. J. *J. Am. Chem. Soc.* **2005**, *127*, 5334.

（本章初稿由倪犇博完成）

第 2 章

简捷明快的合成路线：
桥环分子的构筑和分子内的反应
（+）-Upial：T. Honda（2008）

2.1 背景介绍

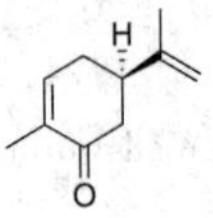

（+）-Upial **1** 是一个非异戊二烯倍半萜类内酯，具有特殊的双环[3.3.1]壬烷骨架。1979 年，G. Schulte 小组从夏威夷瓦胡岛 Kaneohe 海湾中一种海绵体 *Dysidea fragilis* 中将其分离出来，并通过对（+）-upial **1** 及其降解和化学转换的产物进行一系列谱学的表征，确定了它的基本结构。[1] 1985 年，M. J. Taschner 等人首次由易得的（−）-carvone（香芹酮）为起始原料对映选择性地全合成了（−）-upial，从而确定了 upial 的绝对构型。[2] 1993 年，Y. Yamada 教授首次完成了对（+）-upial 的全合成研究。[3] 他们通过一个关键反应，即 6-甲基-3-甲氧基-2-环己烯酮的烯醇化物对（E）-α，β-不饱和酯的两次 Michael 加成，构筑出了（+）-upial 基本碳骨架。1995 年，B. B. Snider 和 S. V. O'Neil 也完成了 upial 的外消

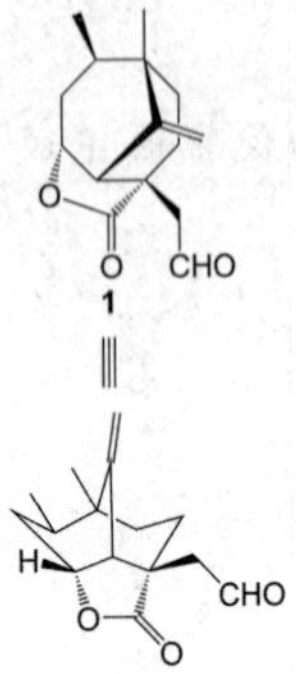

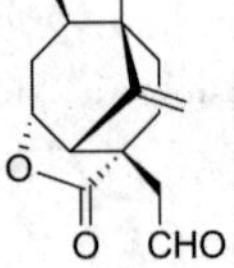

香芹酮

1: (+)-upial

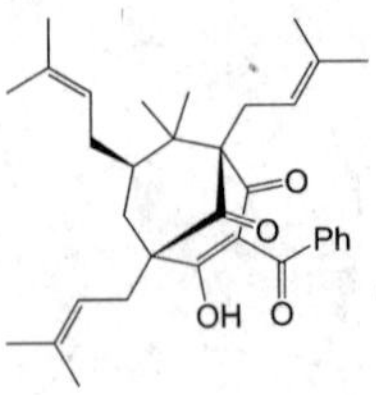

2: clusianone

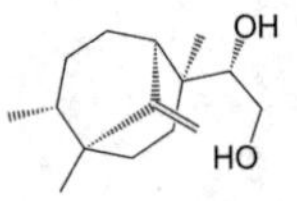

3: trifarienol A

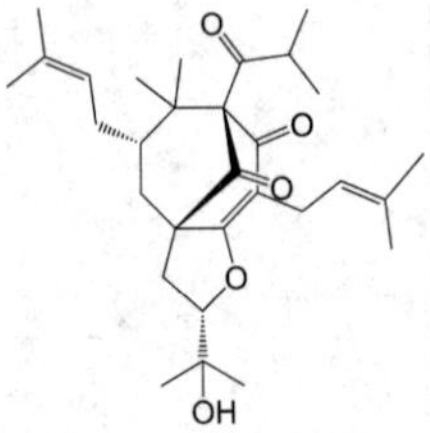

4: garsubellin A

第 2 章 简捷明快的合成路线：桥环分子的构筑和分子内的反应 / 33

旋合成研究。他们采用的关键反应是 4-(3-己烯基)-1,3-环己二酮的氧化自由基环化反应。[4]

由于其独特的双环骨架，upial 及其类似物 **2 ~ 4** 受到了合成化学家们的广泛关注。如何立体选择性地构筑含有五个手性中心及一个环外双键的双环[3.3.1]壬烷环系是合成(+)-upial **1** 类衍生物的关键。

本章将介绍由 T. Honda 教授 2008 年发表的关于(+)-upial **1** 的对映选择性的全合成工作。通过对(+)-upial **1** 的逆合成分析，T. Honda 小组提出了一条合成路线，采用分子内 carbonyl-ene 反应构筑双环[3.3.1]壬烷环系及环外双键结构。下图显示了他们的逆合成分析：

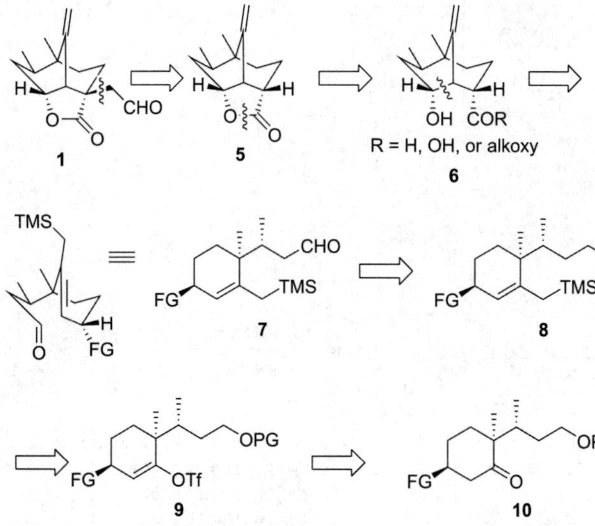

在此逆合成分析中，首先切断化合物 **1** 中含有甲酰基的侧链得到内酯 **5**，内酯 **5** 可以由化合物 **6** 转化而来。分子内 carbonyl-ene 反应的前体，烯丙基硅烷衍生物 **7**，可以由相应的醇 **8** 氧化得到。三氟甲磺酸酯 **9** 在钯催化下与格氏试剂的 Kumada 交叉偶联反应可以将烯丙基硅基引入到 **8** 的结构中，而 **9** 可以很容易地由酮 **10** 得到。

2.2 概览

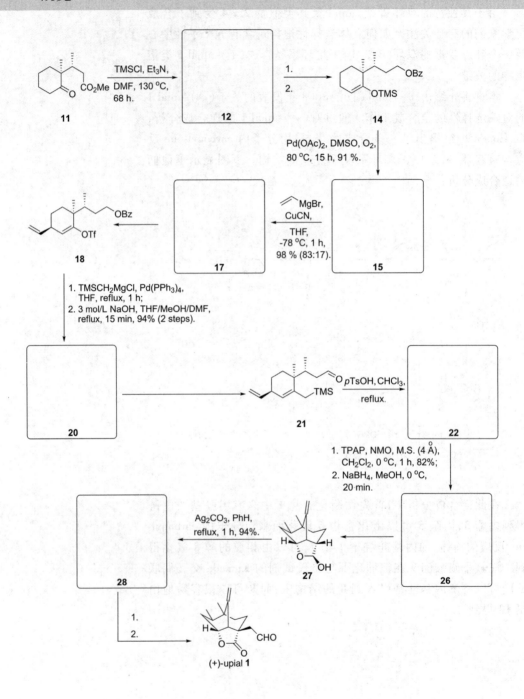

2.3　合成

问题 1:

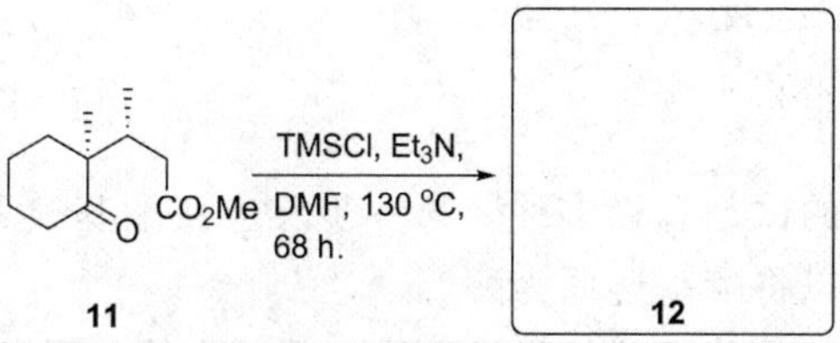

11　　12

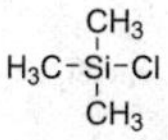

TMSCl

提示:

- 这是一个在碱性条件下羰基烯醇化的反应。现在化合物 **11** 有两个官能团,分别是酮羰基和酯羰基。哪个官能团优先进行羰基烯醇化的反应?
- 哪个位点更易烯醇化?
- 此反应使用了有机碱 Et_3N,为什么?

解答:

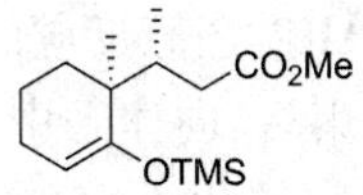

12

讨论:

具有光活性的化合物 **11** 中酮羰基在碱性条件下先烯醇化,接着与 TMSCl 反应生成烯醇硅醚 **12**。由于反应中使用了有机弱碱 Et_3N,因而酯基的 α 位不会参与反应。在这一步中酮羰基在碱作用下转变为烯醇式,是为了在后面的反应中方便将其转变为 α,β-不饱和酮。此外,TMS 基团也起到了保护酮羰基的作用,以免其在下一步反应中被还原。

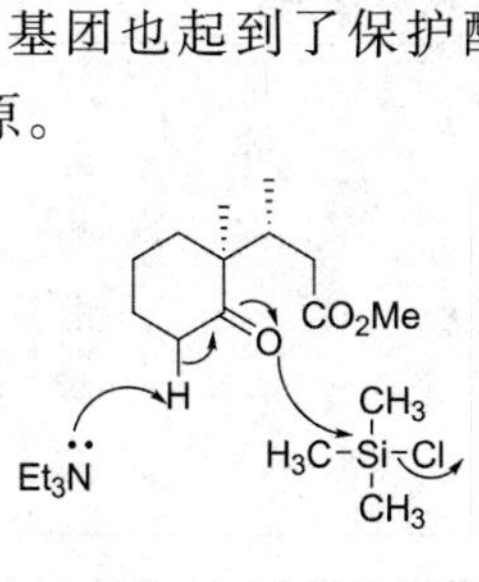

酯羰基 α 位氢的酸性低于酮羰基 α 位氢的酸性。这是因为烷氧基的给电子能力比烷基的强,因此使得酯羰基碳的亲电性降低,最终导致了酯羰基 α 位氢酸性的降低。化合物 **11** 的酮羰基有两个 α 位碳原子,其中一个碳为四级碳,没有 α 位氢,因此反应只在一个位点进行。

Bz：PhCO-

羰基化合物的还原反应通常就是将氢从硼或铝转移至羰基碳上。在一定程度上，不同的还原试剂可以有不同的化学和立体选择性。常用的还原试剂有：$NaBH_4$，$LiAlH_4$，B_2H_6，Red-Al，DIBAL，$NaBH_3CN$，AlH_3等等。

最常用的是 $NaBH_4$ 和 $LiAlH_4$。$NaBH_4$ 在醇溶剂中比较稳定，能在水相中使用，它可以还原醛和酮成醇，但与酯的反应速率非常慢，我们可以认为它不能还原酯基。$LiAlH_4$ 是一类非常强的氢给体，它可以快速还原酯、羧酸、氰基、酰胺以及醛和酮。$LiAlH_4$ 的碱性很强，可以很快与水和醇反应放出氢气。因此，它必须在无水溶剂中使用，如无水乙醚或四氢呋喃。$NaBH_4$ 和 $LiAlH_4$ 二者还原能力的不同，来自于它们不同的阳离子和阴离子。Li^+ 是强 Lewis 酸，AlH_4^- 又是比 BH_4^- 具有更强还原能力的氢给体。它们二者的相同点是都不能还原孤立的碳碳双键。

问题 2：

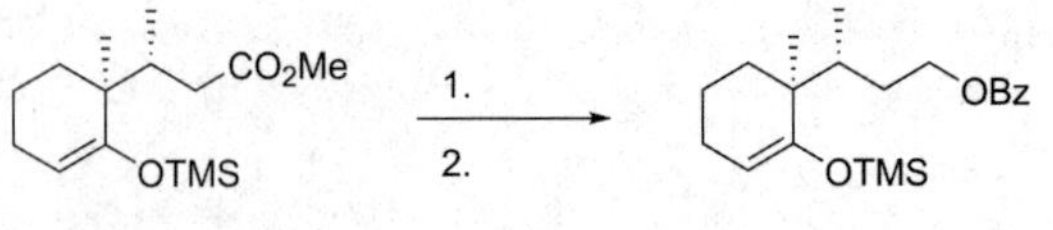

提示：
- 还原羰基的试剂有许多种。第一步反应使酯基被还原，有什么还原剂可以将酯基还原为醇？
- 第二步反应是醇羟基的保护反应。我们在第 1 章已经讨论了许多酚羟基的保护反应。在这里，醇被苯甲酰基保护。

解答：
1. $LiAlH_4$，THF，0 ℃，40 min；
2. BzCl，Py，CH_2Cl_2，0 ℃，1 h，77%（3 steps）。

讨论：

氢化铝锂（$LiAlH_4$）常被用来将酯还原为醇，通常反应在四氢呋喃或者乙醚中进行。$LiAlH_4$ 还原反应的后处理比较麻烦。最佳的后处理方式是在反应结束后，向体系中缓慢滴加饱和 Na_2SO_4 水溶液，将过量的灰色 $LiAlH_4$ 转化为白色固体，这样体系可以很好地分为两相（液相和固相），过滤，洗涤固体，滤液减压除去溶剂即可得到纯净的还原产物。产率通常是可以定量的。下表列举了不同的还原剂对不同底物还原能力的对比及其还原产物。

产物　　底物 还原剂	亚胺正离子 （反应性强	酰氯 →	醛或酮 →	酯 →	酰胺	羧酸盐 反应性弱）
$LiAlH_4$	胺	醇	醇	醇	胺	醇
Red-Al		醇	醇	醇	胺	醇
DIBAL			醇	醇	胺	醇
$NaBH_4$	胺		醇			
$NaBH_3CN$	胺		醇			
B_2H_6			醇		胺	醇
AlH_3		醇	醇	醇	胺	醇

注：可以通过控制 DIBAL 的使用量且在低温下将酯和酰胺还原成醛和胺。

化合物 **12** 在 0℃ 下被 LiAlH₄ 还原得到醇 **13**。在这个还原过程中,烯醇硅醚中碳碳双键不受影响。**13** 在弱碱性条件下与苯甲酰氯反应,生成 **14**。这是经典的醇与酰氯反应合成酯的方法。将羧酸转化为酰氯进行反应可以大大提高其反应活性。吡啶在体系中既可以作为亲核试剂,又可以作为碱吸收反应生成的 HCl 使得反应在弱碱性下进行。这既可以加速酯化反应速率和提高产率,同时也可以使烯醇硅醚在此过程中不受影响。

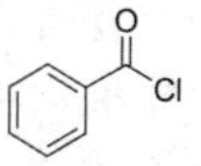

问题 3:

14 →[Pd(OAc)₂, O₂, DMSO, 80 ℃, 15 h, 91%] 15

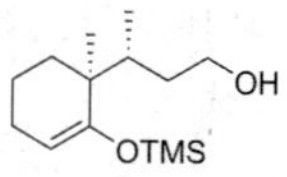

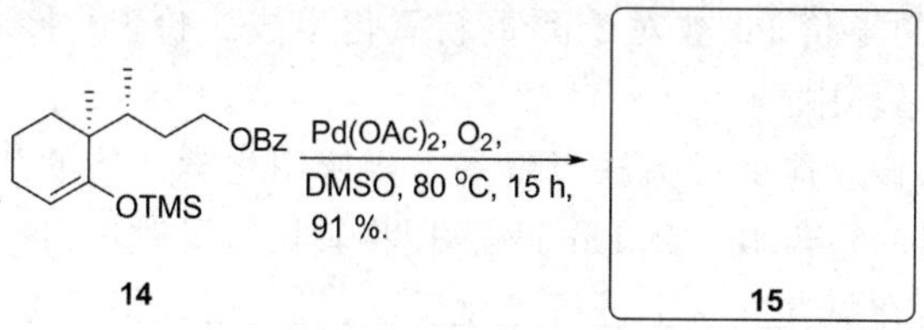

思考题:
请问以下试剂中哪些以体现碱性为主?哪些既有碱性又有还原性?哪些以体现亲核性为主?
KH, NaH, LiH, LiAlH₄, NaBH₄, R₃SiH。

提示:
- 这是一个氧化反应。从底物 **14** 的结构看,哪个位点可以发生氧化反应?
- 这是一个人名反应。最终生成的产物 **15** 是一个 α,β-不饱和羰基化合物。

DMSO:二甲亚砜

解答:

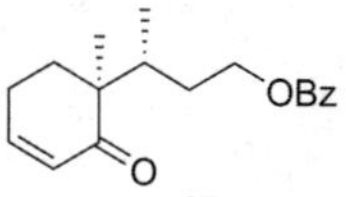

产物 **15** (结构: 环己烯酮带有 OBz 侧链)

讨论:

将 **14** 转化为 **15** 的反应为改进的 Saegusa 氧化反应。它将醛或者酮转变为相应的 α,β-不饱和羰基化合物,在有机合成中是应用非常广泛的一个转换。目前已经发展出了许多方法以实现这一转换,比如利用化学计量的钯盐或者硒试剂直接将醛或酮转变为相应的 α,β-不饱和羰基化合物。1978 年,Y. Ito 和 T. Saegusa 教授发现了一种制备 α,β-不饱和羰基化合物的新方法[5],就是利用醋酸钯区域选择性地将烯醇硅醚氧化成 α,β-不饱和羰基化合物,该反应被称为 Saegusa 氧化反应。他们认为,反应经历了一个氧杂烯丙基钯(Ⅱ)π-配合物 **16** 的中间过程。其可能的反应过程如下:

Saegusa 氧化反应:
1978 年,Y. Ito 和 T. Saegusa 报道了室温下利用化学计量的 Pd(OAc)₂ 和对苯醌在乙腈溶液中将烯醇醚转化为 α,β-不饱和羰基化合物。底物可以是环状的或非环状化合物。

此反应的特点:
(1) 使用 0.5 倍量的 Pd(OAc)₂ 和 0.5 倍量的对苯醌作为共氧化剂;
(2) 如果使用化学计量的 Pd(OAc)₂,则不需要使用对苯醌,但是如果 Pd(OAc)₂ 少于 0.25 倍量,产率会大大降低;

(3) 起始原料烯醇醚容易制备(在"问题1"中已作介绍);

(4) 反应是高度立体选择性的,非环体系得到的双键通常为反式。

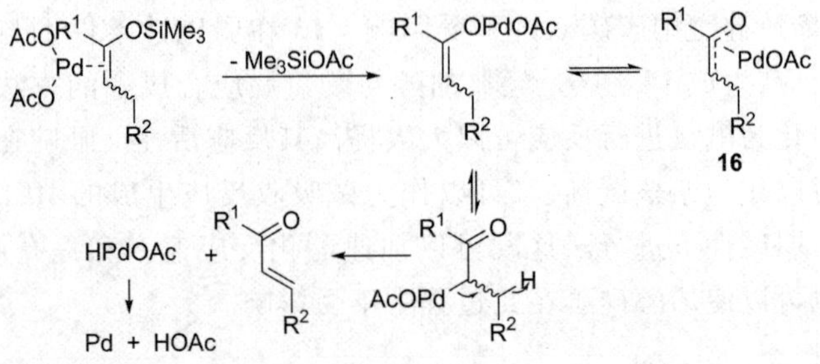

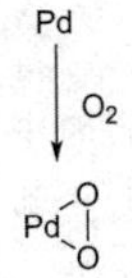

生成的零价 Pd 被对苯醌重新氧化生成二价 Pd,接着参与到整个反应循环中。

当初,该反应的最大缺点就是需要使用化学计量的醋酸钯,很不经济。1995 年,R. C. Larock 教授将其进行了改进,使用催化量的醋酸钯,在氧气气氛下进行氧化反应,氧气用来将 Pd(0) 重新氧化为 Pd(Ⅱ)。[6] 反应在 DMSO 中进行给出了最理想的结果,但是 DMSO 的具体作用并不是很清楚。当然,还有使用其他改进方法来减少 Pd(OAc)$_2$ 的使用量的。

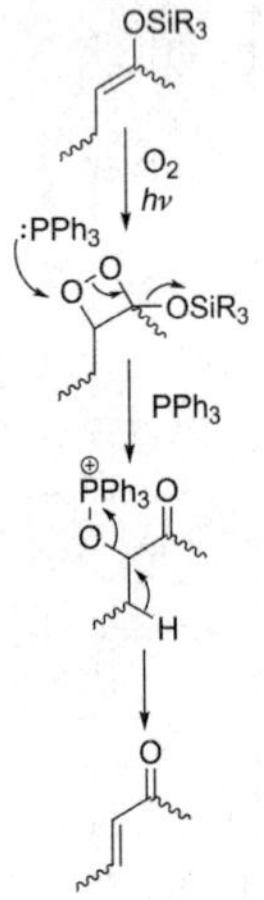

先将酮转化为相应的烯醇硅醚,再加入其他氧化剂进行氧化生成 α,β-不饱和羰基化合物,这已经成为一种常用的合成方法。常见的氧化体系有:单线态氧,PPh$_3$[7];PhSeCl,mCPBA[8];DDQ[9],等等。

问题 4:

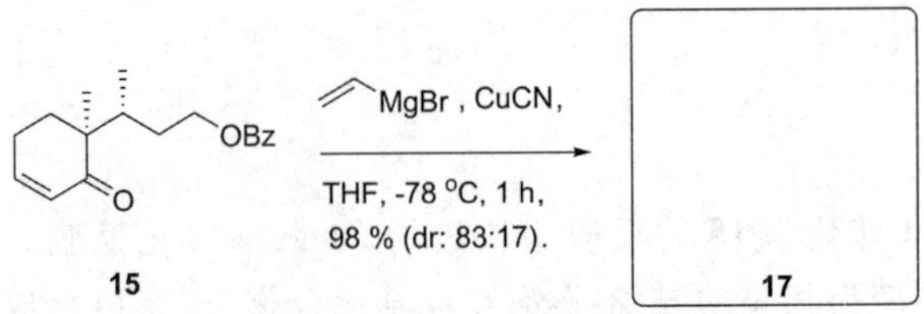

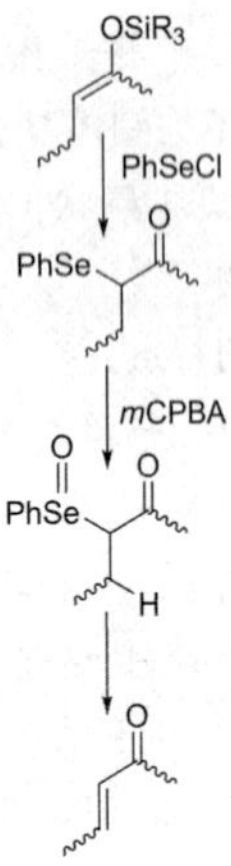

提示:
- 底物 **15** 有三个官能团,分别是酯基、酮羰基以及碳碳双键,哪个官能团与格氏试剂的反应性最差?
- 这是格氏试剂对 α,β-不饱和酮进行加成的反应。反应是 1,2-加成还是 1,4-加成?
- 反应中使用了 CuCN。它的作用是什么?

第 2 章　简捷明快的合成路线：桥环分子的构筑和分子内的反应 / 39

解答：

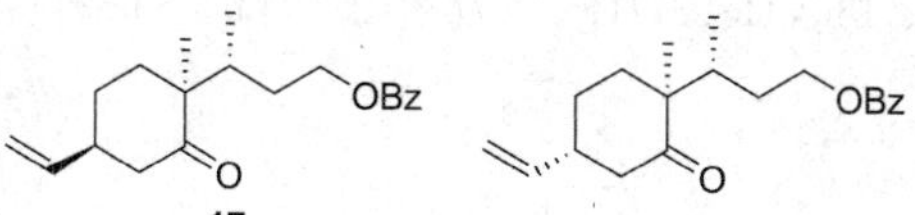

17

讨论：

　　为了合成目标产物，需在羰基的 β 位引入一个甲酰基，T. Honda 曾尝试过先在此处引入氰基或者含氧的基团，然后再将它们转变为甲酰基，但是都没有成功得到产物。因此，这里他们利用乙烯基格氏试剂引入一个乙烯基，它在后面的转化中可以转变为甲酰基。

　　有机金属化合物与 α,β-不饱和羰基化合物反应时，既可以发生 1,2-亲核加成，也可以发生 1,4-共轭亲核加成。以何种反应为主，与亲核试剂的软硬性有关，也与羰基旁的基团大小有关，还与试剂的空间位阻大小有关。α,β-不饱和酮与有机锂试剂反应，主要得到 1,2-亲核加成产物，而与格氏试剂反应，则要作具体分析，主要考虑酮羰基旁基团的大小。若与烷基铜锂反应，主要得到 1,4-共轭加成产物。因此，为了得到 1,4-共轭加成产物，一种常用的方法是在格氏试剂中加入约 0.05 mol 卤化亚铜或氰化亚铜。在上面的反应中，由于加入了 CuCN，主要发生 1,4-共轭加成反应，在酮羰基的 β 位引入了乙烯基。反应得到的非对映异构体比例为 5∶1。这主要是由于受到 **15** 中两个手性碳构型的影响，乙烯基只能从垂直纸面向内的方向引入，得到主产物 **17**。当 **15** 中侧链上没有此甲基取代时，得到两个非对映异构体的比例为 1∶1。

底物 **15** 有三个官能团，分别是酯基、酮羰基以及双键；从各自的独立角度来说，孤立碳碳双键与格氏试剂基本不反应。

加入 CuCN 可以将格氏试剂转化为烷基铜试剂，这样的转换可以进一步提高反应的化学选择性、区域选择性、产率以及反应速度。此外，将格氏试剂转化为烷基铜试剂后，使其成为更软的亲核试剂，就只能发生 1,4-加成共轭反应。酯基的反应能力本身就比酮羰基差，就更不会与烷基铜试剂反应了。

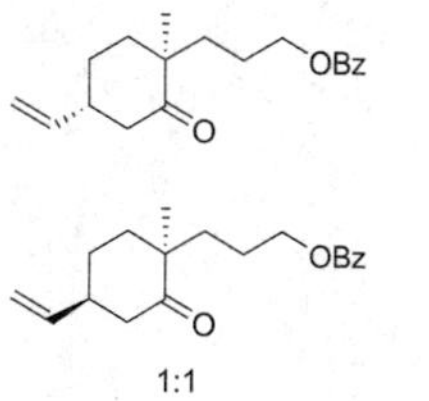

1∶1

问题 5：

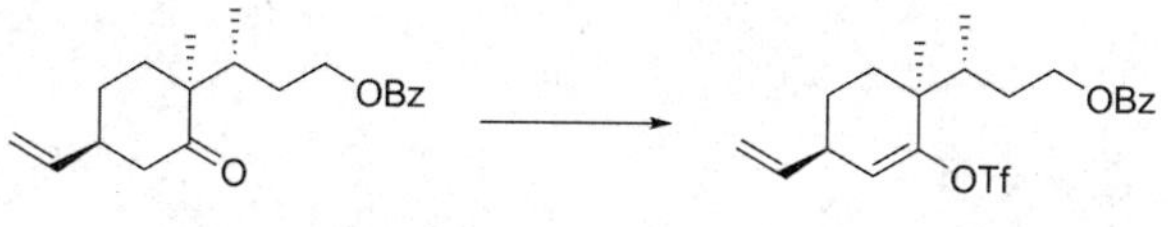

17 → **18**

Tf：CF$_3$SO$_2$-

提示：

- 在化合物 **17** 转化为 **18** 时，再次发生了由酮式到烯醇式的转变；
- 这次引入 Tf 基团，而不是 TMS 基团；
- 用什么试剂可以将 Tf 基团引入？

解答：

NaHMDS，PhNTf$_2$，THF，−78℃，2.5 h，81%。

讨论：

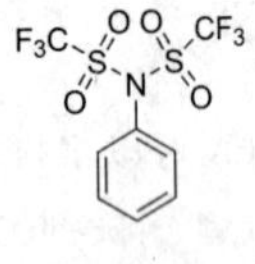

前面我们已经讨论过 NaHMDS 是一个高位阻非亲核性的强碱，它可使酮的 α 位脱去质子，生成的烯醇化物通过和 N-苯基双三氟甲磺酰亚胺（PhNTf$_2$）反应生成三氟甲磺酸烯醇酯。在低温（−78℃）下，利用大空阻的烷基硅基胺盐 NaHMDS 进行脱质子的反应是受动力学控制的，可以控制烯醇化的区域选择性，只能在空阻小的 α 位进行去质子化反应。

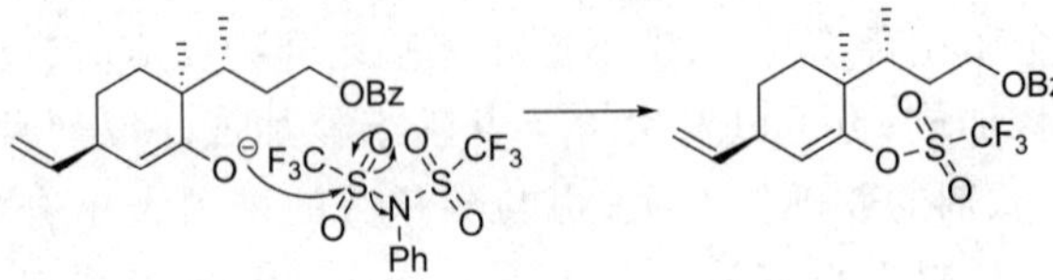

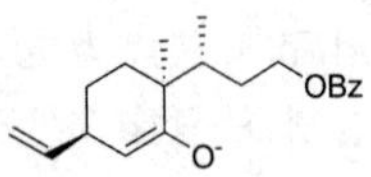

在上一步中无法进行分离的非对映异构体在这一步中可以进行分离。

上面说到 T. Honda 在前一步曾合成了与 **17** 类似的羰基 β 位为氰基的化合物，但最终放弃此合成步骤的主要原因在于，该化合物在此步反应中不能生成相应的三氟甲磺酸烯醇酯，而是发生 1,4-共轭加成的逆反应生成 **15**，可能是由于 CN$^-$ 离去能力很强，促使了 1,4-共轭加成逆反应的进行。

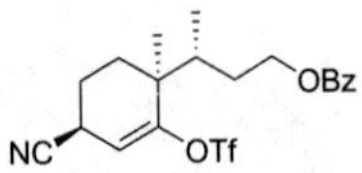

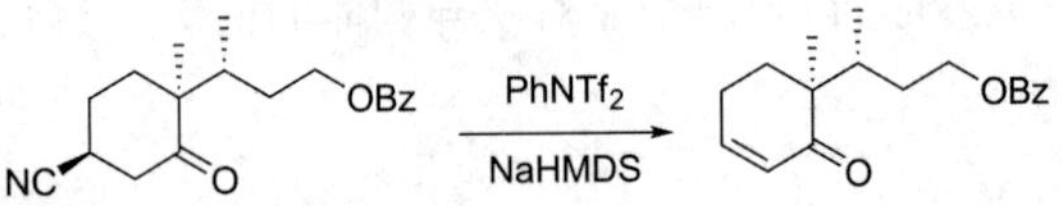

问题 6：

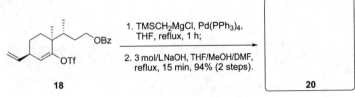

第 2 章 简捷明快的合成路线：桥环分子的构筑和分子内的反应 / 41

提示:
- 第一步反应还是一个钯催化的偶联反应。与我们后面将讨论的偶联反应不一样的是，此偶联反应的连接位点可以是 sp^3 杂化的碳原子。
- 这还是一个人名反应，称为 Kumada 偶联反应。
- 第二步反应是一个在碱性条件下脱除保护基的反应。哪个保护基在此条件下会被脱除？

解答:

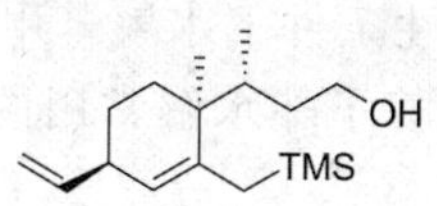

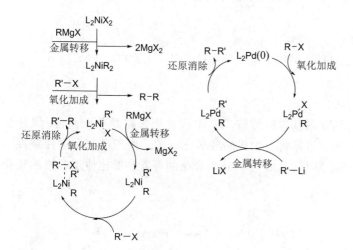

20

讨论:

卤代烷烃中的烷基与有机金属化合物的烷基用碳碳键连接起来形成一个新的分子，这类反应为卤代烷烃与金属有机化合物的偶联反应。我们最早学到的这类反应就是卤代烷与烷基铜锂的交叉偶联反应。下图对比了 Pd 催化与 Ni 催化的 Kumada 偶联反应的转换过程。

1972 年，M. Kumada 和 R. J. P. Corriu 分别独立发现，在镍-膦配体的催化下芳基卤代物或烯基卤代物可以与格氏试剂发生高立体选择性的交叉偶联反应。研究发现，镍-膦配体只能促进与格

Kumada 偶联反应的特点：
(1) 镍-膦配体的催化活性依赖于膦配体：$Ni(dppp)Cl_2$ > $Ni(dppe)Cl_2$ > $Ni(PR_3)_2Cl_2$ ≈ $Ni(dppb)Cl_2$；
(2) 有 β-氢的格氏试剂也能进行此偶联反应，不会发生 β-氢消除；
(3) 二级烷基格氏试剂可能会异构化为一级烷基格氏试剂，其异构化依赖于膦配体的碱性和芳基卤代物的活性；
(4) 使用 dppf 配体可以大幅度降低 β-氢消除的反应速度，加速还原消除的反应速度，这使得二级烷基格氏试剂不会异构化为一级烷基格氏试剂而直接进行偶联反应；
(5) 在镍-膦配体催化下，芳基氯代物甚至芳基氟代物也可以进行偶联反应；
(6) 反应是高立体选择性的，烯烃的构型保持不变；
(7) 与 Ni 催化剂相比，Pd 催化反应具有更高化学和立体选择性，还可以选择更多的负离子偶联试剂，但只能与溴代物和碘代物反应；
(8) 常用的偶联试剂是有机镁试剂和有机锂试剂，但是有机铜试剂、有机铝试剂、有机锌试剂等也可以反应；
(9) 许多含有对碱敏感官能团的试剂不能进行此偶联反应。

其注意事项：
(1) 有机锂试剂必须缓慢加入，因为一些乙烯基溴类衍生物可能会发生消除反应生成炔烃。

(2) Pd 催化剂必须具有较高的纯度,以保证其活性;各种试剂均不能过量。

氏试剂的交叉偶联反应,而烷基锂试剂则不行。后来发现,Pd 催化剂可以催化烷基锂试剂进行此偶联反应。这个反应中使用三氟甲磺酸酯代替卤代烃,它也可以与有机金属化合物发生偶联反应。一般来说,三氟甲磺酸酯的反应活性介于氯代物与碘代物之间,与溴代物类似。格氏试剂和烷基锂试剂都很容易与烯丙型和苯甲型卤代烃发生偶联反应。而格氏试剂与乙烯基和芳基卤代烃的偶联反应需要在零价钯的催化作用下才能发生。第一步反应在零价钯催化下,三氟甲磺酸酯与格氏试剂经偶联反应将三甲基硅亚甲基引入到 **20** 中,随后用来构筑环外双键。

第二步反应是在碱性条件下水解苯甲酸酯从而脱去保护基。在这里使用了 NaOH,代替了酯水解常用的 LiOH。两步的总产率可以达到 94%。

TPAP:$(nPr)_4NRuO_4$

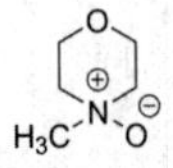

NMO

将一级醇或二级醇氧化成醛或酮的试剂有很多,利用过渡金属氧化剂是最常用的方法。常用的有铬氧化剂,如铬酸、PCC 和 PDC;新制 MnO_2 和钌试剂,如 TPAP/NMO,$RuCl_3$/NaIO$_4$,$RuCl_3$/NaOCl 以及 RuO_4 等。

还有一些反应利用有机试剂作为氧化剂将一级醇或二级醇氧化成醛或酮。例如,利用高价碘试剂的 Dess-Martin 氧化反应,利用 DMSO 的 Swern 氧化反应,等等。我们会在后面的章节中具体讨论。

问题 7:

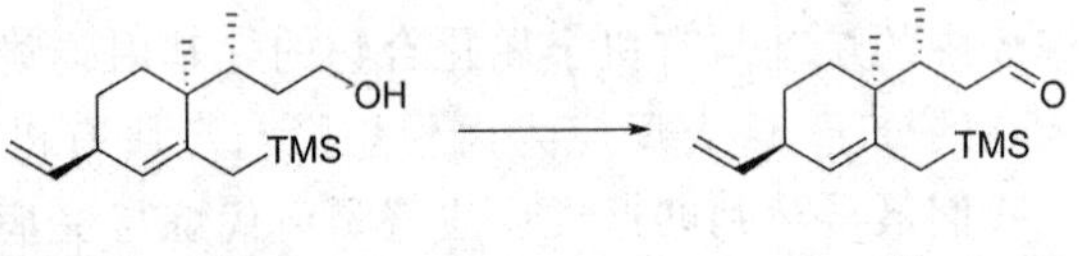

20 → **21**

提示:
- 这是一个氧化反应,将一级醇转化为醛;
- 有多少种氧化的方法可以将一级醇或二级醇转化为醛或者酮?

解答:
TPAP, NMO, M.S. (4Å), CH_2Cl_2, 0℃, 1 h, 75%。

讨论:
四正丙基过钌酸铵(TPAP),常用来将醇氧化到醛,但延长反应时间有可能将新生成的醛氧化到酸。由于反应在中性条件下进行,形成醛后,其 α 位的外消旋化的可能性要比使用含铬的氧化剂小一些。

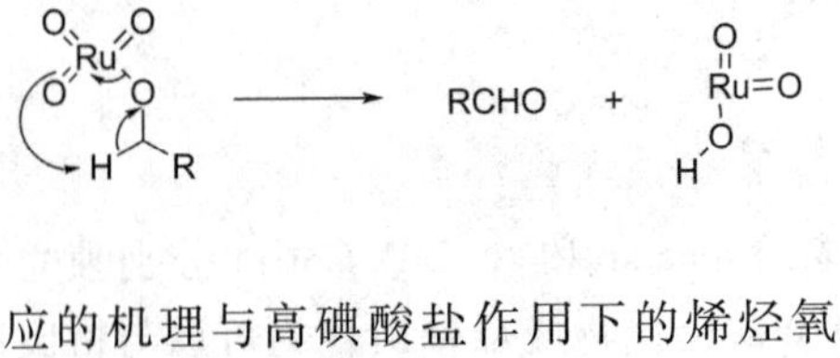

该氧化反应的机理与高碘酸盐作用下的烯烃氧化断裂类似,首先形成的中间体是酯,在这里是一个氧化态为七价的过钌酸酯,

随后发生 β-氢消除反应，生成醛（或酮）和五价的钌酸。NMO（*N*-甲基吗啉-*N*-氧化物）是用于氧化五价的钌酸再生成过钌酸盐，所以此氧化反应必须加入化学计量的 NMO 和催化量的 TPAP。

问题 8:

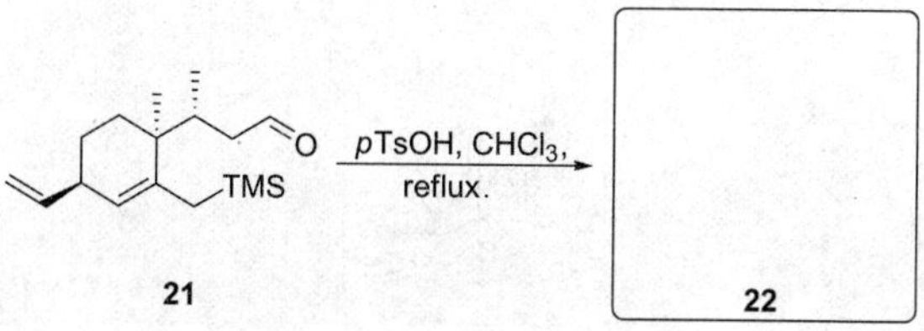

21　　**22**

提示：

- 这步反应是整个全合成工作的一个亮点，成功构筑了目标分子的基本骨架；
- 在此过程中发生了一个分子内的环化反应。

解答：

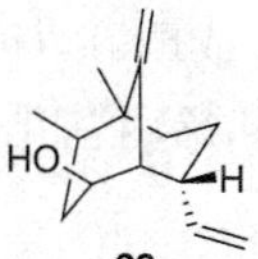

22

讨论：

从化合物 **21** 到 **22** 发生了一个 Lewis 酸催化的分子内 carbonyl-ene 反应。在对甲苯磺酸（*p*TsOH）的催化作用下，通过分子内 carbonyl-ene 反应一步构建了目标分子的双环[3.3.1]壬烷骨架，此骨架含有五个手性中心，同时又引入了环外双键。可以说，这一步反应是这整个全合成工作的画龙点睛之笔。

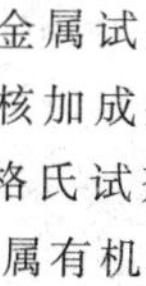

*p*TsOH

Barbier 反应：
是指有机金属试剂对羰基化合物亲核加成生成醇的反应。与格氏试剂不同的是，这些金属有机试剂通常不稳定，需要原位制备，而且只有一些活泼的卤代烷才能原位制备这些试剂。这些活泼卤代烷包括：苯甲基卤代物、烯丙基卤代物等。在此基础上，发展了许多过渡金属参与的烯烃与醛的反应。

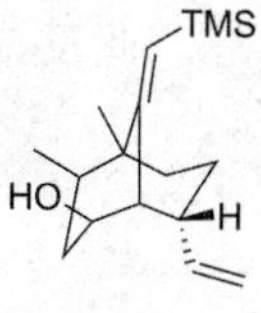

23

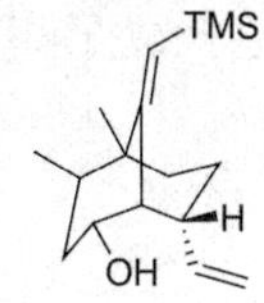

24

T. Honda 最初尝试了多种 Lewis 酸，如 $ZnCl_2$，$SnCl_4$，$BF_3 \cdot Et_2O$ 等，生成化合物 **22** 的产率都不高。当使用 0.2 mol% 的对甲苯磺酸作为催化剂时，他们得到了 85% 的环化总产率，但是得到了三个化合物的混合物，其中 **22**∶**23**∶**24** = 28∶67∶5，说明此分子内 carbonyl-ene 反应是可以用来构筑目标分子骨架的。但是，当这些金属包括 Mg,Sn,Zn,In 等等。如果使用 2-溴烯丙基溴为原料制备金属试剂,再与羰基化合物反应,生成的产物相当于羰基化合物的烯丙基化反应。如正文中所讨论的。

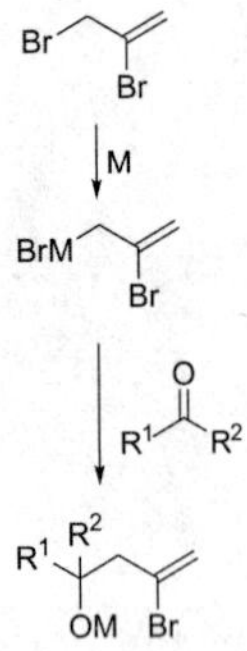

后续的研究表明,使用金属 In 的此类反应可以在水相中进行。

Carbonyl-ene 反应也是其中一种实例。

他们将对甲苯磺酸的用量增加到 10 mol% 时,以 96% 的产率高立体选择性地得到了所需的目标分子 **22**。分子 **22** 中新形成羟基的构型是由乙烯基的立体化学决定的。T. Honda 通过二维核磁共振及 NOE 的表征证实了 **22** 的绝对构型。推测可能的过渡态立体构型如下:

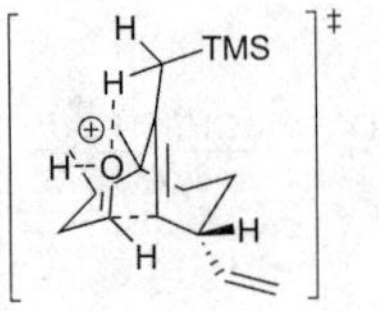

值得一提的是,底物中三甲硅基(TMS)对于 carbonyl-ene 反应尤其重要。当底物中没有三甲硅基时,在相同的反应条件下无法得到想要的产物,可能是由于三甲硅基的引入增加了其相邻的亚甲基上氢原子的酸性,使得分子内的 carbonyl-ene 反应可以顺利进行。

此类反应统称为羰基的烯丙基化反应。1976 年,H. Sakurai 报道了烯丙基硅烷与各类醛或酮在 TiCl$_4$ 催化下生成高烯丙基醇的反应。此反应称为 Sakurai 烯丙基化反应。

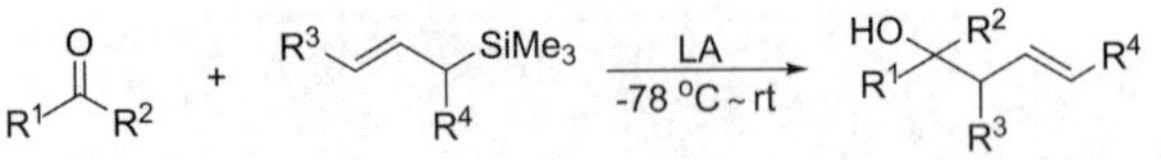

LA:Lewis 酸

各种不同的不对称硼酸酯试剂:
(1) Hoffmann (1978):

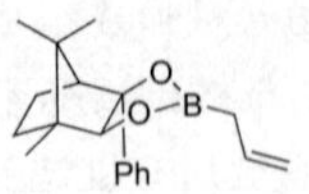

(2) Yamamoto (1982):

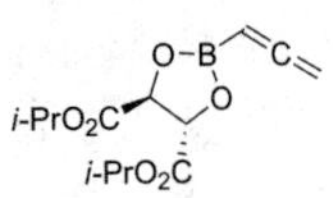

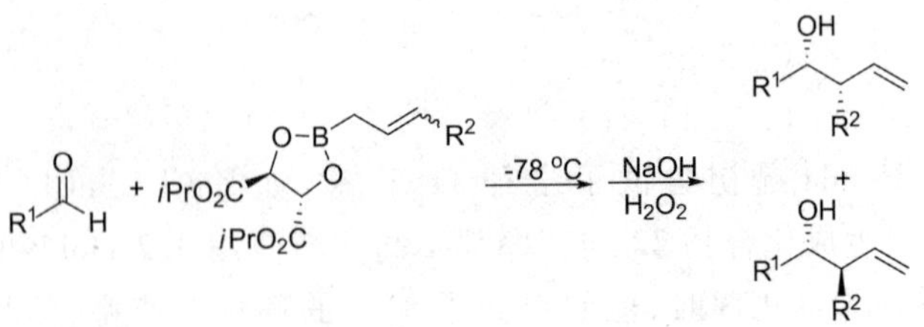

1978 年,R. W. Hoffmann 报道了首例对映选择成高烯丙基醇的烯丙基化反应。他利用了手性的烯丙基硼酸酯与脂肪醛的反应制备高烯丙基醇。几年后,W. R. Roush 改进了此反应。他利用手性的二异丙基酒石酸酯衍生化的烯丙基硼酸酯与醛反应,高产率、高对映选择性地合成了高烯丙基醇。此反应称为 Roush 不对称烯丙基化反应。

问题 9:

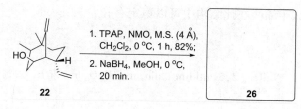

提示:
- 第一步反应是我们已经讨论过的羟基氧化反应;
- 第二步反应是还原反应,前一步氧化生成的酮羰基被还原成醇;
- 为什么需要进行如此的转换?

解答:

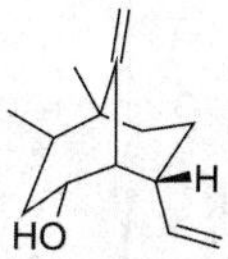

讨论:

这两步反应用来调整二级醇羟基的构型。第一步反应是我们前面讨论过的一个氧化反应,用来将羟基氧化为羰基。**22** 中的羟基在 TPAP 的氧化下转变为酮羰基,得到化合物 **25**。接下来,**25** 中的酮羰基又被 NaBH$_4$ 还原成二级醇羟基。两步反应总的结果就是使羟基的构型发生翻转。其构型发生翻转来源于羟基处于平伏键更稳定以及在还原过程中分子下方空阻大等原因。

(3) Brown (1983):

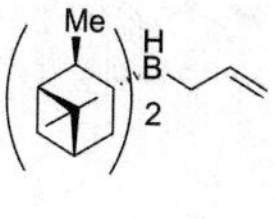

(4) Masamune (1987):

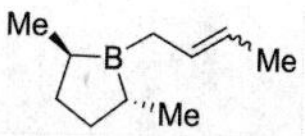

(5) Corey (1989):

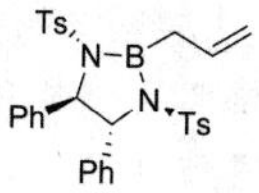

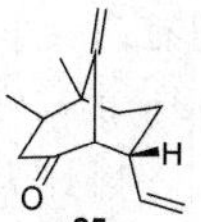

将羟基氧化再还原是一种常用的调整羟基手性的基本方法,如 Corey-Bakshi-Shibata 还原(CBS 体系)。

问题 10:

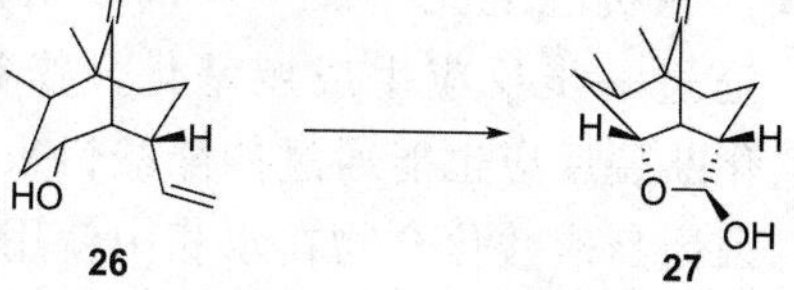

提示:
- 这是将碳碳双键氧化切断形成化合物醛,然后醛羰基与羟基反应形成半缩醛的过程。因此,首先要通过 Lemieux-Johnson 氧化反应将碳碳双键转化为少一个碳的醛。

Lemieux-Johnson 氧化反应实际上包含两个过程：首先，碳碳双键被四氧化锇氧化生成 1,2-二醇；接着，1,2-二醇被高碘酸钠氧化切断生成醛或酮。

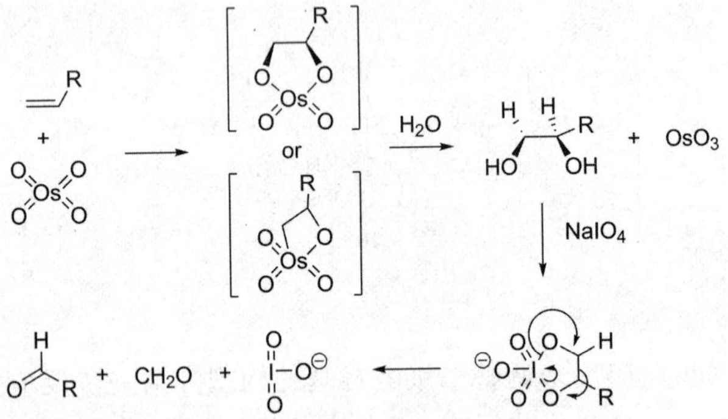

其他可以将双键氧化切断的试剂还有高锰酸钾和臭氧等。冷、稀的高锰酸钾溶液可以氧化烯烃为顺式邻二醇。因为生成的邻二醇会进一步氧化裂解为酮、酸或酮和酸的混合物，此反应的产率不高。在较强烈的反应条件下，如酸性、碱性或加热，可得到氧化裂解产物。

利用烯烃在低温和惰性溶剂如四氯化碳中与臭氧进行反应，生成的一级臭氧化物转变成二级臭氧化物，继而被水解成醛和酮。此过程称为双键的臭氧化物分解反应。这也可以实现由双键到醛的转化。但由于在反应后会生成一分子的过氧化氢，因而生成的醛会被进一步氧化成酸。为避

- 这个氧化反应的机理是什么？
- 为什么半缩醛在此结构中可以稳定存在？

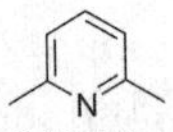

解答：

OsO_4，$NaIO_4$，2,6-lutidine，dioxane/H_2O，rt，26 h，69％（from **25**）。

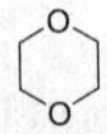

讨论：

在 Lemieux-Johnson 氧化反应中，碳碳双键首先在四氧化锇的作用下发生双羟基化，生成一个顺式的二醇和六价锇的氧化物。随后，高碘酸盐与生成的二醇反应形成高碘酸的二酯。然后，酯进一步分解生成醛、甲醛和碘酸根阴离子。

OsO_4 在非水溶剂如乙醚和四氢呋喃中能将烯烃氧化成顺式邻二醇。在此过程中有两种可能，一种是碳碳双键与氧锇氧发生环加成反应生成五元环；另一种可能是碳碳双键与锇氧双键发生 [2＋2] 环加成反应生成四元环，然后扩环成五元环；最终水解后成邻二醇。

邻二醇很容易在温和的条件下在 $NaIO_4$ 或 H_5IO_6 作用下被切断，反应产率很高。在机理上先生成一个高碘酸的二酯中间体。接着中间体断裂，通过一步反应生成羰基化合物和碘（Ⅴ）物种。一般来说，这个氧化断裂反应也能通过四醋酸铅来实现。因此，两种试剂是互补的，因为高碘酸化合物在水相中使用效果最佳，而四醋酸铅则适用于在有机相进行的反应。

在 Lemieux-Johnson 氧化反应中，加入高碘酸盐的作用有两个：首先，它可以使二醇氧化断裂形成醛；其次，它还可以将六价锇再氧化为八价锇，高碘酸的氧化态也因此从七价被还原成五价。所以，一般加入几倍量的高碘酸盐和催化量的 OsO_4 即可。

在底物 **26** 中有两个双键,利用 Lemieux-Johnson 氧化反应可以实现很好的区域选择性。前面我们已经提到,碳碳双键要与四氧化锇形成环状过渡态,因此空阻小、取代基最少的双键更易进行此反应。而高锰酸钾和臭氧的氧化条件都比较剧烈,反应不易控制,因而难以实现对双键的区域选择性氧化。

氧化得到的醛又进一步与二级醇羟基发生分子内的缩合反应,得到半缩醛 **27**。因此这是一个环状的半缩醛,与糖类分子一样,它可以稳定存在。

免醛被氧化,在用水或酸分解时常加入 Zn,使过氧化氢与 Zn 结合生成氢氧化锌;也可用二甲硫醚与反应中生成的过氧化氢反应形成二甲亚砜。

问题 11:

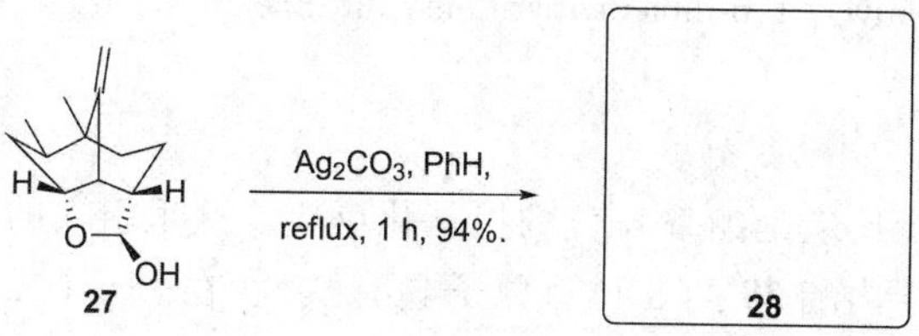

提示:
- 这一步反应还是一个氧化反应,用于将半缩醛氧化成酯。

解答:

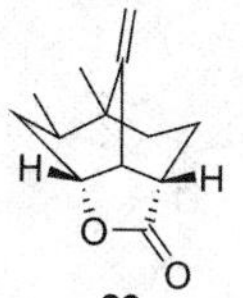

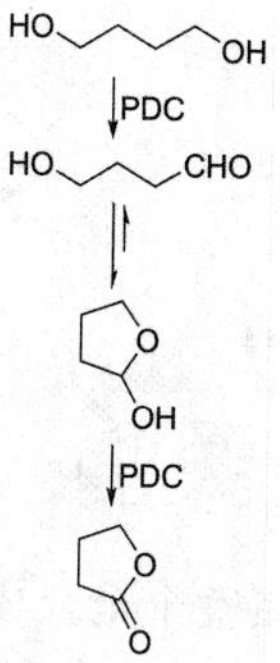

讨论:
AgNO$_3$ 与 Na$_2$CO$_3$ 反应得到 Ag$_2$CO$_3$ 沉淀,然后将其沉积到硅藻土上,得到的混合物被称为 Fetizon 试剂。它常用来将醇氧化为醛或酮。在这个反应中,半缩醛 **27** 被 Ag$_2$CO$_3$ 氧化为内酯 **28**。

其他将半缩醛氧化成酯的试剂还有 PDC 等。PDC 通常只能将醇氧化成醛,不可能将其氧化成酸,但是它可以将半缩醛的羟基氧化成羰基。这与将醇氧化成酮或醛是一致的。因此,我们可以在同一体系中将 1,4-丁二醇转化为 γ-丁内酯:

问题 12:

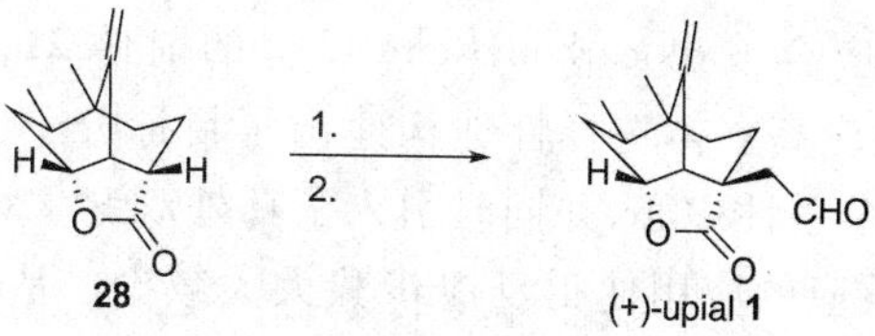

提示：
- 与目标化合物相比，该反应需在底物 **28** 中引入甲酰基甲基。这是一个带活泼官能团的基团，因此不可能一步引入，需要分步引入。
- 第一步反应首先引入一个烯丙基。
- 引入的烯丙基中碳碳双键在第二步反应中被氧化切断。
- 第二步反应是前面使用过的 Lemieux-Johnson 氧化反应。

解答：
1. LDA, THF/HMPA, allyl iodide, $-78 \sim 0\ ℃$, 1 h, 75%；
2. OsO_4, $NaIO_4$, 1,6-dimethylpyridine, dioxane/H_2O, rt, 24 h, 67%。

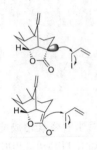

讨论：
第一步反应是酯基 α 位的烷基化反应。这里引入的烷基是烯丙基。由于内酯 **28** 的 α 位氢原子具有酸性，在 LDA（二异丙基氨基锂）的作用下，生成碳负离子，接着与烯丙基碘（allyl iodide）发生内酯的 α 位烯丙基化反应，生成化合物 **29**。由于其底物具有一个并环的骨架，生成的碳负离子或烯醇化构型保持不变，接着与烯丙基碘发生亲核取代反应，使得产物的构型与底物保持一致，这也是符合构象改变最小原理的。

第二步，双键发生 Lemieux-Johnson 氧化反应，得到目标分子 (+)-upial **1**。反应机理前面已经讲过，这里不再赘述。

2.4 结论

在整个全合成工作中，分子内 carbonyl-ene 反应是最为关键的一步。T. Honda 教授由简单的光学纯原料 **11** 出发，通过 9 步反应合成出 carbonyl-ene 反应的前体 **21**，随后发生的 Lewis 酸催化下分子内的 carbonyl-ene 反应高立体选择性地构建出了目标分子 (+)-upial 的双环[3.3.1]壬烷骨架。此骨架具有五个手性中心，并同时引入了环外双键。对比以前对于 upial 骨架的构筑，分子内 carbonyl-ene 反应的应用使得反应步骤大大减少。从原料 **11** 到最终产物 **1** 共经历了 15 步反应，总产率 10.2%。这项工作对于以后类似双环体系的合成提供了新的思路。

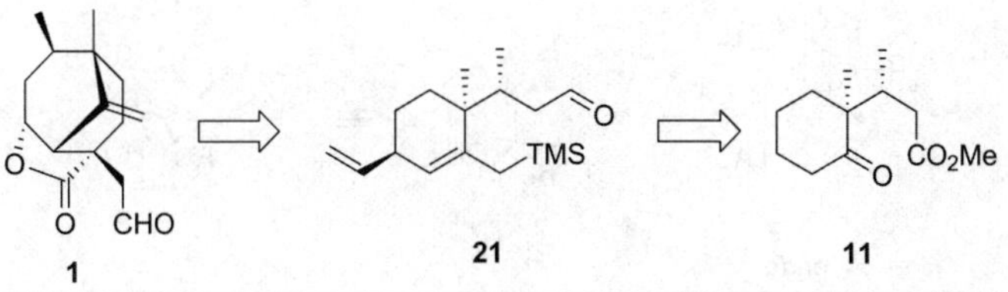

2.5 Ene 反应简介

此项全合成工作中的一个关键反应就是分子内的 carbonyl-ene 反应,下面我们就简单介绍一下 ene 反应以及分子内 carbonyl-ene 反应在有机合成中的一些应用实例。

如下图所示,Ene 反应是发生于一分子 ene 与一分子 enophile 之间的周环反应,反应经历了与[2,3]σ 迁移反应类似的过渡态。通过轨道的重叠,化学键的形成和断裂同时进行,它的逆过程称为 retroene 反应。反应具有很好的立体选择性。在许多高立体选择性的 ene/retroene 反应中,ene 或者 enophile 中的一个或者多个碳原子可以替换为杂原子。N=N,C=O,C=N 等常用来作为 enophile。

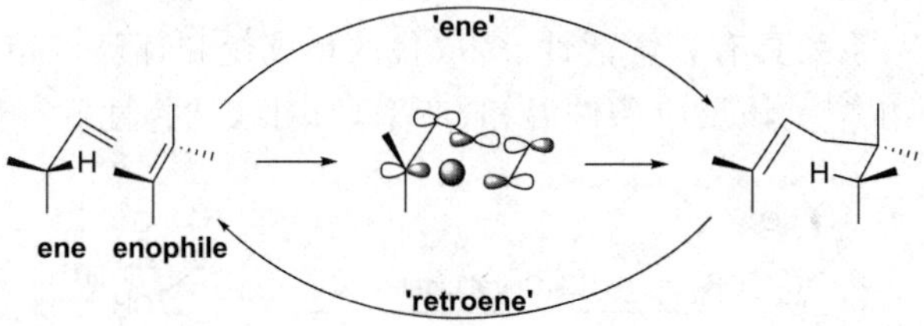

Ene 反应

Loncharich 和 Houk 通过理论计算得到了丙烯和乙烯,以及丙烯和甲醛之间发生 ene 反应的过渡态的能量最优构象,发现它们很相似。通过下图的 Newman 式可以看出,ene 与 enophile 上(球标记的碳)取代基之间存在位阻,可以通过它来控制产物的立体化学。

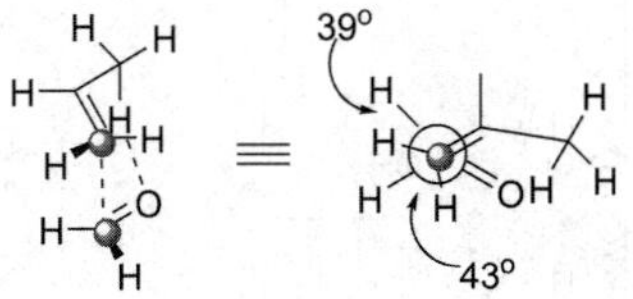

分子间 ene 反应通常需要较高的反应温度,而且反应的区域选择性很差。当羰基作为 enophile 时,羰基上的氧原子通常可以与 Lewis 酸(如 $SnCl_4$ 和 R_3Al 等)配位,增强其反应活性,可以使反应在较低的温度下进行,同时反应具有很好的非对映选择性和区域选择性。

如下图所示,当 1,1′-二取代的丙烯与醛发生 ene 反应时,可以有内型(*endo*)和外型(*exo*)两种过渡态。羰基氧与 Lewis 酸配位后,Lewis 酸采取与醛基氢顺式的构型以减少位阻。在这类 ene 反应中,立体化学(内型或外型)主要由 R 与 a(**A** 中)、R 与 b(**B** 中)以及 Lewis 酸与 a 或 b 的位阻作用决定。

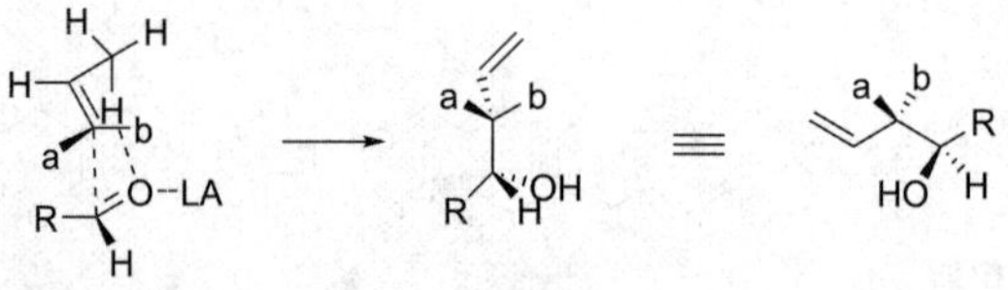

A endo

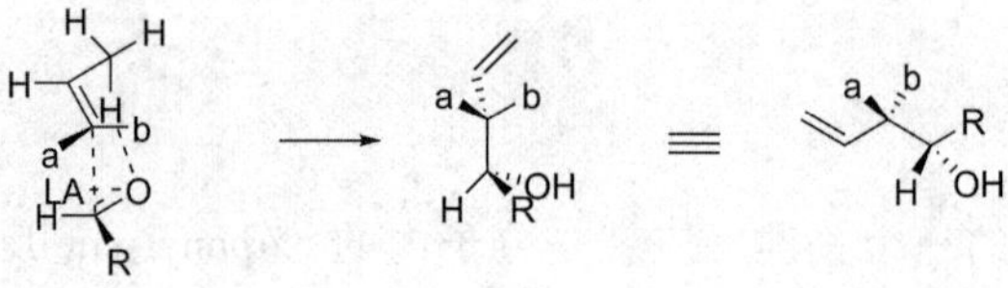

B exo

Ene 反应已经被广泛地用于有机合成中,文献中已经有很多报道。在上面介绍的(+)-upial 的全合成中,可以看到分子内 carbonyl-ene 反应可以用来立体选择性地构筑复杂的环状结构。相对于分子间 carbonyl-ene 反应,分子内 carbonyl-ene 反应更具艺术性。下面我们就介绍几个利用分子内的 carbonyl-ene 反应构筑复杂环系的例子。

2003 年,D. Yang 教授利用手性 Lewis 酸催化 α-酮酯 **30** 进行分子内 carbonyl-ene 反应,对映选择性地合成了一系列具有光学活性、多取代的环戊烷和环己烷衍生物,它们可以用来构筑更复杂的天然产物[10]。该反应条件温和,产率高,对映选择性好。反应如下:

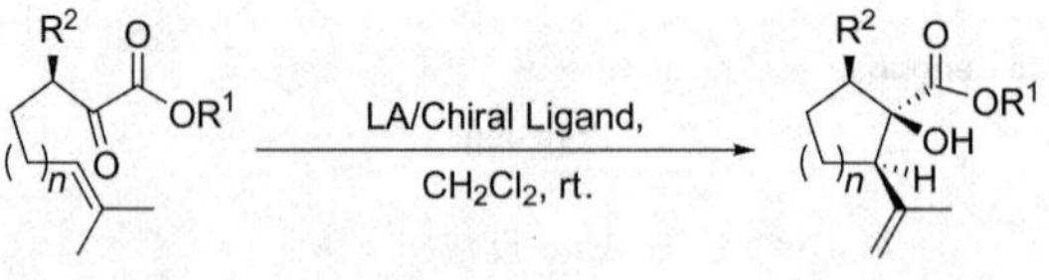

30 n = 1, 2   **31**

2004 年,A. Srikrishna 教授由简单易得的原料(R)-carvone **35**(香芹酮)出发,对映选择性地合成了天然产物(+)-*trans*-α-himachalene **32**。[11] Himachalene 的双环骨架就是通过分子内 carbonyl-ene 反应来构筑的。其逆合成分析如下:

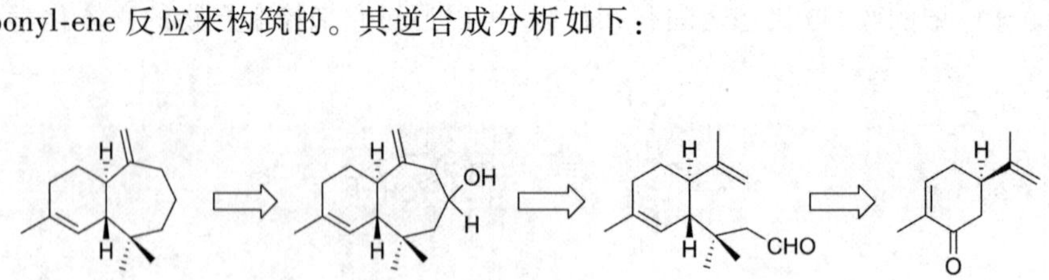

32   **33**   **34**   **35**

从逆合成分析可以看出,利用分子内 carbonyl-ene 反应可以简捷高效地由化合物 **34** 构筑出六元环并七元环的骨架 **33**。但是由于化合物 **34** 的合成稍经周折,增加了整个全合成的步骤。

2006 年,Hiersemann 教授报道了对于非天然产物 Norjatrophane diterpene,(−)-15-acetyl-3-propionyl-17-norcharaciol **36** 的全合成研究。[12] 其逆合成分析如下:

第 2 章 简捷明快的合成路线：桥环分子的构筑和分子内的反应 / 51

从逆合成分析中可以看出其关键反应，化合物 **44** 发生分子内的 carbonyl-ene 反应得到了环戊烷衍生物 **43**，随后制成 Horner 试剂 **40**。**40** 与醛 **41** 的 Horner-Wadsworth-Emmons 反应可以得到 **38**。随后，**38** 进行关环复分解反应，即可得到目标分子天然产物 **37**。然而遗憾的是，当他们合成得到的化合物 **37** 进行烯烃复分解反应时，并未得到目标分子。他们分析可能是由于 **38** 中烯烃上的甲基的位阻影响，使得关环反应无法进行。于是他们将甲基改为氢原子，合成了 **39**，并顺利得到了非天然产物 **36**。虽然未得到目标产物 **37**，但是在整个合成过程中我们仍然可以看到，利用分子内 carbonyl-ene 反应可以成功构筑多取代的环戊烷衍生物，从而降低了合成难度，为后面的反应作了很好的铺垫。

参 考 文 献

1. Schulte, G.; Scheuer, P. J.; McConnell, O. J. *J. Org. Chem.* **1980**, *45*, 552.
2. Taschner, M. J.; Shahripour, A. *J. Am. Chem. Soc.* **1985**, *107*, 5570.
3. a) Nagaoka, H.; Shibuya, K.; Yamada, Y. *Tetrahedron Lett.* **1993**, *34*, 1501; b) Nagaoka, H.; Shibuya, K.; Yamada, Y. *Tetrahedron* **1994**, *50*, 661.
4. Snider, B. B.; O'Neil, S. V. *Tetrahedron* **1995**, *51*, 12983.
5. Ito, Y.; Hirao, T.; Saegusa, T. *J. Org. Chem.* **1978**, *43*, 1011.
6. Larock, R. C.; Hightower, T. R.; Kraus, G. A.; Hahn, P.; Zheng, D. *Tetrahedron Lett.* **1995**, *36*, 2423.
7. Friedrich, E.; Lutz, W. *Angew. Chem. Int. Ed. Engl.* **1977**, *16*, 413.
8. a) Hoeger, C. A.; Okamura, W. H. *J. Am. Chem. Soc.* **1985**, *107*, 26; b) Grieco, P. A.; Parker, D. T.; Nargund, R. P. *J. Am. Chem. Soc.* **1988**, *110*, 5568; c) Paquette, L. A.; Ross, R. J.; Springer, J. P. *J. Am. Chem. Soc.* **1988**, *110*, 6192; d) Holton, R. A.; Juo, R. R.; Kim, H. B.; Williams, A. D.; Harusawa, S.; Lowenthal, R. E.; Yogai, S. *J. Am. Chem. Soc.* **1988**, *110*, 6558; e) Grieco, P. A.;

Nargund, R. P.; Parker, D. T. *J. Am. Chem. Soc.* **1989**, *111*, 6287.

9. a) Fleming, I.; Paterson, I. *Synthesis* **1979**, 736; b) Ryu, I.; Murai, S.; Hatayama, Y.; Sonoda, N. *Tetrahedron Lett.* **1978**, 3455; c) Zoretic, P. A.; Chambers, R. J.; Marbury, G. D.; Riebiro, A. A. *J. Org. Chem.* **1985**, *50*, 2981; d) Rigby, J. H.; Kotnis, A. S. *Tetrahedron Lett.* **1987**, *28*, 4943; e) Jung, M. E.; Pan, Y.-G.; Rathke, M. W.; Sullivan, D. F.; Woodbury, R. P. *J. Org. Chem.* **1977**, *42*, 3961.

10. Yang, D.; Yang, M.; Zhu, N.-Y. *Org. Lett.* **2003**, *5*, 3749.

11. Srikrishna, A.; Kumar, P. R. *Tetrahedron Lett.* **2004**, *45*, 6867.

12. Helmboldt, H.; Köhler, D.; Hiersemann, M. *Org. Lett.* **2006**, *8*, 1573.

（本章初稿由王婕妤完成）

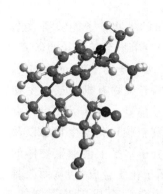

第3章

无保护基的全合成研究：
高效的偶联反应
(+)-Ambiguine H：P. S. Baran (2007)

3.1 背景介绍

在过去的一个世纪中,有机合成方法学已经取得了很大的进展,并发展了许多行之有效的合成方法,例如各类在过渡金属催化下碳碳键的偶联、碳氢键的活化等等。但是有机合成在一些复杂分子的合成中仍显得有些力不从心。[1,2] 例如,不能精确地控制一个反应所发生的位点,不能排除其他可能副反应的影响等等。因此,利用保护基使某些敏感的官能团免受剧烈反应条件的影响,并使得反应在特定官能团上发生,已经成为常用的解决办法。[3] 理想的保护基团应该能够简捷、高效引入,并能够很容易地脱去,而且在这一转化过程中不会导致副反应的发生。然而,在实际应用中保护基的运用并非信手拈来,保护基的脱除和潜在的副反应或其他影响,常常成为有机化学家的梦魇。因此,如何选用合适的保护基就显得非常重要。一旦选择不当,前面很多的合成工作很可能就要彻底推倒重来。

生物合成(biosynthesis)是有机天然化合物最原始的自然合成方式。天然产物的生物合成的机制研究,是从分子遗传学和生物化学水平对于这一天然过程的理论揭示。在生物体内,通过对次生代谢途径的阐明可以回答生物、化学和药学家们所共同关注的基本问题:自然界中存在着哪些生物化学反应？这些生化反应的作用机制是怎样的？一些酶促反应如何联系在一起,通过顺序协作的方式共同负责具有复杂化学结构天然产物的形成？此外,在生物体内,这一连续的酶促反应过程是如何调控的？最终,通过对这些问题的认识使科学家们学会如何控制这一代谢途径,以达到提高天然产物的产量或发现和发展更具有临床应用价值的药物的目的。另一方面,生物合成过程中化合物的变化都是以所要实

Stigonemataceae 家族

1: ambiguine H

2: hapalindole U

3: fischerindole I

4: welwitindolinone A

现的功能为导向的。在酶的催化下,简单的生物分子能够高效选择性地合成具有特定功能的分子。[4]随着对生物合成途径的研究,出现了仿生合成的概念,为人们提供了一个十分有效的合成思路。[5]有机化学领域的仿生合成也就等同于生物有机合成。生物有机合成以其反应条件的温和、无污染、立体专一性强等突出特点和优势成为绿色化学的重要体现。其发展依赖于化学生物学以及生物学的理论、方法、技术和原理,即在分子水平上模拟生物体的功能,将生物体的功能以及作用原理应用于化学合成中,从而改善现有的化学原理和工艺,并创造崭新的化学合成工艺。例如,(+)-ambiguine H 的化学合成途径[6]如下:

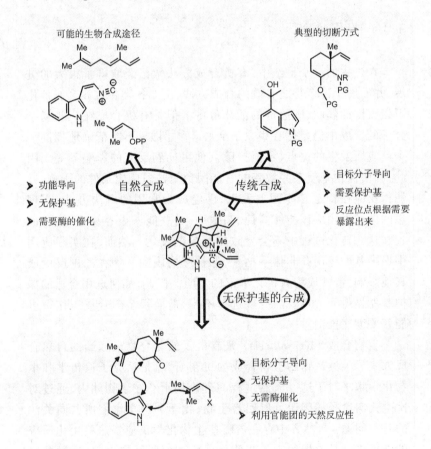

蓝藻菌类 Stigonemataceae 家族有超过 60 种与生物起源相关、结构复杂独特的吲哚衍生物,能够形成 hapalindole, fischerindole, welwitindolinone 和 ambiguine 等生物碱。这些化合物具有很好的生物活性,具有抗菌、抗癌等特性,其中一些化合物表现出了潜在的临床应用价值。[4,6,7]然而,这些生物碱在蓝藻提取物中的含量却很低,而且提取困难繁琐,从而阻碍了科学家们对它们潜在应用价值的研究。P. S. Baran 等人通过对生物合成的研究,利用分子本身的反应性,在不使用保护基的情况下完成了对该类化合物的全合成研究。他的研究工作为有机化学家展现了一种全新的合成思路。[6,8]

本章主要介绍了 P. S. Baran 等人报道的 ambiguine H,hapalindole U,fischerindole I 和 welwitindolinone A 等化合物的无保护基全合成路线[6],并对其中的典型反应进行探讨。

3.2 问题概览

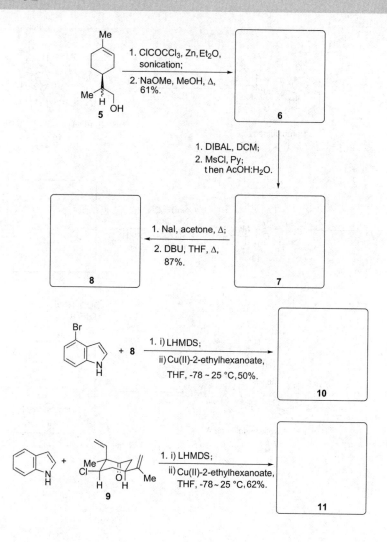

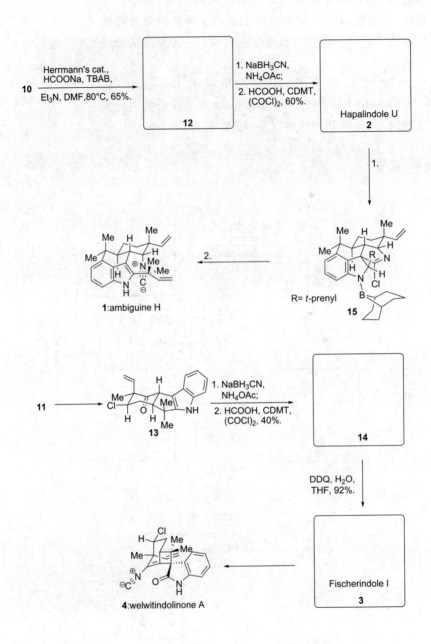

3.3 合成

问题 1:

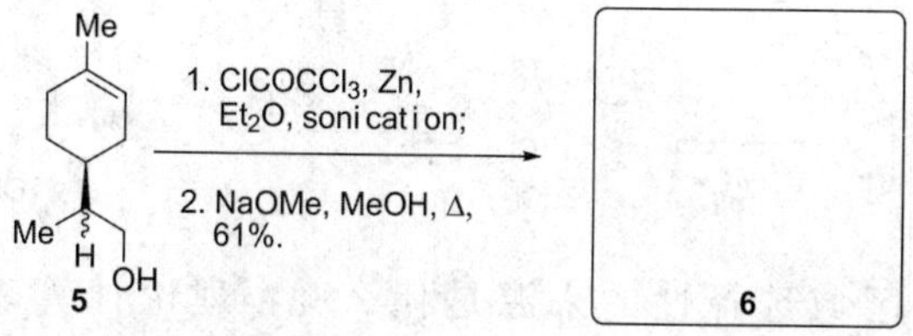

底物 **5**: 4-甲基环己烯上连接 CH(Me)-CH₂OH 取代基

1. ClCOCCl₃, Zn, Et₂O, sonication;
2. NaOMe, MeOH, Δ, 61%.

→ **6**

化合物 **6** 的立体构象:

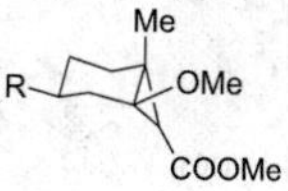

结构: 环己烷上 Me, OMe, COOMe, R 取代基

提示:
- Zn 粉与 ClCOCCl₃ 首先发生反应,生成的产物含有碳氧和碳碳双键。如何命名此化合物?
- 这类化合物可以与碳碳双键发生环加成反应。
- 环加成反应具有区域选择性和立体选择性。如何判断?
- 最终产物 **6** 中并不含有氯元素。

解答:

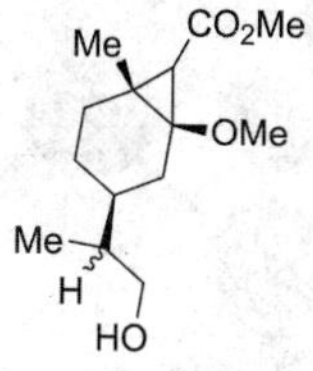

化合物 **6** 结构: 双环结构,含 Me, CO₂Me, OMe, CH(Me)CH₂OH 取代

讨论:

底物 **5** 是商业可得的天然产物,通常会含有少量不可分离的非对映异构体。在这个合成过程中,此非对映异构体的存在不会影响最终的产物,因为此手性中心最终会被消除。Zn 粉与 ClCOCCl₃ 在乙醚中反应,首先生成了活性的反应中间体 **16**。

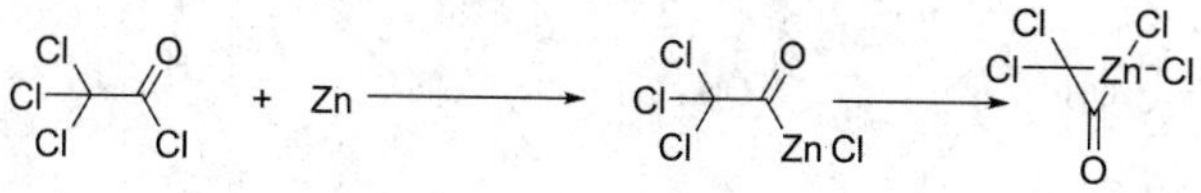

Cl₃C-COCl + Zn → Cl₃C-CO-ZnCl → Cl₂C=C(OZnCl)Cl **16**

此反应要与三氯甲烷在碱性条件下生成的二氯卡宾,接着与烯烃反应形成环丙烷衍生物的合成方法加以区分。

多卤代烷在碱作用下发生 α-消除,失去卤化氢生成卡宾。

$$HCCl_3 \xrightarrow{t\text{BuOK}} :CCl_2$$

三氯乙酸也可以通过 α-消除,失去 ClCOOH(分解成卤化氢和二氧化碳),生成二氯卡宾。

$$Cl_3CCOOH \xrightarrow{\Delta} :CCl_2 + HCl + CO_2$$

随后,化合物 **16** 与 **5** 中的碳碳双键发生 [2+2] 环加成反应,生成产物 **17**。[9] 由于受到化合物 **5** 中 C4 位取代基的空间位阻作卡宾可分为单线态卡宾和三线态卡宾。这与烯烃的加成反应有所不同,单线态卡宾与烯烃的反应是立体专一的顺式加成;而三线态卡宾则是非立体专一的加成反应。

卡宾与烯烃反应通常生成环丙烷骨架。

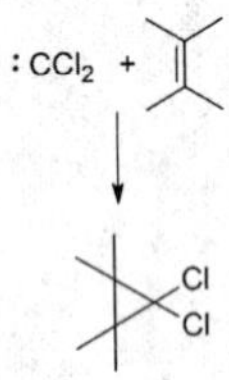

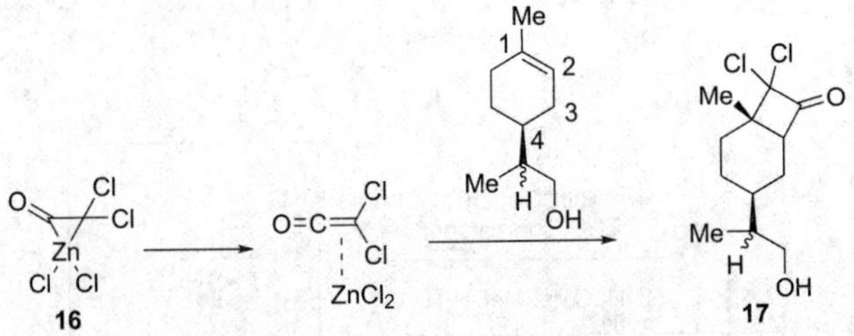

此反应要与在第 7 章中讨论的 Simmons-Smith 环丙烷化反应加以对比。

Favorskii 重排反应:
是指 α-卤代酮在碱作用下失去一个 α-氢形成环丙酮中间体,接着在亲核试剂作用下环丙酮骨架发生重排反应生成羧酸或羧酸衍生物的反应。此反应可用于高度支化的羧酸及其衍生物的合成。

用,[2+2]环加成反应发生在环的另一侧,而反应的区域选择性则由电子密度所决定,最终生成 **17**。

那么,区域选择性的来源是什么呢?理论计算表明,很多 [2+2] 环加成反应并非是一个协同的机理,而是通过双自由基过程进行的,尤其是反应过程中电荷差别比较大的情况。因此,从计算的电荷分布就可以得到此反应的区域选择性的解释(负电荷和正电荷自相结合,如下图所示)。

随后,底物 **17** 在甲醇钠的作用下发生了类似于 Favorskii 重排的过程。反应机理如下:

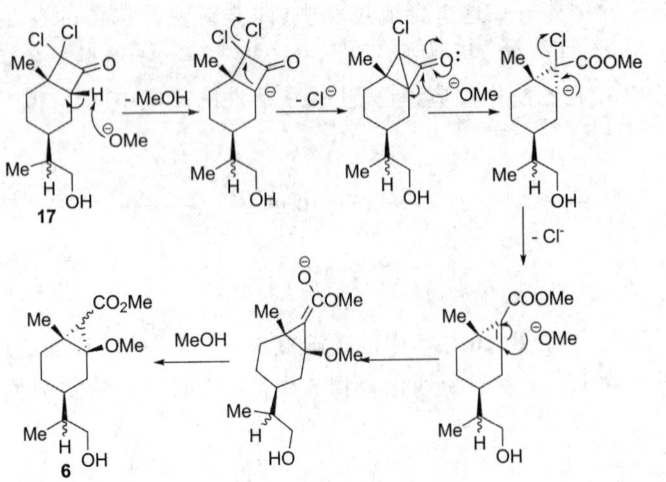

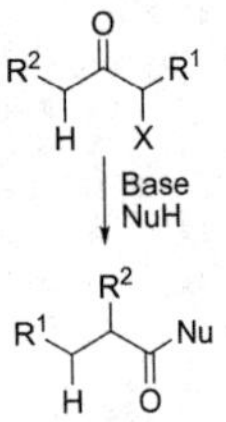

在此转换过程中,由于羰基 α 位氢的酸性,在强碱性条件下形成碳负离子,接着进行 S_N2 反应形成三元环。在此过程中,三元环并六元环只能采取顺式构象,同样三元环并三元环也只能采取顺式构象。甲氧基负离子进攻羰基,碳碳键断裂,通过反式消除的方式氯负离子离去形成 α,β-不饱和酯。接着甲氧基负离子进攻 α,β-不饱和酯,发生 Michael 加成反应生成化合物 **6**。这样的反应方式使甲氧基和相邻的甲基成顺式,符合构象改变最小原理。

α-卤代酮可以是氯、溴和碘化物,碱常是烷氧基或氢氧根负离子;此反应具有区域和立体选择性。

此反应有两类变化:

(1) β-卤代酮衍生物的 Homo-Favorskii 重排反应:

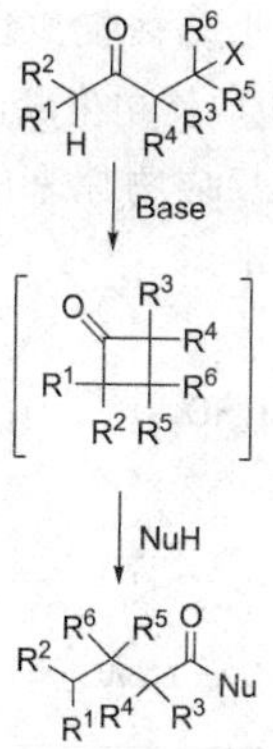

(2) 无 α-氢的 α-卤代酮衍生物的 Quasi-Favorskii 重排反应:

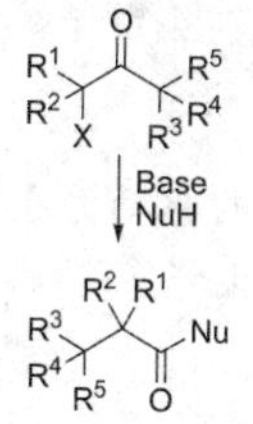

问题 2:

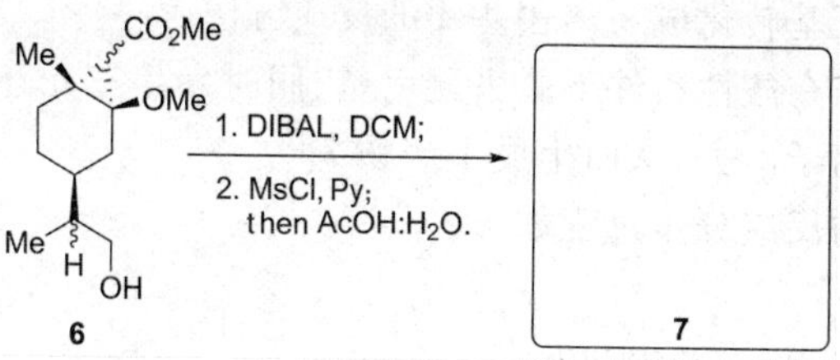

$$6 \xrightarrow[\text{2. MsCl, Py; then AcOH:H}_2\text{O.}]{\text{1. DIBAL, DCM;}} 7$$

提示:

- DIBAL 是一种强还原剂,可以还原一些有机官能团。那么,它可以还原哪些基团? 需要在何种条件下进行?
- 甲磺酰氯是一个非常活泼的反应试剂,类似于酰氯。那么第二步反应发生在哪里?

解答:

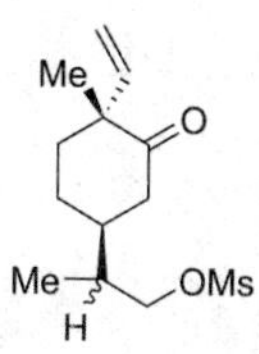

化合物 **7**

讨论:

二异丁基氢化铝(DIBAL 或 DIBAL-H 或 DIBAH)是一种常用的还原剂,可以用来还原羧酸酯、醛基、酮羰基等官能团,一般将这些官能团还原为醇。但是在某些情况下,DIBAL 可以将酯还原为醛,例如内酯或其他含有可以螯合的官能团的酯等。在这一还原过程中,酯 **6** 被 DIBAL 还原生成醇 **18**。反应机理如下:

构象改变最小原理:
与反应物的构象相比,初生成产物的构象改变程度为最小的规则称为构象改变最小原理。在有机反应中,由于底物构象的选择和反应过渡态的几何构象所需条件之间的相互制约,因而决定了产物分子的构象。参与反应的中心须处于同一直线或同一平面上,或者具有相似的立体化学和电子关系。这就使得进入反应的底物分子相互间的相位应最少偏离反应机制的要求,也应使初生成产物的构象较反应物原来的构象改变最小。

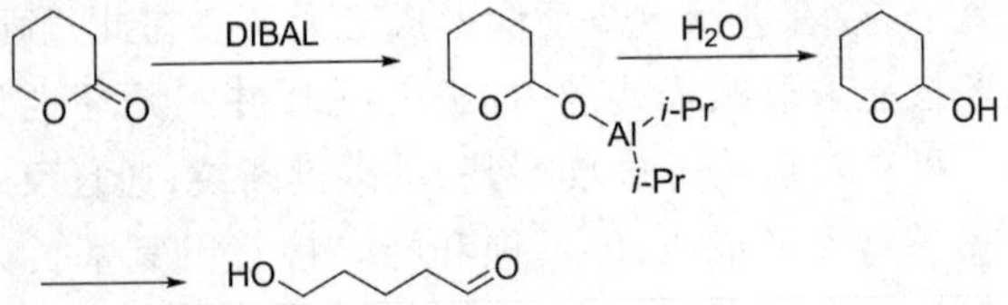

Ms:CH₃SO₂-

DIBAL

在第二步反应中,利用 MsCl(甲磺酰氯)在吡啶的作用下与 **18** 中的两个一级羟基反应,生成甲磺酸酯 **19**。在有机反应中,羟基不是一个好的离去基团,而甲磺酸根负离子是易于离去的基团,这是典型的将羟基转化成易离去基团的反应方法。

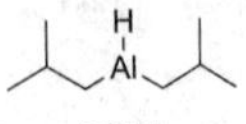

接下来在酸性条件下脱去醚甲基,同时发生三元环开环,使得甲磺酸根离子离去,从而生成了产物 **7**。

可能的反应分步过程如下:

此反应的驱动力在于三元环的环张力。

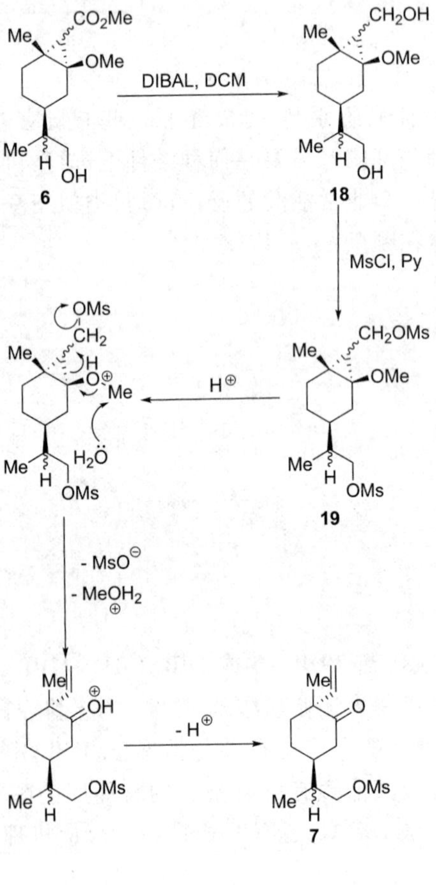

问题 3:

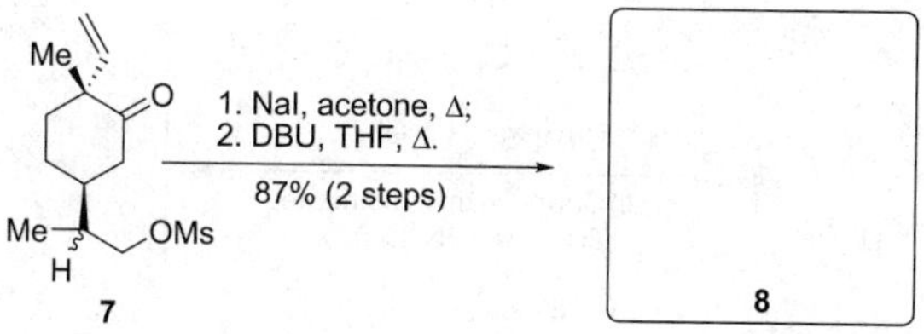

化合物 **7** (带有 Me、乙烯基、酮、Me、H、OMs 的环己酮衍生物)
1. NaI, acetone, Δ;
2. DBU, THF, Δ.
87% (2 steps)
→ **8**

提示:
- 在此步反应中,首先发生一个 S_N2 反应。其中 NaI 的作用是什么?
- DBU 是一种常用的碱,它诱导了一个取代反应的发生。

解答:

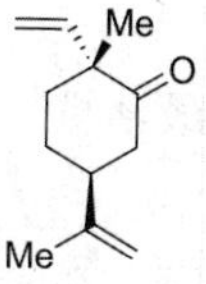

化合物 **8**:带有 Me、乙烯基、酮和异丙烯基 Me 的环己酮。

讨论:

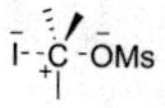

I^- 离子既具有很好的亲核能力,又是一个很好的离去基团。这是因为 I^- 具有很大的离子半径,电子云易发生极化,使得亲核能力很强;同时,碳碘键的键能较弱使之容易发生断裂。因此,它常被用于亲核取代反应之中。在这里,I^- 离子亲核进攻,将 OMs 取代,生成 **20**,为下一步消除反应的顺利进行提供了条件。非质子偶极溶剂(如丙酮、DMF,以及 DMSO 等)有利于亲核取代反应的进行,这是因为偶极溶剂在某些情况下能够降低反应过渡态的能量,而质子溶剂则会使亲核试剂的亲核性降低。

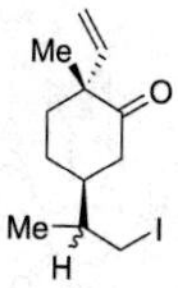

1,8-二氮杂二环[5.4.0]十一烯-7(DBU)是有机合成中一种优良的有机碱。它可取代三乙胺、N,N-二甲苯胺、吡啶和喹啉等有机碱,广泛应用于有机合成和半合成抗生素中,在脱卤化氢生成碳碳双键反应中取得了较满意的效果。在这里 DBU 的主要用途是作为消除反应中的碱脱去 HI,并且它与 HI 结合生成盐后能够从 THF 体系中沉淀出来,过滤即可除去,操作简单方便。

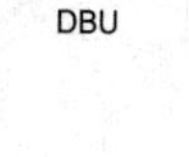

反应过渡态 $I^- \cdots C \cdots OMs$ 是极性的,极性溶剂有利于过渡态能量的降低。

化合物 **20**:带有 Me、乙烯基、酮、Me、H、I 的环己酮衍生物。

DBU 结构图。

问题 4:

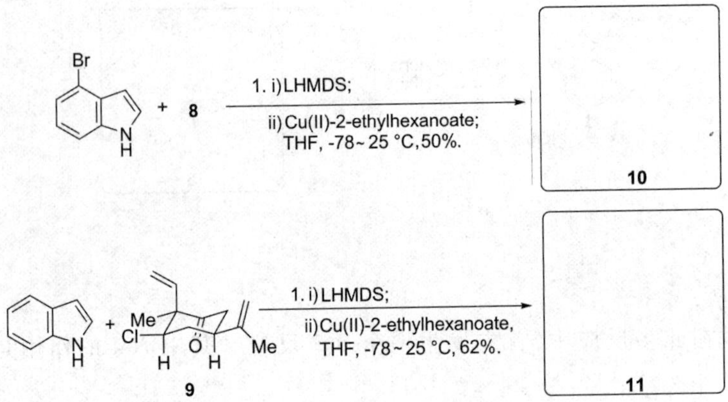

[反应式 1: 4-溴吲哚 + 8 $\xrightarrow{\text{1. i) LHMDS; ii) Cu(II)-2-ethylhexanoate; THF, -78~25 °C, 50\%.}}$ 10]

[反应式 2: 吲哚 + 9 $\xrightarrow{\text{1. i) LHMDS; ii) Cu(II)-2-ethylhexanoate, THF, -78~25 °C, 62\%.}}$ 11]

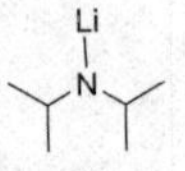

LDA 与 LHMDS 结构式

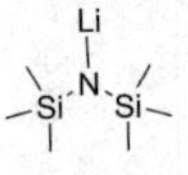

双自由基的偶联机理:

[机理图: 吲哚与化合物 9 分别经 Base 去质子,[O] 氧化生成自由基,偶联得到产物]

提示:

- LHMDS 是一种强位阻碱,类似于常见的二异丙基氨基锂 (LDA)。
- 吲哚环上有两个反应位点最活泼。那么,反应发生在吲哚环的哪个位置上?
- 此反应是在碱性条件下反应。在碱性条件下化合物 **8** 或 **9** 的哪个位点最活泼?它是如何参与反应的?
- 加入铜盐的目的是催化此反应的进行。

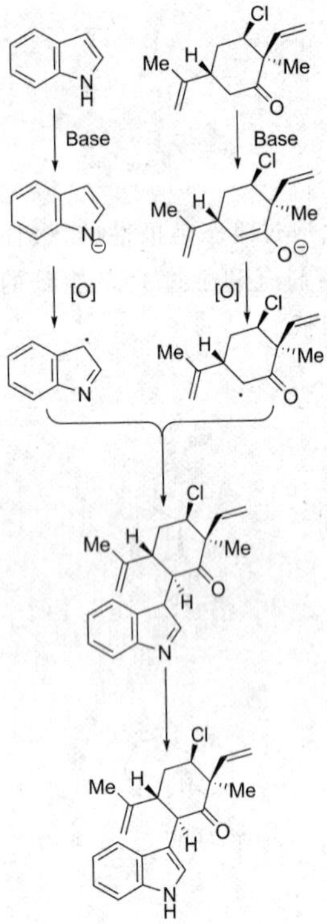

解答:

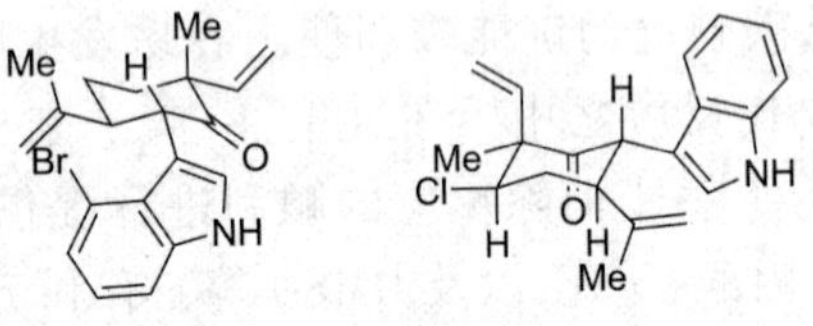

[产物 10 和 11 结构式]

讨论:

为了合成一系列含有吲哚环系的天然产物,P. S. Baran 教授等人发展了吲哚 C3 位上与酮 α 位的 C—C 键偶联反应。[10] 这一反应能够快速构建含有吲哚环的复杂化合物,并且具有很好的立体选择性,可以较大量地制备目标化合物。

这一反应首先需要强碱的存在,P. S. Baran 等人研究发现,具有较大位阻的 LHMDS 能够比二异丙基氨基锂 (LDA) 等得到更好的反应产率。

P. S. Baran 教授最初推测机理可能为一个双自由基的偶联过程。[10a] 然而随着研究的进一步深入,他们提出了自由基阴离子反应机理[10b]：反应过程中需要加入大于两倍量的 LHMDS。LHMDS 首先与具有酸性的吲哚氮上的氢和酮的 α-氢作用，各自形成带有一个负电荷的反应中间体。接着，吲哚氮原子便与铜盐配位，将铜盐还原为一价；酮羰基同时也与铜盐作用形成螯合中间体。随后，发生了从吲哚向酮的单电子转移，形成自由基阴离子。最后是金属铜盐的还原消除，生成产物。金属铜盐的配位螯合作用，为反应提供了很好的立体选择性。该反应可能的历程如下：

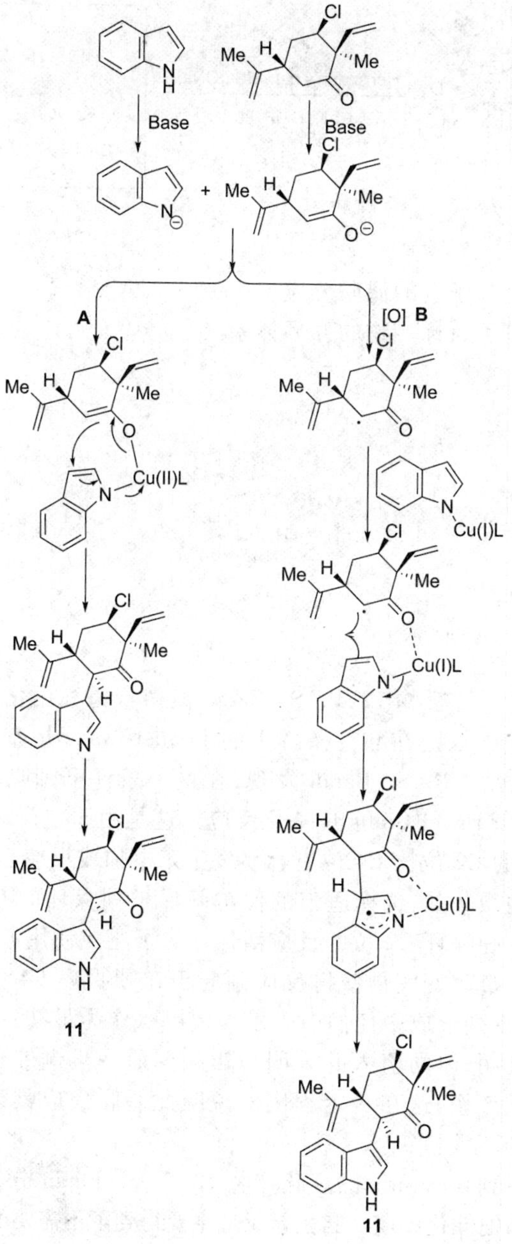

正文图中展示了两种可能的反应途径。两种途径都包含金属 Cu 螯合物过渡态，以及铜离子被还原为零价铜，接着再生成 Cu(Ⅰ) 的过程。

路线 A 为离子性的过程。烯醇负离子和吲哚负离子首先与二价铜离子配位形成螯合物中间体。此中间体接着进行一个双电子转移的金属铜还原消除生成产物 11。但是有许多实验证据不能支持此反应机理。路线 B 在某种程度上更有说服力，这是一个自由基负离子的过程。在此路线中，路线 A 中螯合物经过单电子转移形成自由基螯合物中间体。由于吲哚负离子的富电子性，通过螯合物分子内的自由基转移形成碳碳键，生成自由基负离子。这个高能量自由基负离子中间体进一步被 Cu(Ⅰ) 离子氧化得到产物 11 和 Cu(0)。事实上，Cu(Ⅰ) 在这个氧化偶联反应中作为氧化剂，自由基负离子在偶合物状态时被氧化。

P. S. Baran 教授等人发展的这个反应可以说是此合成的一个亮点,也是这一系列无保护基合成中最为重要的反应。这是因为形成 C—C 键的那些传统类似合成都需要对两种前体进行必要的修饰,而这种修饰都需要在两种单体上要么引入官能团,要么引入保护基,这势必增加了合成步骤,降低了产率。而现在 P. S. Baran 的路线减少了这两个过程,大大降低了反应路线的复杂性。

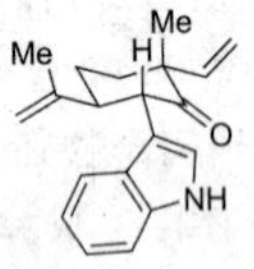

问题 5:

10　　12

10'

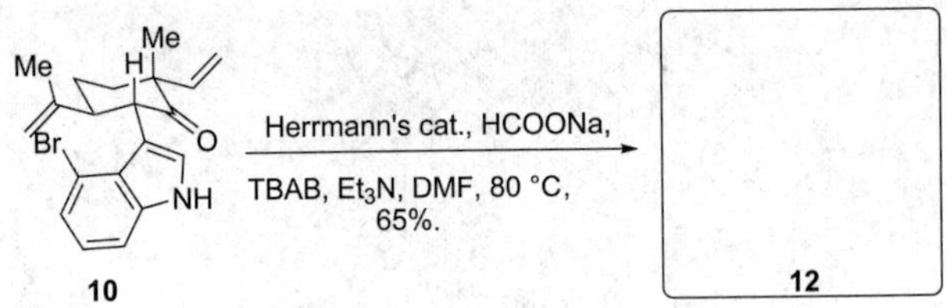

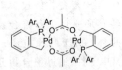

提示:

- 这是一个分子内的偶联反应;
- 反应构筑了目标产物的并环体系。

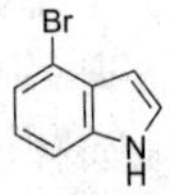

4-嗅吲哚

解答:

12

7-*endo*-trig

Herrmann's catalyst

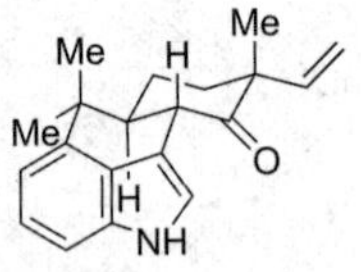

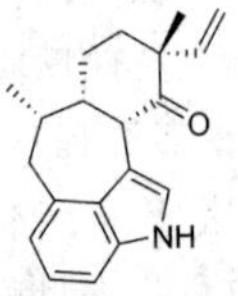

讨论:

为了得到化合物 **12**,P. S. Baran 最初希望利用化合物 **10′** 进行苯环与碳碳双键在酸性条件下的 Friedel-Crafts 烷基化反应,但未能取得成功。P. S. Baran 发现,在这一条件下吲哚环的 C2 位更容易发生 Friedel-Crafts 烷基化反应。这是由于电子云密度的不同,吲哚环的 C2 位比 C4 位更容易发生亲电加成反应。

传统的做法是,选择适当的保护基保护吲哚环的 C2 位,或通过取代改变吲哚环 C2 位的反应活性。为了避免使用各种保护基,他们试图通过改变底物使得反应倾向于在吲哚环 C4 位发生。因此,在这一系列合成中他们引入了 4-溴吲哚作为最初的起始原料。实验结果证明,溴的引入并未明显影响到前一步铜催化的碳碳键偶联反应的产率,这在一定程度上说明此偶联反应具有很广泛的底物兼容性。

为了得到 6-*exo*-trig 的环化产物 **12**,P. S. Baran 分别尝试了自由基反应和钯催化反应。自由基反应主要得到了不需要的 7-*endo*-trig

产物和脱溴的产物,目标产物产率很低,这与自由基的稳定性紧密相关。随后 P. S. Baran 采用还原性的钯催化 Heck 偶联反应[11],得到了目标产物 **12**,产率 18%～39%。为了进一步提高产率,P. S. Baran 又探索了很多条件,包括使用不同的催化剂,希望提高目标产物 **12** 的产率,同时抑制脱溴的产物 **10′** 的生成。最后他们选择了 Herrmann 催化剂,通过在反应过程中缓慢加入该催化剂的方式使得目标产物 **12** 的产率提高到了 65%。在此过程中,甲酸钠作为氢的来源起到了还原剂的作用。

问题 6:

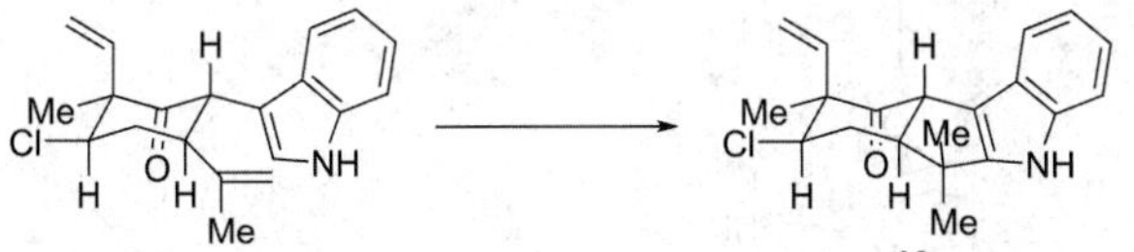

提示:
- 这一步还是一个偶联反应,但是不需要金属催化剂。
- 反应的最终结果是高选择性地发生在吲哚环的 C2 位上,但是反应的起始阶段并不是在此位点上。为什么?

解答:
Montmorillonite K-10 clay,microwave,120℃,6 min,57%。

讨论:
这一步反应是 Friedel-Crafts 烷基化反应,即在酸催化下的芳烃烷基化反应。反应在微波加热下由弱酸性的蒙脱石黏土(montmorillonite K-10 clay)催化完成。这一步的底物 **11** 与上一个反应的底物 **10** 非常类似,但是在不同的条件下得到了不同的产物。从这一点可以看出,发展新的 C—C 偶联反应对全合成有着十分重要的意义。

由于氮原子的给电子效应,吲哚环 C3 位的电子云密度明显高于 C2 位,因此 Friedel-Crafts 烷基化反应优先在 C3 发生,碳碳双键在酸性条件下生成稳定的碳正离子,接着发生 Friedel-Crafts 烷基化反应,形成四元环中间体,接着发生碳正离子重排,形成更稳定的碳正离子,同时四元环扩环生成五元环,这样从 C2 位的二级碳正离子转化成更稳定的三级碳正离子,最后失去氢正离子,重新形成具有芳香性的吲哚环系。反应历程如下:

Heck 偶联反应:
20 世纪 70 年代,T. Mizoroki 和 R. F. Heck 分别独立发现,芳基、苄基、苯乙烯卤代物与烯烃在 Pd(0) 催化并在利用空阻大的胺作碱下反应,可以生成芳基、苄基、苯乙烯取代的烯烃衍生物。因此,Pd 催化下的烯烃芳基化或烯基化的反应称为 Heck 偶联反应。目前,Heck 偶联反应是最常用的碳碳键形成反应之一。此反应的机理将在 3.5.1 小节中讨论。

此反应的优点:
(1) 无论是给电子基团取代的或缺电子基团取代的烯烃,均可以进行此反应,但缺电子烯烃通常给出较高的产率;
(2) 反应可以兼容许多官能团,如酯、醚、羧基、硝基、酚等等;

此反应的缺点:
(1) 芳基氯代物的产率较低;
(2) 卤代物 β-C 上不能有氢原子,否则容易发生 β-氢消除反应。

Friedel-Crafts 烷基化反应:
1877 年, C. Friedel 和 J. M. Crafts 将戊基氯和铝箔在苯中处理, 观察到了戊基苯的生成。这个反应的发现使得利用苯与烷基化试剂(卤代烷、烯烃、炔烃、醇等)在 Lewis 酸作用下生成取代苯变得十分简便。

常用的 Lewis 酸有: $AlCl_3$ 和 BF_3 等。

此反应的特点:
(1) 反应中, 氟代烷的活性最高, 碘代烷的活性最低;
(2) 三级烷基和苄基活性最高, 二级烷基次之, 一级烷基反应活性最低;
(3) 一级和二级烷基易重排。

此反应的局限性:
(1) 只有富电子体系的芳环才能很好反应;
(2) 发生第一个烷基取代后, 会迅速发生第二个、第三个……以至多取代烷基化反应;
(3) 反应是可逆的。

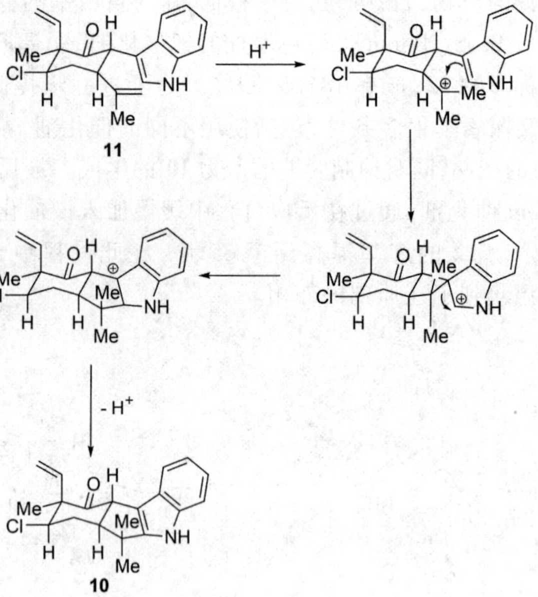

CDMT

问题 7:

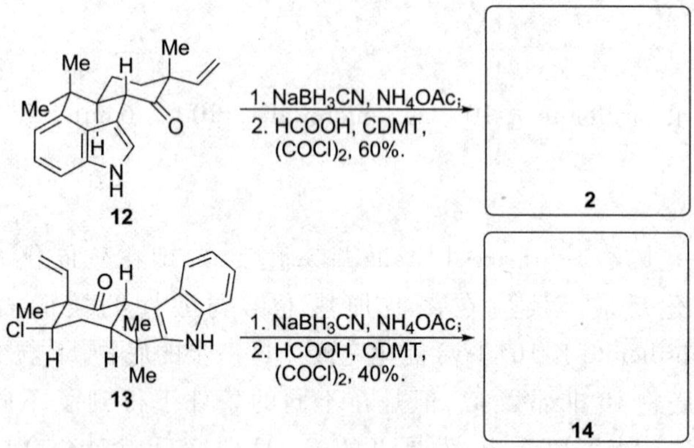

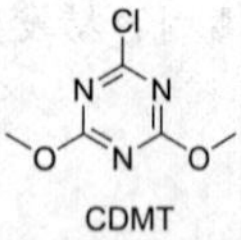

提示:
- NaBH₃CN 是一种还原剂。此还原剂与 NaBH₄ 相比,还原能力是增强了还是减弱了?底物中哪些基团可能被此还原剂还原?
- 这两步反应最终引入了异氰基团。
- 草酰氯的作用是什么?
- 在有机反应中,CDMT 是一种常用的碱。在这里,它作为一个亲电试剂参与了此反应。

解答:

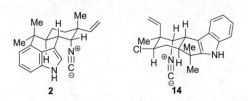

讨论:

将酮羰基转化为异氰基需进行两步反应。第一步是一个微波辅助的还原胺化反应(reductive amination)。所谓还原胺化反应,是指在一锅反应中一次性将醛或酮转化为胺的过程。其中包括两个步骤:首先,是羰基与氨源反应得到亚胺。在此,醋酸铵作为一种常用的氨源,利用铵离子解离提供微量的氨(NH_3)。随后,亚胺在还原剂的作用下被还原为胺。还原胺化反应中可以使用的还原剂非常广泛,包括 NaBH₄、兰尼镍、甲酸等等,这里使用了氰基取代的 NaBH₃CN。与氢负离子相比,由于 CN⁻ 负离子具有更强的吸电子能力,减低了 NaBH₃CN 的还原能力,常可以用来还原酮羰基、醛基和亚胺等基团,反应条件比较温和。第二步是氨基转化为异氰基的反应。

以 **2** 的合成为例,具体反应过程如下:

思考题:

请对比以下含硼还原试剂的还原能力:
B_2H_6, $NaBH_4$, H_3NBH_3, H_2SBH_3, $NaBH_3CN$, $NaBH_3OAc$。

还原胺化反应是一类常见的还原方法。与我们常见的还原反应不同的还有 Luche 还原反应:

通常 α,β-不饱和酮被一些金属类氢化物还原时,会生成 1,2-加成和 1,4-加成的混合物。而 1978 年,J. L. Luche 发现在稀土卤代物和 NaBH₄ 的体系中可以将 α,β-不饱和酮还原成烯丙基醇衍生物。

后来证明,只有 CeCl₃·7H₂O/NaBH₄ 在乙醇或甲醇溶液中才发生且仅发生 1,2-加成,生成烯丙基醇衍生物,没有 1,4-加成产物。这是还原反应的重要突破。通常硬的金属类氢化物与 α,β-不饱和酮反应得到 1,2-加成还原产物,而软的金属类氢化物与 α,β-不饱和酮反应得到 1,4-加成还原产物。碱金属硼氢化物是比氢化铝更软的还原试剂,因此它与 α,β-不饱和酮反应常得到 1,4-加成还原产物。如果硼烷上的氢被烷氧基取代时,将会使其成为硬的氢化物,因此与 α,β-不饱和酮反应得到 1,2-加成还原产物。

$$H_4B^{\ominus} \xrightarrow{ROH} H_3\overset{\ominus}{B}\text{—}OCH_3 \xrightarrow{Ce^{3+}} (CH_3O)_3BH$$

此反应的特点：
(1) 环状或非环状的 α,β-不饱和酮均被还原成相应的烯丙基醇，基本没有或有很少的 1,4-加成还原产物；
(2) 在稀土卤代物中，只有 $CeCl_3 \cdot 7H_2O$ 给出最高产率；
(3) 许多官能团均不受影响；
(4) 反应在室温下进行，只需 5~10 分钟；
(5) 最佳溶剂为甲醇。

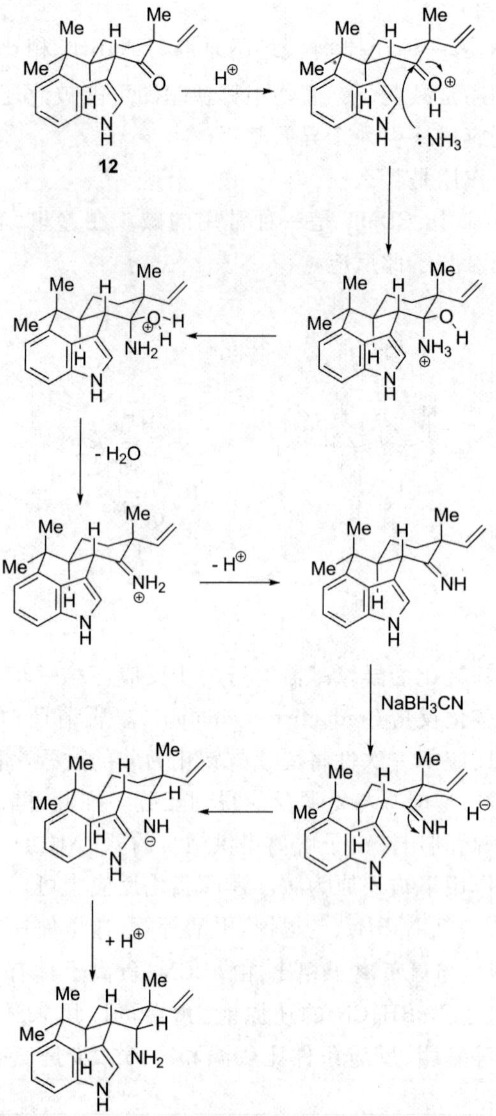

上一步产物无须分离就可以在 CDMT 的催化作用下与甲酸反应得到甲酰胺基。具体的转化过程如下：

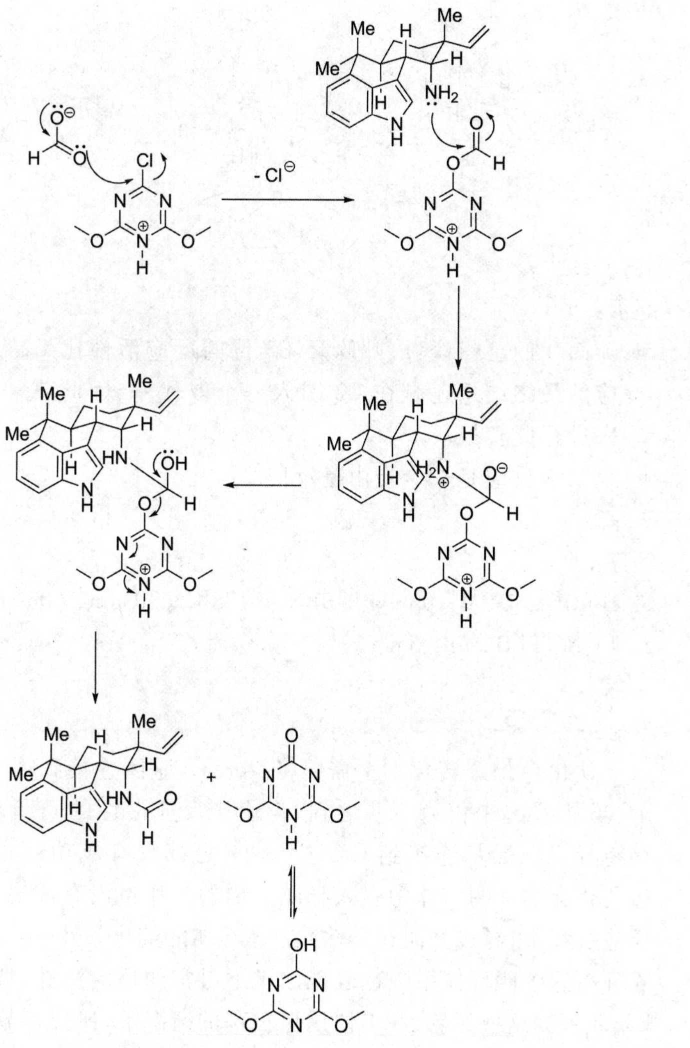

随后，产物在(COCl)$_2$的作用下脱水得到异腈。脱水生成异腈的可能机理如下：

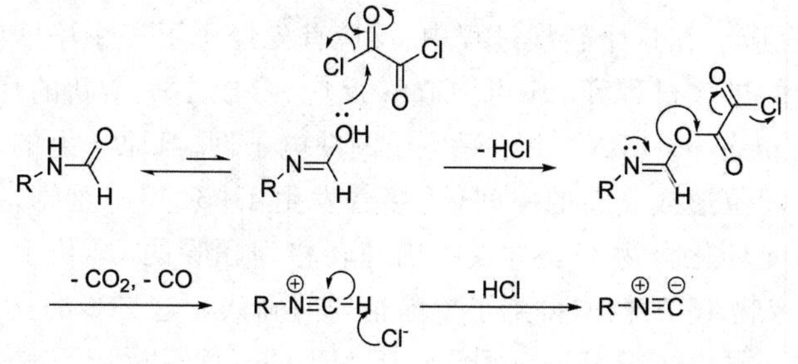

问题 8:

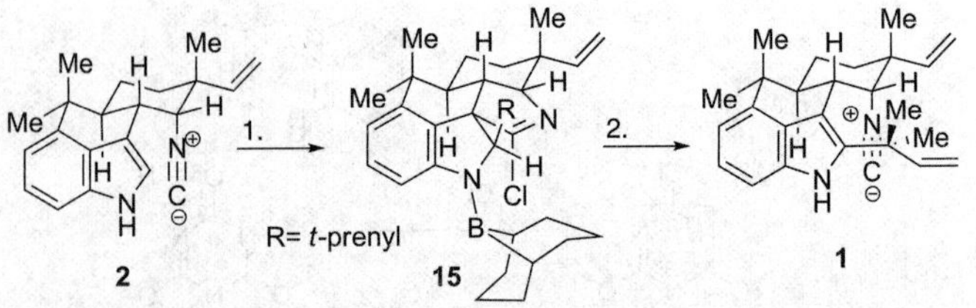

从化合物 **2** 转化的 **1** 的反应式（结构见图）

prenyl 9-BBN

提示:
- 前面我们已经谈过,吲哚环 C3 位的反应活性比 C2 位高,而反应的最终结果还是在 C2 引入一个取代基,因此就需要分两步来进行此转换。
- 第二步反应是一个自由基反应。

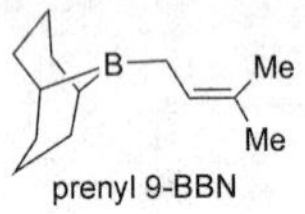

解答:
1. tBuOCl, DCM; prenyl 9-BBN, $-78\ ℃$, 30 min, 60%;
2. Et$_3$N, PhH, $h\nu$, 5 h, 63%。

讨论:

从化合物 **2** 转化的 **1** 需要将 t-prenyl 基团连接到吲哚的 C2 位上,虽然看起来仅有一步之遥,但由于反应活性的问题,直接或间接将异戊二烯基连接到 C2 位上的努力都没有成功;同时,尝试通过向化合物 **2** 的前体中引入异戊二烯的工作也没有成功。此外,在反应过程中,异氰基团在酸性和过渡金属的催化条件下并不稳定,吲哚环在这个四环体系中也表现出了不寻常的反应活性。因此,P. S. Baran 根据这些经验,在不使用保护基的情况下,研究了异氰基团和吲哚基团本身的反应性,从而提出了上面的合成策略。[12]

P. S. Baran 将 **2** 与 tBuOCl 反应,tBuOCl 作为 Cl$^+$ 的提供体。异氰基团与 Cl$^+$ 反应生成一个新的碳正离子,实现了异氰基团中碳的极性转换。接着,吲哚环的 C3 位与此碳正离子发生 Friedel-Crafts 反应。在这个转换过程中,反应首先经历了一个串联的对氯正离子的进攻过程和 Friedel-Crafts 反应,形成了一个新的环系;随后加入 prenyl 9-BBN,由于硼原子的缺电子性,氮原子上的孤对电子与其配位形成一新的中间体,接着发生了[3,3]σ 重排,得到了一个五元环化合物 **15**。异戊二烯基转移到吲哚的 C2 位上得到产物 **15**,产物 **15** 的构型得到了单晶衍射的确认。这一步的立体选择性来源于异戊二烯基进攻吲哚空阻较小的一面。反应历程如下:

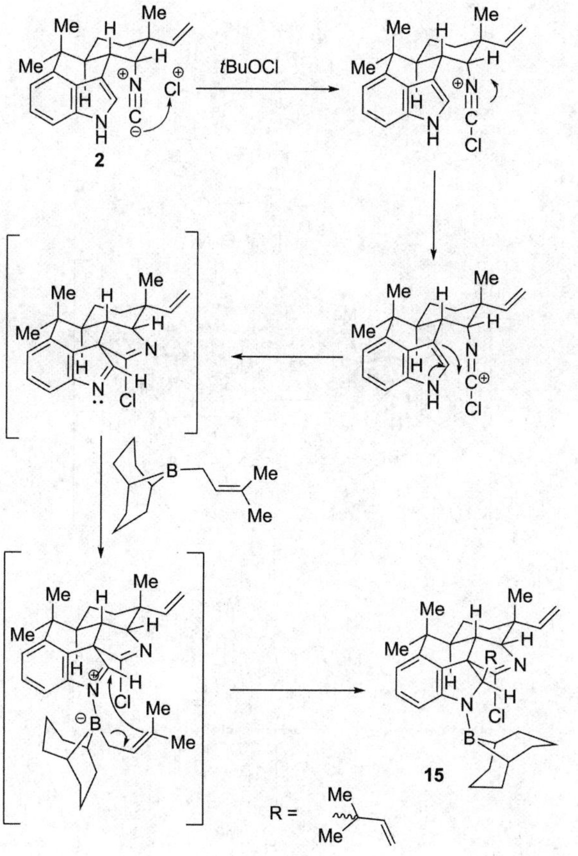

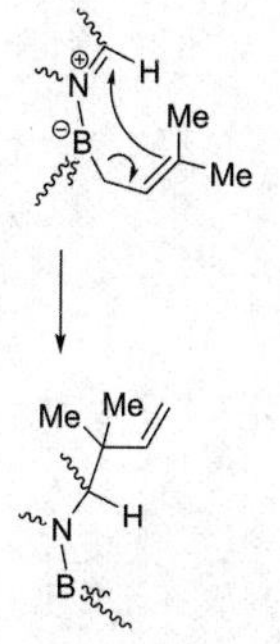

这样，成功地将 t-prenyl 引入到吲哚的 C2 位上，但是如何切断氮硼键从而引发一系列的开环反应，成为得到化合物 **1** 的关键。通过尝试，P. S. Baran 利用光化学反应[8]，在光照和三乙胺存在下顺利地得到了 (+)-ambiguine H (**1**)，推测反应机理如下图所示。但是，如果 **2** 的异氰官能团被保护基保护，类似光化学切断和异氰基辅助的吲哚激活过程就不会出现。

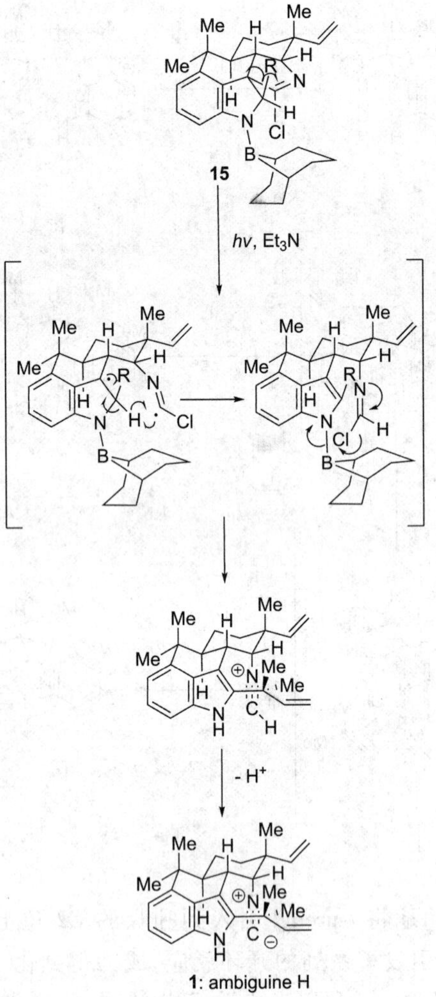

问题 9:

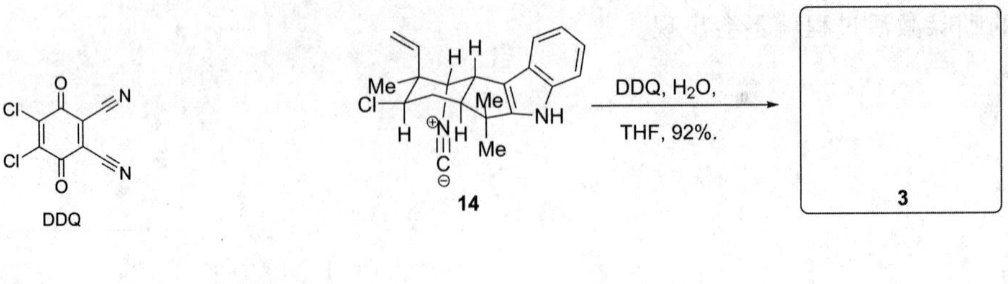

提示:
- DDQ 是一种常用的氧化剂。它在这里的作用是什么？
- 反应发生在什么位置上？
- 反应中为什么加入水？

第 3 章 无保护基的全合成研究：高效的偶联反应 / 73

解答：

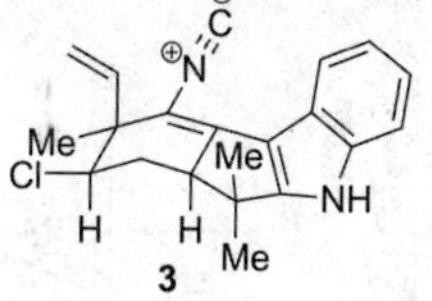

讨论：
DDQ 是一种常用的氧化剂，在工业上被大量生产和应用。按照文献报道，DDQ 的合成可以经过六步反应完成，其中包括对苯醌的氰基化和氯化。DDQ 易溶于 THF，而在二氯甲烷、氯仿和甲苯中溶解度相对较差，因此反应中常常使用 THF 作为溶剂。

反应发生在异氰所连接的碳上，异氰的吸电子作用使得这个碳上的氢具有较强的酸性。此外，氧化后生成的碳碳双键可以形成与吲哚环共轭的体系而使产物 fischerindole I **3** 得以稳定。

问题 10：

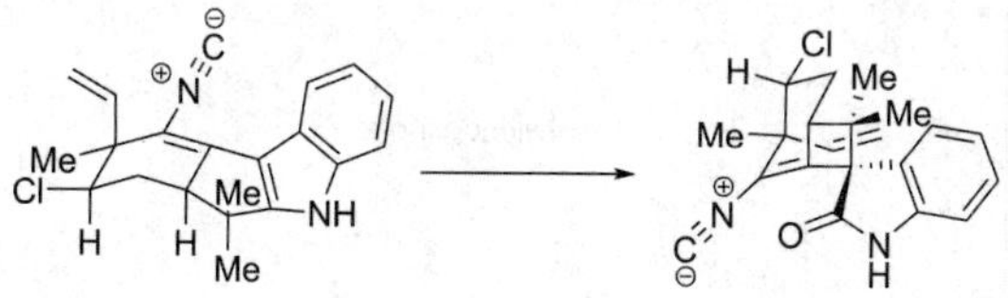

提示：
- 此反应包含一个氧化的过程；
- 用了一种含氟的氧化剂；
- 发生了 [1,5] σ 迁移反应。

解答：
XeF_2，H_2O，CH_3CN，23℃，5 min，44%。

讨论：
为了能够实现这个氧化缩环反应，应用氟羟基化反应比起氯羟基化反应更能够抑制由于异氰基团的存在所可能产生的副产物。利用 XeF_2 作为氧化剂对吲哚进行氧化羟基化反应，得到化合物 **4**。可能的机理为，XeF_2 首先对底物进行氧化加成，形成阳离子中间体，随后水参与反应，接着 F^- 离去并发生 [1,5] σ 迁移[11]，最后得到 welwitindolinone A **4**。反应历程如下：

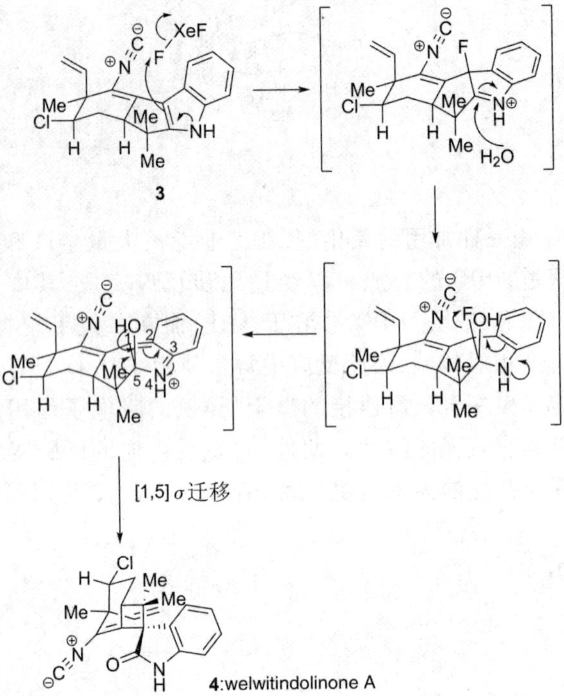

3.4 结论

P. S. Baran 课题组发展了吲哚和酮的 C—C 键偶联反应,并以此为基础成功地在不使用保护基的情况下完成了四个复杂天然产物的全合成,实现了反应经济性和步骤经济性的目标。从商业可得的原料开始,这四个化合物的合成仅仅需要 7~10 步反应,并且可以较大量地制备。这些反应中半数都包含了 C—C 键的形成,除了还原胺化反应外,中间体的氧化态从头到尾都是逐渐升高的。这一系列的合成在思路上也受益于对生物合成途径的研究和对一些串联反应的发展。总之,这一系列无保护基的合成策略对发现和发展新的有机化学反应提出了新的要求——如何充分利用有机分子本身的反应性成为了有机合成方法学研究的一个新挑战。

3.5 有机全合成中的钯催化偶联反应

从前面的全合成中我们可以看出,如果能够使用合适的 C—C 键偶联反应来构筑分子,将极大地减少保护基的使用,减少合成步骤,提高合成的效率。在有机合成方法学的发展过程中, C—C 键的形成反应占据着极其重要的位置。格氏反应、Diels-Alder 反应,以及 Wittig 反应就是三个十分重要的例子,并且在全合成中得到了十分广泛的应用。20 世纪 70 年代起,一系列基于过渡金属催化新的 C—C 键偶联反应不断涌现,并很快应用于全合成、药物的生产、纳米材料的合成和化工生产中。

其中最引人注目的就是 Pd 催化的 C—C 键偶联反应。[11,12] 在这里,我们主要针对最常见的钯催化 C—C 键偶联反应和它们在全合成中的应用加以介绍,其中主要包括 Heck 反应、Stille 反应、Suzuki 反应、Sonogashira 反应、Tsuji-Trost 反应和 Negishi 反应。2010 年的诺贝尔化学奖就授予了在钯催化新的 C—C 键偶联反应中做出了杰出贡献的三位科学家: R. F. Heck, A. Suzuki 和 E. Negishi。

3.5.1 Heck 反应

Heck 反应是指在 Pd 催化下的烯烃与烯基、芳基(sp^2)卤代或三氟甲磺酸酯的偶联反应。[13] 机理中包括氧化加成、迁移插入、单键旋转、β-氢消除和还原消除等过程。Heck 反应被广泛用于分子内和分子间的碳碳双键的构筑中。Heck 反应的反应通式和反应机理如下:

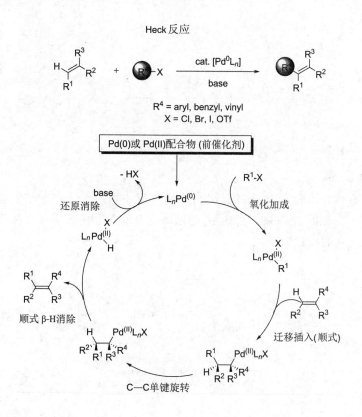

在生物碱的合成中,V. H. Rawal 等人报道了 dehydrotubifoline 的全合成研究[14],其中就成功地利用了 Heck 反应来构筑一个多环体系。氮原子上取代基的不同会得到双键不同位点的反应产物,一个为 6-*exo*-trig 产物,另一个为 7-*endo*-trig 产物。Heck 反应的使用对构筑多元并环体系提供了方便。

3.5.2 Stille 反应

Pd 催化的有机亲电试剂和有机锡试剂的偶联反应被称为 Stille 反应,它最早由 J. K. Stille 教授发展。[15] Stille 反应被广泛使用,是因为它具有温和的反应条件和非常广泛的底物适用性。Stille 反应的通式如下:

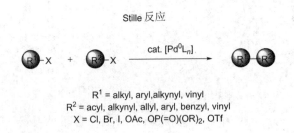

S. J. Danishefsky 等人报道了利用双 Stille 试剂进行的偶联合环方法,产物 dynemicin 的产率高达 81%。[16] 然而十分有趣的是,当化合物 3,8 位没有环氧存在的时候,这个反应是无法进行的。这一结果充分证明了微小的构象改变对偶联反应的成败起着十分关键的作用。

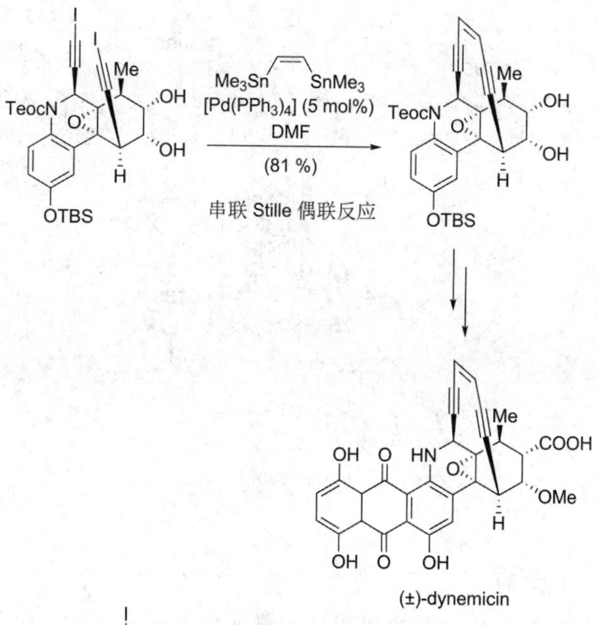

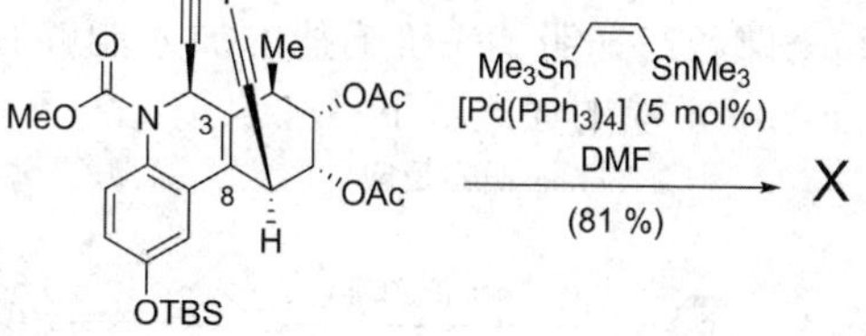

3.5.3 Suzuki 反应

另一个非常有用的 Pd 催化偶联反应就是 Suzuki 反应,是指有机亲电试剂和有机硼化合物的偶联反应。这一反应是由 A. Suzuki 小组首先报道的,被广泛用于有机全合成和有机材料领域之中。[17] 另外,Suzuki 反应也随着研究的深入被不断地扩展开来,并被用于 $C(sp^2)$—$C(sp^3)$ 甚至 $C(sp^3)$—$C(sp^3)$ 的偶联反应中。Suzuki 反应的通式如下:

Stille 反应

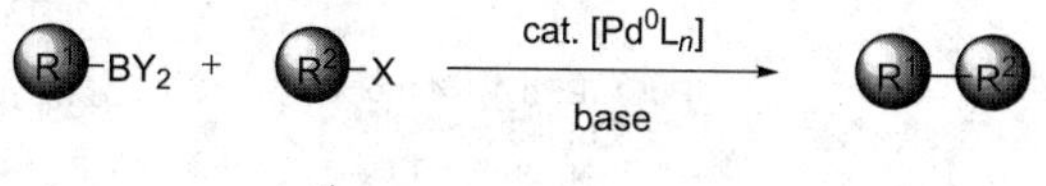

R^1 = alkyl, aryl, alkynyl, vinyl
R^2 = alkyl, alkynyl, aryl, benzyl, vinyl
X = Cl, Br, I, OP(=O)(OR)$_2$, OTf, OTs

Suzuki 反应中,碱的选择多种多样,碳酸铯被证明具有十分优越的特性,尤其适用于那些底物不能够长时间暴露于碱性环境的反应。[18] D. A. Evans 和 J. T. Starr 所报道[19]的 (−)-FR182877 的全合成研究工作中,便成功利用碳酸铯来进行烯基硼酸和 E 型乙烯基溴的偶联反应。选择性使用 Tl_2CO_3 和在室温进行反应能够得到高产率的 E 型反应产物 (84%),并将两个溴都参与反应的产物减到最少。

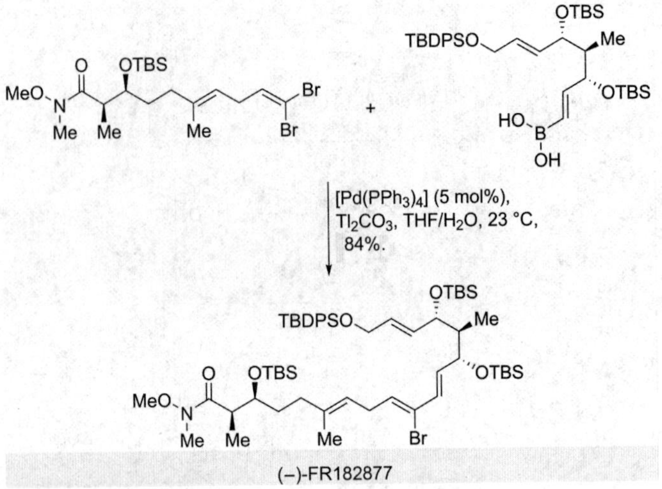

3.5.4 Sonogashira 反应

Pd 催化端炔和乙烯或芳基卤素的偶联反应最初由 Cassar 和 R. F. Heck 在 1975 年独立报道。几个月后,K. Sonogashira 课题组证明了一价铜盐的加入能够有效地促进这个反应的进行,提高反应产率。[20] Sonogashira 反应的通式如下:

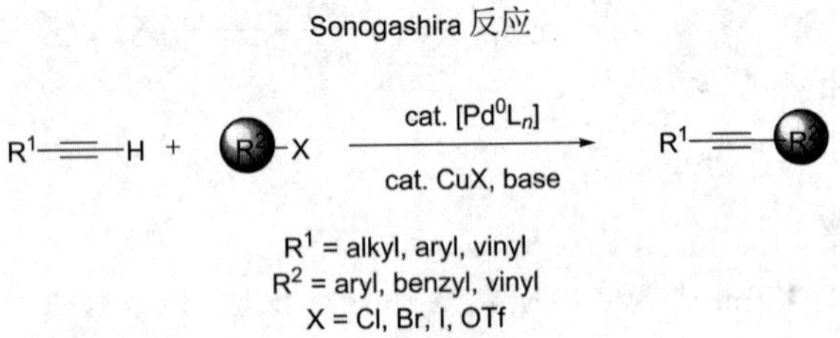

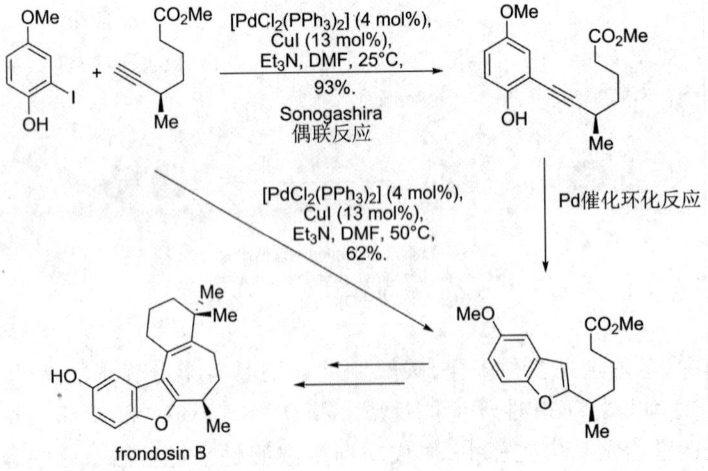

Sonogashira 反应能够利用端炔与很多底物发生偶联反应,新生成的炔键能够进一步发生反应,包括还原生成双键,发生加成反应或者环化反应等等。从上面的例子我们可以看出,S. J. Danishefsky 小组[21]利用 Sonogashira 反应生成的炔键与邻位的酚羟基,可以在升高

温度的情况下进一步发生 Pd 催化的环化反应,生成一个新的苯并呋喃环。为了提高反应产率,他们将这一步反应分开进行,并进行了反应条件的优化。

3.5.5 Tsuji-Trost 反应

Tsuji-Trost 反应是指 Pd 催化的烯丙基化合物的亲核取代反应,其反应通式如下:[22]

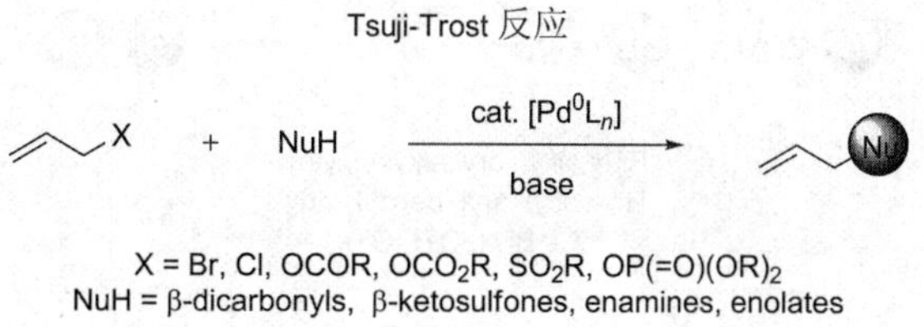

烯丙基醋酸酯是最常用的亲电试剂,而 β-二酮化合物等则是十分典型的亲核试剂。Overman 等人报道的 strychnine 的全合成研究工作中就使用了这一典型的组合。[23] 反应首先是 Pd 对烯丙基羧酸酯的氧化加成反应,由于空间位阻的作用使得 Pd 只能从背面进攻,从而使得 β-二酮化合物的亲核进攻方向得以确定,最终可以得到立体选择性产物。这个全合成中还有一处值得一提的就是 Stille 插羰化反应。另外,Suzuki 反应和 Sonogashira 反应也有相应的插羰化反应,并已经得到了广泛的应用。

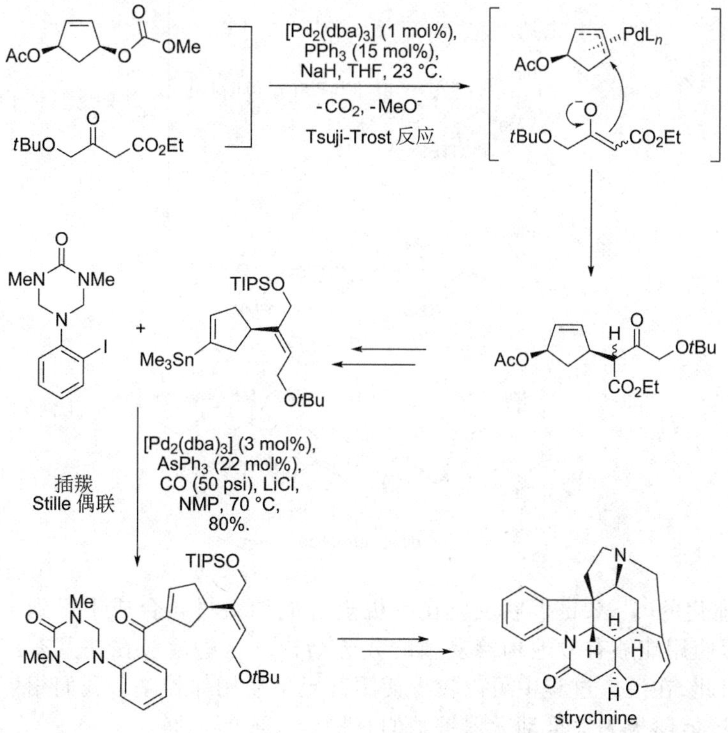

3.5.6 Negishi 反应

在 Pd 催化下使用有机锌试剂作为亲核试剂的反应称为 Negishi 反应。[24] 但是随着 20 世纪 80 年代 Stille 反应和 Suzuki 反应的迅速发展，使得这个反应的应用并不是很多。然而最近的研究发现，Negishi 反应中的金属锌比起 B 和 Sn 有着更强的正电性，可以作为这些反应的一个补充。同时，虽然有机 Zn 试剂的制备方法很多，毒性低也成为它的一个重要特点。Negishi 反应的通式如下：

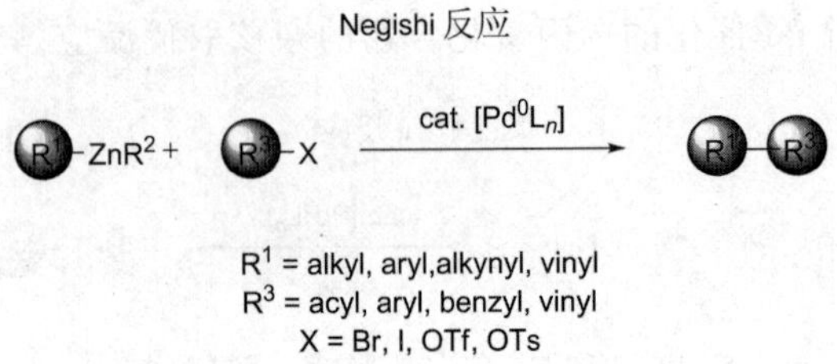

Negishi 反应
R1-ZnR2 +
R3-X
cat. [Pd0Ln]
R1-R3
R1 = alkyl, aryl,alkynyl, vinyl
R3 = acyl, aryl, benzyl, vinyl
X = Br, I, OTf, OTs

Smith 课题组报道的 discodermolide 的全合成中，运用了 Negishi 偶联反应来构筑分子骨架。[25] 首先是用 *t*BuLi 进行锂卤交换，然后加入无水 $ZnCl_2$ 形成相应的 Negishi 试剂，这时可以根据试剂的稳定性选择是否进行分离提纯。

tBuLi, ZnCl2,
Et2O,
-78 ~ 25 °C.
Me
TBSO
PMP
Zn
PMBO
[Pd(PPh3)4] (5 mol%),
Et2O, 25°C,
66%.
OTBS
Negishi
偶联反应
OTBS
HO
OH
NH2
discodermolide

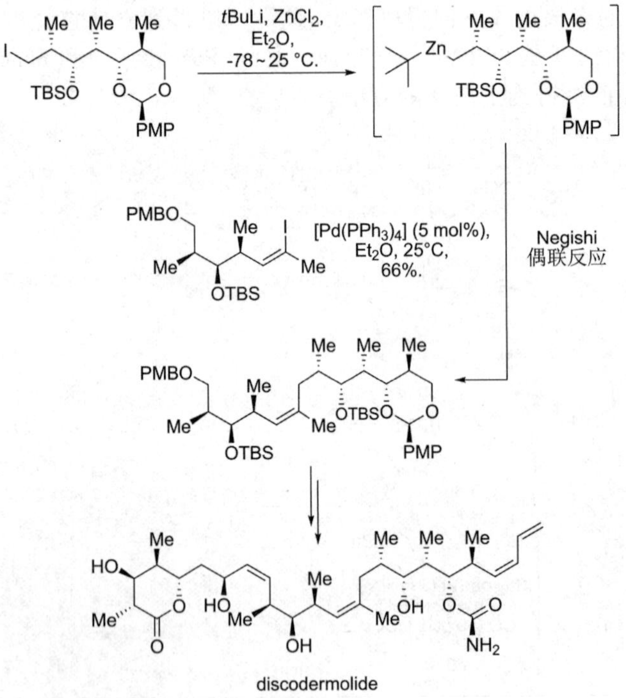

总之，Pd 催化的 C—C 键偶联反应在有机全合成和新材料合成中得到了十分广泛的应用，它们的灵活使用能够有效地构筑复杂的分子结构。这些反应往往具有广泛的底物兼容性和适用性，因此，在反应过程中可以较少使用甚至不使用保护基。我们相信，新的 C—C 键偶联反应的发展能够极大地推动无保护基的有机全合成的发展。

参考文献

1. Nicolaou, K. C.; Sorensen, E. J. *Classics in Total Synthesis*, VCH, New York, 1996.

2. Service, R. F. *Science* **1999**, *285*, 184.
3. Kocienski, P. J. *Protecting Groups*, 3rd ed, Thieme, New York, 2005.
4. Stratmann, K. ; Moore, R. E. ; Bonjouklian, R. ; Deeter, J. B. ; Smith, C. D. ; Smitka, T. A. *J. Am. Chem. Soc.* **1994**, *116*, 9935.
5. Heathcock, C. H. *Angew. Chem. Int. Ed.* **1992**, *31*, 665.
6. Baran, P. S. ; Maimone, T. J. ; Richter, J. M. *Nature* **2007**, *446*, 404.
7. Moore, R. E. ; Cheuk, C. ; Patterson, G. M. L. *J. Am. Chem. Soc.* **1984**, *106*, 6456.
8. Muratake, H. ; Kumagami, H. ; Natsume, M. *Tetrahedron* **1990**, *46*, 6351.
9. Mehta, G. ; Acharyulu, P. V. R. ; *J. Chem. Soc. Chem. Commun.* **1994**, 2759.
10. a) Baran, P. S. ; Richter, J. M. *J. Am. Chem. Soc.* **2004**, *126*, 7450; b) Richter, J. M. ; Whitefield, B. W. ; Maimone, T. J. ; Lin, D. W. ; Castroviejo, M. P. ; Baran, P. S. ; *J. Am. Chem. Soc.* **2007**, *129*, 12857.
11. Nicolaou, K. C. ; Bulger, P. G. ; Sarlah, D. P. *Angew. Chem. Int. Ed.* **2005**, *44*, 4442.
12. a) A. de Meijere; F. Diederich. *Metal-Catalyzed Cross-Coupling Reactions*, 2nd ed. Wiley-VCH, Weinheim, 2004; b) Hegedus, L. S. *Transition Metals in the Synthesis of Complex Organic Molecules*, 2nd ed., University Science Books, Sausalito, 1999; c) E. Negishi. *Handbook of Organopalladium Chemistry for Organic Synthesis*. Wiley Interscience, New York, 2002.
13. Heck, R. F. ; Nolley, J. P. Jr. *J. Org. Chem.* **1972**, *37*, 2320.
14. a) Rawal, V. H. ; Michoud, C. ; Monestel, R. F. *J. Am. Chem. Soc.* **1993**, *115*, 3030; b) Rawal, V. H. ; Michoud, C. ; *J. Org. Chem.* **1993**, *58*, 5583.
15. a) Milstein, D. ; Stille, J. K. *J. Am. Chem. Soc.* **1978**, *100*, 3636; b) Milstein, D. ; Stille, J. K. *J. Am. Chem. Soc.* **1979**, *101*, 4992.
16. a) Shair, M. D. ; Yoon, T. -Y. ; Mosny, K. K. ; Chou, T. C. ; Danishefsky, S. J. *J. Am. Chem. Soc.* **1996**, *118*, 9509; b) Shair, M. D. ; Yoon, T. -Y. ; Danishefsky, S. J. *Angew. Chem. Int. Ed.* **1995**, *34*, 1721.
17. a) Suzuki, A. *Acc. Chem. Res.* **1982**, *15*, 178; b) Miyaura, N. ; Yamada, K. ; Suzuki, A. *Tetrahedron Lett.* **1979**, *20*, 3437; c) Miyaura, N. ; Suzuki, A. *J. Chem. Soc. Chem. Commun.* **1979**, 866.
18. Frank, S. A. ; Chen, H. ; Kunz, R. K. ; Schnaderbeck, M. J. ; Roush, W. R. *Org. Lett.* **2000**, *2*, 2691, and references therein.
19. Evans, D. A. ; Starr, J. T. *J. Am. Chem. Soc.* **2003**, *125*, 13531.
20. Sonogashira, K. ; Tohda, Y. ; Hagihara, N. *Tetrahedron Lett.* **1975**, *16*, 4467.
21. Inoue, M. ; Carson, M. W. ; Frontier, A. J. ; Danishefsky, S. J. *J. Am. Chem. Soc.* **2001**, *123*, 1878.
22. For early reviews of the Tsuji-Trost reaction, see a) Trost, B. M. *Acc. Chem. Res.* **1980**, *13*, 385; b) Tsuji, J. *Tetrahedron* **1986**, *42*, 4361.
23. Kuight, S. D. ; Overman, L. E. ; Pairaudeau, *J. Am. Chem. Soc.* **1993**, *115*, 9293.
24. a) Negishi, E. ; King, A. O. ; Okukado, N. *J. Org. Chem.* **1977**, *42*, 1821; b) Negishi, E. *Acc. Chem. Res.* **1982**, *15*, 340.
25. Smith, A. B. , Ⅲ ; Beauchamp, T. J. ; LaMarche, M. J. ; Kaufman, M. D. ; Qiu, Y. ; Arimoto, H. ; Jones, D. R. ; Kobayashi, K. *J. Am. Chem. Soc.* **2000**, *122*, 8654.

(本章初稿由雷霆完成)

第4章

螺环环化体系的构筑：
金属催化剂在有机全合成中的作用
(±)-Platensimycin：K. C. Nicolaou（2006）

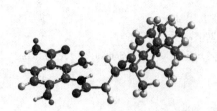

4.1 背景介绍

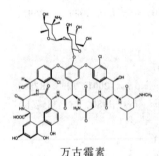

1:platensimycin

万古霉素

在过去的几十年中，尽管越来越多新颖的抗生素被人们发现，人类社会还是面临着各种传染疾病的重大威胁。其中一个关键的问题就在于，一些起初还是非常起作用的药物，伴随着细菌本身抵抗力的增强，逐渐变得不再那么有效了，这也就是所谓的更具潜在威胁的抗药性传染（drug-resistant infections）。因而20世纪60年代以来，发现更新的抗生素以抑制所谓的抗药性，便成为抗生素发展所面临的主要研究课题。[1]而那些能够在起作用的同时展现独特作用机理的化合物则更是吸引了化学家们的目光，人们期望从中得到目前所有抗生素起作用的内在机制和发展前景。

Merck公司的研究小组在一项针对细菌脂肪酸生物合成抑制剂的研究工作中，从一系列链霉素藻代谢物中分离得到了一个全新的天然分子，并将其命名为platensimycin。[2]而该分子一经发现，就引起了全世界关注的目光，人们发现platensimycin分子具有完全崭新的抗生素结构，通过一个非常新颖的作用机理呈现出非常独特的生物活性。在发现platensimycin分子之前，人们已知最强的抗生素是万古霉素，它在抗生素领域被人们称为"人类最后一道防线"。而Merck公司研究小组的工作显示，platensimycin分子通过在Type II细菌脂肪酸生物合成过程中与相应的酰基酶中间体相互作用，能够有效抑制Fab F/B等一系列酶的活性，而这些酶被认为是合成在许多致病体当中所存在脂质的关键。事实上，platensimycin分子是目前已知的针对这些酶最有效的抑制剂；同时，它展示出广谱的抗菌性，针对一些典型的细菌，即使是对具有抗甲氧苯青霉素葡萄状球菌和抗万古霉素肠球菌，都表现出惊人的药性。[3]基于其优异的表现以及分子结构的新颖性，许多有机合成化学家纷纷加入到对该分子的全合成的研究队伍中。[4,5]

第 4 章 螺环环化体系的构筑：金属催化剂在有机全合成中的作用 / 83

Platensimycin **1** 分子有着非常有趣的结构,可以将分子分成两个部分：左半部分 **2** 是一个亲水的芳环结构,右半部分 **3** 是一个亲脂的四环笼状体系,然后两个片段之间以酰胺键相连。整个分子共有三个季碳以及六个手性中心。因此从合成策略的角度来说,platensimycin 可以由片段 **2** 和 **3** 来合成。于是,如何合成片段 **2** 和 **3** 便成了全合成的基础,也是接下来一系列文献中所报道合成策略的基础。而片段 **3** 中独特的四环笼状体系的构筑则成为整个全合成中的关键所在。本章介绍的就是 K. C. Nicolaou 小组在该分子发表仅 4 个月后所完成 platensimycin 外消旋体的首次全合成报道。其逆合成路线如下：

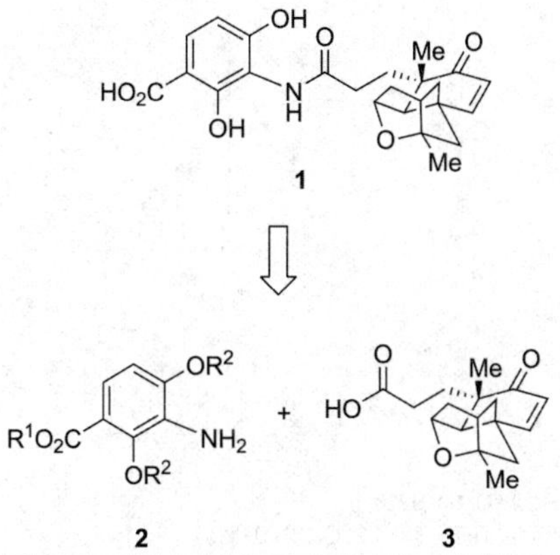

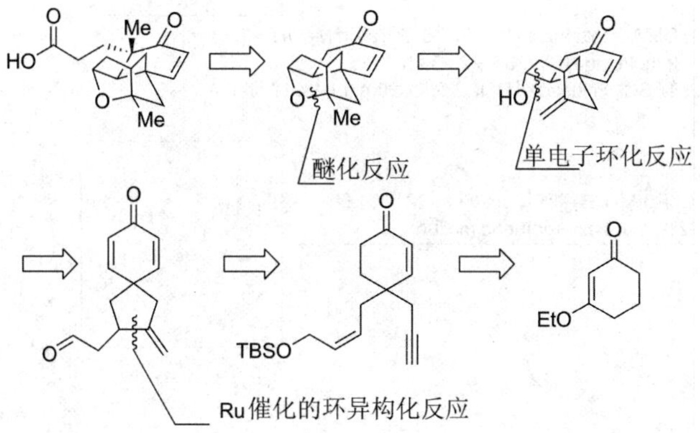

4.2 概览

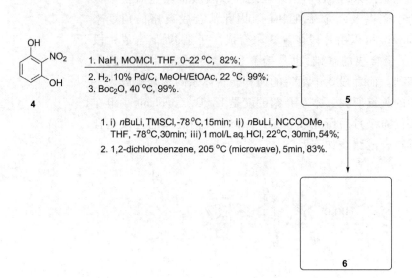

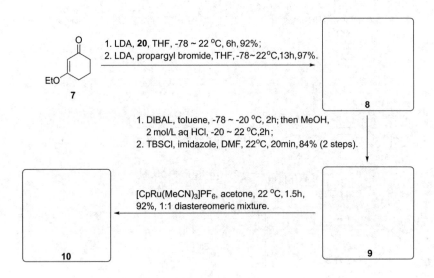

第 4 章 螺环环化体系的构筑：金属催化剂在有机全合成中的作用

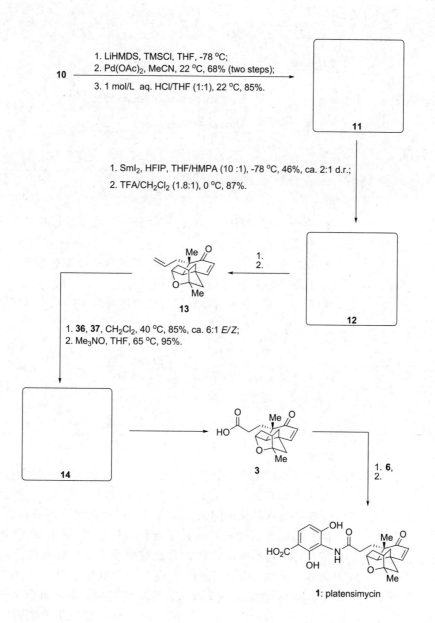

1: platensimycin

4.3 合成

问题 1:

Boc_2O：$(tBuOCO)_2O$

Boc

4 5

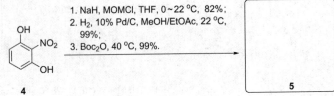

提示:

- 第一步反应我们已在第 1 章中讨论过，利用 MOM 基团保护酚羟基；
- 第二步反应是一个还原反应，在这里要注意区分苯环被催化氢化的条件与其他基团的不同点；
- 最后一步，是对新形成的官能团进行保护的一个反应。

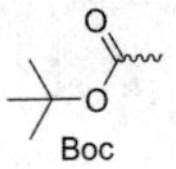

解答:

5

$(CH_3O)_2SO_2$
硫酸二甲酯

16

还原硝基成氨基的常用试剂还有 $SnCl_2/HCl$，Sn/HCl 和 N_2H_4-H_2O 等。

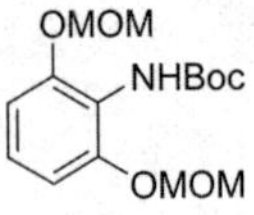

讨论:

许多在生理和合成上有意义的化合物结构中都含有羟基。这些化合物在进行氧化、酰基化、脱水等反应时，为了避免羟基干扰反应必须将其保护起来。将其转化成醚是最常用的保护方法。前面我们已经讨论过将酚羟基转化成甲氧基、烷氧基、苄氧基、硅氧基等等。由酚与卤化物以及硫酸酯生成的正烷基醚，可在较强的条件下（如 HBr，HI 回流），或在较温和的条件下（如 BBr_3，BCl_3 等，室温或更低温度下反应）脱除烷基保护基。研究结果表明，甲氧基甲基（MOM）取代的醚[6]，由于具有相当于缩醛的结构，从而可以在温和的条件下去保护，通常不会影响到分子中其他官能团。

在这里进行酚羟基的 MOM 基保护时，采用了与第 1 章中所介绍的不同反应条件。NaH 是一种强碱，对硝基没有影响。利用 NaH 作碱，它只与酚羟基反应生成氧负离子和 H_2。这样大大增加了氧的亲核能力。因此，在此条件下，酚氧负离子对 MOMCl 进行亲核取代反应生成化合物 **15**。

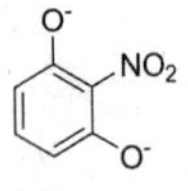

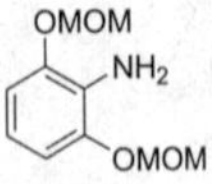

第 4 章 螺环环化体系的构筑：金属催化剂在有机全合成中的作用 / 87

在 Pd/C 催化的条件下加 H_2，一般可定量还原硝基至氨基。但在催化氢化的条件下，很多官能团都可以被还原。醛、酮也可以被还原为醇，但是它们的还原速度比烯烃的还原要慢得多。因此，在大多数情况下不会采用催化氢化的条件来还原醛和酮。而硝基在此条件下则很容易被还原为氨基。通常在 Pd/C 催化的情况下，苯环也可以被还原为环己基，但需要在高温（100℃ 以上）、高压（100 atm 以上）下进行。下表就对比了一些官能团催化氢化的反应条件。

底物	产物	催化剂	反应条件
烯烃	烷烃	Pd, Pt, Ni, Ru, Rh	室温，1 atm
炔烃	顺式烯烃	Lindlar 催化剂	室温，低压
苯	环己烷	Rh, Pt	50～100℃，5～10 atm
苯	环己烷	Ni, Pd	100～200℃，100～200 atm
PhCH₂X	PhCH₃	Pd, Ni	50～100℃，1～4 atm
RCN	RCH₂NH₂	Ni, Rh	100～200℃，高压[a]
RNO₂	RNH₂	Pd, Ni, Pt	室温，1～4 atm
RCOCl	RCHO	Pd	室温，1 atm[b]

a. 通常加入 NH_3 有助于提高一级胺的产率；
b. 需要加入喹啉或使用中等活性的催化剂。

一般胺类化合物，特别是芳香胺在空气中很容易被氧化。为了后续反应的需要，须对氨基进行保护。常见的氨基保护试剂有醋酸酐、氯甲酸甲酯等。但是在多肽化学的发展过程中，有更多的保护基越来越多地被使用，如对碱稳定的 Boc（叔丁氧基羰基）[7] 和对酸稳定的 Fmoc（9-芴甲氧基甲酰基）[8]。Boc 和 Fmoc 两个保护基的不同点在于，Boc 保护基对酸不稳定，对碱相对较稳定；而 Fmoc 保护基对酸极其稳定，对碱不稳定。这二者可以交替使用。这个保护反应实际上就是一个氨基的酰胺化反应。

经过以上三步反应，生成了化合物 **5**。

Fmoc 对碱不稳定的原因在于在碱性条件下，芴环 C9 位上的氢具有较强的酸性。

问题 2:

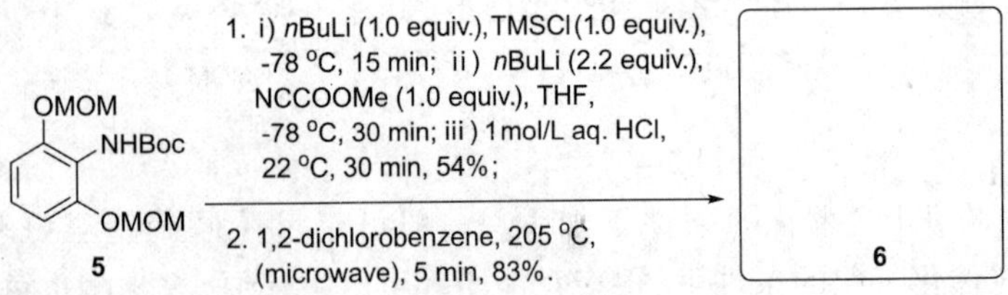

OMOM
NHBoc
OMOM
5
1. i) nBuLi (1.0 equiv.), TMSCl (1.0 equiv.), -78 °C, 15 min; ii) nBuLi (2.2 equiv.), NCCOOMe (1.0 equiv.), THF, -78 °C, 30 min; iii) 1 mol/L aq. HCl, 22 °C, 30 min, 54%;
2. 1,2-dichlorobenzene, 205 °C, (microwave), 5 min, 83%.
6

提示:

- 由于三个官能团均已经被保护了。因此,接下来的反应应该在苯环上进行。
- 反应中首先使用了强碱,那么酸性最强的地方先发生反应。在化合物 **5** 中哪个位点的酸性最强?
- 第二次加入的碱可能会与哪个位点反应?
- 利用第一个反应实现了在芳环上的亲电取代反应。这与我们常见的芳香亲电取代反应不同。
- 最终脱去保护基。

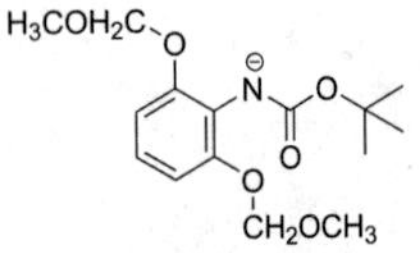

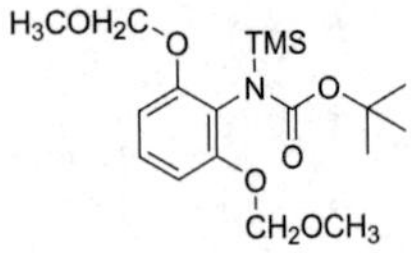

H3COH2C
O
N
O
O
O
CH2OCH3

H3COH2C
O
TMS
N
O
O
O
CH2OCH3

解答:

OMOM
NH2
OMOM
CO2Me

6

讨论:

由于分子中三个官能团均已经被保护了,因此,接下来的反应应该在苯环上进行。由于与氮原子相连氢的酸性肯定强于苯环上氢的酸性,因此为了保证接下来的反应在苯环上进行,首先需要处理这个氢。加入 *n*BuLi,可以夺去氨基上剩余的那个氢原子生成氮负离子,氮负离子与 TMSCl 发生亲核取代反应。这样化合物 **5** 上的氨基具有了两个保护基,分别是 TMS 和 Boc 基团。然后原位继续加入 *n*BuLi,与苯环上的氢反应。现在苯环上有两种氢原子,哪一种能与 *n*BuLi 优先反应?由于烷氧基上氧原子与 Li^+ 的相互作用能够形成较为稳定的螯合物,从而得到如 **17** 所示的负离子。这个转化说明,在此条件下苯环上甲氧基邻位的氢会优先与强碱反应从而生成碳负离子。

O
NC
OMe

氰基甲酸甲酯

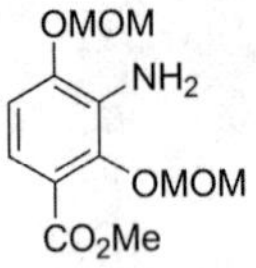

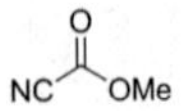

此碳负离子与新加入的氰基甲酸甲酯反应,反应过程是碳负离子先进攻酯羰基,形成四面体负离子,然后再失去氰基负离子,重新形成碳氧双键。在形成碳氧双键时,有两个可能的离去基团,

第 4 章 螺环环化体系的构筑：金属催化剂在有机全合成中的作用 / 89

甲氧基负离子和氰基负离子。由于氰基负离子更易接受电子且承受负电荷。因而在此反应中,氰基负离子比甲氧基负离子优先离去,生成相应的芳基甲酸酯 **18**。

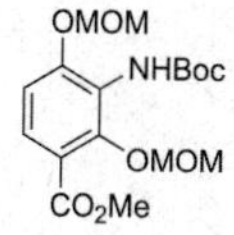

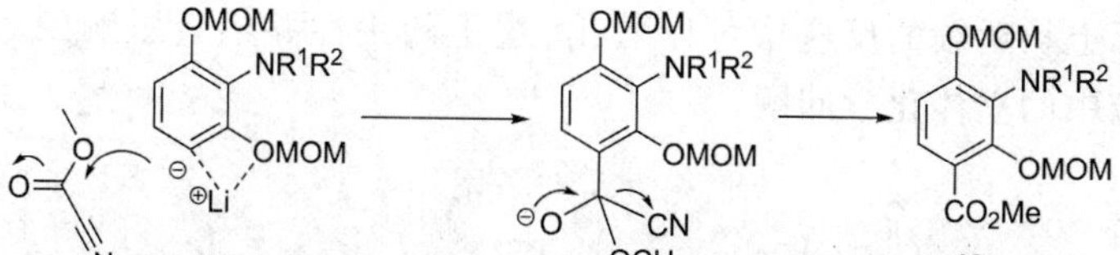

一般来说,Boc 保护基在稀盐酸溶液中可以直接脱除。但是这里并没有发生这样的反应,仅仅脱去了 TMS 基团,生成化合物 **19**。这说明在此条件下,芳香胺的酰胺具有较好的稳定性。K. C. Nicolaou 小组经过多次的尝试后,最后利用微波反应在高温下高产率地脱去 Boc 保护基,从而成功合成出 platensimycin 的左半部分即化合物 **6**。

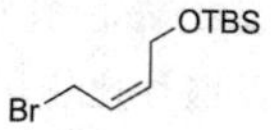

问题 3:

1. LDA (1.2 equiv.), **20** (1.5 equiv.), THF, -78 ~ 22 ℃, 6 h, 92%;
2. LDA (1.4 equiv.), propargyl bromide (3.0 equiv.), THF, -78 ~ 22 ℃, 13 h, 97%.

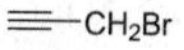

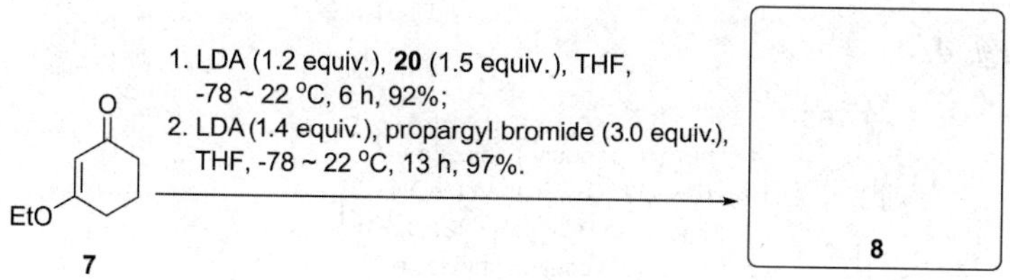

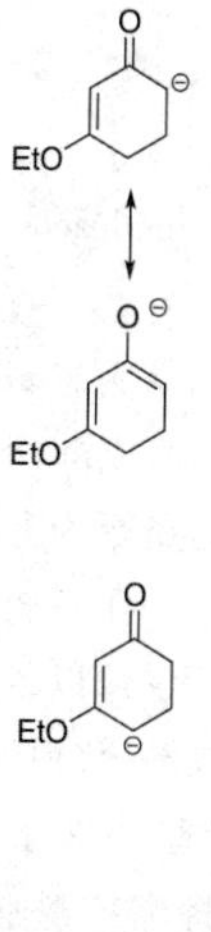

提示:

- 这是羰基化合物 α 位的烷基化反应。底物为 α,β-不饱和酮,这是一个富电子体系。
- 考虑 α,β-不饱和酮的 Michael 加成反应的条件。与此反应条件有何不同?
- 在 LDA 作用下,底物 **7** 中哪些位点优先反应?
- 两步反应都是在同一个位置发生羰基化合物的烷基化反应。

解答:

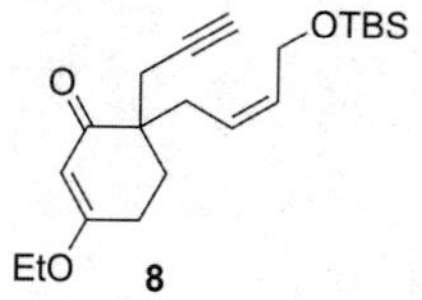

炔丙基溴

在此过程中,两个卤代物的加入次序不能颠倒。先加入化合物 **20**,生成如下图所示的产物。产物中烯丙位氢不会影响后续的取代反应。

讨论：

相较于烯丙位的氢，羰基 α 位氢的酸性更强。化合物 **7**[9] 在羰基 α 位可以与两个卤代物先后发生两次烷基化反应。在这里，由于底物本身没有手性，使得反应后得到一对外消旋体混合物。实际上从后续的反应中可以看出，这里的手性并不会影响到后续反应中的立体化学问题。

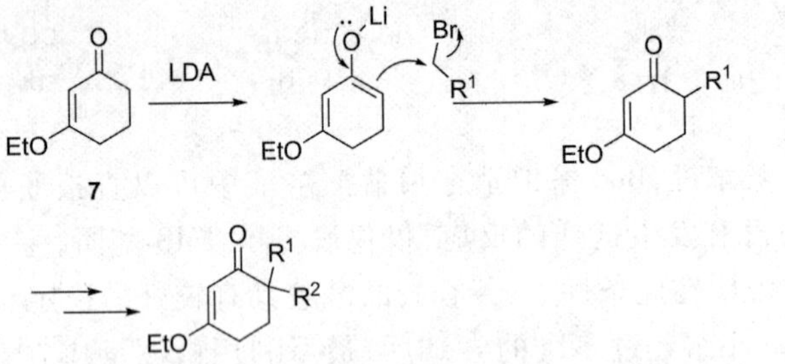

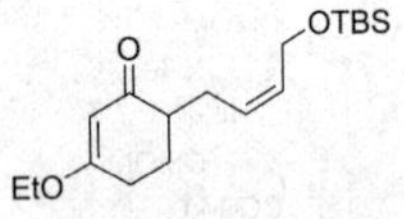

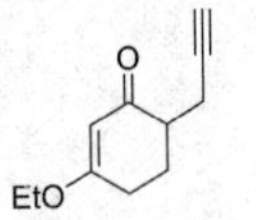

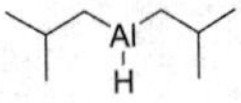

加入 LDA 形成烯醇盐后，体系中有两个烯醇式：一个是烯醇盐，另一个是烯醇乙基醚。由于氧负离子的给电子能力更强，因此反应优先在烯醇盐这边进行。

问题 4:

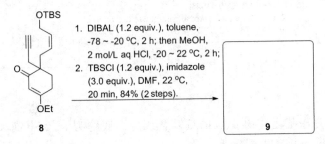

提示：

- 首先这是一个还原反应。在这里可被还原的基团有碳碳双键、碳碳叁键以及酮羰基。在此条件下哪个官能团会被还原？
- 在第一步反应中，后处理过程中加入盐酸，使体系呈酸性，会发生一个消除反应。是否可能还有其他副反应的发生？
- 这是经典 TBS 保护羟基的反应条件。

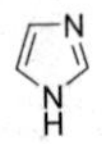

但是，如果第一次反应先引入炔基，则生成炔基取代的酮衍生物：

由于炔基上 α 位氢和炔基末端氢的酸性比较强，再加入 LDA，可能会生成炔基负离子，这样会导致许多副反应的发生。

DIBAL 或 DIBAL-H

imidazole

通常我们认为，$NaBH_4$ 能将醛和酮还原成醇；$LiAlH_4$ 能直接将酯还原为醇，将酰胺还原为胺。在一般情况下，DIBAL 不仅可以将醛、酮和酯还原成醇，将酰胺还原为胺；在某些特殊条件下，它还可以将酯或酰胺部分还原为醛。实际上，醛最容易被还原。因此，利用 DIBAL 将酯或酰胺还原为醛需要一些控制的条件，如低温，控制 DIBAL 的使用量，底物如内酯（还原产物为五元环状氧负离子与铝螯合

解答：

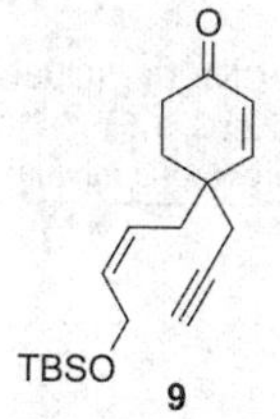

（化合物 9 结构图）

讨论：

我们在前面已经提到过，DIBAL 是一种常用的还原试剂。与其他还原试剂不同的是，DIBAL 还原反应常在低温下进行，这样使得底物中官能团的兼容性大为提高，不会对其他不饱和键如碳碳双键和碳碳叁键等有影响。在这一步反应中，加入 DIBAL，将酮羰基还原生成中间体 **21**。在盐酸的作用下，会发生一个碳碳双键的移位过程，得到中间体 **22**[10]，这是进行了一个羰基易位的反应。这是由于烯丙位的碳正离子比较稳定，导致了在酸性条件下的失水反应的发生，接着与乙氧基相连的碳正离子更加稳定，使得碳正离子进一步重排，从而生成化合物 **22**。具体反应过程如下：

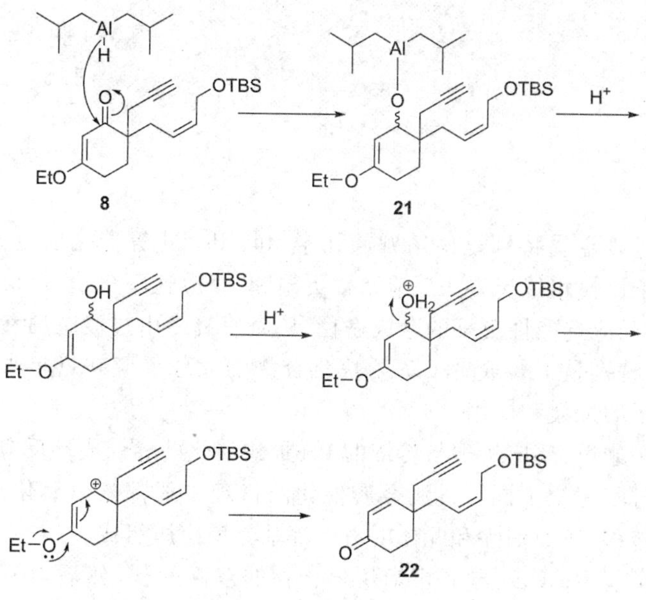

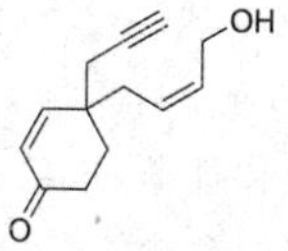

（反应机理图：化合物 8 → 21 → 中间体 → 22）

在盐酸后处理过程中，会发生脱除一级醇 TBS 保护基的反应，因此需要在进入下一步反应前重新加入 TBSCl 对羟基进行再次保护。

第二步反应使用了咪唑作为有机碱吸收反应中生成的 HCl，使得体系始终在碱性条件下反应。

物，比较稳定），以及底物中酯基的 α, β 位有可与 Al 配位的基团，形成环状中间体，使得在后处理的过程才能生成醛。

（化合物结构图）

TBS 基团是在双键移位前还是在移位后被脱除，在这里并不重要。

Cp：环戊二烯负离子是一种常用的负离子配体。

思考题：

咪唑结构中有两个氮原子，哪个氮原子的碱性比较强？

对映选择性（enantio-selectivity）是指不对称合成反应优先生成对映异构体中的某一种。

非对映选择性（diastereo-selectivity）是指不对称有机合成反应优先生成非对映异构体产物中的某一种。

对映体过量的 e.e. 值：在一对对映体（$E_1 + E_2$）混合物中，其中一个对映体过量的百分数。e.e.% = E_1 × 100%/($E_1 + E_2$)。

非对映体过量的 d.e. 值：在两组非对映体（$D_1 + D_2$）混合物中，其中一组非对映体过量的百分数。d.e.% = D_1 ×100%/($D_1 + D_2$)。

非对映体过量的 d.r. 值：在两组非对映体（$D_1 + D_2$）的混合物中，其中每一组由一对对映体组成，其中一组非对映体相对于另一组非对映体的比例。d.r.% = D_1/D_2。

1985 年，T. J. Katz 报道了一种亚甲基的迁移反应。二芳基取代的 1,7-烯炔化合物在 1 mol% 钨 Fisher 卡宾催化剂的作用下生成 31% 的 1,3-共轭二烯化合物。这是第一例由金属卡宾催化的分子内由烯和炔两种官能团形成新的碳碳多重键的方法。

问题 5：

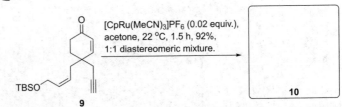

提示：
- 这是一个过渡金属催化的 1,6-烯炔环化反应，该反应可形成一个螺环体系；
- 钌启动由 **9** 开始的一连串连锁反应，首先生成一个五元环；
- 请与由另一种钌催化剂促进的 1,6-烯炔复分解反应进行对比；
- 在 β-H 的消除反应过程中，没有形成 1,3-共轭双烯体系。

解答：

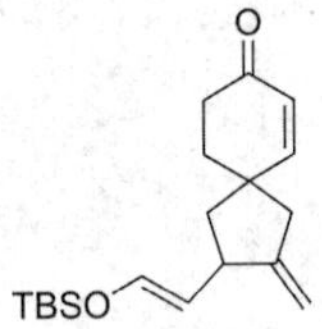

10

讨论：

过渡金属特别是使用Ⅷ族元素 Ru, Rh, Pd 等催化反应，提供了一条比使用传统方法反应条件更温和、反应速率更快、反应产率更高、反应选择性更好的合成途径，从而使更多由过渡金属参与的反应，特别是 1,6-或者 1,7-烯炔化合物的成环反应在近年来得到了广泛的发展和应用。[11]

在这里，反应机理与传统的 Lewis 酸催化的烯烃成环反应中协同的过程完全不同。过渡金属催化的机理一般都是由氧化加成、金属转移、还原消除和配体的再生等基元反应所组成。

金属 Ru 首先与 1,6-烯炔化合物的双键配位，然后对不饱和碳碳键进行氧化加成，接着炔键的碳与双键的碳原子形成新的碳碳键，同时构建了含两个五元并环的螺环体系。随后发生 β-H 消除反应，在此过程中会面临区域选择性的问题，因为两边碳原子都具有 β-H 可供消除。由 B. M. Trost 教授所发展的方法学，使用硅醚作为导向基团，可以高度专一区域选择性地发生 β-H 消除反应

第4章 螺环环化体系的构筑：金属催化剂在有机全合成中的作用 / 93

生成烯醇硅醚。最后 Ru 通过还原消除得到产物 **10**，同时催化剂得以再生进入催化循环中。反应过程可能如下：

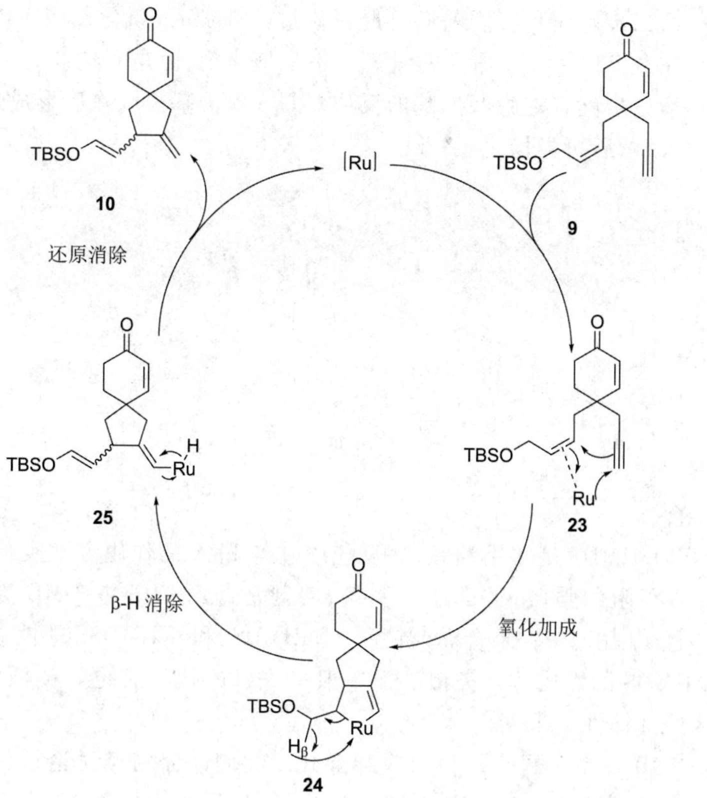

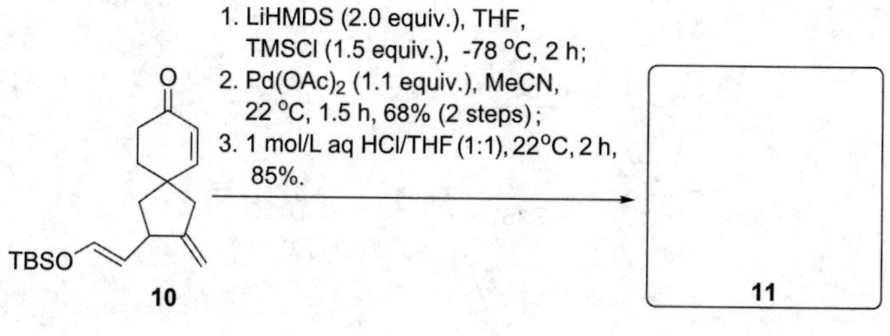

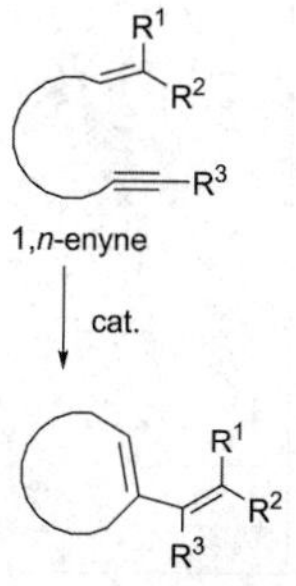

环状 1,3-共轭双烯

后来还发展了分子间的烯炔反应。

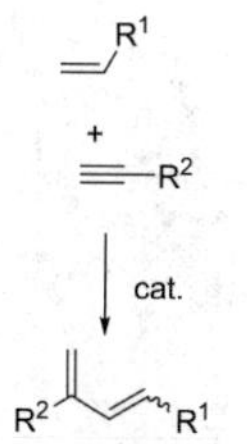

产物 **10** 的四种旋光异构体：

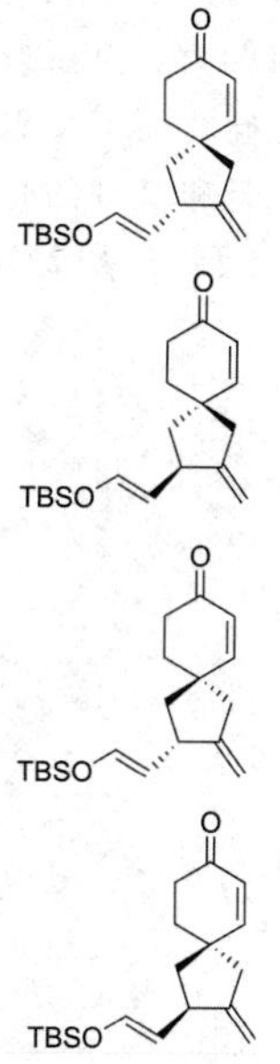

尽管反应利用烷基硅醚为导向基团来高效控制反应中 β-H 消除反应的区域选择性，但是由于在烷基化反应中，没有进行任何手性控制，化合物 **9** 为一外消旋体（其手性中心就是后来成为螺原子的碳）。因此，反应中碳碳键形成环系的过程中，烯醇硅醚连接在五元环上的碳原子的手性并没有得到较好的控制，从 **23** 到 **24** 得到的是 1:1 的非对映异构体混合物（$d.r.$ 值）。

问题 6：

1. LiHMDS (2.0 equiv.), THF, TMSCl (1.5 equiv.), -78 ℃, 2 h;
2. Pd(OAc)$_2$ (1.1 equiv.), MeCN, 22 ℃, 1.5 h, 68% (2 steps);
3. 1 mol/L aq HCl/THF (1:1), 22 ℃, 2 h, 85%.

94 / 中级有机化学

提示:
- 第一步反应是一个生成烯醇硅醚的反应。LiHMDS 与前面讨论过的 NaHMDS 作用一致,也与 LDA 的作用较为类似。
- 第二步反应是我们前面已经讨论过的 Saegusa 氧化反应。
- 注意 Pd(OAc)$_2$ 加入的量。它不是催化剂,而是氧化剂。
- 第三步反应是脱保护基的反应。TBS 保护基被脱除后形成烯醇式,然后再异构化。

解答:

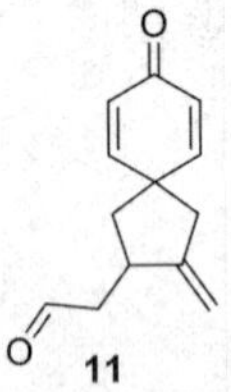

（化合物 11 的结构式）

讨论:

LiHMDS 是常见的碱,在反应中它与 LDA 的作用方式类似,都是大位阻的强碱,且都易于制备,溶剂常选用 THF 或 DME 等,被广泛应用于有机合成当中。NaHMDS 和 KHMDS 的性质与 LiHMDS 的性质非常类似。而一般来说,Li$^+$ 盐具有更好的活性和区域选择性。

10 首先在酮的 α 位形成烯醇式。我们前面已经讨论过,烯丙位氢的酸性远远弱于酮羰基 α 位的氢。因此,在底物 **10** 中,只有酮的一个 α 位可以形成碳负离子,然后转化成烯醇式,形成中间体 **26**。然后 **26** 进攻 TMSCl 发生亲核取代反应,但是反应位置不是羰基的 α 位碳原子,而是氧负离子。这类反应经常会出现羰基的 α 位碳原子和氧负离子的竞争反应,影响反应的因素很多,与生成的负离子的稳定性、卤代物的活性和产物的稳定性都有关系。在这里氧负离子优先反应的主要原因在于 Si 与 O 之间较强的相互作用和强的成键能力,使得生成的产物 **27** 相对更加稳定。

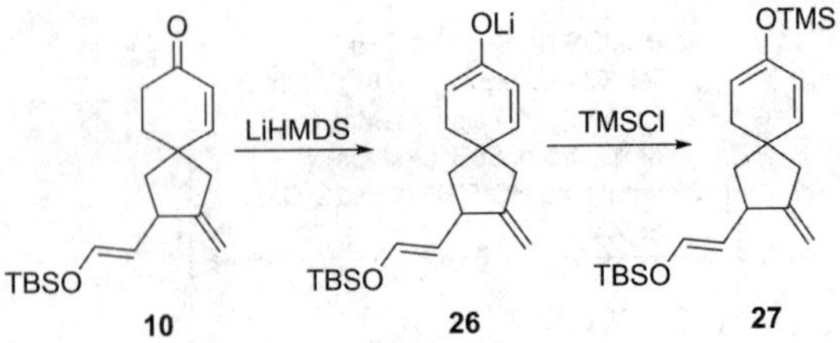

> 通常情况下,碳负离子的亲核能力远远强于氧负离子的亲核能力。而在这里形成烯醇硅醚而不是碳硅键主要在于硅氧键的强成键能力以及产物 **27** 的稳定性。

（反应式：10 —LiHMDS→ 26 —TMSCl→ 27）

第 4 章 螺环环化体系的构筑：金属催化剂在有机全合成中的作用 / 95

随后发生了 Saegusa 氧化反应。[12] 前面我们讨论 Saegusa 氧化反应时，谈到了 R. C. Larock 利用氧气改进了此反应中 Pd(OAc)$_2$ 的使用量。在这里，K. C. Nicolaou 小组还是使用化学计量的 Pd(OAc)$_2$ 作为氧化剂，高效地将烯醇硅醚氧化为 α,β-不饱和酮体系。最初认为反应机理是 Pd 与烯丙基的 π 电子配合作用相结合形成 **28**。而后来的研究表明，Pd 通过下图所示的过程直接与羰基的 α 位相连接形成中间体 **29**。这可以理解为，烯醇硅醚对 Pd(OAc)$_2$ 发生亲核取代反应，最终在进行 β-H 消除反应之后得到氧化产物 **30**。[13]

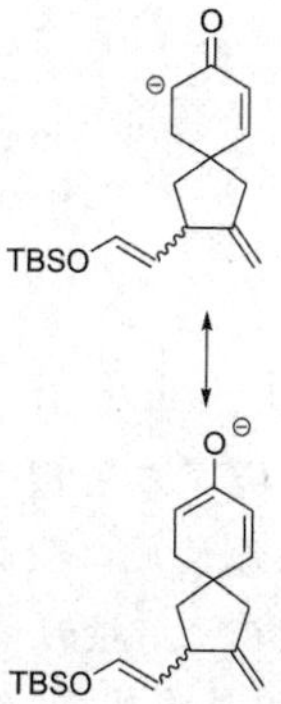

10 有两个手性中心。**10** 转化成 **30** 后，由于另一个双键的引入，**30** 结构中的六元环成为一对称的结构，螺原子的手性就消失了。分子 **30** 只有一个手性中心，**30** 是一对对映异构体的混合物。分子中只有一个不对称碳原子，其手性中心就是烯醇硅醚 α 位的碳原子。

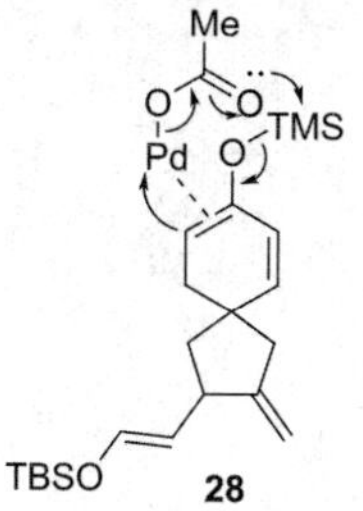

TBS 保护基在酸性条件下不稳定，很容易被脱除。加入稀盐酸脱除 TBS 保护基后形成的烯醇式接着异构化成醛 **11**。

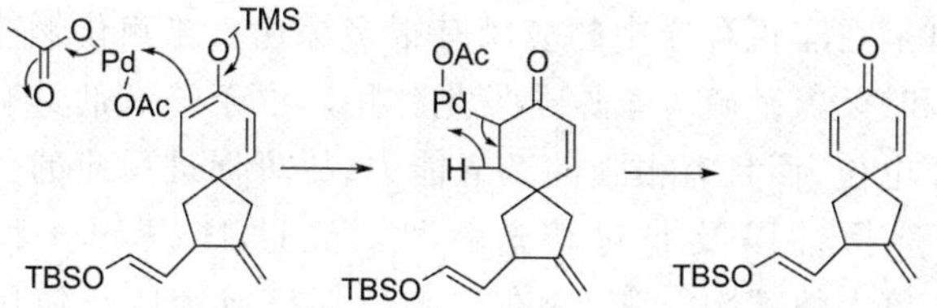

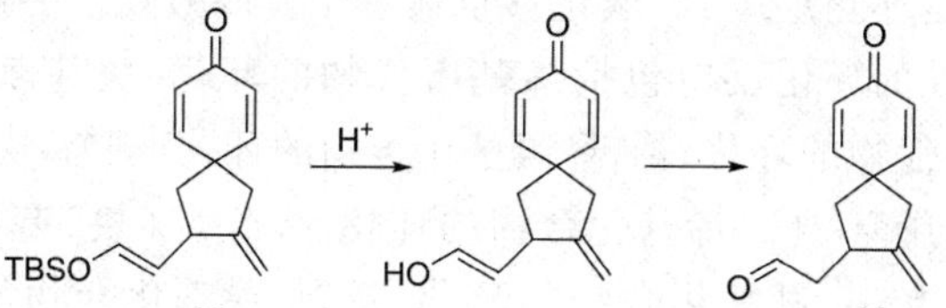

问题 7：

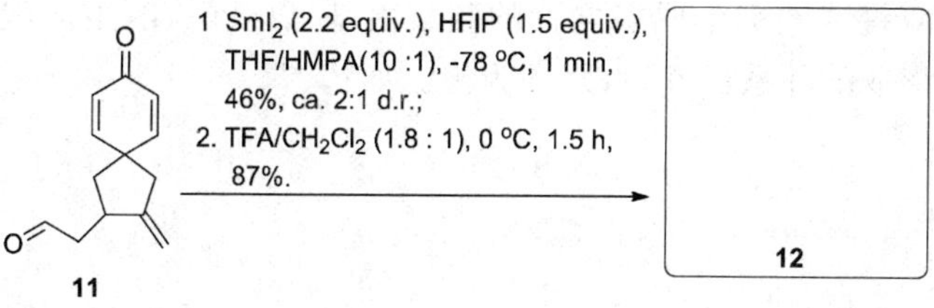

1. SmI$_2$ (2.2 equiv.), HFIP (1.5 equiv.), THF/HMPA (10:1), -78 °C, 1 min, 46%, ca. 2:1 d.r.;
2. TFA/CH$_2$Cl$_2$ (1.8:1), 0 °C, 1.5 h, 87%.

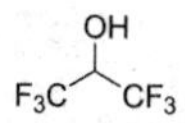

HFIP

TFA：CF$_3$COOH

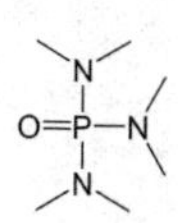

HMPA

20 世纪 70 年代，H. Kagan 系统研究了二价镧系碘化物的还原性质。在研究中他发现在二倍量的 SmI_2 作用下，烷基溴代物、碘代物或磺酸酯可以与醛或酮羰基反应生成相应的醇。反应在 THF 溶液中进行，室温 24 小时或回流几个小时即可。

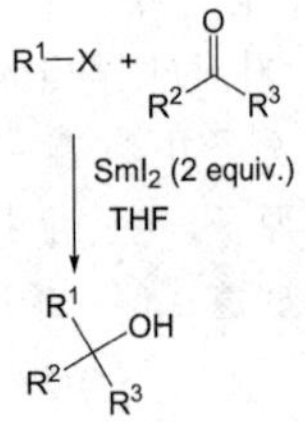

同时 Kagan 注意到，催化量 $FeCl_3$ 的加入可以大大缩短反应时间。

1984 年，G. A. Molander 首次报道了分子内的这种转换。

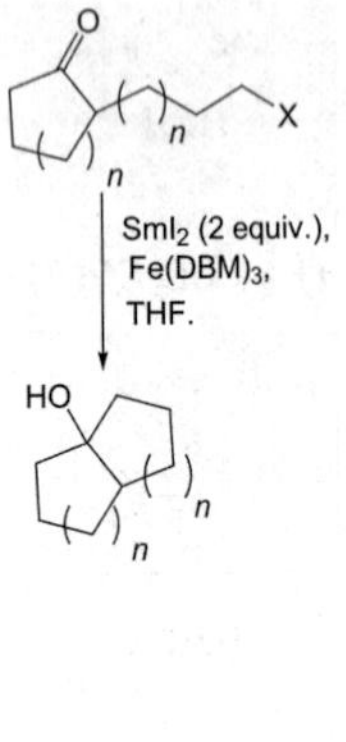

提示:
- 首先发生了分子内关环反应。
- SmI_2 是一个优良的单电子转移试剂，这是一个单电子诱导的分子内关环反应。
- 反应最终形成六元环并六元环的体系。
- 第二步反应是一个酸催化的分子内关环反应。在酸性条件下，哪个官能团最有可能与酸反应？
- 这是一个碳正离子诱导的分子内关环反应。

解答:

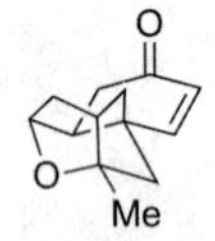

12

讨论:

自从 1980 年法国化学家 H. Kagan 将二碘化钐应用于有机合成以来，钐试剂在有机合成中的应用研究得到了飞速的发展。关于对钐试剂在有机合成中的应用有很多综述。二碘化钐能与卤原子、不饱和键、氮及硫等杂原子发生作用。由于该试剂具有适当的氧化还原电位，而且有很强的亲氧能力，故可促进反应的化学选择性、区域选择性以及非对映选择性。经过 H. Kagan 和 G. A. Molander 等人的不懈探索，现在二碘化钐已成为广泛使用的单电子转移还原剂和偶联剂，并成功地用于许多复杂的有机化合物的构筑。它在有机合成中的应用非常广泛。这里仅对二碘化钐在分子内环化反应中的应用作简单介绍。[14]

即使是环化反应，二碘化钐也体现了其高效性。一般来说，二碘化钐引导的环化反应包括烯基卤代物的环化、炔基卤代物的环化、羰基卤代物的环化、烯基-羰基化合物的环化、羰基-炔基化合物的环化、二羰基-连二烯基化合物的环化、卤代烯(炔)基-羰基化合物的环化、羰基-氰基化合物的环化、羰基-羰基化合物的环化、羰基-亚胺化合物的环化、苯基-羰基化合物的环化、α-氨基自由基的环化反应等等。总结起来，一般烷基卤代物脱去卤素生成烷基自由基，双键或叁键生成多取代的碳自由基，以及醛、酮生成碳自由基，所形成的环系以五、六元环为主。如：

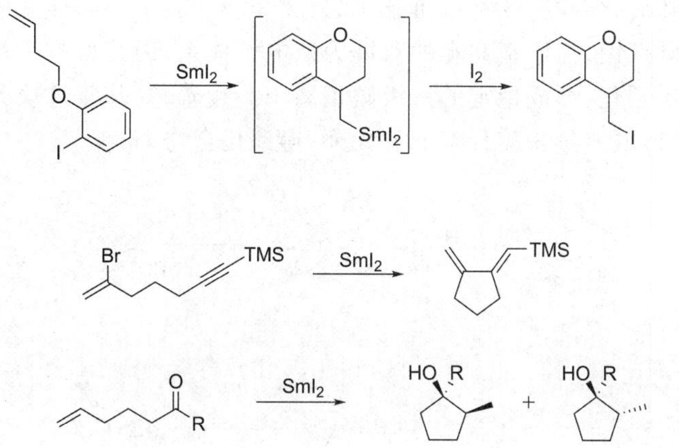

在这里,SmI₂ 首先与两个羰基反应,生成双自由基 **31**。接着发生分子内自由基的偶联,形成一个新的六元环中间体。由于在成键时可以在纸面上方也可以在纸面下方进行,因此可以有两种环状过渡态(**32a** 和 **34a**)。由于 Sm 原子和 I 原子的半径都较大,过渡态 **34a** 结构中两个 SmI₂ 之间会产生较大的空阻,不能形成反应的优势构象;而过渡态 **32a** 的两个 SmI₂ 不处在同一侧,可以形成反应的优势构象。化合物 **11** 在 SmI₂ 作用下最终形成一个新的六元环并六元环骨架。经酸后处理后,除去钐化物,烯醇式再次异构化成 α,β-不饱和酮体系 **33** 和 **35**。**33**,**35** 二者互为非对映异构体,其比例为 2:1。[15]

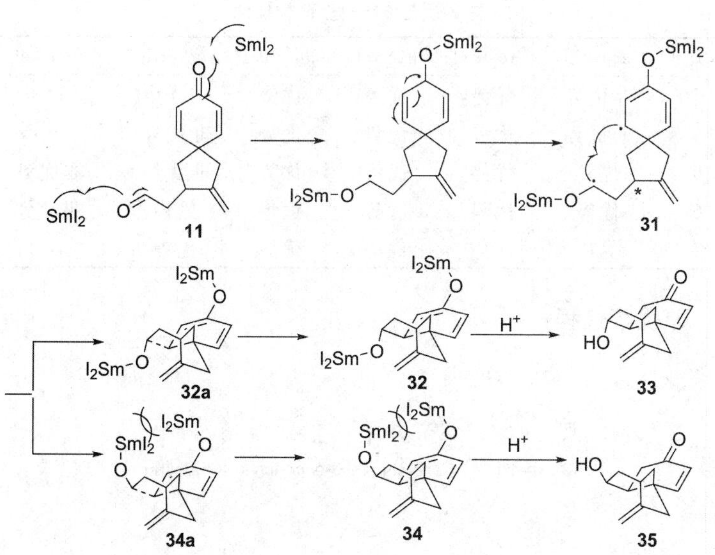

以上反应可以由以下两种途径进行:
(1)先将烷基卤代物与二倍量的 SmI₂ 反应生成有机钐化物,接着加入酮反应;
(2)将卤代物,SmI₂ 以及酮一起反应。
制备 SmI₂ 的最好方法是将金属钐与二碘甲烷、二碘乙烷或碘反应。
此反应的特点:
(1)在其他催化剂的参与下,二倍量 SmI₂ 与卤代物在 THF 溶液中反应;加入 HMPA 作为共溶剂可以大大加速此反应;有时四氢吡喃、烷基腈或苯也可以作溶剂;在标准条件下,溴代物、碘代物可以反应,氯代物不反应。
(2)有报道认为,氯代物在可见光激发下可以发生反应。
(3)一级、二级的烯丙基、苄基溴和碘代物,α-杂原子取代的卤代物,α-卤原子取代的羰基化合物都可以反应。
(4)芳基、烯基以及三级卤代物一般不反应。

化合物 33 在酸催化下也可以形成一级碳正离子：

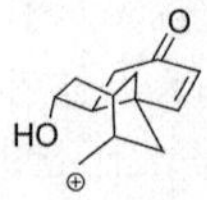

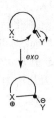

由于它没有三级碳正离子稳定,因此优先形成如正文图中所示的三级碳正离子。发生反应时,得到电子的那个原子在环外为 exo。

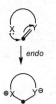

发生反应时,得到电子的那个原子在环内称为 endo。

进攻 sp³ 杂化碳原子的称为 tet；进攻 sp² 杂化碳原子的称为 trig；进攻 sp 杂化碳原子的称为 dig。
例如：

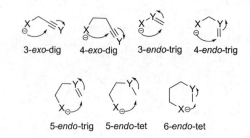

此过程的反应模式就是 5-exo-trig。"5"代表形成了五元环；"exo"表示得到电子的原子在五元环外；"trig"表示受进攻的原子是双键的。

随后化合物 33 在酸催化下,发生了分子内关环。体系中有两个碳碳双键,与羰基共轭的双键为缺电子体系,因此另一个双键优先被质子化,形成稳定的三级碳正离子。接着,羟基氧进攻此碳正离子,形成四氢呋喃骨架的五元环,得到化合物 12。

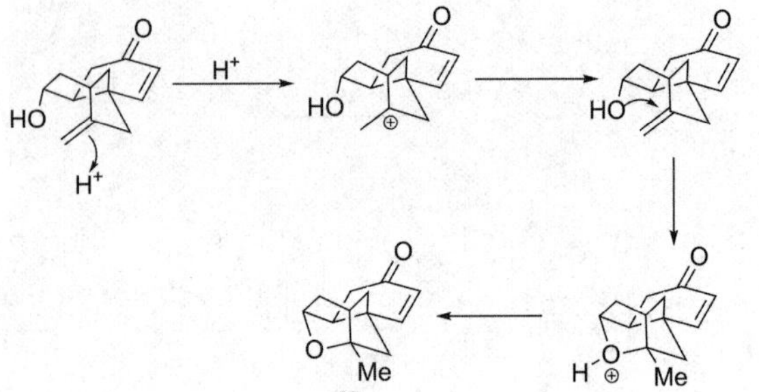

在上述反应过程中,虽然 5-exo-trig 和 6-endo-trig 都是可行的反应历程,但是由于三级碳正离子更稳定,以及环张力的要求,应优先发生 5-exo-trig,形成五元环。该反应遵循了 Baldwin 规则。1976 年,J. E. Baldwin 制定了一套指导分子内成环反应的规则,被称为 Baldwin 规则。利用此规则,可以有效地预测产物的结构和理解反应的立体化学。1983 年,J. D. Dunitz 等利用实验证实了这个规则。但是,我们必须清楚这个规则的局限性,有许多反应实例并不能采用此规则来解释。有机化学还是一个需要实验事实来证明其结论的学科。

关环反应的一些基本规律

环大小	exo-dig	exo-trig	exo-tet	endo-dig	endo-trig	endo-tet
3	非优势	优势	优势	优势	非优势	/
4	非优势	优势	优势	优势	非优势	/
5	优势	优势	优势	非优势	非优势	非优势
6	优势	优势	优势	优势	优势	非优势
7	优势	优势	优势	优势	优势	/

非优势过程：

根据以上的方式和表中列出的信息,请读者自己画出那些优势的反应历程。

问题 8:

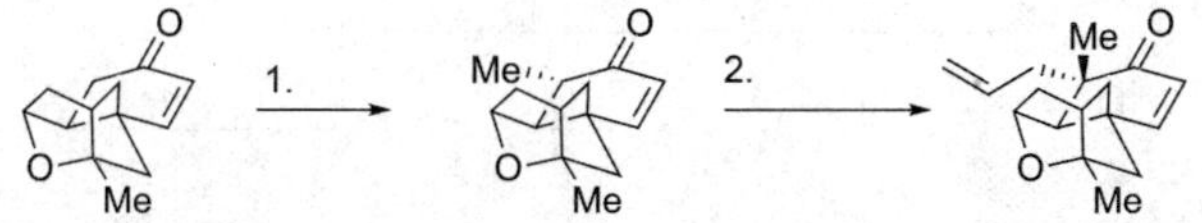

提示:
- 这还是在羰基的 α 位进行双烷基化的反应。
- 烷基化反应需要在碱性条件下进行。
- 对于 α,β-不饱和酮体系,在碱的选择方面需要注意一些特别的因素。那么应该选用怎样的碱应用于此反应?
- 反应的结果是在酮羰基的 α 位引入两个不同的烷基,反应后此 α 位会成为一个新的不对称中心。如何控制反应的立体选择性?

解答:
1. KHMDS (1.5 equiv.), MeI (8.0 equiv.), THF/HMPA (5:1), −78 ~ −10℃, 2 h, 88%;
2. KHMDS (4.0 equiv.), allyl iodide (8.0 equiv.), THF/HMPA (5:1), −78 ~ −10℃, 2 h, 79%。

讨论:

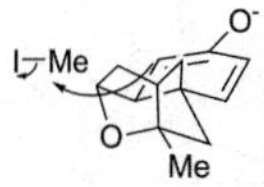

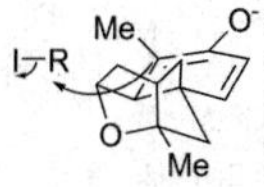

前面已经讨论过,使用 KHMDS 作为碱可以通过烯醇式在羰基的 α 位引入两个烷基。化合物 **12** 的结构表明,分子中的"笼子"部分处于纸面的上方,因此分子上方的空阻大于下方。反应一般都会在位阻较小的一侧进行,因此,烯醇与碘代烷的反应只能在分子的下方进行。可以通过控制两种卤代烷的加入顺序得到立体专一的产物。由于最终产物中引入的甲基是朝上的,因此反应的次序是先引入甲基再引入烯丙基。

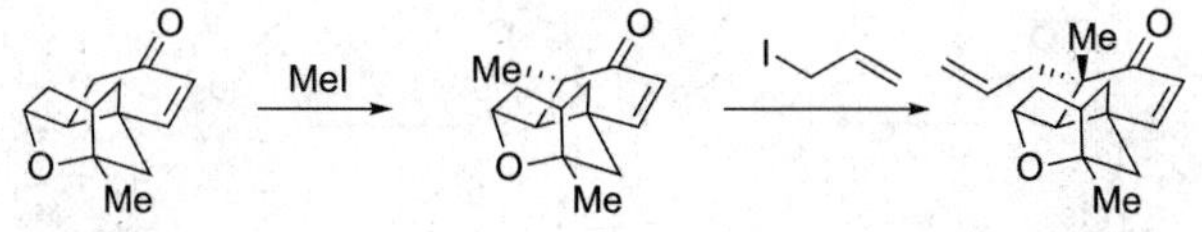

问题 9:

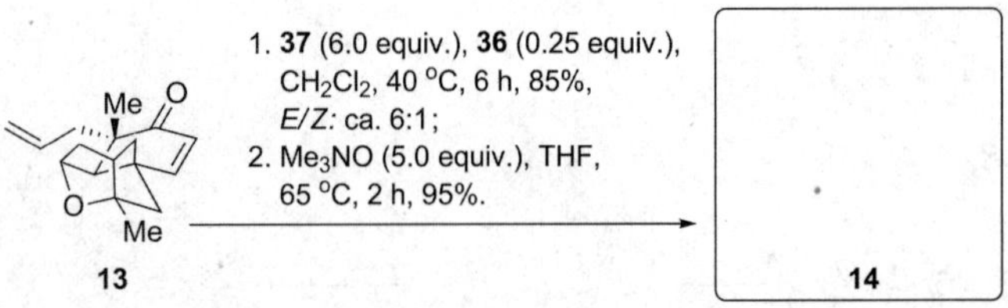

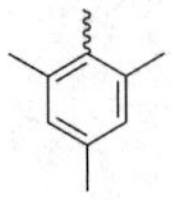

13 → [1. **37** (6.0 equiv.), **36** (0.25 equiv.), CH$_2$Cl$_2$, 40 °C, 6 h, 85%, E/Z: ca. 6:1; 2. Me$_3$NO (5.0 equiv.), THF, 65 °C, 2 h, 95%.] → **14**

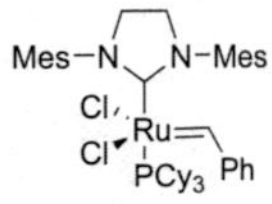

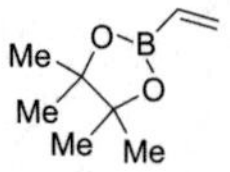

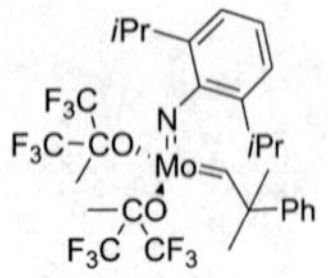

提示:
- 底物 **13** 不能通过末端双键的直接氧化转化为羧酸，需要一些特殊的反应进行这样的转换；
- 烯烃复分解反应（2005 年诺贝尔化学奖）是一个非常高效的形成碳碳双键的反应；
- 随后将烯烃复分解反应的产物转化为羧酸；
- 发生了一个硼烷氧化的过程。

解答:

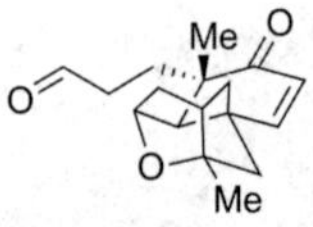

（产物 **14** 结构式）

讨论:

通过将碳碳双键氧化断裂，使烯烃转化为羧酸的方法有很多。但是在复杂有机分子的合成中，通常需要一些特殊的方法来进行这样的转换，因为这些复杂分子中往往含有较多的官能团，而这些官能团在氧化反应中通常不太稳定，最终影响了反应的产率。最初，K. C. Nicolaou 小组打算通过经典的碳碳双键的硼氢化氧化反应先得到相应的羟基化合物 **38**，然后再利用 Dess-Martin 试剂氧化醇得到产物 **14**。然而，令人遗憾的是，经过多次尝试，并优化反应条件，但是产率总是低于 40%。他们认为，可能是在硼氢化还原的过程中，酮羰基会发生诸如 1,2-还原等副反应而降低产率（参考第 3 章中讨论的 Luche 还原反应）。

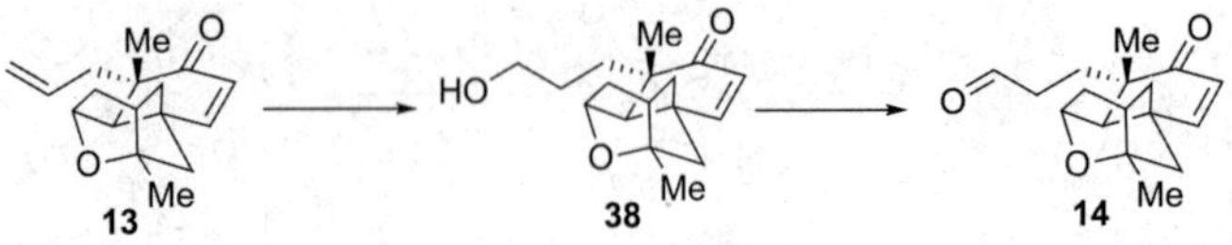

13 → **38** → **14**

因此,他们选取了高效的烯烃复分解反应来进行化合物 **39** 的合成。

在这个烯烃复分解反应中,化合物 **13** 在 25 mol% Grubbs-钌催化剂 **36** 作用下与大大过量的烯烃 **37** 顺利转化成化合物 **39**,收率达到 85%。[16] 这是一个顺式和反式碳碳双键共混的产物,反式与顺式双键的比例为 5∶1。这里碳碳双键的顺反构型对后面的产物没有影响,因此不需要分离。

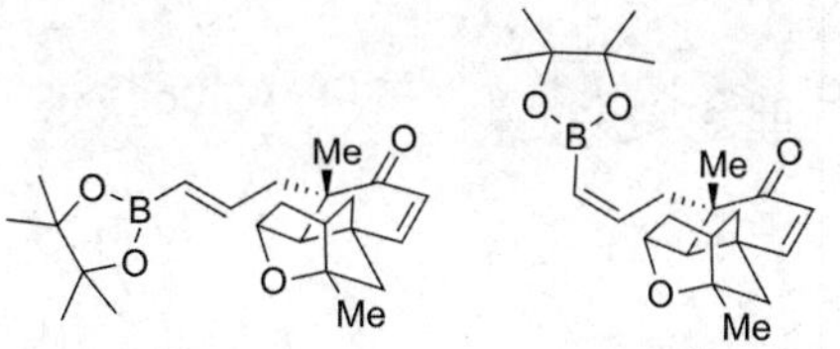

与高活性 Schrock 催化剂相比,Grubbs 二代钌催化剂 **36** 对许多不同的官能团有很好的兼容性,对空气的稳定性使其制备和操作比较容易。基于钛和钨的此类催化剂也有发展,但很少被使用。

现在,新的咪唑啉-2-亚基取代的钌催化剂如 **36** 已经商品化。它在低温下表现出更高的催化活性,且对空气和湿度都不敏感。潜在的活性可能来自于较高的路易斯碱性和空阻要求。它们甚至在四取代环内碳碳双键的合成中都给出了很好的结果。关于烯烃复分解反应,我们会在第 5 章中再展开分析讨论。

末端连接有双键硼酯的顺反双键混合物 **39**(下图以反式碳碳双键为代表,在实际反应中,顺式和反式碳碳双键的化合物共同参与反应,并不会影响产物的立体化学),在氧化剂 Me_3NO 存在下,与经典的硼氢化氧化的过程类似,生成相应的烯醇[17],再通过互变异构得到最终的醛 **14**。

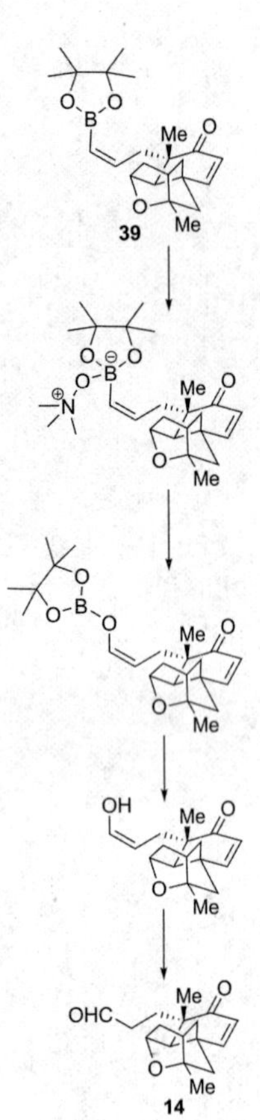

所以，化合物 **39** 中碳碳双键的顺反异构并不影响后面的产物 **14**。

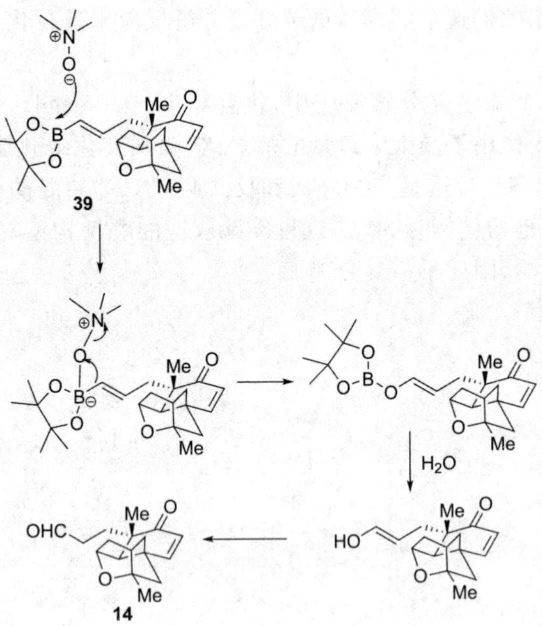

问题 10：

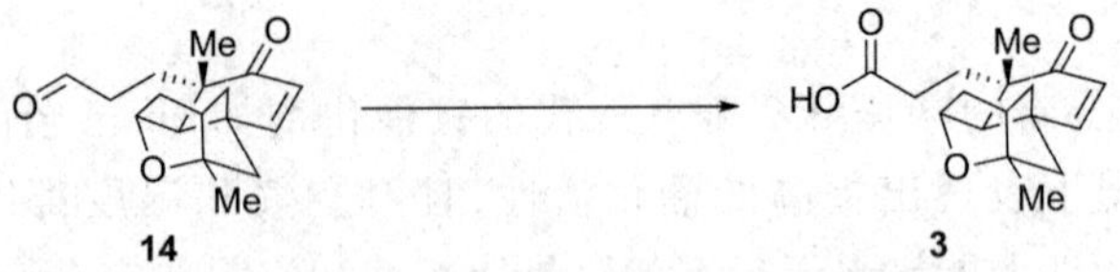

提示：

- 这是一个氧化反应，醛基被氧化为羧基；
- 考虑到底物为一多官能团化合物，因此需要选取合适的氧化条件；
- 在这里选用了我们前面讨论过的 Pinnick 反应。

解答：

NaClO$_2$（3.0 equiv.），2-methyl-2-butene（10 equiv.），NaH$_2$PO$_4$（5.0 equiv.），tBuOH/H$_2$O（1∶1），22℃，15 min，95%。

讨论：

在有机合成中，将醛基氧化为相应的羧酸是一类非常重要的转换。20 世纪 70 年代前，许多昂贵的试剂、复杂的反应条件被应用于此转换中。1973 年，B. O. Lindgren 首次将 NaClO$_2$ 在酸性条件下使 3-甲氧基-4-羟基苯甲醛氧化为 3-甲氧基-4-羟基苯甲酸。但是,没有解决 HClO 引起副反应的问题。几年后,G. A. Kraus 首次将 2-甲基-2-丁烯引入除去 HClO。1981 年,H. W. Pinnick 采用了 $NaClO_2$,2-甲基-2-丁烯以及 NaH_2PO_4 体系,可以在不影响碳碳双键的情况下将 α,β-不饱和醛氧化为 α,β-不饱和酸,而且不会氧化酮羰基。因此,Pinnick[18]氧化反应利用 NaH_2PO_4 缓冲剂提供一个 pH 稳定的酸性环境,利用 $NaClO_2$ 作为氧化剂,可以温和地将醛氧化为相应的酸。值得注意的是,其中 2-甲基-2-丁烯是必不可少的,文献中也经常使用 2,3-二甲基-2-丁烯作为助剂。过量加入的 2-甲基-2-丁烯就如同"清道夫"一样,可以将反应生成的具有氧化性的 HClO 除去,从而保证底物某些敏感基团的稳定。其机理在第 1 章中已经讨论过。

Pinnick 氧化反应的特点:
(1) 将醛溶解于叔丁醇或叔丁醇/THF 的溶剂体系中,再加过量的 2-甲基-2-丁烯,室温下滴加 $NaClO_2$ 和 NaH_2PO_4 水溶液。
(2) 必须保证体系的 pH,因此 NaH_2PO_4 需要几倍量。
(3) 需用多于一倍量的 $NaClO_2$。为了防止被氧化,$NaClO_2$ 需溶解在 NaH_2PO_4 水溶液中。
(4) 底物的纯度对反应的转化非常重要,例如,在酸性条件下,$NaClO_2$ 对过渡金属非常敏感且极不稳定,因此避免使用钢制针头;使用纯的 2-甲基-2-丁烯或其 2 mol/L 的 THF 溶液,不要使用 90% 纯的 2-甲基-2-丁烯。
(5) 醛 α 位的立体构型不会受到影响。
(6) 官能团的兼容性很好,羟基也不用保护。

问题 11:

[结构式:化合物 3 + 化合物 6 → 化合物 1,条件为 1. 2.]

提示:
- 这是最后左右两个片段连接的过程。从最终的目标化合物 **1** 的结构看,应该包括形成酰胺键,将酯基水解成羧基以及脱除羟基的 MOM 保护基等反应。
- 有许多经典的形成酰胺键的反应。
- 酯基的水解条件有很多种。碱性水解和酸性水解的机理是否不同?通常用哪一种水解条件?
- 脱除 MOM 保护基的反应我们前面已经讨论过了。

解答:
1. HATU(4.0 equiv.),Et_3N(5.9 equiv.),DMF,22℃,26 h,85%。
2. LiOH (55 equiv.),THF/H_2O (4:1),45℃,2 h;2 mol/L HCl (aq.),THF/H_2O (3:1),45℃,10 h,~90%。

[HATU 结构式]

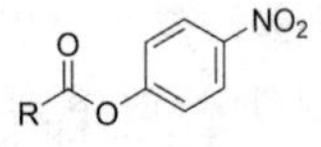

讨论:

形成酰胺键的方法较多,最简单的方法就是利用酰氯与胺反应。通常是先将羧酸与 $SOCl_2$ 或者 $(COCl)_2$ 反应生成酰氯,然后酰氯与游离的一级胺反应生成酰胺键。催化量的 DMF 可以促进酰氯的生成,而 DMAP 可以促进酰氯和氨基的反应。该方法的优点是活性高,可以与大位阻的氨基反应;缺点是在酸性条件下形成酰氯,无法兼容很多对酸敏感的官能团,并且产物比较容易消旋。

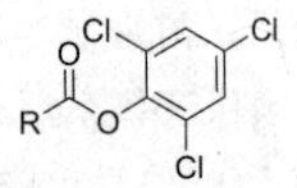

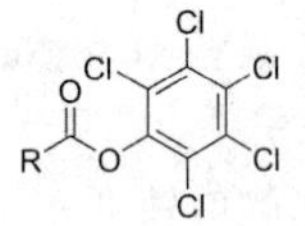

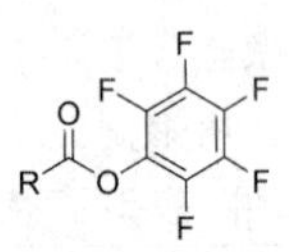

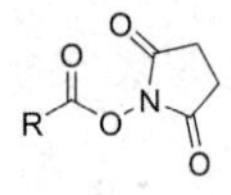

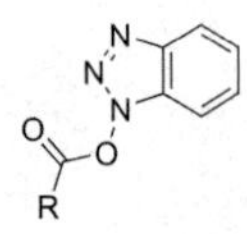

其次为混合酸酐法。氯甲酸乙酯或氯甲酸异丁酯是最常用的生成混酐的试剂。它是利用羧酸羰基的亲电性高于碳酸羰基,从而使一级胺选择性进攻羧酸羰基形成酰胺键。混酐法具有反应速度快,产物纯度较高等优点,但由于混酐的活性很高,极不稳定,要求反应在低温、无水条件下进行,产品也容易出现消旋现象。

此外,还有活泼酯法。常见的活化酯有硝基苯酯、2,4,6-三氯苯酯、五氯苯酯、五氟苯酯(PfOH)、N-羟基琥珀酰亚胺(HOSu)酯和 N-羟基苯并三唑酯(HOBt)等。一般的操作步骤是先制备并分离得到活化酯,再与氨基反应生成酰胺键。由于在这些活化酯中与氧相连的基团大多是一些强的缺电子体系,从而导致这些酯的羰基很容易被一级胺进攻,转化为酰胺;可是与酰氯和酸酐相比,这类酯活性还是较低,但是活化酯法可以极大地抑制消旋现象,并能在加热的条件下反应。

随着多肽合成以及多肽化学的发展,开发了许多可用于酰胺键形成的缩合试剂。使用缩合试剂的方法是目前应用最广泛的形成酰胺键的方法,该方法也广泛地应用于酯键、大环内酰胺和内酯的构建。这种方法通常是将羧基组分和氨基组分混合,在缩合试剂作用下,中间体不经分离直接进行反应形成酰胺键。该方法无需预先制备酰卤、酸酐和活化酯等活泼的中间体,不仅简捷高效,而且可以有效地避免在活化中间体分离提纯以及存放过程中产生的一些副反应。目前已报道的多肽缩合试剂非常繁多,按结构分类主要分为碳化二亚胺类型、磷正离子或磷酸酯类型和脲正离子类型。比如我们非常熟悉的 DCC 就是最早和最常用的碳化二亚胺类型的例子。

在这里,K. C. Nicolaou 小组使用了脲正离子型的 HATU,参与此酰胺键形成反应的主要副产物是 7-氮杂苯并三唑酯 **40** (HOAt)。其可能的转化过程如下:

硝基苯酯

2,4,6-三氯苯酯

五氯苯酯

五氟苯酯(PfOH)

N-羟基琥珀酰亚胺(HOSu)酯

N-羟基苯并三唑酯(HOBt)

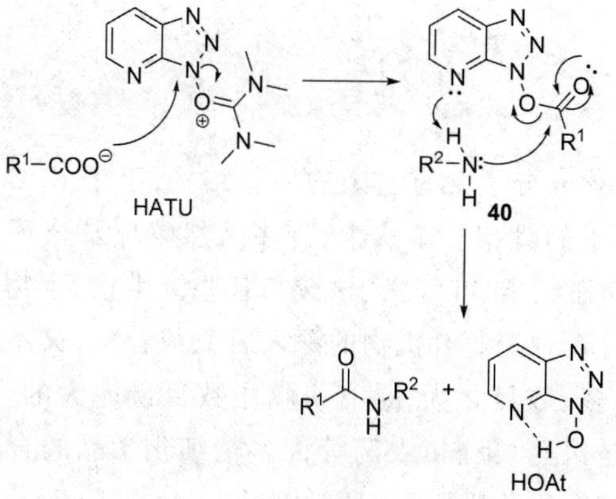

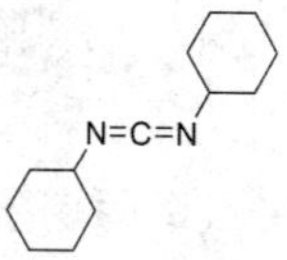

通过缩合试剂实现酰胺键的形成得到化合物 **41** 之后，需要依次将剩余的两个保护基脱除。酯基的水解采用了经典的碱性 LiOH 溶液，一般来说这是一种非常温和且高效的酯基水解的方法。酯基水解得到锂盐 **42**，而 MOM 的去保护也是使用标准的 2 mol/L 稀盐酸溶液。在去 MOM 保护基的过程中，羧酸锂盐也转化为羧酸，最终得到目标化合物 platensimycin **1**，从而就完成了此全合成研究工作。由于 MOM 保护基的去除需要在酸性条件下进行，因此这两步的顺序就是先在碱性条件下水解酯基，然后酸性脱除 MOM 保护基的同时将羧酸盐转化为羧酸。这两步水解和去保护基几乎都可以取得定量的收率。

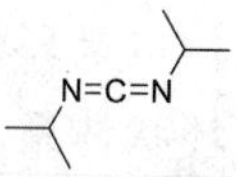

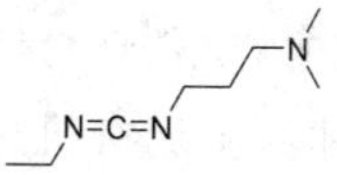

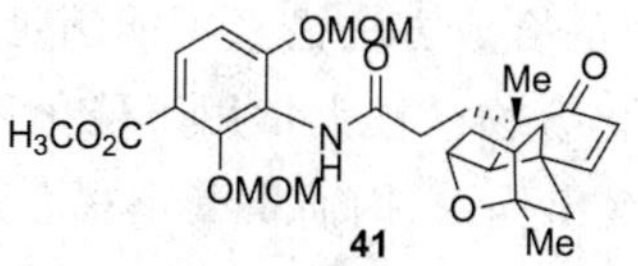

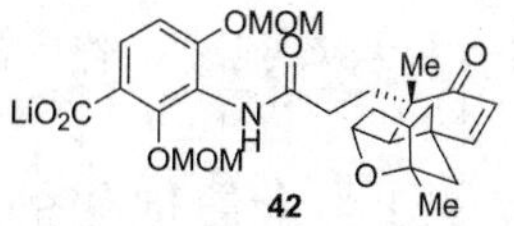

4.4 结论

K. C. Nicolaou 小组在 platensimycin 的结构确认并发表仅仅四个月后，便首次完成了该分子外消旋体的全合成工作。他们的主要策略就是合成关键的中间体 **12**，然后再和左半部分进行连接从而得到目标产物。为了制备化合物 **12**，他们先是采用了 Ru 催化的环异构化反应以构建具有螺环结构的化合物 **10**，随后又使用酮羰基的自由基环化反应得到顺式十氢合萘结构 **33**，于是巧妙地将三个成环反应进行了串联，以适中的产率得到了中间体 **12**，最终首次完成了 platensimycin 外消旋体分子的全合成。由于此分子并不复杂，所以合成路线相对较短，但是其中所涉及的反应却十分丰富，而且其中三个环化反应成为整个工作中最大的亮点。

此外，他们还使用了许多金属催化促进的有机合成方法，展示了金属催化剂在促进有机反应中的高效性和特效性，进一步为我们展示了有机合成的美妙之处。

4.5 环化反应

从本章的例子可以看出,platensimycin 分子含有复杂的环状结构,于是 K. C. Nicolaou 小组使用了一系列环化反应来构筑该分子的骨架。事实上,许多天然碳环及杂环化合物在动植物体内起着非常重要的生理作用,如血红素、叶绿素、核酸和某些维生素、生物碱等。许多合成药物也是环状化合物。近年来,随着对工业有机物的深入研究与合成,又不断发现新的特殊的环状体系。环状化合物种类之多、数目之大,是有机物中数目最庞大的。因而,环化反应成为有机合成中的重要反应,也是医药、染料、农药等许多精细化学品的合成及天然产物全合成中的关键步骤。比如在"基础有机化学"课中所学到的 Diels-Alder 反应等便是其中成功的典型。但是随着合成技术的发展,传统的合成方法已经不能满足人们的要求。近年来,随着金属有机化学的迅速发展,金属有机化合物已被大量用于催化环化反应,由于其活性高以及化学、区域、立体和对映选择性高等突出优点,因而备受重视。其中,对 Pd,Ru,Ni,Cu 等过渡金属都有了较为深入的研究。相应的例子不胜枚举,在此仅仅举两个近年来在医药、材料等领域有着广泛应用的例子。

4.5.1 金属催化的[2+2+2]环化反应[19]

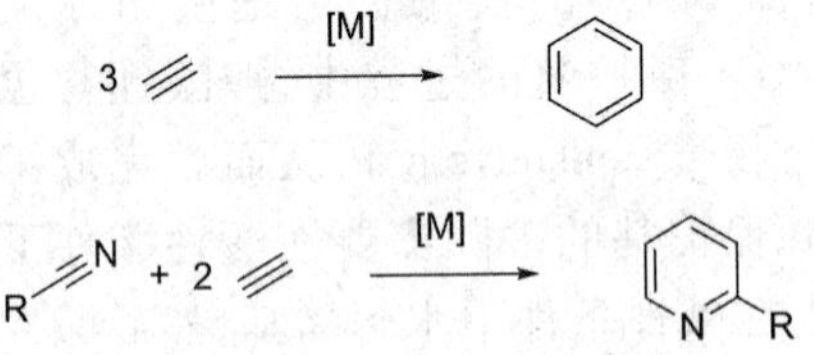

苯环和吡啶环存在于绝大多数的化合物当中,人们一直希望开发一种简单、高选择性、可调节以及原子经济性的合成方法,来取代从矿物当中直接获取这些芳香化合物的片段。其中最具希望的方法便是利用环化反应。我们知道,尽管理论上通过热反应[2+2+2]环化过程可以是对称性允许的,然而高的焓变势垒和熵的降低都使得该反应在通常条件下不会发生。但是,这样一个熵的问题可以通过使用过渡金属多步的环加成过程来克服。在文献的报道当中,可以参与反应的金属有很多,但是最适合的催化剂一般是含有 Co 的化合物,并且近年来已经在实际的体系当中得到了广泛的应用。其相关机理如下图所示,部分重要中间体如 46 已经被实验观察到。

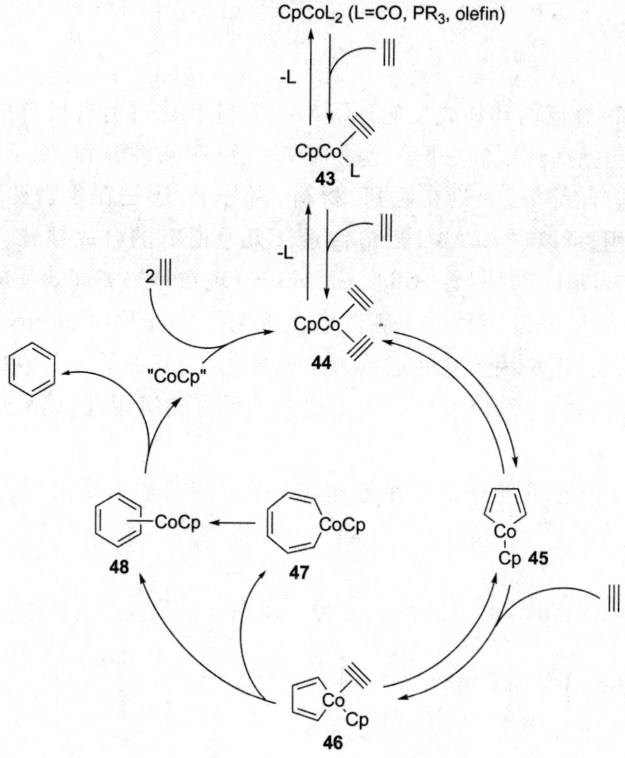

第 4 章 螺环环化体系的构筑：金属催化剂在有机全合成中的作用 / 107

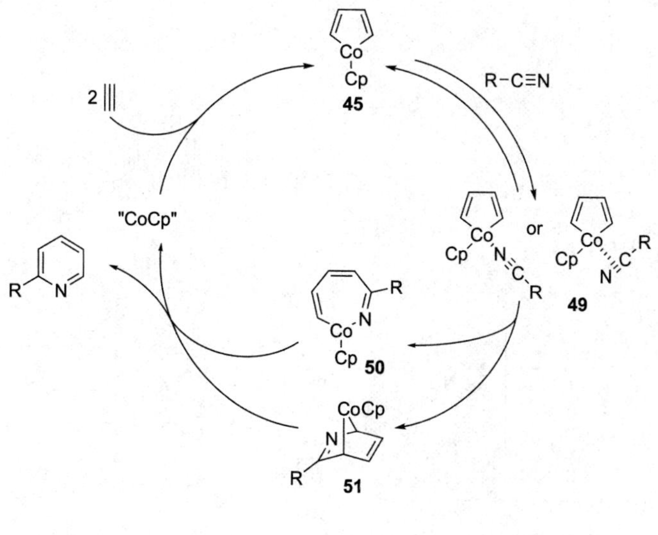

4.5.2 Cu催化的末端炔-叠氮的环加成反应[20]

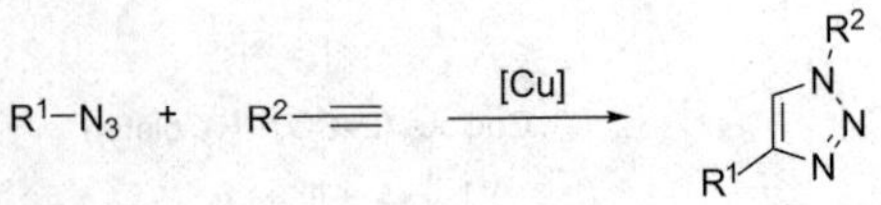

Cu催化的末端炔-叠氮的环加成反应（CuAAC反应）是目前有机合成当中最有效的环化反应之一，其优点包括活性很高、几乎定量的收率、反应条件温和、原子经济性、区域选择性、很强的官能团兼容性等等，无论在医药、材料、高分子，还是在生物捆绑、活体标记等领域，都有着广泛的应用，可以说CuAAC反应渗透了几乎所有的合成领域。于是该反应又被形象地称为"Click Chemistry"。尽管"Click Chemistry"现在是一类高效反应的统称，但是，无疑地，CuAAC反应凭借其可靠性和可预测性已经成为了"Click Chemistry"的不二代表。而该反应之所以如此成功，正是因为它通过引入金属催化剂，解决了许多传统的1,3-偶极环加成反应的高温加热和选择性不高的缺点，大大提高了反应的实用性，成为近年来最受瞩目的反应之一。

下图所示的该反应的机理被证明是通过Cu在末端炔插入之后经过六元环过渡态实现的。

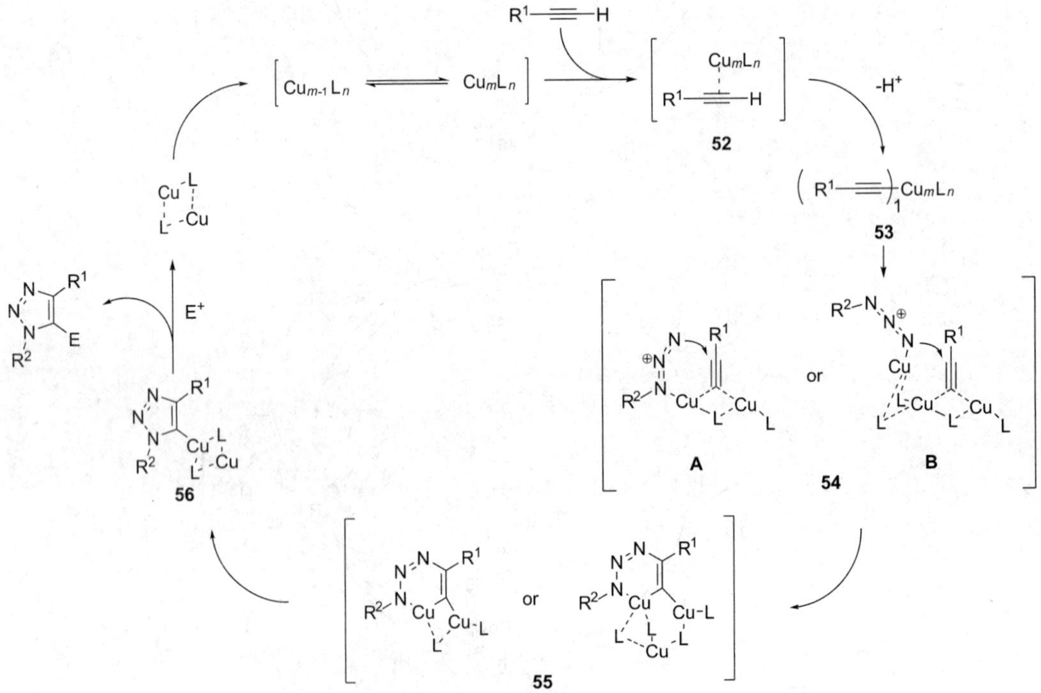

各类金属促进的有机成环反应还有许多,由于篇幅的限制,在这里我们仅举了以上两例,读者可参阅有机化学家们更多的相关研究成果。

参 考 文 献

1. a) Pearson, H. *Nature* **2002**, *418*, 469; b) Walsh, C. T. *Nat. Rev. Microbiol.* **2003**, *1*, 65; c) Singh, S. B.; Barrett, J. *Biochem. Pharmacol.* **2006**, *71*, 1006.

2. Wang, J.; Soisson, S. M.; Young, K.; Shoop, W.; Kodali, S.; Galgoci, A.; Painter, R.; Parthasarathy, G.; Tang, Y. S.; Cummings, R.; Ha, S.; Dorso, K.; Motyl, M.; Jayasuriya, H.; Ondeyka, J.; Herath, K.; Zhang, C.; Hernandez, L.; Allocco, J.; Basilio, A.; Tormo, J. R.; Genilloud, O.; Vicente, F.; Pelaez, F.; Colwell, L.; Lee, S. H.; Michael, B.; Felcetto, T.; Gill, C.; Silver, L. L.; Hermes, J. D.; Bartizal, K.; Barrett, J.; Schmatz, D.; Becker, J. W.; Cully, D.; Singh, S. B. *Nature* **2006**, *441*, 358.

3. a) Singh, S. B.; Jayasuriya, H.; Ondeyka, J. G.; Herath, K. B.; Zhang, C.; Zink, D. L.; Tsou, N. N.; Ball, R. G.; Basilio, A.; Genilloud, O.; Diez, M. T.; Vicente, F.; Pelaez, F.; Young, K.; Wang, J. *J. Am. Chem. Soc.* **2006**, *128*, 11916. For a discussion of the activity and possible origins of *platensimycin*, see: b) HIblich, D.; von Nussbaum, F. *Chem-Med-Chem* **2006**, *1*, 951.

4. Nicolaou, K. C.; Li, A.; Edmonds, D. J. *Angew. Chem. Int. Ed.* **2006**, *45*, 7086.

5. Reviews on the synthesis of platensimycin: a) Rueping, M. *Nachr. Chem.* **2007**, *55*, 1212; b) Tiefenbacher, K.; Mulzer, J. *Angew. Chem. Int. Ed.* **2008**, *47*, 2548.

6. Yardley, J. P.; Fletcher, III, H. *Synthesis* **1976**, 244.

7. Tarbell, D. S.; Yamamoto, Y.; Pope, B. M. *Proc. Natl. Acad. Sci. USA* **1972**, *69*, 730.

8. Carpino, L. A.; Han, G. Y. *J. Org. Chem.* **1972**, *37*, 3404.

9. It can be prepared according to: Gannon, W. F.; House, H. O. *Org. Synth.* **1960**, *40*, 41.

10. Hayashi, Y.; Gotoh, H.; Tamura, T.; Yamaguchi, H;. Masui, R.; Shoji, M. *J. Am. Chem. Soc.* **2005**, *127*, 16028.

11. a) Trost, B. M.; Toste, F. D. *J. Am. Chem. Soc.* **2000**, *122*, 714; b) Trost, B. M.; Surivet, J.-P.; Toste, F. D. *J. Am. Chem. Soc.* **2004**, *126*, 15592. For a review of Ru-catalyzed reactions, see: Trost, B. M.; Frederiksen, M. U.; Rudd, M. T. *Angew. Chem. Int. Ed.* **2005**, *44*, 6630.

12. Ito, Y.; Hirao, T.; Saegusa, T. *J. Org. Chem.* **1978**, *43*, 1011.

13. Porth, S.; Bats, J. W.; Trauner, D.; Giester, G.; Mulzer, J. *Angew. Chem. Int. Ed.* **1999**, *38*, 2015.

14. For similar conditions that have been used, see: Hagiwara, H.; Sakai, H.; Uchiyama, T.; Ito, Y.; Morita, N.; Hoshi, T.; Suzuki, T.; Ando, M. *J. Chem. Soc. Perkin Trans. 1* **2002**, 583.

15. For selected reviews of the use of SmI_2 in organic synthesis, see: a) Molander, G. A. *Chem. Rev.* **1992**, *92*, 29; b) Molander, G. A. *Org. React.* **1994**, *46*, 211; c) Molander, G. A.; Harris, C. R. *Chem. Rev.* **1996**, *96*, 307; d) Molander, G. A.; Harris, C. R. *Tetrahedron* **1998**, *54*, 3321; e) Kagan, H. B.; Namy, J.-L. Lanthanides: Chemistry and Use in Organic Synthesis (Ed.: S. Kobayashi), Springer, Berlin, **1999**, pp. 155; f) Kagan, H. B. *Tetrahedron* **2003**, *59*, 10351; g) Edmonds, D. J.; Johnston, D.; Procter, D. J. *Chem. Rev.* **2004**, *104*, 3371.

16. a) Scholl, M.; Ding, S.; Lee, C. W.; Grubbs, R. H. *Org. Lett.* **1999**, *1*, 953; b) Trnka, T. M.; Morgan, J. P.; Sanford, M. S.; Wilhelm, T. E.; Scholl, M.; Choi, T.-L.; Ding, S.; Day, M. W.;

Grubbs, R. H. *J. Am. Chem. Soc.* **2003**, *125*, 2546; c) Morrill, C.; Grubbs, R. H. *J. Org. Chem.* **2003**, *68*, 6031.
17. Kabalka, G. W.; Hedgecock, Jr. H. C. *J. Org. Chem.* **1975**, *40*, 1776.
18. Bal, B. S.; Childers, Jr. W. E.; Pinnick, H. W. *Tetrahedron* **1981**, *37*, 2091.
19. For reviews of this field, see: Varela, J. A.; Saa, C. *Chem. Rev.* **2003**, *103*, 3787.
20. For reviews of this field, see: Meldal, M.; Tornøe, C. W. *Chem. Rev.* **2008**, *108*, 2952.

（本章初稿由韩纪旻完成）

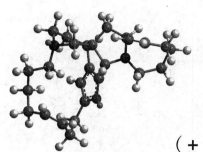

第5章

完美的环内双键和大环的构筑：烯烃复分解反应

（+）-Nakadomarin A：M. A. Kerr（2007）

5.1 背景介绍

Nakadomarin A 是 1997 年由日本科学家 J. Kobayashi 从日本冲绳县（Okinawa）庆良间列岛（Kerama Islands）Okinawan 海洋一种生物海绵 *Amphimedon* sp.（SS-264）中分离得到的。它是目前已知的 Manzamine 家族海洋生物碱中唯一含呋喃环的成员,因而显得十分独特。[1,2]海绵是最原始的多细胞动物,细胞已经分化,但未形成组织,具有不规则的形状。海绵中的微生物可占本体干重的 70%,在长期的进化过程中海绵与微生物形成密切的共生关系。缺少某些微生物会使海绵无法由受精卵发育成熟,而有些微生物也无法脱离海绵而独立生存。这种共生关系产生了许多结构新颖的活性次生代谢产物。

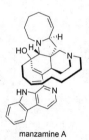

manzamine A

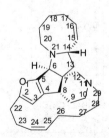

nakadomarin A

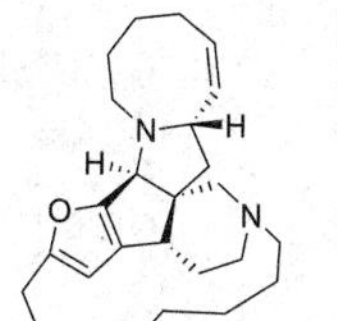

1: (+)-nakadomarin A

J. Kobayashi 推断,ircinal 是 nakadomarin A 和 Manzamines 在生物合成中的共同中间体。下图展示了由 ircinal 转化生成 nakadomarin A 的可能的生物学途径。

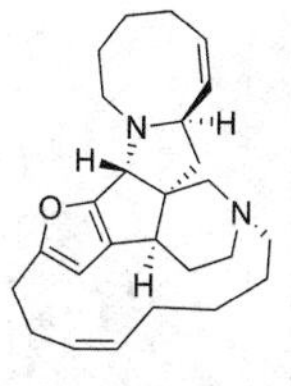

(-)-nakadomarin A

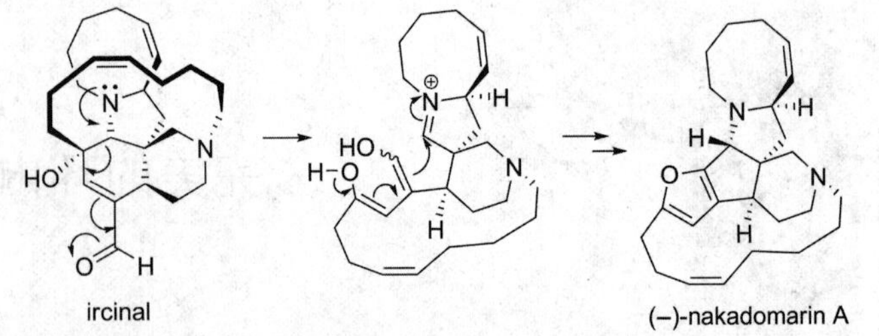

从结构上看，nakadomarin A 是由中心 6/5/5/5 并四环的核以及两侧分别并一个八元环和十五元环的翼构成的，其中并四环的核包含三个不同的杂环（呋喃环、四氢吡咯环以及氮杂环辛烯环）、四个手性中心，其中一个为手性季碳，这样的结构是很好的研究关环烯烃复分解（RCM）反应的底物。

Nakadomarin A 已经展示了一系列潜在的生物活性，如抗癌性和抗菌性，但其天然来源的有限性（1 kg 湿海绵只能分离得到 6 mg）[2]极大地限制了对其生理活性的进一步研究。除了潜在的生物活性价值外，nakadomarin A 独特的结构也吸引了大批合成化学家参与到其全合成研究工作中。本章展示的合成，是 M. A. Kerr 研究组在 2008 年完成的全合成研究工作。

5.2 概览

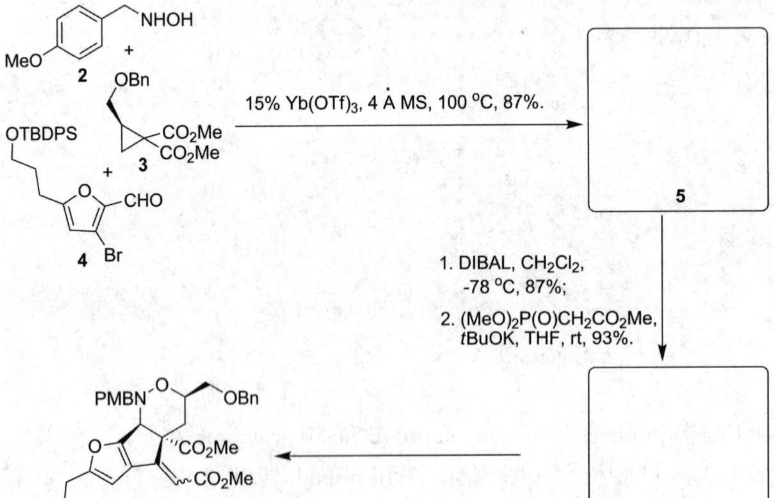

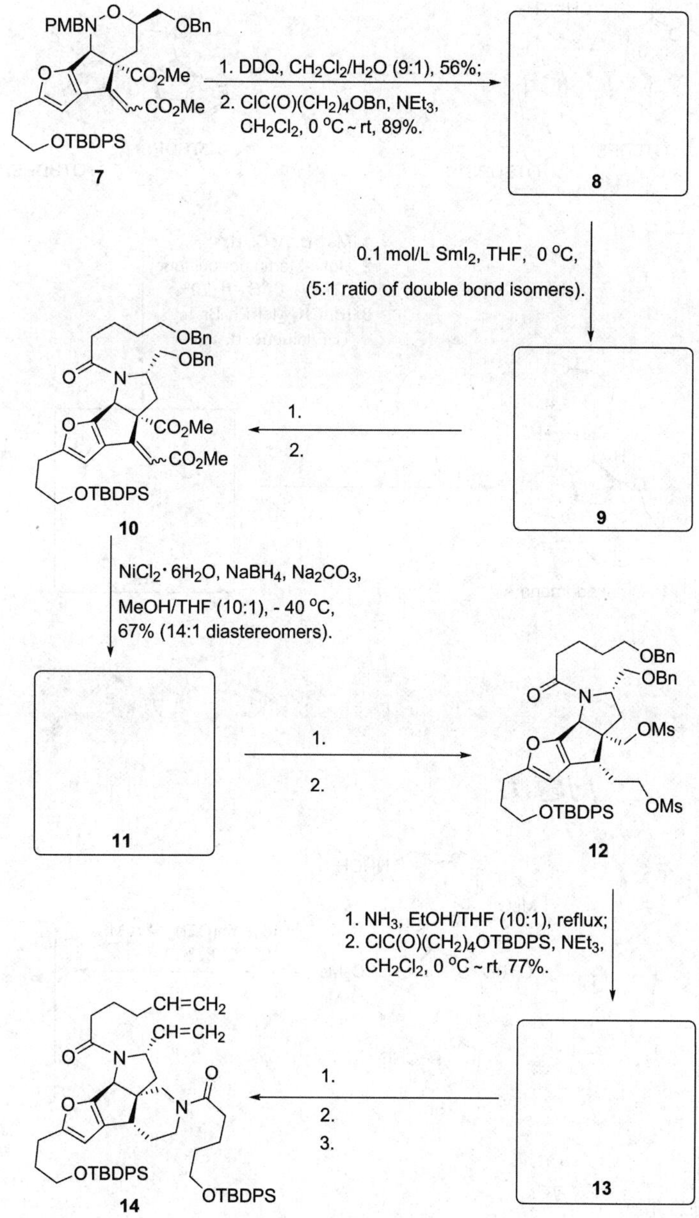

第 5 章 完美的环内双键和大环的构筑：烯烃复分解反应 / 113

1. DDQ, CH$_2$Cl$_2$/H$_2$O (9:1), 56%;
2. ClC(O)(CH$_2$)$_4$OBn, NEt$_3$, CH$_2$Cl$_2$, 0 °C ~ rt, 89%.

0.1 mol/L SmI$_2$, THF, 0 °C, (5:1 ratio of double bond isomers).

NiCl$_2$·6H$_2$O, NaBH$_4$, Na$_2$CO$_3$, MeOH/THF (10:1), -40 °C, 67% (14:1 diastereomers).

1. NH$_3$, EtOH/THF (10:1), reflux;
2. ClC(O)(CH$_2$)$_4$OTBDPS, NEt$_3$, CH$_2$Cl$_2$, 0 °C ~ rt, 77%.

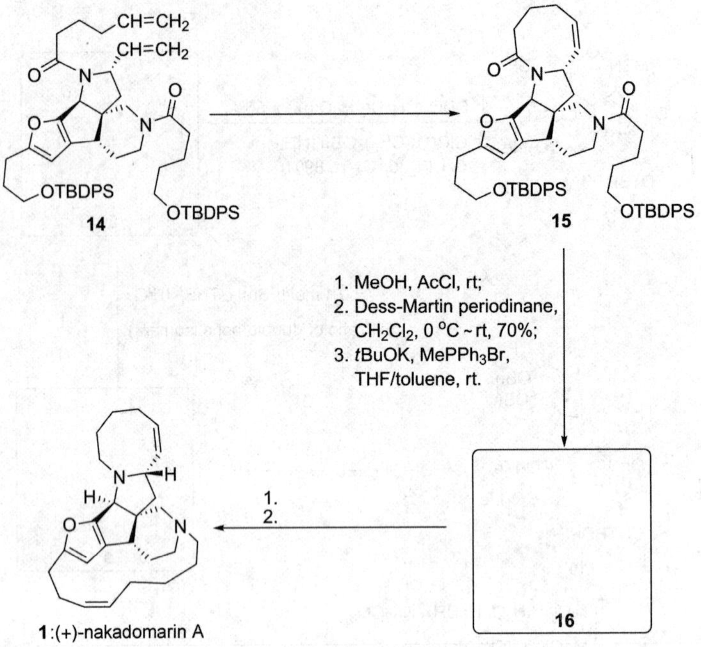

CH=CH2
CH=CH2
OTBDPS
OTBDPS
14
15
1. MeOH, AcCl, rt;
2. Dess-Martin periodinane,
CH2Cl2, 0 °C ~ rt, 70%;
3. tBuOK, MePPh3Br,
THF/toluene, rt.
16
1.
2.
1:(+)-nakadomarin A

5.3 合成

问题 1:

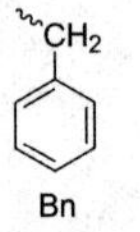

CH2
Bn

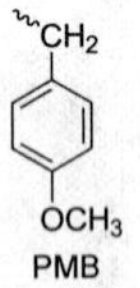

CH2
OCH3
PMB

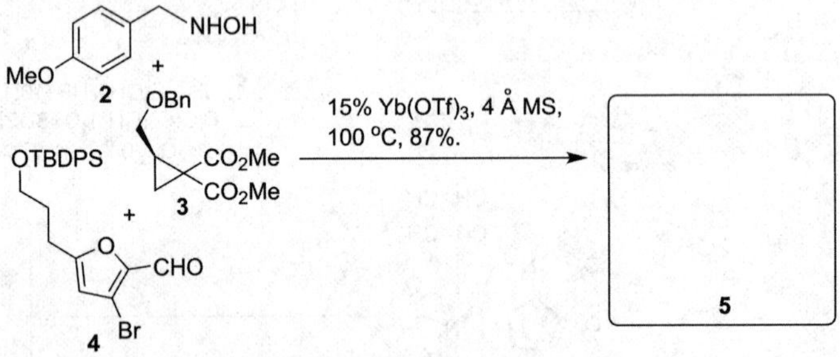

NHOH
MeO
2
OBn
CO2Me
CO2Me
3
OTBDPS
CHO
Br
4
15% Yb(OTf)3, 4 Å MS,
100 °C, 87%.
5

PMB 结构与 Bn 类似,是一种常用的羟基、氨基等基团的保护基。它是一个富电子体系的保护基,因此常用 DDQ 等试剂脱除。

提示:

- 这是 Lewis 酸催化的 1,3-偶极环加成反应,它与我们常见的 1,3-偶极环加成反应的底物有所不同。
- 哪一个底物是 1,3-偶极体? 这是一类硝酮衍生物,它可以原位合成。
- 通常发生 1,3-偶极环加成反应的另一个底物为碳碳双键,这里利用三元环代替了碳碳双键。

- 为什么在有些有机反应中三元环可以代替碳碳双键?
- 此反应的启动点在什么地方?

解答:

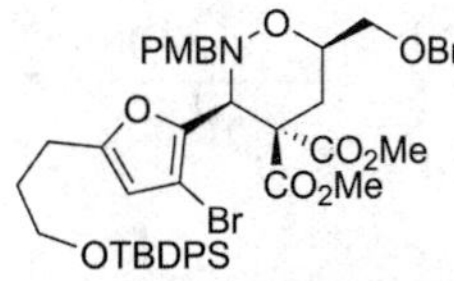

5

讨论:

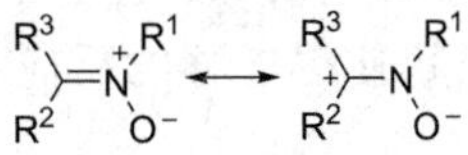

由于 N→O 极性键的存在,硝酮类化合物是一类非常好的 1,3-偶极体。

硝酮类化合物是有机合成常用的通过 1,3-偶极环加成反应构筑含氮氧五元杂环的原料。五元杂环是很多医药、农药等精细化学品的常见骨架。硝酮类化合物可以与烯烃进行环加成反应,在构筑五元杂环(异噁唑啉类杂环)的基础上,同时形成三个新的手性中心。此外,它也可以与炔烃进行环加成反应。

硝酮类化合物常见的合成方法主要有以下四种:

1. N,N-二取代羟胺的氧化法:该类反应虽然条件比较温和,但是反应时间都比较长,常常伴有副反应发生,而且还有原料转化率低,以及产物收率低等缺点。

2. 肟与卤代烃的反应:采用该种合成方法得到的往往是硝酮和肟醚的混合物,收率较低,而且分离比较困难。

3. 噁丫丙因的重排法:采用该方法可得到硝酮,但同时还生成酰胺等副产物。

4. N-烷基羟胺与甲酰基化合物的反应:该法是目前合成硝酮最常用的方法。这也是 M. A. Kerr 所用的方法。

2003 年,M. A. Kerr 报道了硝酮和环丙烷衍生物在 Lewis 酸作用下形成噁嗪的反应。之后,为提高该方法学的底物范围,他们将原料中的硝酮改为由羟胺和醛原位产生,利用三组分的环加成得到目标产物。

硝酮类化合物与烯烃的环加成反应:

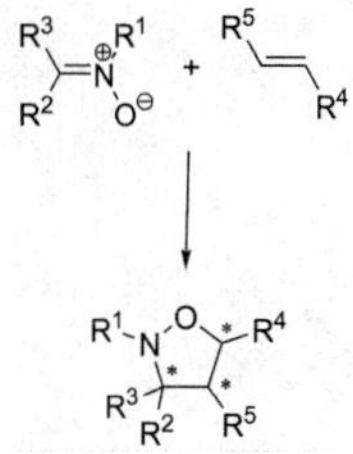

硝酮类化合物与炔烃的环加成反应:

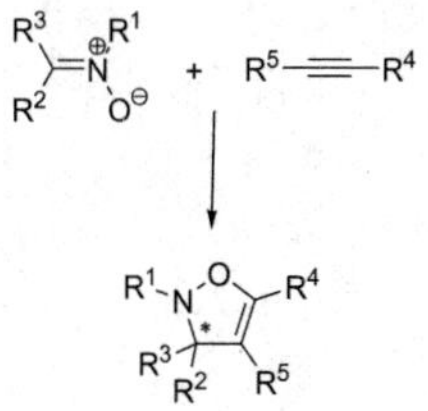

硝酮类化合物的合成方法:
(1) 氧化法:

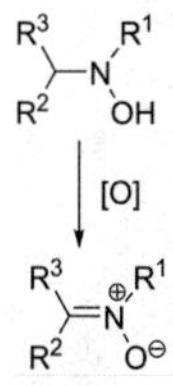

(2) 肟与卤代烃的反应:

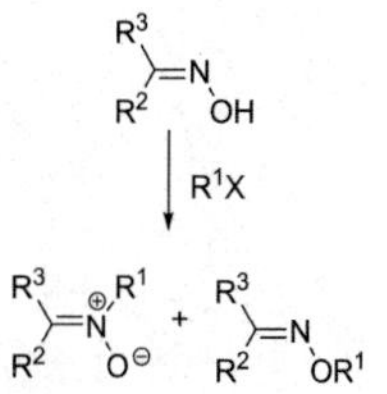

(3) 噁丫丙因的重排法:

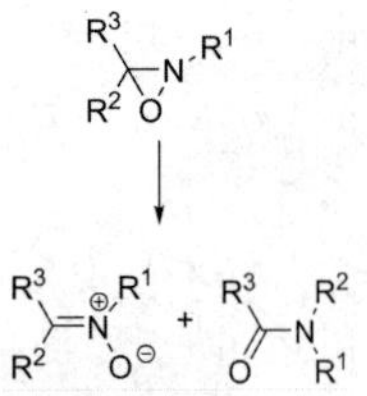

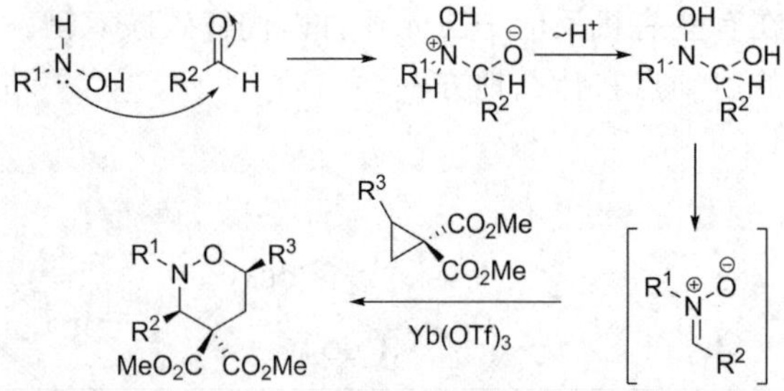

(4) N-烷基羟胺与甲酰基化合物的反应:

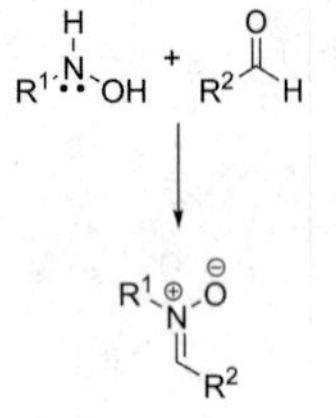

实际上,这个转换可以看成是一个二级胺与醛反应生成亚胺正离子的过程。

在有些反应中,利用三元环代替碳碳双键是一种非常好的选择。例如,[1,5]σ 氢迁移的反应是一个可逆的反应,在 1,3-戊二烯中碳碳双键的位置是不确定的,这是由于[1,5]σ 氢迁移过程中所有双键始终是共轭的,这使得迁移的反应不会中止。如:

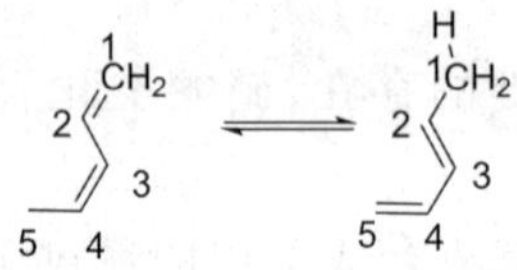

那么,为了使此迁移过程停止在某个阶段,就在体系中利用环丙烷或其他三元环代替双键,如:

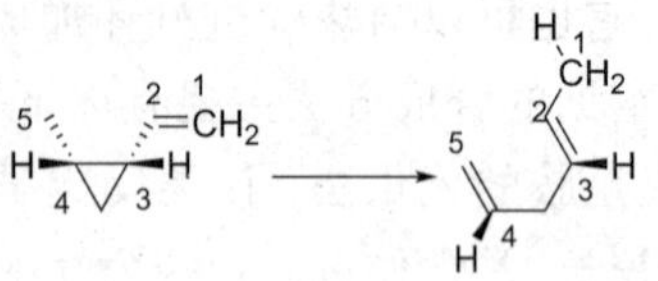

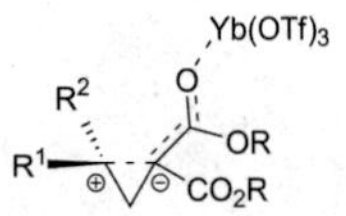

这样使得产物中没有共轭的双键,不会再继续进行[1,5]σ 氢迁移。在此反应中,由于 Yb(OTf)$_3$ 与酯羰基上氧的配位作用,环丙烷可能经历了电荷分离极化,使环丙烷中受限制的 C—C 单键进一步极化、削弱,而使用经典的 Lewis 酸,其催化作用不及 Yb(OTf)$_3$。

近年来,稀土化合物作为催化剂在有机合成反应中得到了广泛的应用,特别是三氟甲磺酸稀土金属盐 M(OTf)$_3$ 更受到了重视。三氟甲磺酸盐是较强的 Lewis 酸,其水解速度很慢,在水中很稳定。反应结束后用水淬灭反应,可再从水中回收得到,然后可以重复使用且活性不下降,所以该催化剂与传统的 Lewis 酸(AlCl$_3$、TiCl$_4$、SnCl$_4$、BF$_3$·Et$_2$O 等)和质子酸等催化剂相比,是一类环境友好的催化剂。2002 年,S. Kobayashi 等对 Yb(OTf)$_3$ 催化的化学反应进行了详细的综述[3],从中可以看出这一领域研究的活跃性。

那么,产物中与 R^2 与 R^3 连接的碳原子的绝对立体构型应该如何确定？在 M. A. Kerr 所进行的研究实验中,由核磁共振氢谱和单晶 X 射线衍射等表征方法证实,新形成的 1,2-四氢噁嗪环中 C3 和 C6 上的取代基总是成顺式的关系。他们对其过渡态提出了如下三种可能的反应模型：

正文图中三种可能的反应模型：
(1) 分步成环机理 I：硝酮上氧原子首先进攻环丙烷,之后生成的丙二酯负离子通过椅式构象进行下一步进攻；
(2) 协同反应机理 II：过渡态采取椅式构象,环丙烷很大程度扩环,与 1,3-偶极体硝酮反应；
(3) 协同环加成机理 III：过渡态中采取半椅式构象,硝酮与受限制的、张力较大的三元环 σ 键反应。

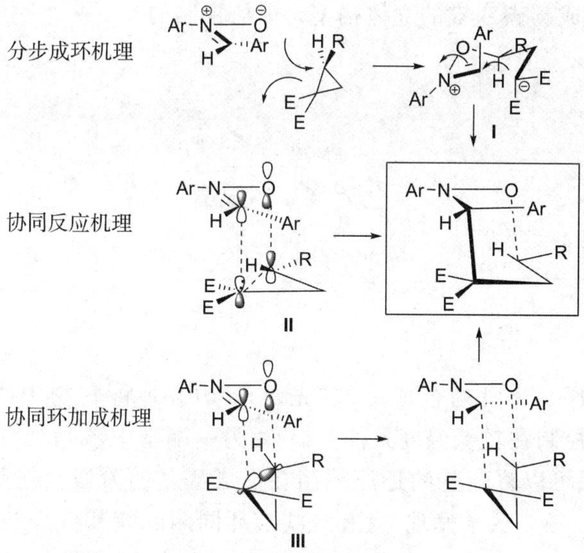

在以上三种反应机理中,最优势的构象都将导致新形成的 1,2-四氢噁嗪环中 C3 和 C6 上的取代基总是成顺式的关系。反应的高立体选择性和动力学产物的可能性表明,虽然在过渡态 I 中关环前没有键的旋转,因此形成了 C3 和 C6 上取代基的顺式结构；但机理中协同过程的可能性并不能完全被排除。环丙烷上 R^3 取代基可以稳定正在形成中的碳正离子,这个过程与过渡态 II（环丙烷中电荷分离）相似。然而当 R^3 取代基为 H 时,在与硝酮反应前将有较少的电荷分离,因此过渡态 III 可更为准确地描述此过程。

问题 2：

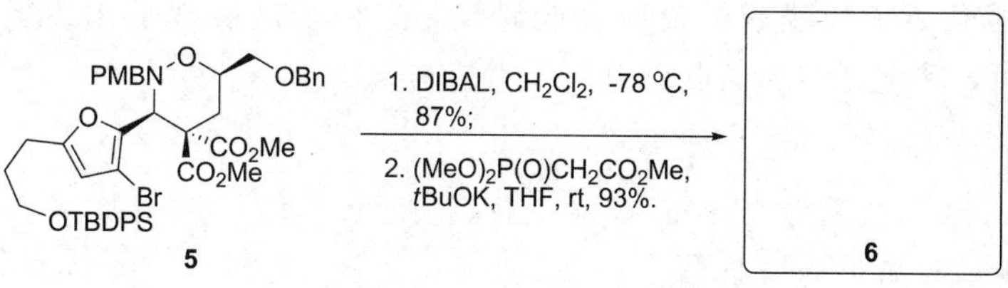

118 / 中级有机化学

提示：
- DIBAL 是一种还原剂，可以将酯基还原；
- 第二步反应是 Horner-Wardsworth-Emmons 反应，它是合成烯烃的重要反应；
- 进行 Horner-Wardsworth-Emmons 反应的另一个底物为醛或酮，这说明在第一步反应中 DIBAL 将酯基还原成醛基；
- 新形成碳碳双键的立体构型是如何控制的？

解答：

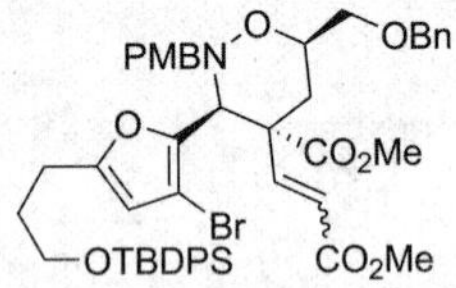

醛基比酯基更容易被还原，这是因为醛羰基的亲电性比酯羰基强。

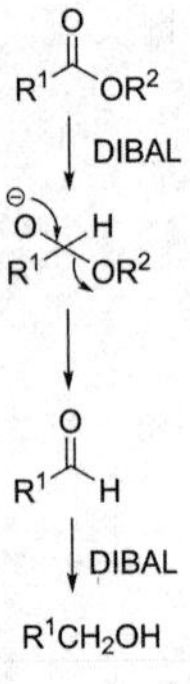

为了将反应控制在部分还原阶段，就需要将反应停止在中间阶段，使之不能形成醛而被继续还原。最常见的方法是在酯基的 α 或 β 位引入可与 Al 配位的基团。

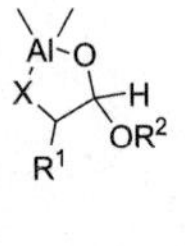

讨论：

在这一片段的合成中，首先是用 DIBAL 将底物中的酯基还原。若控制在较低温度条件下，利用另一酯基中羰基氧与 Al 的配位作用，可以将酯基的还原控制在形成醛基的阶段。在此还原反应中，M. A. Kerr 发现，只有与呋喃环同侧的酯基优先被还原，而与呋喃环异侧的酯基没有受到任何影响。他们又尝试了化合物 **5** 在碱性条件下的水解反应，也发现二酯基反应性的差异与还原反应相同，只有与呋喃环同侧的酯基被水解成羧基。但他们在所进行的模型反应的研究中，始终没能找到其具体原因来解释这两个酯基在这些反应中的差异性。

第二步反应为 Horner-Wardsworth-Emmons 反应。1958 年，L. Horner 利用烷基二苯基氧化膦负离子与醛或酮反应生成烯烃。这种 Wittig 反应的改进方式称为 Horner-Wittig 反应。

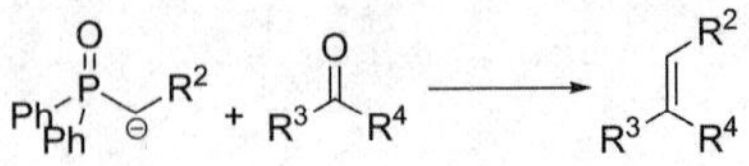

20 世纪 60 年代，W. S. Wardsworth 和 W. D. Emmons 利用磷酸酯负离子与醛或酮反应合成烯烃。这种改进展现了比传统的 Wittig 反应更多的优点。

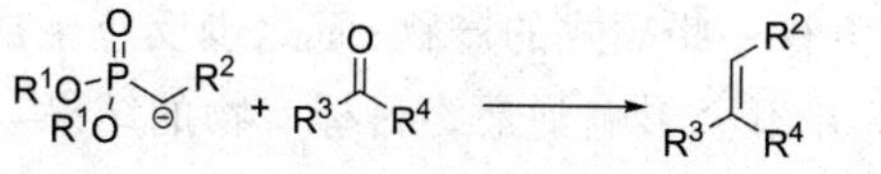

以上两种改进方法被统称为 Horner-Wardsworth-Emmons 反应。这个反应与 Wittig 反应相比,最大的优势是反式(E-)烯烃为主要产物。与 Wittig 反应比较,此反应还有中间体碳负离子稳定性更高,制备方便,生成水溶性的磷酸盐易分离,有利于产物烯烃的提纯等优点。此反应生成碳碳双键的反应历程如下:

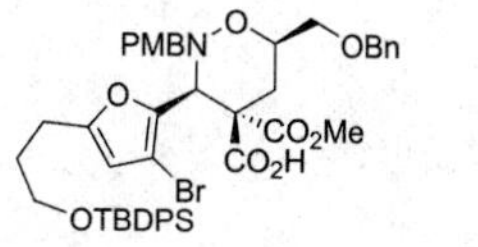

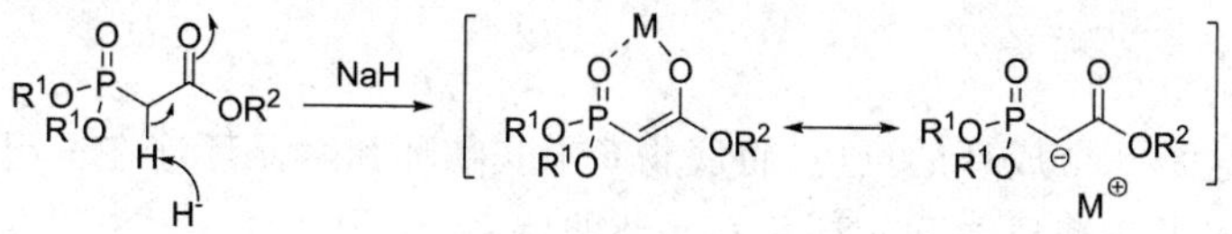

Horner-Wardsworth-Emmons 试剂的制备方法:
(1) 卤代烃与三烷氧基膦反应生成磷酸酯,再在碱的作用下生成负离子;
(2) 醇,I_2 与三烷氧基膦反应生成磷酸酯,再在碱的作用下生成负离子。

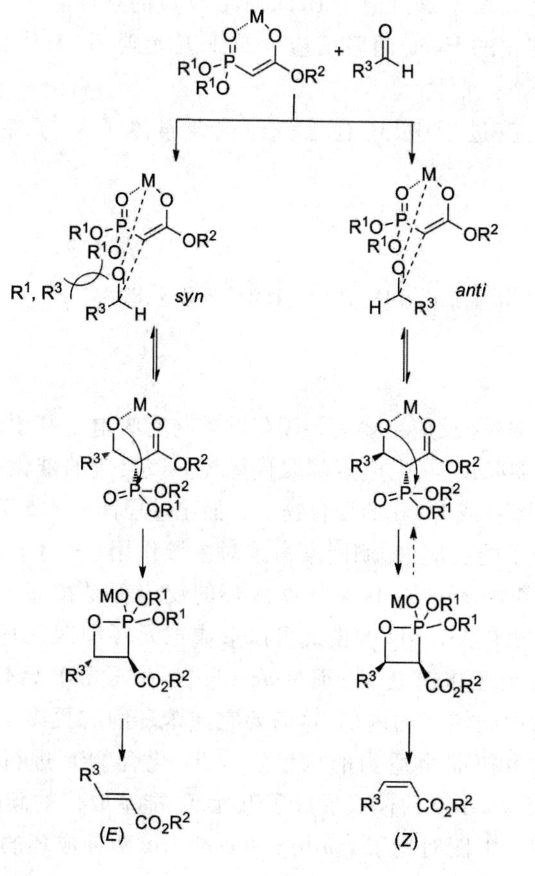

在这个转换过程中,磷酸酯负离子与醛或酮反应时有两种加成方式:顺式(syn)和反式($anti$)加成。尽管在顺式加成时存在 R^1 与 R^3 之间的空阻,但两种加成速度均很快;可是在形成磷杂氧杂环丁烷四元环时,由于 R^3 要与磷酸酯基采取顺式构型,存在较大的空阻问题,使得氧负离子有更大的机会接近磷酸酯取代基,生成反式四元环的速率远远快于形成顺式四元环的速率,因此最终 E-碳碳双键的收率远远高于 Z-双键的收率。

此步 Horner-Wardsworth-Emmons 反应生成的碳碳双键以反式为主，当然还会有一些顺式的产物；而此步反应生成的产物中碳碳双键顺反构型并不会影响到最终目标产物的结果。

问题 3:

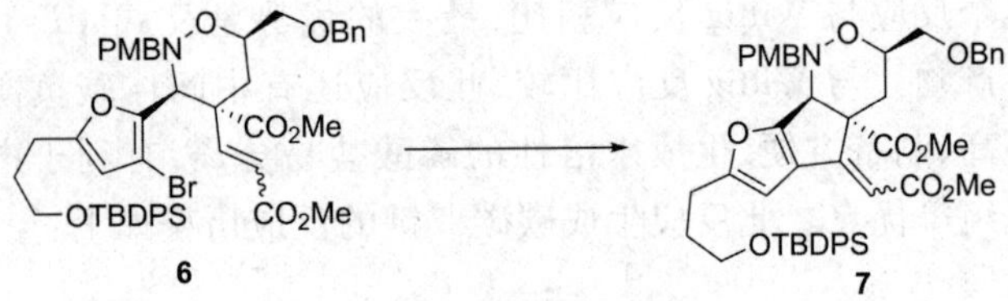

提示：

- 这是一个成环的反应，将底物 **6** 中呋喃环和六元环连在一起，形成了呋喃环并五元环并六元环的体系。
- 实际上也是一个碳碳双键与一个芳香溴代物之间的分子内偶联反应。
- 我们已在第 3 章讨论了 Heck 偶联反应的条件。
- 用钯催化的 Heck 偶联反应构筑了五元碳环，为什么没有形成六元环？
- 在此反应过程中，还有另一种重金属离子参与，它的作用是什么？

解答：

$Pd(PPh_3)_4$，Ag_2SO_4，NEt_3，DMF，reflux，82%。

讨论：

此步 Heck 反应主要为 3-溴代呋喃与有吸电子基团的烯烃之间的分子内偶联反应，生成芳基取代烯烃。该反应的催化剂通常采用 Pd(0)，Pd(Ⅱ) 或含 Pd 的配合物。其催化过程详见 3.5.1 小节。

在分子内反应中，熵因素占绝对主导作用。[4] 由于较少的空间需求，大多数分子内 Heck 偶联成环的反应都是按 *exo*-trig 的方式进行的。虽然 *exo*-trig 的模式可以形成三元环和四元环，但形成五元环或六元环更有优势；而 *endo*-trig 的模式要求烯烃双键移到 π-配合物中间体环的内部，这需要它与苯环间有更多的自由空间，以便能自由扭曲至适当的构型。因此，化合物 **6** 进行 Heck 反应时，通过 5-*exo*-trig 的模式形成了五元环，酯基取代的碳碳双键成了环外双键。下图对比了 *exo*-trig 和 *endo*-trig 两种成环的方式。

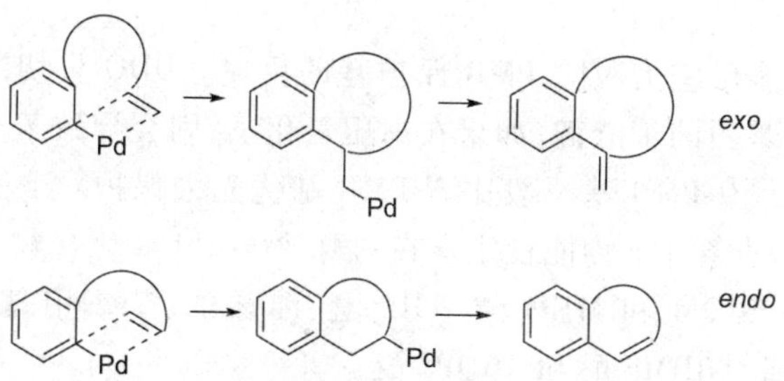

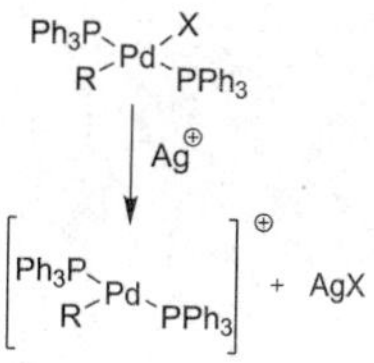

第 5 章 完美的环内双键和大环的构筑：烯烃复分解反应 / 121

有时在这些偶联反应中加入银离子,如 Ag_2CO_3, $AgNO_3$, Ag_2SO_4 等,带正电荷的这类离子随着反应的进行一直存在着,伴随着生成 AgX,推动反应向正反应进行。

此外,银离子还可以避免去硅烷化反应的发生。在侧栏所示的反应中,如果没有银离子,反应的产率只有 12%,主产物为脱去三甲基硅基的化合物。[5] 但是加入 $AgNO_3$ 后,不仅可以将反应的产率提高到 64%,而且生成的产物均未脱除三甲基硅基。

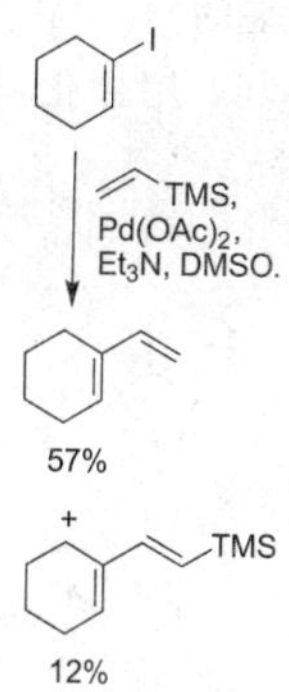

问题 4:

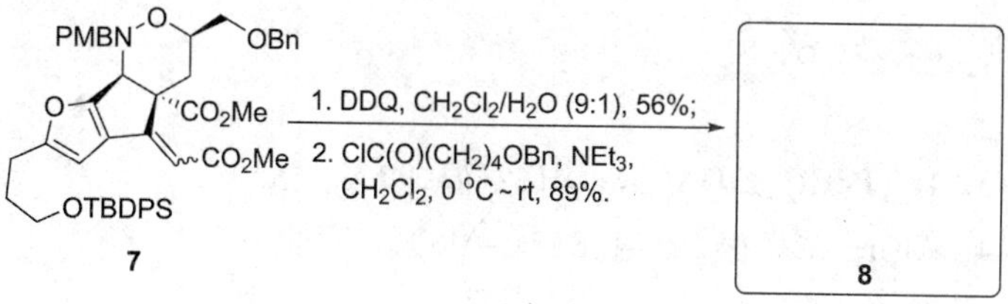

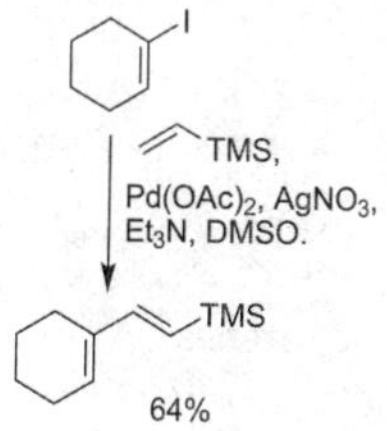

底物 **7** 经 1. DDQ, CH_2Cl_2/H_2O (9:1), 56%; 2. ClC(O)$(CH_2)_4$OBn, NEt_3, CH_2Cl_2, 0 °C ~ rt, 89%. 得到 **8**。

碳硅键通常在碱性条件下不稳定,易脱除三烷硅基保护基。

提示:
- 第一步反应使用了强氧化剂 DDQ,目的是脱除一个保护基。
- 底物 **7** 有三个保护基,究竟是脱去哪个保护基团?
- 第二步反应使用了酰氯,因此发生了酰化反应。

解答:

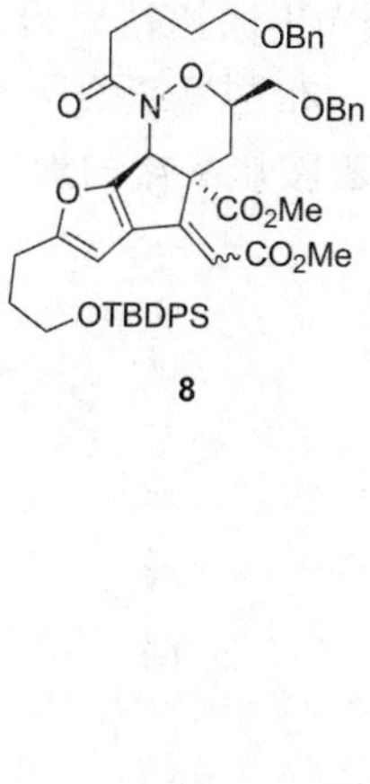

底物 **7** 有两个苄基类保护基,分别是 PMB 和 Bn。这二者最大的区别是,由于甲氧基的给电子作用,PMB 保护基是一个比 Bn 基团更富电子的体系。

脱除苄基的常用方法是在一定压力下用催化氢化的方法脱除。

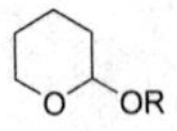

讨论:

第一步反应为脱除 PMB 保护基的反应。DDQ 只切断苯环上有给电子基团的苄醚键；如果在高压氢化下，则会导致苄基醚保护基的脱除。O-PMB 基一般比 N-PMB 基优先去保护。下列基团在 DDQ 氧化的条件下均能稳定存在：酮、缩醛、环氧化合物、烯烃、甲苯磺酸酯、MOM 和 MEM 醚、THP 醚、醋酸酯、苄氧甲基（BOM）醚、硼酸酯、TBDMS 醚和 TBDPS 醚。

除此 DDQ 氧化条件外，去 PMB 保护基的方法还有：

1. 硝酸铈铵（CAN），CH_3CN，H_2O，室温 12 小时，96%。[6,7] 苄基酰胺在上述条件下不能裂解，有些用于裂解苄基的方法也对 PMB 基团的离去有效。CAN 也常用于从氨基磺酸酯衍生物中脱除 PMB 基团。

2. tBuLi，THF，$-78\ ℃$，O_2，60%。[8]

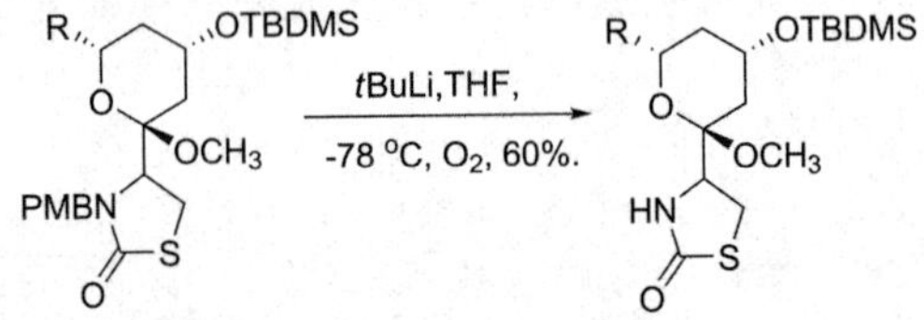

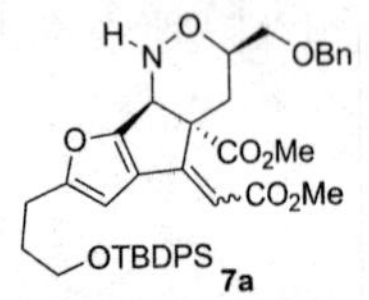

3. H_2，$PdCl_2$，EtOAc，AcOH，室温，90%。[9]

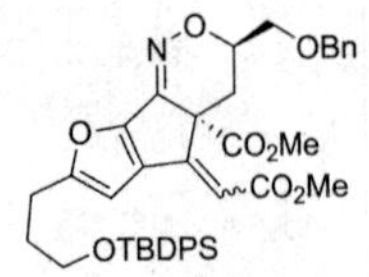

4. $AlCl_3$，苯甲醚，室温，81%~96%。[10]

5. TFA，回流。[11]

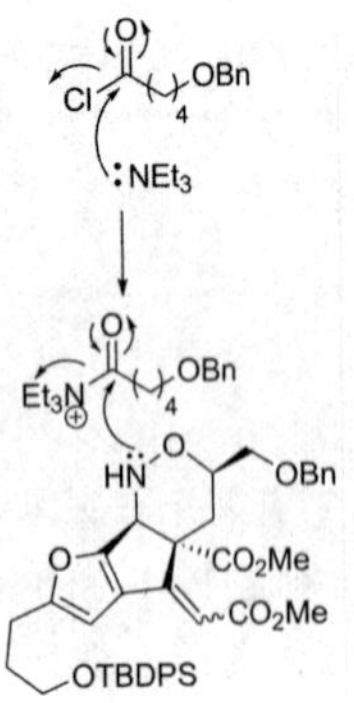

因此，在 DDQ 氧化条件下，生成化合物 **7a**，PMB 保护基已成功被脱除，而 Bn 保护基则不受任何影响。但是，在氧化过程中，由于呋喃环上亚甲基氢的活性以及脱除后可以形成与呋喃环共轭的碳氮双键，因此产物 **7a** 会被过度氧化形成亚胺键，生成副产物 **17**，这使得此氧化脱 PMB 保护基的反应产率比较低。利用 DDQ 氧化形成共轭体系的过程我们已在第 3 章讨论过。

第二步反应为脱除 PMB 保护基后得到的二级胺与酰氯发生酰基化反应，形成酰胺 **8**。在这里三乙胺不仅活化酰氯，而且中和体系中产生的 HCl，以三乙胺盐酸盐的形式从反应中沉淀出来，也便于产物分离。

问题 5:

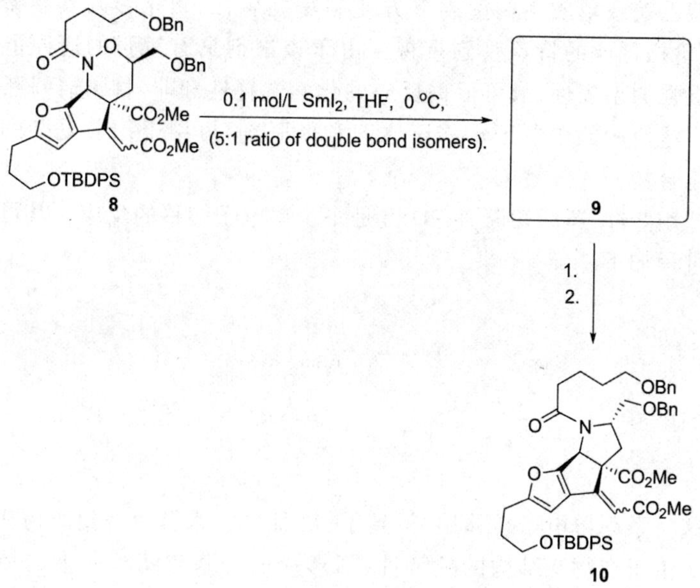

[化合物 8 经 0.1 mol/L SmI$_2$, THF, 0 ℃, (5:1 ratio of double bond isomers) 转化为 9，再经 1., 2. 转化为 10]

在这一步，1,2-四氢噁嗪环被打开之后，也确定了前面的 Horner-Wardsworth-Emmons 反应生成的碳碳双键的顺反构型比例为 1:5。

提示:
- 第一步反应是一个自由基切断 N—O 键的反应，为之后形成四氢吡咯环作准备。
- SmI$_2$ 试剂的作用我们前面已经分析过。
- 注意最终产物 10 与底物 8 之间的手性中心构型的变化。
- 四氢吡咯环上新手性中心是如何实现的？
- "问题 4"中酰化反应的目的是什么？

解答:

[化合物 9 结构式]

0.1 mol/L SmI$_2$ 的四氢呋喃溶液呈深蓝色。

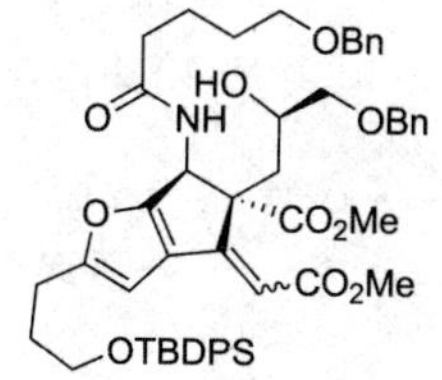

1. MsCl, NEt$_3$, DMAP, CH$_2$Cl$_2$, 0 ℃;
2. tBuOK, THF, −25 ℃。

讨论:

第一步反应利用 1,2-四氢噁嗪类化合物制备四氢吡咯衍生物。在第 4 章已经讨论过二碘化钐在有机反应中的作用。自从

在此对羟基进行甲磺酰化。羟基的甲磺酰化反应不仅使羟基不会被内酯化，而且将不易离去的羟基转化为好的离去基团甲磺酸酯。

在此 S_N2 关环反应中，由于酰胺上氮原子孤对电子参与了羰基的共轭，使其亲核能力减弱，不易发生亲核取代反应，因此需要加入强碱，形成氮负离子，增加其亲核能力，以便于发生亲核取代反应。

实际上，在反应中将氮原子酰胺化还有一个作用，那就是避免 N—O 键切断后形成的氨基可能与酯基形成内酰胺。

H. B. Kagan[12] 和 T. Imamoto[13] 分别发现二碘化钐可由金属钐与二碘乙烷或单质碘在室温下方便制得之后，二碘化钐以其制备简便、价格低廉的特点受到重视。由于该试剂具有较强的还原能力和很强的亲氧性，故可促进反应的化学选择性和非对映选择性，成为广泛使用的单电子转移还原剂和偶联剂，可用于构造复杂的有机化合物。

用 SmI_2 还原切断 N—O 键是一个单电子转移的反应。其可能的过程如下：

在这一系列单电子转移后，得到了钐(Ⅲ)盐，水解后得到产物 **9**。

由于产物 **9** 结构的独特性，新形成的羟基与朝纸面下的酯基很容易发生内酯化，形成 γ-丁内酯 **9a**。形成 γ-丁内酯 **9a** 后，就不利于下一步氨基对连接羟基的碳原子进攻形成四氢吡咯环。因此，需要在纯化后立即将新生成的二级醇羟基进行甲磺酰化反应；然而，甲磺酰化产物 **9b** 不稳定、易分解，在纯化后的 30 分钟内即会分解，因此将利用 SmI_2 引导的单电子转移反应得到的产物氨基醇 **9** 通过两步连续的反应快速得到含四氢吡咯环的产物。

选择性地将羟基甲磺酰化得到 **9b** 后，加入强碱 *t*BuOK，将酰胺氮上的氢拔除，得到氮负离子进攻连接甲磺酸酯基的碳原子，通过 S_N2 关环反应得到 2,5 位反式取代的四氢吡咯衍生物 **10**。

这里需要注意的是，为什么先要将化合物 **8** 上氨基先酰基化后再进行 N—O 键的切断呢？M. A. Kerr 原本打算通过三组分偶联及以上一系列反应得到中间产物 **18**，再经过 N—O 键断裂合成中间关键的四氢吡咯环，然后通过烯烃复分解反应合并末端烯烃直接得到含氮环辛烯骨架。然而,化合物 **18** 在各种已知的条件下切断 N—O 键得到的结果或是不反应,或是这个分子骨架结构被破坏。在四氢吡咯环构筑的方法学研究过程中发现,氮原子上若有烷基取代的 1,2-四氢噁嗪类化合物,将很难被切断形成氨基醇,而且即使被切断形成氨基醇,也很难构筑四氢吡咯环,而在氮原子上引入吸电子基团(如酰胺羰基),则可活化 N—O 键从而使其断裂反应较易进行。[14]然而,在噁嗪环上通过环加成直接引入酰胺是不可能的,因此他们最终选择了将氮原子去保护和酰化的羟胺 **2** 作为合适的原料。

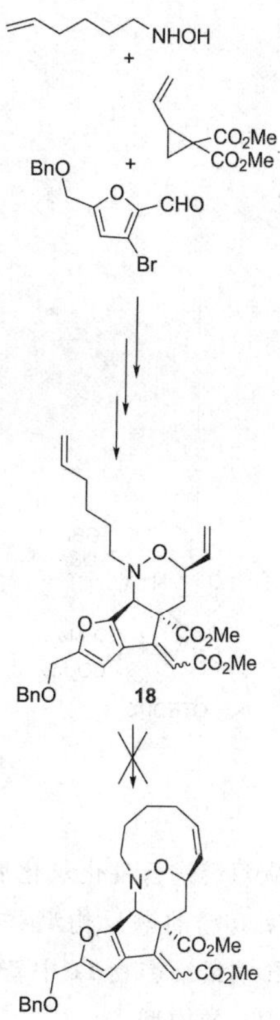

问题 6:

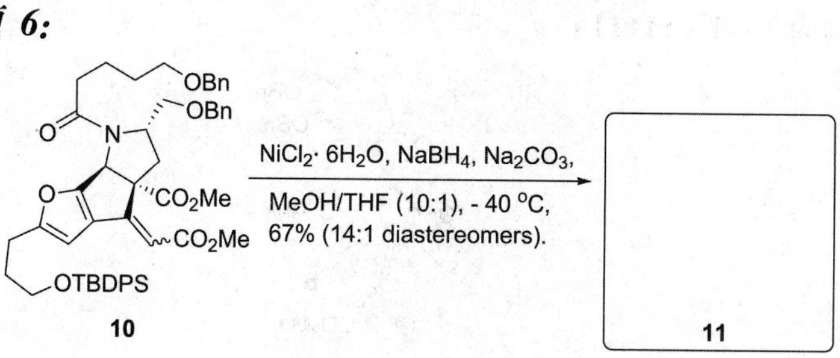

提示:
- 这里需要一种特殊的还原条件。因为碳碳双键的最佳还原条件是催化氢化,但在催化氢化条件下不仅呋喃环可能被还原,而且苄基保护基也会被脱除。
- $NiCl_2 \cdot 6H_2O$ 和 $NaBH_4$ 反应能产生氢气,因此该体系可以将碳碳双键还原。
- 在此还原反应下会产生骨架中的第四个不对称中心。
- 新产生的手性中心的构型是怎样的?

解答:

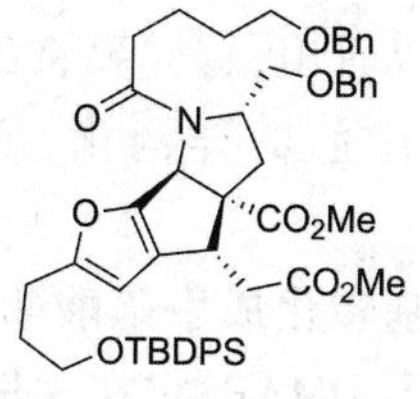

还原产物中的非对映异构体比例为 14:1。

讨论:

利用 $NiCl_2 \cdot 6H_2O$ 和 $NaBH_4$ 在水相中反应生成硼化镍和氢气,可用于烯烃加氢反应。

$$4NaBH_4 + 2NiCl_2 + 9H_2O \longrightarrow Ni_2B + 3H_3BO_3 + 4NaCl + 12.5H_2$$

此反应不仅可在水相中进行,也可以在甲醇中进行。但是考虑到 $NiCl_2 \cdot 6H_2O$,$NaBH_4$ 和反应原料的溶解性,通常采用 THF 与甲醇、乙醇、正丙醇的混合溶液。实验证明,使用甲醇的溶液便于过滤处理,THF 与甲醇的混合比例可以在不影响反应结果的情况下从 16:1 到 1:6 进行调整。此外,由于 $NaBH_4$ 与 Ni(Ⅱ) 盐的反应是一个放热反应,会导致大量氢气的释放,因此反应需在较低温度下进行。

催化氢化的加成反应是一个顺式加成,因此只有两种方向 a 和 b。由于四级碳上酯基取代基的影响,路线 a 作为氢气对碳碳双键的加成方向优于路线 b,生成所需的主产物 **11**,其非对映异构体的比例为 14:1 (**11:11a**)。

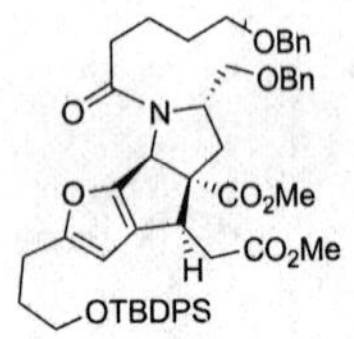

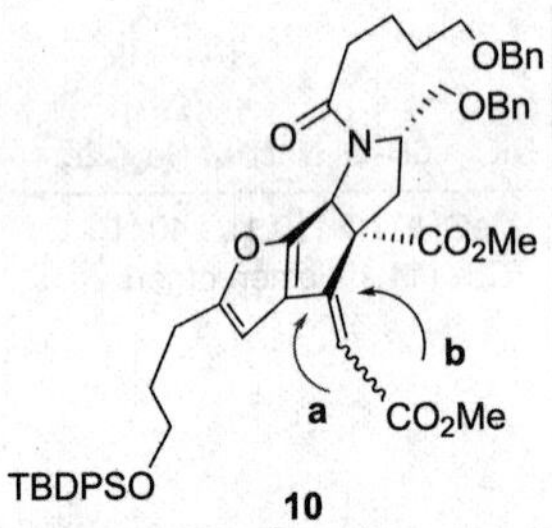

碳碳双键进行催化氢化后,原来双键的顺反构型并没有影响最终产物 **11** 中新手性中心的构型。

问题 7:

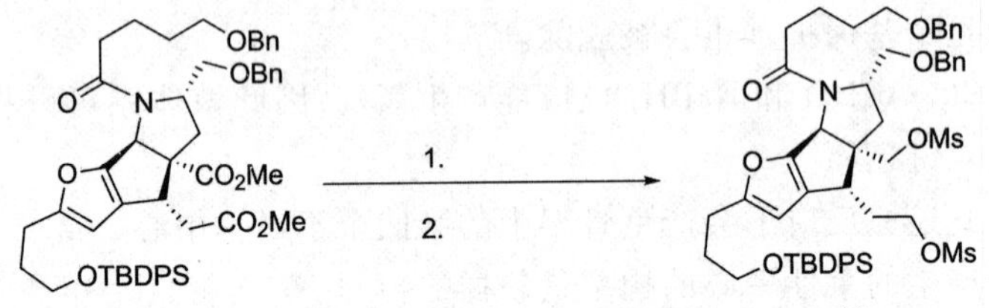

提示:
- 从二者结构的比较可以看出,首先要将酯基还原成醇;
- 为了防止底物中手性中心的异构化,须小心控制还原反应的温度;
- 第二步反应是将醇羟基转化成甲磺酸酯的反应;
- 在第二步反应中使用了 DMAP,它在这里起两种作用。

解答:
1. $LiAlH_4$,THF,0℃;
2. $MsCl$,NEt_3,DMAP,CH_2Cl_2,-78℃~rt, 79%。

讨论：

无水 THF 或乙醚作溶剂是利用 LiAlH₄ 将酯基还原为一级醇的标准反应条件。反应常常在回流条件下进行。但有时考虑到底物结构的复杂性，反应需要在低温下进行，结果得到了含两个一级醇羟基的 **12a**。在催化量 DMAP 的存在下，可方便使羟基与甲磺酰氯快速地进行甲磺酰化反应。

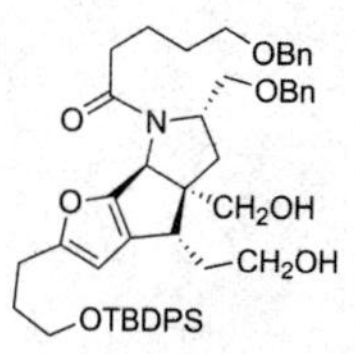

DMAP 的催化机理在于：吡啶环上二甲氨基的给电子效应强烈地增加了吡啶环中氮原子的电子云密度，使 DMAP（C4 位取代）的偶极矩由吡啶的 2.33D 增加到 4.40D，吡啶环上氮原子的亲核性和碱性明显增强。即使在非极性溶剂中，DMAP（C4 位取代）与酰化试剂也能形成高浓度的 N-酰基-4-二甲氨基吡啶盐。该盐分子中心电荷分散，使其形成一个连接不紧密的离子对，在酸或碱催化下，与酚、醇或酸酐反应时，有利于活化的负离子基团进行亲核进攻反应。

DMAP（4-二甲氨基吡啶）是一种广泛应用于化学合成的新型高效催化剂，在药物、农药、染料、香料等合成的酰化、烷基化、醚化等多种类型的反应中有较高的催化能力，对提高收率有极其明显的效果。其优点为：用量小，通常每摩尔反应物只需用到 0.05～0.2 mmol 即可；反应条件温和，一般室温下即可进行反应；溶剂选择范围广，常规溶剂均可适用；反应时间大大缩短；反应的收率高。

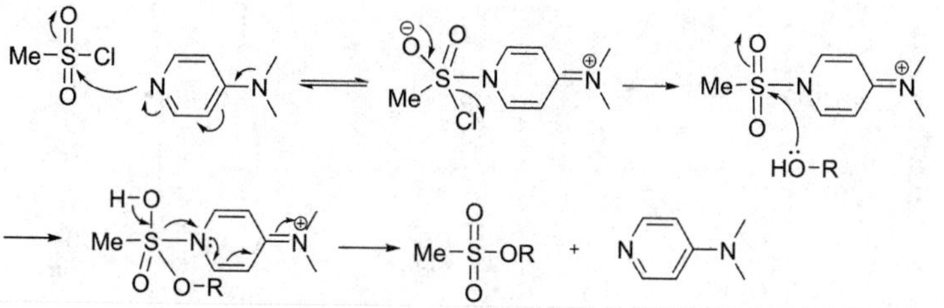

问题 8：

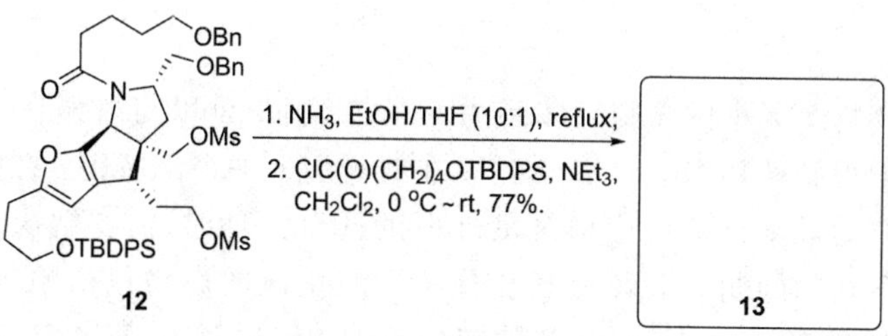

提示：

- 第一步反应是氨对甲磺酸酯的亲核取代反应；
- 利用连续两个 S_N2 取代反应可以构筑哌啶环体系；
- 第二步反应还是一个氨基的酰基化反应，目的是引入一个含酰胺基团的长链。

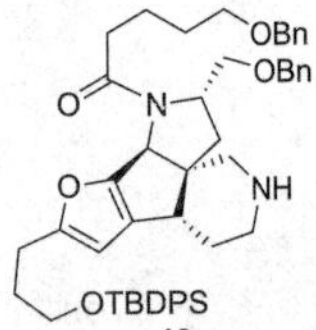

13a

解答:

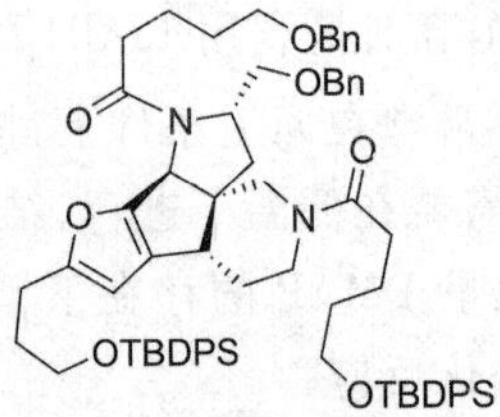

13

讨论:

利用氨与甲磺酸酯的两次 S_N2 反应形成哌啶环体系。第一次的 S_N2 反应生成一级胺,接下来的 S_N2 反应就成为了分子内反应,使其更易进行,从而构筑了哌啶环体系。其具体过程如下:

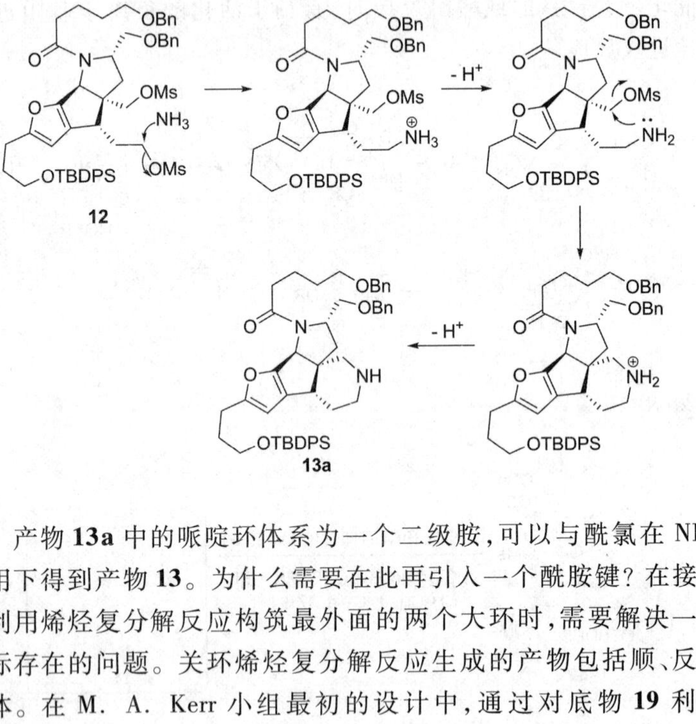

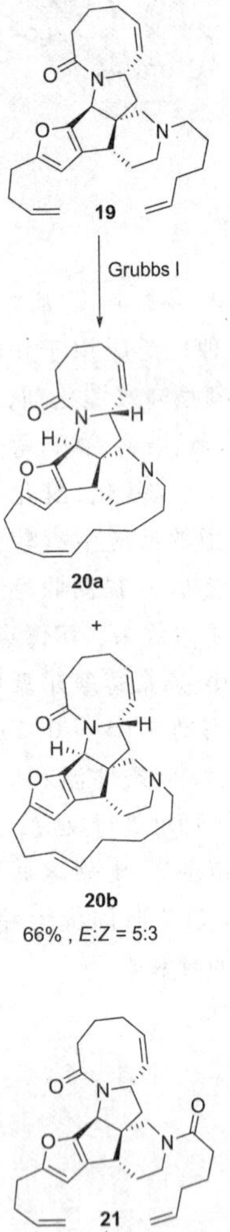

66% , E:Z = 5:3

产物 **13a** 中的哌啶环体系为一个二级胺,可以与酰氯在 NEt_3 作用下得到产物 **13**。为什么需要在此再引入一个酰胺键?在接下来利用烯烃复分解反应构筑最外面的两个大环时,需要解决一些实际存在的问题。关环烯烃复分解反应生成的产物包括顺、反异构体。在 M. A. Kerr 小组最初的设计中,通过对底物 **19** 利用 Grubbs 第一代催化剂进行烯烃复分解反应,从而得到了关环产物 **20**。**20** 是 5∶3 的顺反双键异构体混合物,柱色谱,银浸渍薄层色谱,或正、反相 HPLC 均不能使其分离纯化。在参考了 A. Nishida 小组的工作[15]后,M. A. Kerr 在十五元环关环前体 **21** 中引入了酰胺基团,这有可能降低烯烃复分解反应所得大环产物结构的柔韧性,进而可以允许通过硅胶柱色谱对含 E 和 Z 构型碳碳双键的异构体进行分离提纯,从而得到了所需构型的产物。

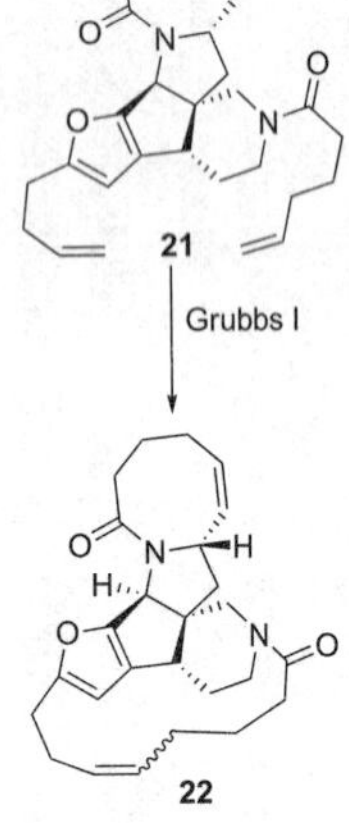

Z: 26%
E: 44%

问题 9:

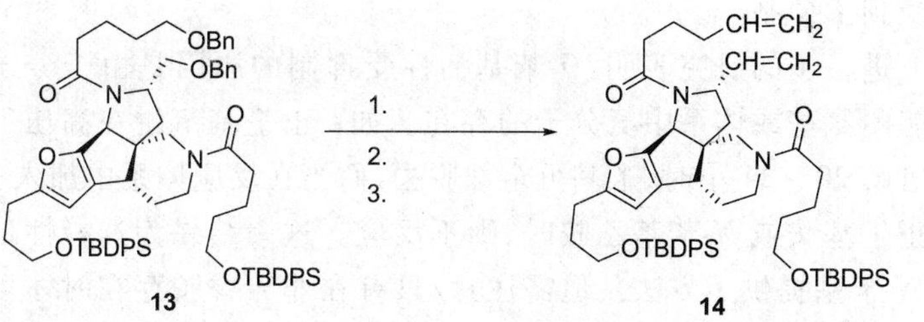

提示:

- 在这三步转换过程中,实现了将苄基醚转换为增加了一个碳原子的碳碳双键;
- 因此,第一步反应应该是苄基保护基脱除的反应;
- 在 BCl₃ 作用下脱苄基:一种与催化氢化脱除苄基不一样的反应条件;
- 利用 IBX 将醇氧化为醛,这与我们前面讨论的一种氧化反应有些类似;
- 第三步反应是利用 Wittig 反应将醛基转化为碳碳双键,为关环烯烃复分解反应作准备。

解答:

1. BCl_3,CH_2Cl_2,$-78 \sim -50 \sim -78℃$,71%;
2. IBX,DMSO,rt;
3. tBuOK,MePPh$_3$Br,THF/toluene,rt,30%~45%。

讨论:

有机合成中,苄基可以作为羟基的保护基,先使羟基通过苄基化反应生成苄基醚,待反应后再在催化氢化的条件下通过脱苄基反应,恢复为原来的羟基。苄基也可以作为氨基、巯基和羧基的保护基,最后都是通过脱苄基反应,恢复为原来的氨基、巯基和羧基。

脱去苄基的传统方法是催化氢解法,最常用的催化剂是 Pd/C。与 N-苄基相比,Pd/C 催化剂更易脱去 O-苄基,但一些研究成果表明,有时情况并非如此。Byungki 和 Son 等人发现,在 10% Pd/C 作催化剂下和乙醇中,50℃ 下氢解 **23** 时,得到 76% 的 **24**。进一步加酸或加压升温,均不能脱去 O-苄基。最后,以肼为

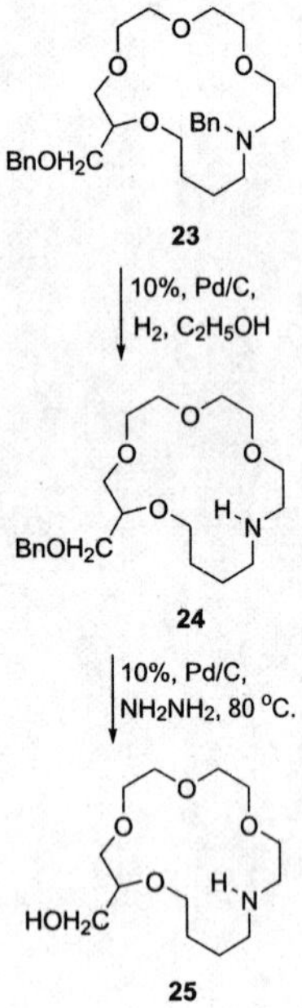

氢给体，在 80℃下反应才脱去了 O-苄基。[16] 这说明，O-苄基的活性受到了抑制。

进一步的研究表明，O-苄基活性受抑制的原因是由于分子中官能团氨基或体系中氨分子的存在。如：正壬基苄醚在高压下室温氢解 20~24 小时，苄基可全部脱去，而当在反应体系中加入 5% 的正丁基胺或 N-苄基乙胺时，则不反应。这一结果为选择性地脱去 N-苄基提供了方法。但需注意，只有在非芳香胺存在时才可以抑制 O-苄基的脱除，而芳香胺如吡啶则无此作用。另外，这一抑制作用只对烷基苄醚有效，对芳香基苄醚则无效。[17]

在此合成中，M. A. Kerr 采用 BCl_3 脱除了苄基保护基，得到了 **13b**。

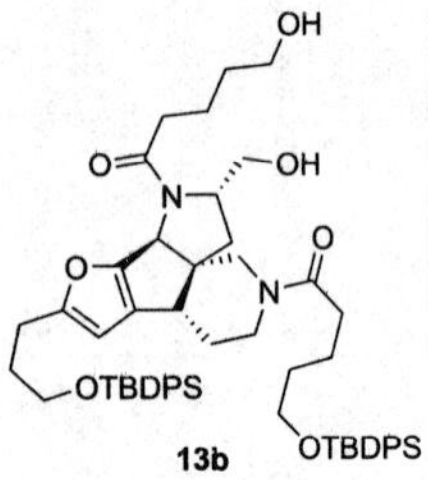

邻碘酰苯甲酸（IBX）是近十几年来被广泛应用于各种官能团转化的高价碘化物试剂之一，是 Dess-Martin 氧化剂（DMP）的乙酰化前体。此化合物早在 1893 年就已经被合成了[18]，但由于 IBX 存在着在常规溶剂中溶解性差、容易爆炸等缺点而几乎被忽视。直到近十年来才发现，以二甲亚砜作为反应溶剂、以 IBX 作为氧化剂的反应，具有易操作且高效，并对许多官能团兼容等优点。

在室温下，以 DMSO 为溶剂，IBX 能高选择性、高收率地将醇类化合物氧化成相应的羰基化合物，甚至可以将邻二醇氧化成邻二酮或者 α-羟基酮。反应不会发生过度氧化生成酸，反应条件比较温和，对水与空气都不敏感。

IBX 氧化反应的具体过程如下：

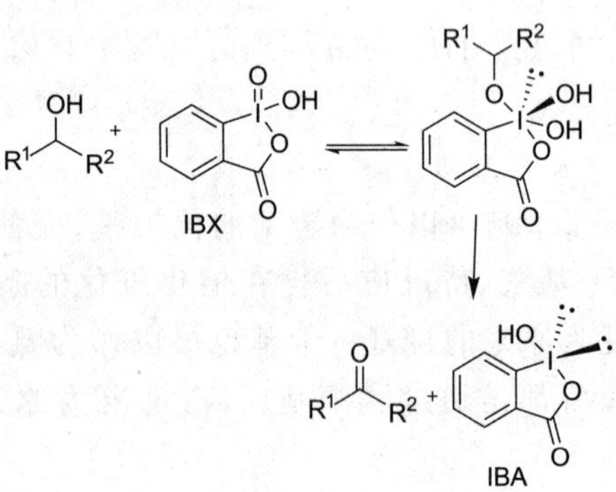

羟基化合物上的羟基进攻五价碘，快速失去一分子水得到中间体，然后发生分子内歧化反应，生成羰基化合物与邻亚碘酰苯甲酸（IBA）。

生成相应的醛 **13c** 后，通过 Wittig 烯烃化反应生成所需要的末端烯烃 **14**，为形成大环作准备。

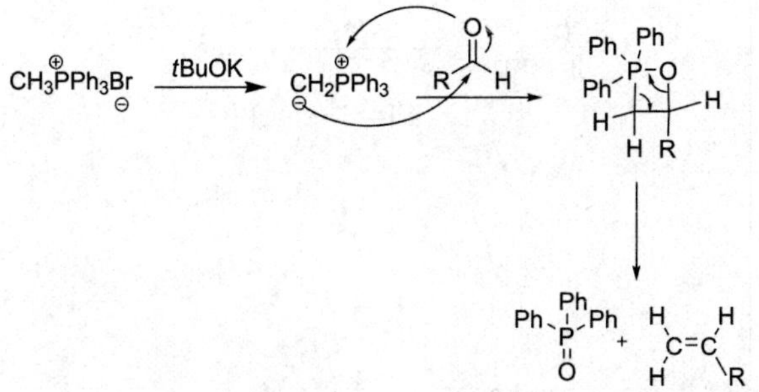

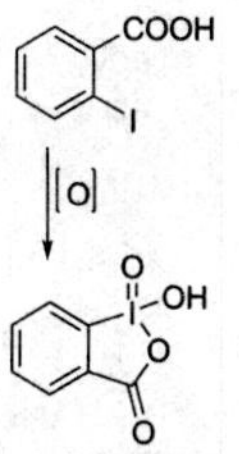

IBX

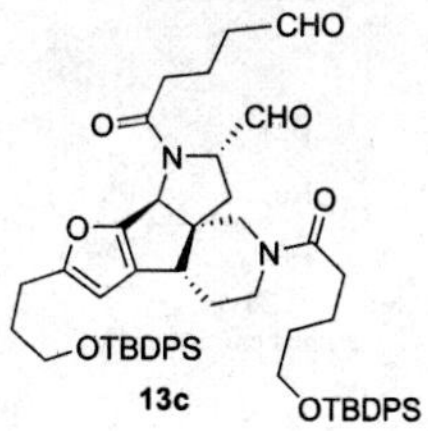

13c

问题 10:

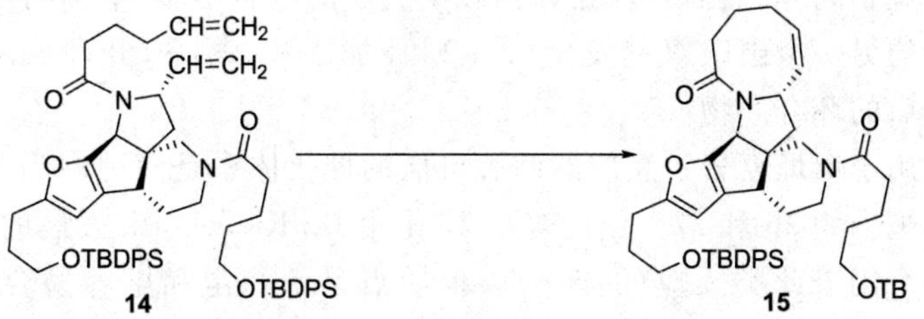

14　　　　15

提示：

- 这是关环烯烃复分解反应，形成了一个八元环体系；
- 这是分子内的烯烃复分解反应，因而需要在稀溶液中进行；
- 使用了 Grubbs Ⅱ 催化剂，其结构式是什么？

解答：

20 mol% Grubbs Ⅱ, 0.7 mmol/L CH_2Cl_2, reflux, 84%。

讨论：

烯烃复分解反应是有机化学中最重要也是最有用的反应类型之一，这种反应使得通常呈化学惰性的碳碳双键和叁键都能够彼此偶联，极大地拓展了人们在构造化合物骨架时的想象空间。许多含有环状骨架的天然产物可以通过关环复分解反应来实现各种不同大小环的构建。

关于烯烃关环复分解反应在过渡金属亚烷基复合物催化下的反应机理，人们有多种不同的观点，但为大家所普遍接受的催化机理是由 Y. Chauvin 在 1971 年提出的，包含一系列的过渡金属亚烷基复合物和过渡金属杂环丁烷之间的环加成和环裂解过程，催化循环如下：

底物中的一个双键首先与金属卡宾发生[2+2]环加成生成金属杂环丁烷中间体,然后开环还原消除生成新的金属卡宾,继而再与底物中的另一个碳碳双键发生[2+2]环加成和[2+2]开环反应得到最后的环合产物。

用于烯烃复分解反应的两类可能的催化体系是两种商品化的卡宾配合物 **26** 和 **27**。钼配合物 **27** 是由 R. R. Schrock 发展的,是第一个用于此类反应的催化剂,但缺点是不稳定和不容易合成。新的 Grubbs 催化剂 **26** 因为更稳定和易于合成而广受欢迎。

1992 年美国加州理工学院的 R. H. Grubbs 发现了钌卡宾配合物 **28**,并成功应用于降冰片烯的开环聚合反应。随后,他们对钌金属原子所连配体进行了筛选,于 1995 年对该催化剂作了改进,所得的催化剂 **29** 不但具有比原催化剂更高的活性和相似的稳定性,而且更容易合成,称为第一代 Grubbs(Grubbs Ⅰ)催化剂,成为目前应用最为广泛的烯烃复分解催化剂。此后,S. P. Nolan 小组和 R. H. Grubbs 小组几乎同时报道了催化性能更好、更稳定的以氮杂环卡宾为配体的催化剂 **30** 和 **31**,被称为第二代 Grubbs(Grubbs Ⅱ)催化剂。

在关环烯烃复分解反应中,形成八元环的报道很少。但是,当底物中含有如醚、酰胺、脲、磺胺和酯等极性官能团时,有利于环辛烯骨架的构筑。底物 **14** 在 Grubbs Ⅱ 催化剂作用下顺得到了环辛烯衍生物 **15**,完成了上面这个八元环体系的构筑。如果改用 Grubbs Ⅰ 催化剂,其产率和转化率均下降。

关环复分解反应是烯烃复分解反应的一种,是指不饱和的碳碳键在过渡金属亚烷基复合物存在的条件下,进行碳碳键的重组形成新的碳碳键而成环的反应,是合成各种不饱和环状化合物的一种重要且十分有效的方法。人们对这类反应的机理以及催化剂的合成、发展和应用等方面均进行了广泛的研究,特别是近二三十年来,随着各种性能优良的催化剂不断出现,反应在合成复杂有机分子、生物活性化合物以及天然产物等方面的应用已越来越广泛。

在后面的 5.5.1 小节会进一步讨论 Schrock 催化剂和 Gurbbs 催化剂。

问题 11:

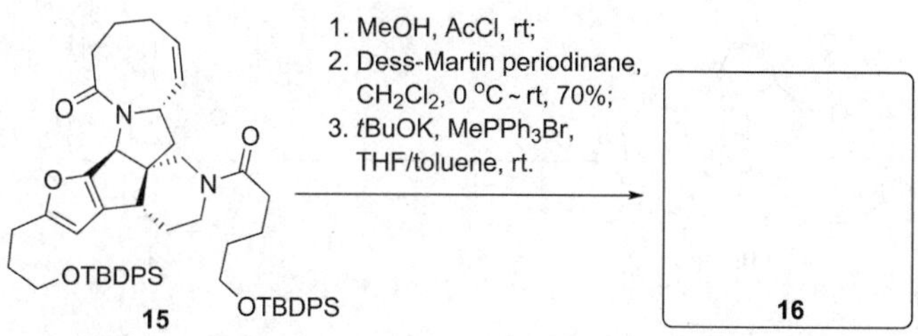
1. MeOH, AcCl, rt;
2. Dess-Martin periodinane,
CH2Cl2, 0 °C ~ rt, 70%;
3. tBuOK, MePPh3Br,
THF/toluene, rt.
OTBDPS
OTBDPS
15
16

提示:

- 第一步反应在酸性条件下脱除了硅保护基;
- 第二步反应,利用 Dess-Martin 试剂氧化两个一级醇羟基生成醛;
- 接着是利用 Wittig 反应得到了末端烯烃。

解答:

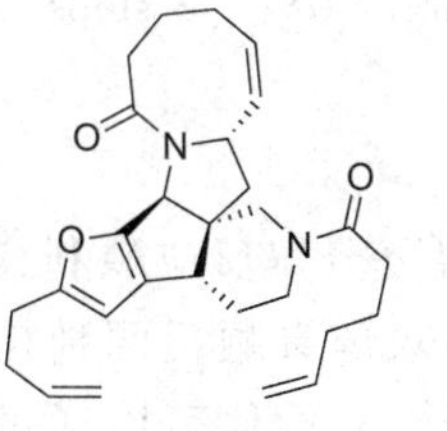

16

讨论:

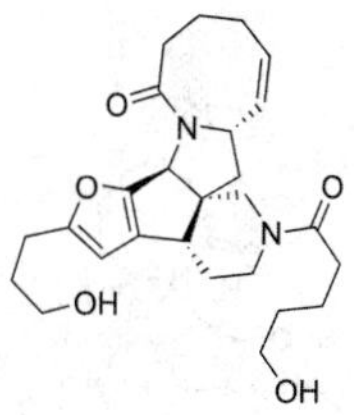
OH
OH

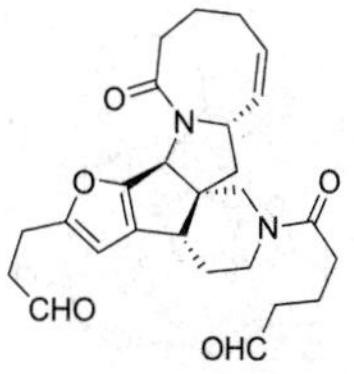
CHO
OHC

叔丁基二苯基醚较为稳定,可用氟离子(如 $n\mathrm{Bu_4NF}$ 等)在四氢呋喃溶液中脱去,也可用含水乙酸于室温下脱去。通过向反应中滴加甲醇与乙酰氯,从而原位形成 HCl 甲醇溶液,使反应物脱除硅保护基。在此酸性条件下,两个 TBDPS 保护基均被脱除,释放两个一级醇羟基。

Dess-Martin 试剂 (DMP)在 1983 年首次被报道,并在其后发展成为一个广泛用于氧化复杂、敏感以及多官能团的醇类化合物的试剂。与其他高价碘化合物相比,DMP 具有较好的溶解性,它可以在 CH_2Cl_2 等有机溶剂中选择性地将一级醇或二级醇分别氧化为醛或酮类化合物,而底物分子中的其他敏感基团不受影响。经 Dess-Martin 氧化反应后,两个一级醇羟基被氧化为甲酰基。

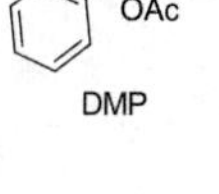
OAc
OAc
OAc

DMP

最后经 Wittig 反应,生成化合物 **16**。

问题 12:

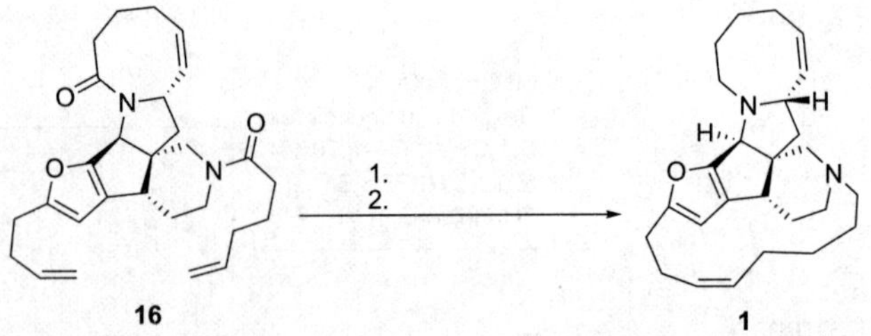

二(2-甲氧基乙氧基)氢化铝钠(Red-Al)含量为 70% 的甲苯溶液,为无色或略带黄色的液体,其还原能力略低于四氢铝锂,高于硼氢化钠。

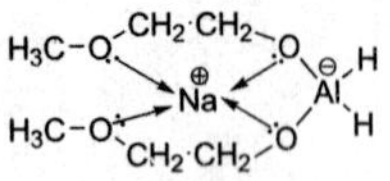

提示:
- 第一步反应构筑了分子下端的十五元环体系;
- 利用了关环烯烃复分解反应;
- 使用了 Grubbs I 催化剂;
- 利用一种特殊的还原试剂将酰胺还原为胺。

解答:
1. 30 mol% Grubbs I,0.2 mmol/L CH_2Cl_2,reflux。
2. Red-Al,PhMe,reflux,20%(2 steps)。

讨论:

再次利用关环烯烃复分解反应顺利构筑了分子骨架中的十五元环 **24**,新形成的碳碳双键有顺反两种构型。由于酰胺基团的存在,E 型和 Z 型两种烯烃异构体可以通过柱分离提纯。其具体的反应过程我们前面已经讨论过了。

二(2-甲氧基乙氧基)氢化铝钠(Red-Al)在有机溶剂中的溶解性良好,可溶于大部分芳香类和醚类溶剂,通常它参与的还原反应可在甲苯、四氢呋喃和乙二醇中进行。它在 170℃ 以下稳定存在,对氧气不敏感,长期暴露在空气中时溶液中的活性氢含量会略微降低。但它对水较为敏感,在潮湿环境下会发生水解产生氢气。

以 Red-Al 还原羰基化合物为例,其还原羰基的可能历程如下:

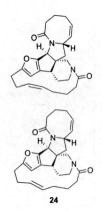

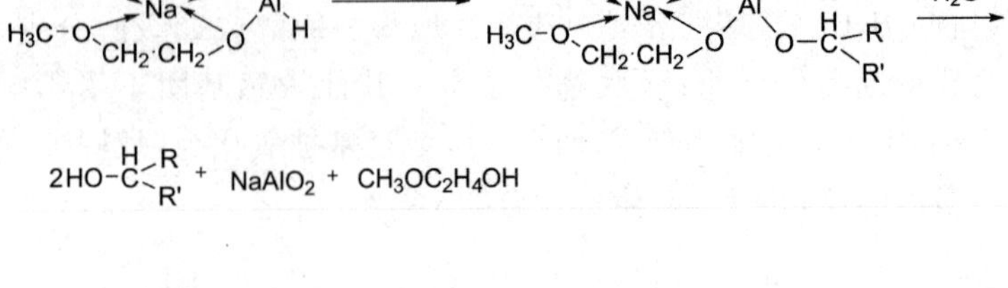

在还原过程中,羰基发生加成,形成烷氧基连接在铝原子上,然后在水的作用下游离出醇,自身分解为乙二醇单甲醚和铝酸钠。

通过烯烃复分解反应得到大环化合物,即目标分子的前体 **24**,并将碳碳双键异构体进行分离提纯后,利用还原性 Red-Al 试剂将酰胺键还原,最终得到了目标化合物(+)-nakadomarin A **1**。

5.4 结论

M. A. Kerr 课题组利用自身发展的硝酮和环丙烷在 Lewis 酸作用下形成噁嗪的合成方法学构筑了杂环体系。在此合成中,将原料中的硝酮改为由羟胺和醛原位产生,利用三组分的环加成反应得到氮杂氧杂六元环,并很好地控制了产物的立体构型,展示了此合成方法学在杂环合成中的应用前景。接着,利用分子内 Heck 反应实现了呋喃环并五元环并六元环的骨架体系。SmI_2 诱导的单电子转移反应成功地切断了氮氧键。最后,利用关环烯烃复分解反应逐步实现了两个大环的构筑。

整个全合成过程具有原料简单、合成产率高、路线简捷快速等优点,充分展示了 M. A. Kerr 选用的这些方法在天然产物全合成中的高效性。

5.5 烯烃复分解反应

烯烃复分解反应,是指一个金属卡宾与一个烯烃中的碳碳双键发生[2+2]加成反应生成金属杂四元环中间体,该中间体经[2+2]逆反应后生成一个新的烯烃和一个新的卡宾且循环往复的反应。因此,烯烃复分解反应实际上是通过金属卡宾实现两个不同烯烃间碳碳双键取代基团互换的反应,是有机合成中形成新的碳碳双键的重要手段之一。按照反应过程中分子骨架的变化,烯烃复分解反应可以分为五种情况:

1. 关环复分解反应(ring-closing metathesis,RCM);
2. 开环复分解聚合反应(ring-opening metathesis polymerization,ROMP);
3. 非环二烯复分解聚合反应(acyclic diene metathesis polymerization,ADMEP);
4. 开环复分解反应(ring-opening metathesis,ROM);
5. 交叉复分解反应(cross metathesis,CM)。

烯烃复分解反应在近三十年来一直是过渡金属催化领域的一个研究热点,它可以追溯到获得 1960 年诺贝尔化学奖的 Ziegler-Natta 催化剂。1953 年,德国化学家 K. Ziegler 在研究有机金属化合物与乙烯的反应时发现,在常温常压下用 $TiCl_4/Et_3Al$ 二元体系的催化剂可以使乙烯聚合成具有较高相对分子质量的线性聚合物。1954 年意大利化学家 G. Natta 用 $TiCl_3/Et_3Al$ 催化剂使丙烯聚合成全同立构的结晶聚丙烯,提出了定向聚合的概念,从此开创了定向聚合的新领域。因此,用于烯烃聚合的氯化钛($TiCl_4$ 或 $TiCl_3$)与三乙基铝(或 Et_2AlCl)体系称为 Ziegler-Natta 催化剂,它可以制成各种立体结构规整的烯烃聚合物和共聚物。定向聚合是高分子科学发展过程中的一个里程碑,它标志着人类第一次可以在实验室内从烯烃、二烯烃及其他单体合成过去只有生物体内才能合成的高分子。Ziegler-Natta 催化剂不仅促进了高分子科学的发展，也使现代金属有机化学的许多研究领域得到了飞速的发展。因此，K. Ziegler 和 G. Natta 两人共获 1963 年诺贝尔化学奖。

1956 年，H. S. Eleuterio 在利用铝固载的钼催化体系进行丙烯聚合时得到了丙烯-乙烯共聚物，同时通过对尾气的成分进行分析，发现尾气中含有丙烯、乙烯以及 1-丁烯。当他尝试进行环戊烯聚合时，得到的聚合物就像有人拿了一把剪刀把环戊烯打开后又缝上。此后，有很多人对此聚合过程提出了各种机理，有许多不同的观点。1971 年，Y. Chauvin 提出了被大家所普遍接受的催化机理，包含一系列的过渡金属卡宾配合物和过渡金属杂环丁烷之间的环加成和环裂解过程。[19] 其简化的过程如下：

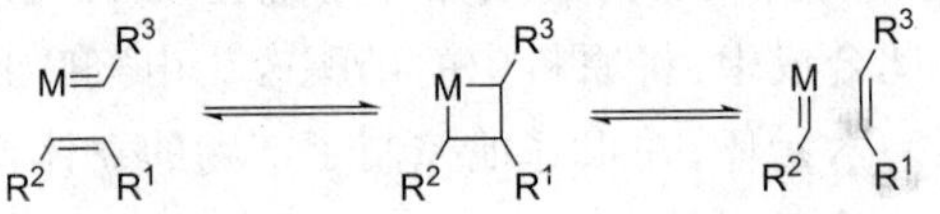

此后许多人对此进行了不懈的研究，发展了许多很好的试剂与催化剂，并产生了不少的人名反应，如 Tebbe-Petasis 反应等。其中，美国化学家 Robert H. Grubbs 和 Richard R. Schrock 在实用催化剂发展方面做出了卓越的贡献。[20] 2005 年的诺贝尔化学奖即分别授予了法国化学家 Y. Chauvin、美国化学家 R. H. Grubbs 和 R. R. Schrock，以表彰他们在烯烃复分解反应研究领域所作贡献，更是将对烯烃复分解反应的研究推向了一个新的研究热潮。由于篇幅的限制，本章只介绍关环烯烃复分解反应的实例。

5.5.1 烯烃复分解反应催化剂的发展

从 20 世纪 50 年代中期到 70 年代初，应用于烯烃复分解反应的催化剂多是定义不明确的多组分单相或多相催化剂，它们大多是由过渡金属盐与主族烷基化试剂结合，或者是沉积在固相载体上制得，被称为不明结构的催化剂 (ill-defined catalyst)，如 WCl_6/Bu_4Sn, MoO_3/SiO_2, Re_2O_7/Al_2O_3 等。由于这些催化体系通常需要苛刻的反应条件和很强的路易斯酸性条件，使得反应对底物兼容的功能基团有很大的限制。这些问题促使人们去进一步认识和理解反应进行的机制。直到 1971 年 Y. Chauvin 提出了上述反应机理，其与实验结果有很好的相符性。基于这种机理，人们开始设计合成过渡金属亚烷基卡宾和过渡金属杂环丁烷复合物，以期得到活性和对官能团的兼容性都较好的催化剂。在试图合成金属杂环丁烷化合物的过程中，在 20 世纪 70 年代末、80 年代初发现了可以用于烯烃复分解反应的单组分均相催化剂，如钨和钼的卡宾配合物，特别是 Schrock 催化剂用于催化烯烃的复分解反应，取得了比以往的催化体系更容易引发反应、具有更高反应活性和更温和反应条件的催化优势。更重要的是，单组分催化剂的发现使得人们可以深入地研究催化剂的结构与性能的关系，从而为发现新一代的、性能更优秀的催化剂奠定了基础。

1. Schrock 催化剂

在先后尝试了钽、钨、钼等金属后，R. R. Schrock 发现钼和钽是烯烃复分解反应催化活性最好的金属，随后他和他的团队开始努力寻找这些金属的稳定的亚烷基和次烷基配合物。他们的研究最终产生了整个钼和钽的亚烷基卡宾配合物族，其中 1990 年制备出的那种催化剂催化活性最好，成为第一种投入工业生产的结构明确的催化剂。Schrock 催化剂的优点是：反应活性高，可以合成三取代甚至四取代的碳碳双键，而且它们几乎不受底物中不饱和键上所连取代基电子效应的影响，即使不饱和键上连有吸电子基团或给电子基团，都能顺利关环。但它们也存在着明显的缺点：一是对底物中的官能团兼容性不是很好，如与醛、醇等不具有兼容性；二是对空气和水非常敏感，制备条件很苛刻。

N
R^1
RO
M
C
H
OR
tBu

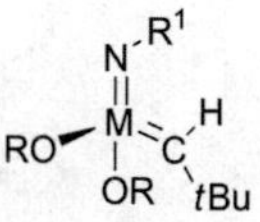

Schrock 催化剂通式
（M = Mo或W; R和R^1表示大分子取代基）

i-Pr
i-Pr
N
F_3C
F_3C
O
Mo
Ph
CH_3
CH_3
F_3C
F_3C
O

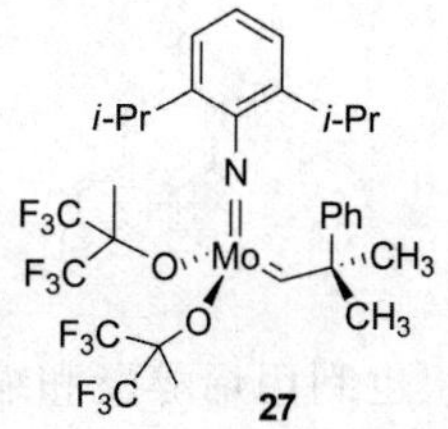

27
Schrock 催化剂（1990年）

在合成碳环化合物应用方面，R. H. Grubbs 小组[21]将它应用于合成简单的五元环和六元环，这些五元环和六元环可以含有支链醚、硅醚、烯醇醚和酯等基团，它一般不适用于含羟基和羧基的底物。应用它合成碳中环和大环化合物的报道较少，其催化效率不是很高，有时得到的是分子间聚合产物。[19]

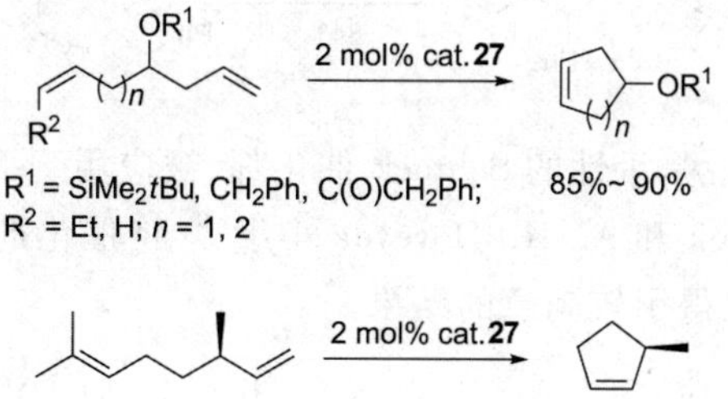

OR^1
R^2
n
2 mol% cat.27
OR^1
n
R^1 = $SiMe_2tBu$, CH_2Ph, $C(O)CH_2Ph$;
R^2 = Et, H; n = 1, 2
85%~ 90%
2 mol% cat.27

杂环化合物广泛存在于天然产物中，其合成方法的研究一直备受关注。在氮杂环化合物的合成方面，文献报道应用 Schrock 催化剂合成了一系列不同大小的氮杂单环、多环的β-内酰胺衍生物[22,23]。

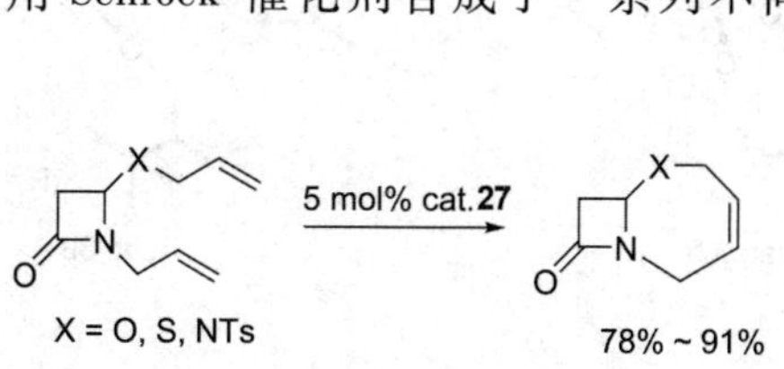

X
O
N
5 mol% cat.27
X
O
N
X = O, S, NTs
78% ~ 91%

一般来说，Schrock 催化剂比较适用于三级胺或其酰胺，二级胺或其酰胺稍差，而一级胺一般不能直接进行关环烯烃复分解反应，这是它应用的一个局限。Schrock 催化剂应用的另一局限在于：α，β-或 β，γ-不饱和酰胺在进行关环烯烃复分解反应时，Schrock 催化剂会受分子内羰基的影响失活。

N
O
[M]
或
N
O
[M]

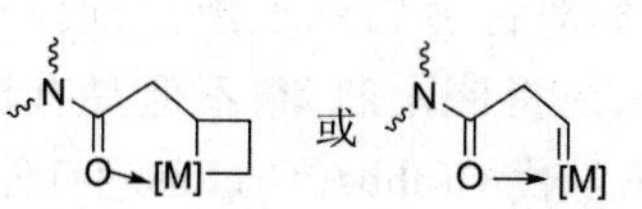

不过,R. H. Grubbs 小组的研究证明,可以通过改用高取代双键的底物来解决此类问题。[24] 如下图所示:

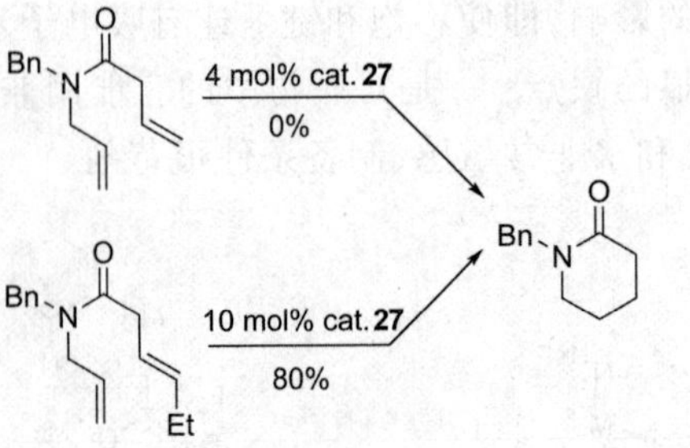

R. H. Grubbs 小组也利用烯醇醚和缩醛等底物在此催化剂作用下合成了各类氧杂环衍生物。[25] 也有报道将此催化剂用于含硫化合物的关环烯烃复分解反应,可以较好产率得到含有杂原子的五元环或六元环。[26]

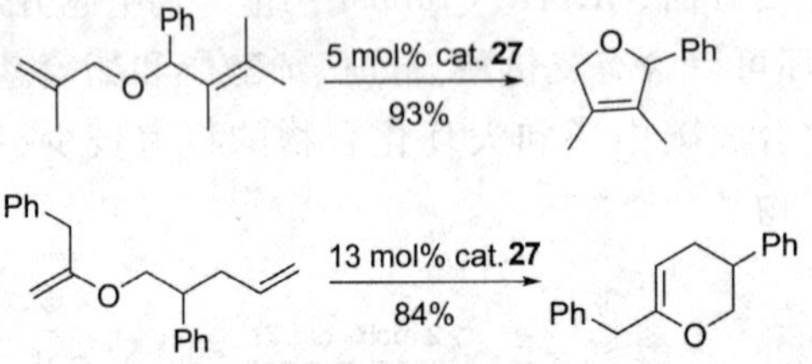

催化剂 32 和 33 可以说是手性的 Schrock 催化剂,被应用于手性合成和外消旋体的动力学拆分中。[27] R. R. Schrock 和 A. H. Hoveyda 小组[28]将催化剂 33 应用到含硅醚、氮的中小环的不对称合成中,也取得了较满意的结果。

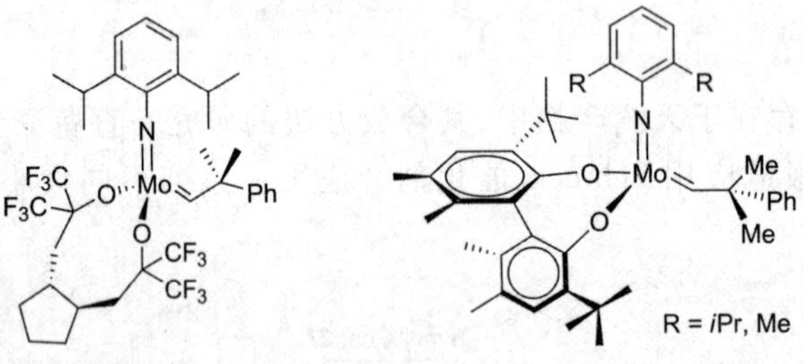

2. Grubbs 催化剂

1992 年美国加州理工学院的 R. H. Grubbs 发现了钌卡宾配合物 28,并成功应用于降冰片烯的开环聚合反应,克服了其他催化剂对功能基团兼容性差等缺点。该催化剂不但对空气稳定,甚至在水、醇或酸的存在下,仍然可以保持催化活性。它对具有较大环张力的化合物的开环反应具有很高的催化活性,但是对环张力较小的化合物的反应以及非环二烯的反应几乎没有催化活性。随后,他们对钌金属原子所连配体进行了仔细的筛选。1995 年,R. H. Grubbs 对原催化剂作了改进,所得催化剂 29 不但具有比原催化剂更高的活性和相似的稳定性,而且更容易合成,称为第一代 Grubbs(Grubbs I)催化剂,成为应用最为广泛的烯烃复分解反应的催化剂。

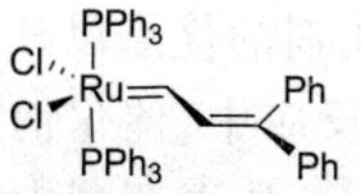

第 5 章 完美的环内双键和大环的构筑：烯烃复分解反应

28 Grubbs 催化剂(1992年)
29 第一代Grubbs 催化剂(1995年) 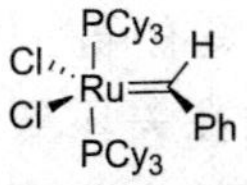
30 第二代Grubbs 催化剂(1999年) 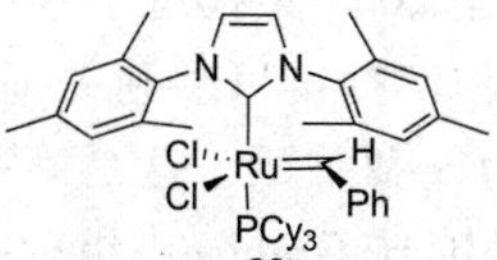
31

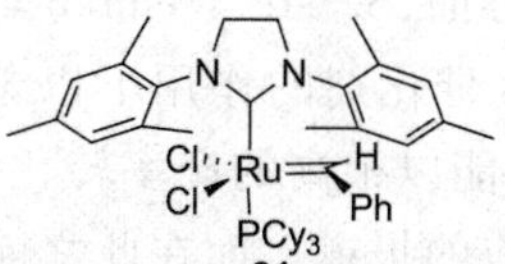

非环二烯化合物在第一代催化剂 **29** 的作用下，并未得到相应的环化产物，而得到了二聚物和低聚物。但当引入一个六元环时，在同样的反应条件下，可顺利发生关环烯烃复分解反应得到环化产物，产率高达 95%。[29]

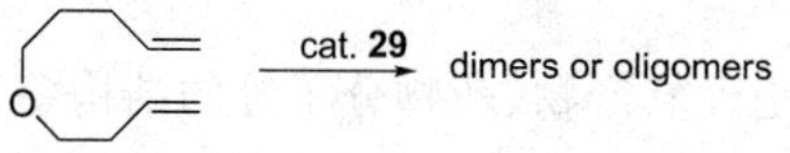

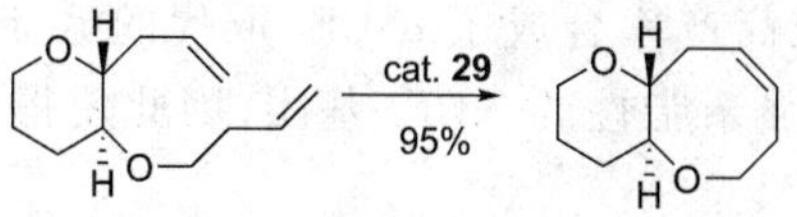

A. M. Chippindale 等报道了利用反应合成具有高非对映选择性的与 β-内酰胺稠合的七元碳环化合物，产率高达 93%。[30]

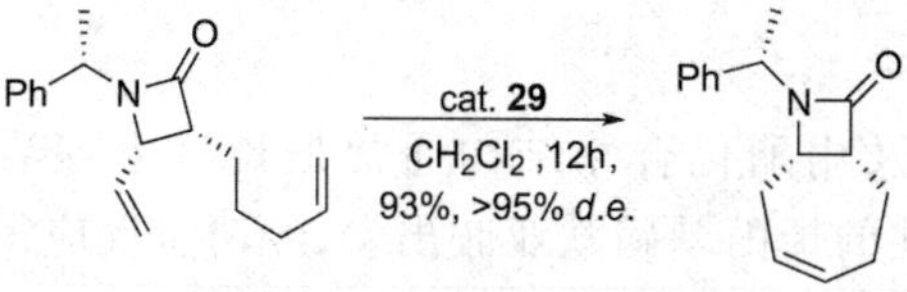

环状碳酸酯是一种非常有价值的工业化学品，大量环状碳酸酯已被成功应用于开环聚合反应，尤其是一些大环的环状碳酸酯是一类很好的合成麝香的原料。A. Michrowska 等通过 RCM 反应合成了十五至二十三元环的散发麝香气味的大环化合物。[31] 他们经研究表明，底物二烯的几何构型对能否发生关环反应有着重要的影响。当用此方法合成八到十元环的化合物时，即使选择催化活性更高的第二代催化剂，也未能得到目标产物。

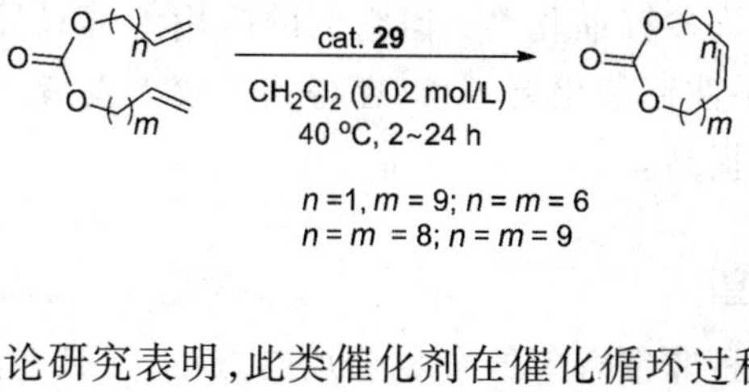

$n=1, m=9; n=m=6$
$n=m=8; n=m=9$

S. P. Nolan 等通过理论研究表明，此类催化剂在催化循环过程中形成了一个高活性的单膦配体中间体。[32] 以此为依据，S. P. Nolan 小组和 R. H. Grubbs 小组几乎同时报道了催化性能更好的以氮杂环卡宾为配体的催化剂 **30** 和 **31**，被称为第二代 Grubbs(Grubbs Ⅱ)催化剂。第二代 Grubbs 催化剂除了具有第一代催化剂的优点以外,更重要的是其催化活性比第一代催化剂提高了两个数量级,在关环复分解反应中,催化剂用量也仅为万分之五,同时选择性更高,对底物的适应范围更加广泛,环的大小从中环到大环都可以,催化剂的成本也更低。

在合成碳环化合物方面,S. M. Weinreb 等于 2003 年报道了双键上连有氯原子的二烯化合物,在第二代 Grubbs 催化剂的作用下以苯作溶剂可以顺利关环,产率 99%。[33] 所得环化产物在温和的条件下,能以很高的产率转化为 α-氯代酮。这是第一个有关含乙烯基氯的二烯化合物顺利发生反应的报道。而在此之前,R. H. Grubbs 小组曾报道乙烯基氯化物与烯烃不能发生交叉烯烃复分解反应。

含氮的杂环化合物通常是天然产物、药物分子等的结构要素,长期以来人们都在不断探索合成氮杂环化合物的有效方法,特别是有关哌啶环的合成。S. Gille 等以二烯化合物为原料,利用关环烯烃复分解反应高产率合成了 α-CF_3 取代的哌啶环衍生物。[34] 这类环化产物的特点是哌啶环上连有一个强亲脂性的—CF_3 基团,因此使得它们有着不同于其他含氮杂环化合物的特殊性质。

八到十一元环的碳环及内酯化合物结构通常是具有生理活性天然产物的结构单元,M. H.-J. Gais 等[35]从手性的烯丙基磺酰亚胺出发,经两步反应得到磺酰亚胺取代的二烯化合物,然后经关环烯烃复分解反应得到了含磺酰亚氨基团的九元碳环化合物。此类化合物中由于含有一个烯基磺酰亚氨基团,因而是一类很好的有机合成中间体。

在此基础上还出现了许多钌催化剂,但它们的应用大都只局限于个别反应中,还未能进行系统的研究。此外,手性钌催化剂[36~38]也得到了较大发展,使烯烃复分解反应的适用范围和实用性得到极大的提高。

5.5.2 发展趋势与展望

烯烃复分解反应是一种非常有效的合成烯烃的方法,并且在各种不饱和碳环和杂环化合物的合成中发挥了显著的作用。近二三十年来,随着各种性能优良的催化剂的不断发展,尤其是含氮杂环卡宾配体的钌催化剂的出现,烯烃复分解反应已经成为十分有效的构建不饱和环状或非环状化合物的有效方法,特别是在合成大环化合物、天然产物、复杂药物分子中的应用已越来越广泛。例如,1997 年,杨震和 K. C. Nicolaou 教授首次将关环烯烃复分解反应引入到复杂天然产物 epothilones 的大环构筑[39]中,开创了烯烃复分解反应在全合成研究中的先河,从此有许多具有大环体系的天然产物的合成采用了关环烯烃复分解反应。

epothilones

近年来,随着各种性能优良的催化剂的不断出现以及人们对反应机理的进一步探讨,烯炔、二炔化合物的反应也相继被报道;而且随着应用的不断拓宽和催化剂的不断改进,含有杂原子的双键、叁键也可以作为反应中心来发生反应。烯烃复分解反应的发展对化学工业、药品工业、合成先进塑料材料以及未来"绿色化学"的发展都起着革命性的推动作用。

尽管烯烃复分解反应的研究已经取得了很大突破,但仍然存在不少挑战。烯烃复分解反应中的立体化学问题,特别是有关催化不对称转化的问题还没有很好地解决。关于交叉烯烃复分解反应中产物的顺、反异构体的选择性控制,虽然对于某些特定的底物已经取得了一些成功,但还没有普遍的规律可循。另外,烯烃复分解反应的工业应用还很少。相信烯烃复分解反应作为重要合成手段,会越来越多地被应用到有机合成中。

参 考 文 献

1. a) Winkler, J. D.; Axten, J. M. *J. Am. Chem. Soc.* **1998**, *120*, 6425; b) Martin, S. F.; Humphrey, J. M.; Ali, A.; Hillier, M. C. *J. Am. Chem. Soc.* **1999**, *121*, 866; c) Hu, J.-F.; Hamann, M. T.; Hill, R.; Kelly, M. *Alkaloids* **2003**, *60*, 207.
2. a) Kobayashi, J.; Watanabe, D.; Kawasaki, N.; Tsuda, M. *J. Org. Chem.* **1997**, *62*, 9236; b) Kobayashi, J.; Tsuda, M.; Ishibashi, M. *Pure Appl. Chem.* **1999**, *71*, 1123.
3. Kobayashi, S.; Sugiura, M.; Kitagawa, H. *Chem. Rev.* **2002**, *102*, 2227.
4. Beletskaya, I. P.; Cheprakov A. V. *Chem. Rev.* **2000**, *100*, 3009.
5. Karabelas, K.; Hallber, A. *J. Org. Chem.* **1988**, *53*, 4909.
6. Yamaura, M.; Suzuki, T.; Hashimoto, H.; Yoshimura, J.; Okamoto, T.; Shin, C. *Bull. Chem. Soc. Jpn.*, **1985**, *58*, 1413.
7. Yoshimura, J.; Yamaura, M.; Suzuki, T.; Hashimoto, H. *Chem. Lett.*, **1983**, 1001.
8. Rigby, J. H.; Mateo, M. E. *J. Am. Chem. Soc.* **1997**, *119*, 12655.
9. Rigby, J. H.; Gupta, V. *Synlett* **1995**, 547.
10. Akiyama, T.; Takesue, Y.; Kumegawa, M.; Nishimoto, H.; Ozaki, S. *Bull. Chem. Soc. Jpn.* **1991**, *64*, 2266.
11. Brooke, G. M.; Mohammed, S.; Whiting, M. C. *J. Chem. Soc, Chem. Commun.* **1997**, *16*, 1511.
12. Girard, P.; Namy, J. L.; Kagan, H. B. *J. Am. Chem. Soc.* **1980**, *102*, 2683.
13. Imamoto, T.; Ono, M. *Chem. Lett.* **1987**, 501.
14. Young, I. S.; Williams, J. L.; Kerr, M. A. *Org. Lett.* **2005**, *7*, 953.

15. a) Nagata, T.; Nakagawa, M.; Nishida, A. *J. Am. Chem. Soc.* **2003**, *125*, 7484; b) Ono, K.; Nakagawa, M.; Nishida, A. *Angew. Chem. Int. Ed.* **2004**, *43*, 2020.
16. Dess, D. B.; Martin, J. C. *J. Org. Chem.* **1983**, *48*, 4155.
17. Hérisson, J. L.; Chauvin, Y. *Makromol. Chem.* **1970**, *141*, 161.
18. Zhu, J.; Zhang, X. -J.; Zhu, Y. *Chin. J. Org. Chem.* **2004**, *24*, 127.
19. Fu, G. C.; Grubbs, R. H. *J. Am. Chem. Soc.* **1993**, *115*, 3800.
20. Barrett, A. G. M.; Baugh, S. P. D.; Gibson, V. C.; Giles, M. R.; Marshall, E. L.; Procopiou, P. A. *Chem. Commun.* **1996**, 2231.
21. Barrett, A. G. M.; Baugh, S. P. D.; Gibson, V. C.; Giles, M. R.; Marshall, E. L.; Procopiou, P. A. *Chem. Commun.* **1997**, 155.
22. Byungk i, S.; Bronislaw, P. C.; Richard. A. B. *Synthesis* **1984**, 9.
23. Bronislaw, P. C.; Richard, A. B. *J. Org. Chem.* **1984**, *49*, 4076.
24. Fu, G. C.; Grubbs, R. H. *J. Am. Chem. Soc.* **1992**, *114*, 7324.
25. Fu, G. C.; Grubbs, R. H. *J. Am. Chem. Soc.* **1992**, *114*, 5426.
26. Shon, Y. S.; Lee, T. R. *Tetrahedron Lett.* **1997**, *38*, 1283.
27. a) Fujimura, O.; Grubbs, R. H. *J. Am. Chem. Soc.* **1996**, *118*, 2499; b) Alexander, J. B.; La, D. S.; Cefalo, D. R. *J. Am. Chem. Soc.* **1998**, *120*, 4041; c) La, D. S.; Alexander, J. B.; Cefalo, D. R. *J. Am. Chem. Soc.* **1998**, *120*, 9720; d) Fujimura, O.; Grubbs, R. H. *J. Org. Chem.* **1998**, *63*, 824.
28. a) Kiely, A. F.; Jerneliu, J. A.; Schrock, R. R.; Hoveyda, A. H. *J. Am. Chem. Soc.* **2002**, *124*, 2868; b) Dolman, S. J.; Sattely, E. S.; Hoveyda, A. H.; Schrock, R. R. *J. Am. Chem. Soc.* **2002**, *124*, 6991.
29. Delgado, M.; Martin, J. D. *J. Org. Chem.* **1999**, *64*, 4798.
30. Chippindale, A. M.; Davies, S. G.; Iwamoto, K.; Parkin, R. M.; Smethurst, C. A. P.; Smith, A. D. *Tetrahedron* **2003**, *59*, 3253.
31. Michrowska, A.; Wawrzyniak, P.; Grela, K. *Eur. J. Org. Chem.* **2004**, *9*, 2053.
32. Cucullu, M. E.; Li, C.; Nolan, S. P. *Organometallics* **1998**, *17*, 5565.
33. Chao, W.; Weinreb, S. M. *Org. Lett.* **2003**, *5*, 2505.
34. Gille, S.; Ferry, A.; Billard, T.; Langlois, B. R. *J. Org. Chem.* **2003**, *68*, 8932.
35. Gais, M. H. -J.; Banerjee, P.; Vermeeren, C. *J. Am. Chem. Soc.* **2006**, *128*, 15378.
36. Van Veldhuizen, J. J.; Garber, S. B.; Kingsbury, J. S.; Hoveyda, A. H. *J. Am. Chem. Soc.* **2002**, *124*, 4954.
37. Van Veldhuizen, J. J.; Gillingham, D. G.; Garber, S. B.; Kataoka, O.; Hoveyda, A. H. *J. Am. Chem. Soc.* **2003**, *125*, 12502.
38. Funk, T. W.; Berlin, J. M.; Grubbs, R. H. *J. Am. Chem. Soc.* **2006**, *128*, 1840.
39. Yang, Z.; He, Y.; Vourloumis, D.; Vallerg, H.; Nicolaou, K. C. *Angew. Chem. Int. Ed. Engl.* **1997**, *36*, 166.

（本章初稿由殷杰完成）

第 6 章

生源合成：
对天然产物来源的探讨
(−)-Kendomycin：A. B. Smith，III（2006）

6.1 背景介绍

在天然产物全合成的领域当中，有着一种神奇的合成方法一直为化学家们所津津乐道，这就是生源合成法。化学家们利用在生物体内发现的代谢物或者中间体，研究大自然是如何合成这些具有高度复杂性和美学特性的天然产物分子，并希望通过此研究最终指导科研人员设计更科学、更具有逻辑性的合成路线，快捷、方便、绿色地在实验室模拟大自然的行为，从而达到全合成的目的并衍生出更多类似的化合物来造福人类。也正因为如此，生源合成在天然产物全合成当中占有非常特殊的地位，长期指导着全合成化学家们进行创新的科学研究。[1]

在这里，我们主要介绍的是天然产物(−)-kendomycin **1** 的全合成研究工作，(−)-kendomycin 是一种非常好的内皮素受体拮抗剂。[2,3] 作为一种特效抗癌药物，(−)-kendomycin 的药效很好（HMO2，HEP G2，MCF7，$GI_{50} < 0.1$ μmol/L），在生物试验中发现它可大量杀死葡萄球菌，同时也有一定细胞毒性。(−)-Kendomycin 非常有望发展成为新一代的抗菌素，从而替代在临床上有着广泛应用的 adriamycin（亚德里亚霉素）和顺铂类化疗药物。[4]

从分子骨架的角度来看：(−)-kendomycin 分子具有一个高度取代的 C(5～9) 的四氢吡喃环，并且这个四氢吡喃环通过单键连接在 C(4a～19) 的 quinone-methide-lactol 色素骨架上。此外，在构成十六元环的脂肪链部分上，具有一个 E-13,14 三取代烯烃结构。这些奇特的化学结构以及独特的生物活性使得全世界化学家都在努力尝试这个分子的全合成工作研究。2004 年，Lee 教授第一个完成了天然产物(−)-kendomycin 的全合成研究。[5] 而我们这里介绍的合成路线是由 A. B. Smith，III 教授在 2005 年利用 Zeeck 教授的生源合成理论进行的全新全合成探索工作。

1:(−)-kendomycin

亚德里亚霉素
adriamycin（商品名）或 doxorubicin
为线菌波赛链霉菌产生的蒽环类的抗细菌性、抗病毒性和抗癌性的抗生物质。与 DNA 结合可抑制 RNA 聚合酶反应和 DNA 聚合酶反应。

如何构筑(-)-kendomycin 分子中半缩酮的五元环结构,是合成过程中很大的一个难题。A. Zeeck 教授认为,这样的结构来源于一个开链的 C19 位置上酮的异构体。[4] A. B. Smith,Ⅲ教授利用 Zeeck 教授的理论,设计了一条全合成路线,通过苯醌衍生物在 C1 位置上的甲基烯醇醚水解得到的 C1 羟基与 C19 位置上的羰基进行环化反应,得到热力学上稳定的半缩酮五元环结构。而构筑具有十六元大环化合物 **20** 的关键反应是利用关环烯烃复分解反应实现两个大环的构筑,而 C5～C9 的四氢吡喃环是利用 Petasis-Ferrier 重排反应构筑。(-)-Kendomycin 分子的逆合成路线分析如下:[6,7]

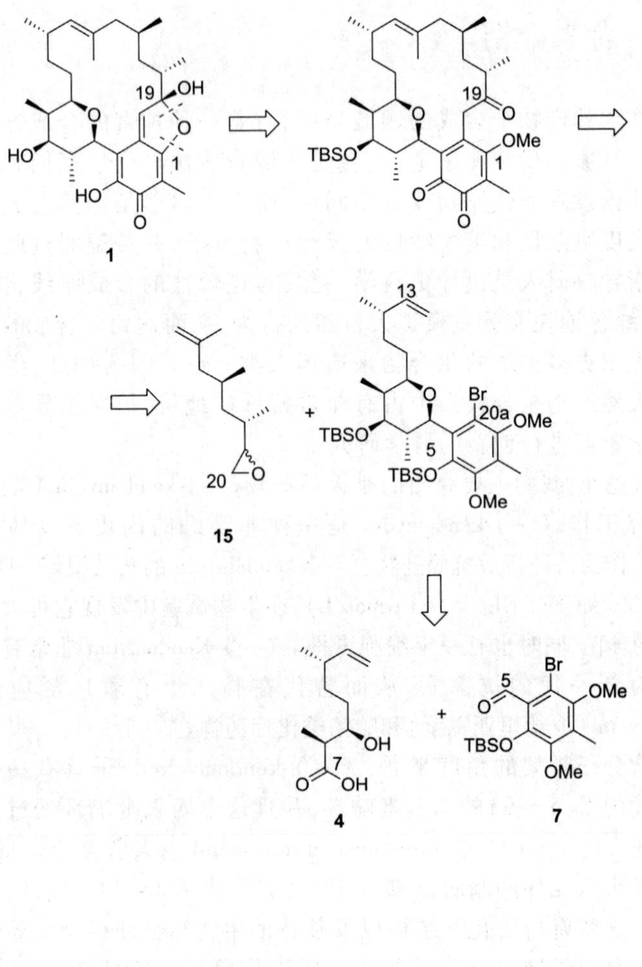

6.2 概览

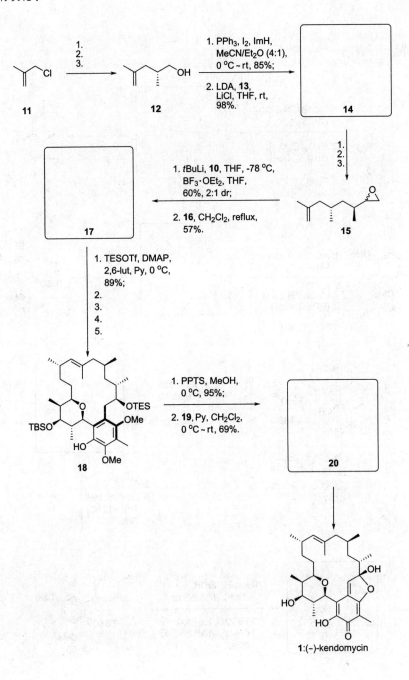

6.3 合成

问题 1:

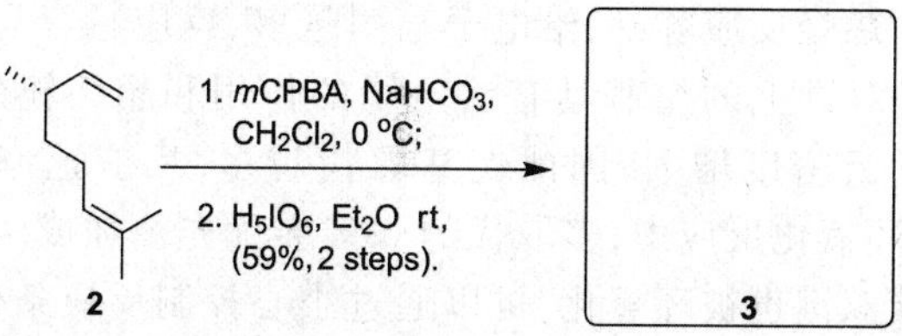

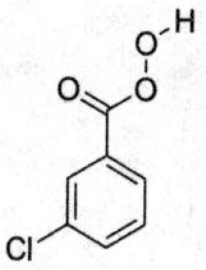

$$\underset{2}{\text{[底物结构]}} \xrightarrow[\substack{2.\ H_5IO_6,\ Et_2O\ \ rt,\\ (59\%,\ 2\ steps).}]{\substack{1.\ mCPBA,\ NaHCO_3,\\ CH_2Cl_2,\ 0\ ^\circ C;}} \underset{3}{\boxed{}}$$

提示:

- 第一步反应是一个氧化反应。
- 底物 2 只有碳碳双键可以被氧化。
- 有两个碳碳双键,只有一个碳碳双键被氧化。
- 如何选择性地对其中一个双键进行氧化反应?
- H_5IO_6 是一个氧化剂。
- 可以用什么反应来完成这个转化?

解答:

结构 3 (含 CHO 基团的化合物)

讨论:

  间氯过氧苯甲酸 (mCPBA) 是一种有机过氧酸,在有机合成当中通常可以用做碳碳双键的环氧化或者 Baeyer-Villiger 重排反应的试剂。mCPBA 对碳碳双键的环氧化反应称为 Prilezhaev 反应。1909 年,N. Prilezhaev 首次利用过氧羧酸将孤立的碳碳双键氧化成相应的环氧化合物。除了获得对映体纯的环氧化合物的合成方法外,Prilezhaev 氧化反应是最常用的合成环氧化合物的方法之一。可能的反应历程如下:

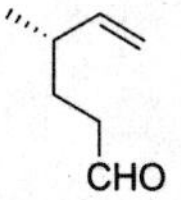

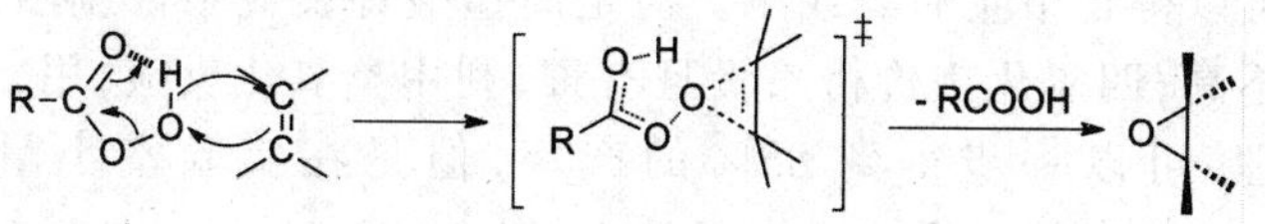

[反应机理图]

  最终生成的间氯苯甲酸可以与弱碱(在这里是 $NaHCO_3$)发生中和反应,从而得到环氧乙烷衍生物。如果在反应体系中继续加入氧化剂,环氧乙烷衍生物则会开环得到羰基化合物。

[mCPBA 结构图]

合成立体专一性的环氧化合物的方法:Sharpless 环氧化、Jacobsen 环氧化、Shi 不对称环氧化。

Prilezhaev 反应的特点:
(1) 反应高度立体专一性,双键中四个取代基的空间相对构型会保留在环氧化合物中。
(2) 环氧化反应有区域选择性,有给电子取代基的双键优先反应;有给电子取代基的双键上反应速率最快,有吸电子取代基的则慢;大空阻的烯烃也可以被环氧化。
(3) 有手性取代基的碳碳双键会生成两个非对映异构体,但是反应过程是高度立体专一性的。
(4) 由于环氧化合物对酸不稳定,因此反应环境必须是弱碱性或是缓冲溶液。

(5) 碳碳叁键的反应速率很慢,因此可以在炔键存在下只对双键环氧化。
(6) 反应除氨基外对其他官能团均兼容。
(7) α,β-不饱和酯可以被环氧化,而不饱和酮则不行。

从环氧化反应的机理中可以看出来,过氧酸羰基碳上的正电性越高,反应越容易进行,因此羰基碳上带有吸电子基团的过氧酸反应更容易,例如使用 F_3CCO_3H 比 CH_3CO_3H 的反应容易。

双键上的电子云密度越高,环氧化反应越容易进行,因此有给电子基团的烯烃反应容易,给电子基团越多,反应越容易。化合物 2 中多取代双键上的烷基具有给电子的作用和超共轭效应,可以使双键电子云密度增大,因此烷基取代越多,反应速率越快。所以,在这个环氧化反应中,多取代的双键会优先被加成。为了避免另一个碳碳双键也被环氧化,可以通过小心控制反应条件,比如在低温(0℃)下进行反应,利用动力学选择性在多取代双键上进行环氧化反应。在此条件下对多取代的碳碳双键进行环氧化反应,得到一对非对映异构体 3a 和 3b。

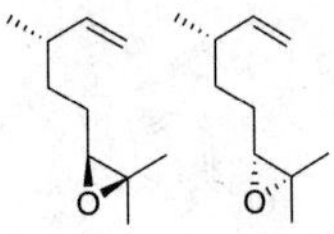

得到环氧乙烷衍生物 3a 和 3b 后,接着在酸性溶液中被 H_5IO_6 氧化开环切断碳碳双键后生成醛 3,这个反应过程与邻二醇被 H_5IO_6 氧化切断生成醛的过程是基本一致的。具体过程如下:

高锰酸钾和四氧化锇等氧化剂对烯烃氧化时由于形成了环状中间体,因此得到相应的顺式邻二醇,碳碳双键上四个取代键的空间相对构型也会保留在邻二醇的结构中。

烯烃的臭氧化反应实际上包含了三个历程,分别是 1,3-偶极环加成、逆 1,3-偶极环加成、再次 1,3-偶极环加成。

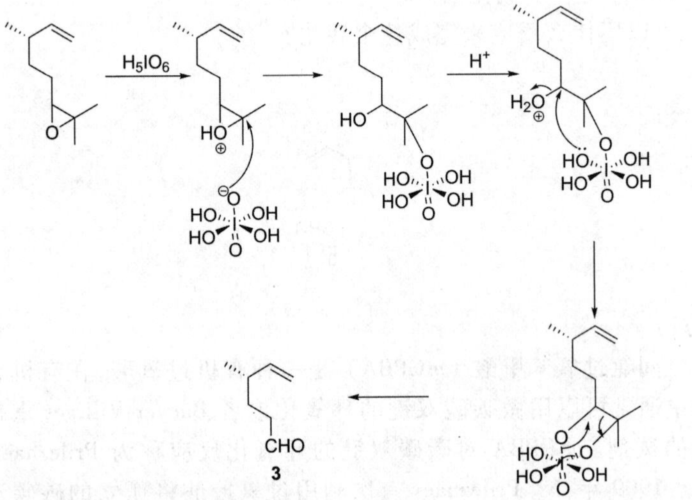

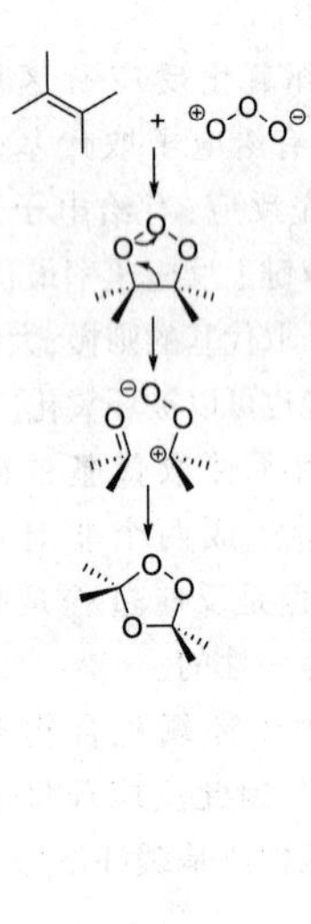

利用高锰酸钾、四氧化锇、臭氧等氧化剂也可以将烯烃氧化得到相应的邻二醇、醛或者酮,邻二醇继续使用 H_5IO_6 或 $Pb(OAc)_4$ 氧化可以得到相应的醛或酮。但是高锰酸钾反应条件剧烈,同时产率不高;四氧化锇价格昂贵且有毒;利用臭氧化反应,用二甲硫醚处理,可以一步得到 85% 的产率,但是在实验室小量反应(<1g)时,臭氧化反应产率很低,所以 A. B. Smith, Ⅲ 教授采用了 mCPBA 环氧化、H_5IO_6 氧化的两步反应高产率地得到化合物 3。[8]

问题 2:

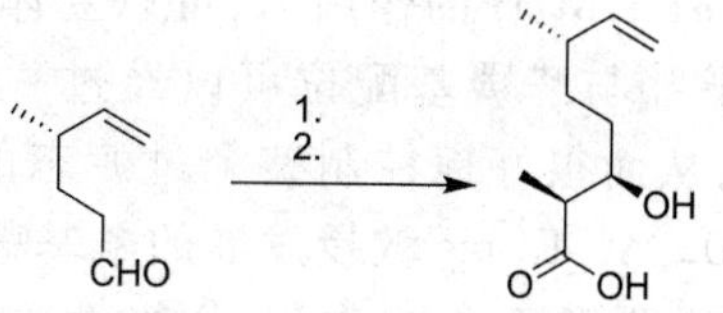

提示:
- 第一步反应是一个醛与酯的缩合反应,生成 β-羟基酯衍生物。
- 这也是一个手性的羟醛缩合反应。如何控制手性中心的形成?
- 这是一个 Evans 不对称羟醛缩合反应。
- Evans 助剂如何诱导新手性中心的形成?
- 第二步反应是酯基水解得到所需的 β-羟基羧酸。

解答:
1. **21**, nBu_2BOTf, iPr_2NEt, CH_2Cl_2, $-78 \sim 0$℃, 85%;
2. LiOH, H_2O_2, THF, 0℃, 92%。

讨论:

Evans 不对称羟醛缩合反应是构筑碳碳单键的最有效的方法之一。它可以获得很高的立体选择性。通常情况下 Evans 不对称羟醛缩合反应分为三步,如下图所示:

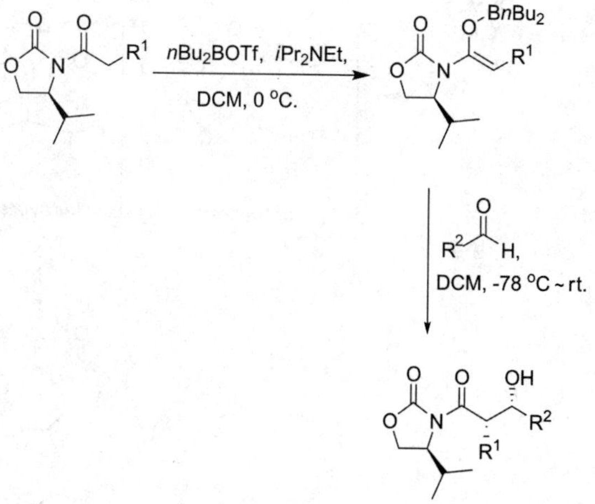

首先在 nBu_2BOTf 的作用下,酰基噁唑烷酮类助剂转变为 Z-烯醇式,再和反应体系当中醛或者酮羰基作用,得到顺式(syn)的羟醛缩合产物,最后在弱碱的作用下脱去手性助剂得到所需的产物。

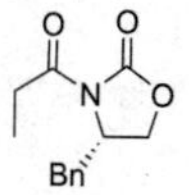

常用的 Evans 助剂:

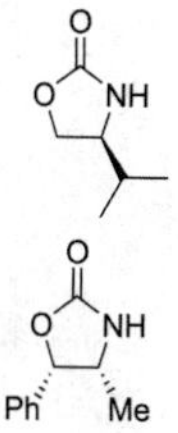

Evans 助剂不仅可以用于不对称羟醛缩合反应,还可以用于 α 位的烷基化、酰基化、氨基化以及羟基化反应。

Evans 不对称羟醛缩合反应的特点:
(1) N-酰基噁唑烷酮类手性底物在 Evans 不对称羟醛缩合反应的标准条件下,1.1 倍量的 nBu_2BOTf,1.2 倍量的 Et_3N,0℃,30 分钟,高立体选择性地生成 Z-烯醇硼酸盐;
(2) Z-烯醇硼酸盐与各类醛反应以极高的非对映选择性和对映选择性生成顺式(syn) 产物。

在生成烯醇式的过程当中,由于硼氧键的键长很短(1.36～1.47 Å),羰基在 nBu$_2$BOTf 的作用下,可以立体专一性地转化为 Z 型烯醇盐。烯醇盐与醛羰基配位可以经过一个紧凑的六元环椅式构型过渡态,从而很好地控制整个过渡态的构型,获得很高的立体选择性。D. A. Evans 教授发展的酰基噁唑烷酮类助剂在不对称合成中有着非常重要的作用,因此也被称为 Evans 手性助剂。

人们可以在 Evans 不对称羟醛缩合反应中得到具有两个手性中心的羟醛缩合产物,手性中心的构型通常可以由 Zimmerman-Traxler 过渡态来进行解释。在 Evans 不对称羟醛缩合反应中,如果一开始生成的是 Z 型烯醇盐,则得到顺式(syn)产物,而 E 型烯醇盐则得到反式(anti)产物。羟醛缩合反应的过渡态[9,10]如下:

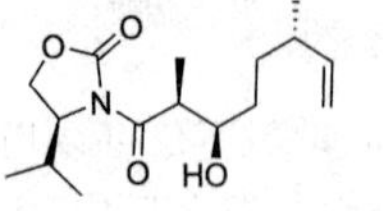

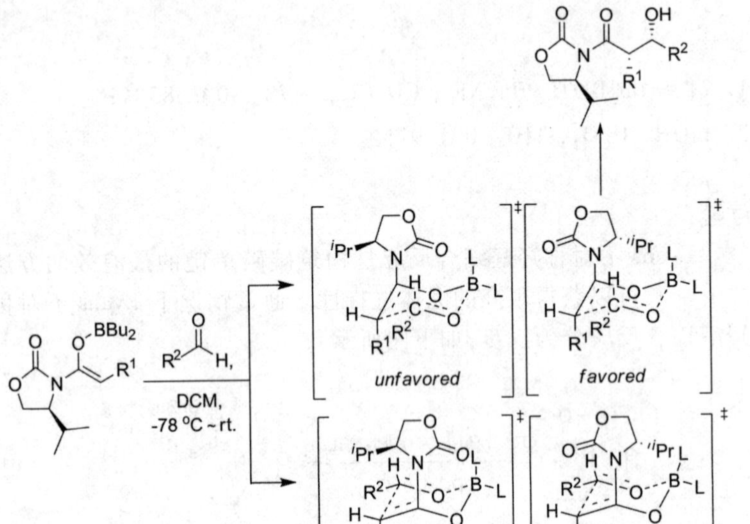

脱除 Evans 助剂的方法:
(1) 水解法:LiOH 或 LiOOH;
(2) 酯交换法:LiOR 或 LiSEt;
(3) 还原法:LiAlH$_4$;
(4) 氨基交换法:

MeO-N(Me)H, AlMe$_3$。

在弱碱的作用下脱去手性助剂时,需要断裂酰胺键从而得到所需的羧酸和手性助剂 **21**。但是仔细观察手性助剂的结构就会发现,在手性助剂 **21** 中同时存在酰胺键和酯键。如果单纯利用弱碱进行水解反应,通常会先打开手性助剂 **21** 中的酯键,而得到羟乙基酰胺类衍生物。如果在水解过程中加入少量的 H_2O_2,在反应开始前 LiOH 和 H_2O_2 作用先得到 LiOOH,则优先与酰胺键反应切断酰胺键,就可以得到所需要的羧酸。

问题 3:

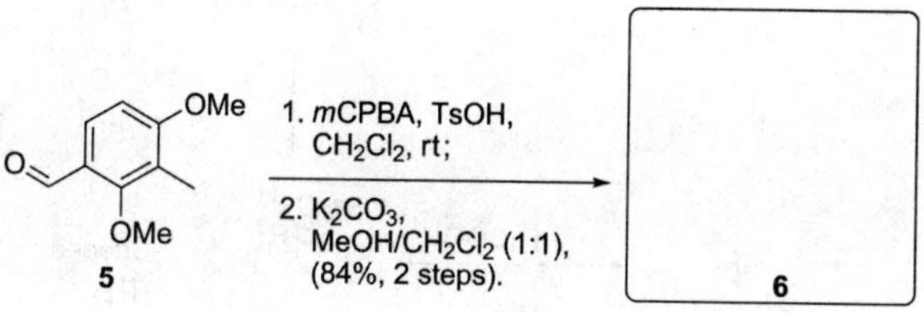

化合物 **5**(2-甲基-3,4-二甲氧基苯甲醛)
1. *m*CPBA, TsOH, CH_2Cl_2, rt;
2. K_2CO_3, MeOH/CH_2Cl_2 (1:1), (84%, 2 steps).
→ **6**

提示:
- 化合物 **5** 是商业上可得到的原料,如何大量廉价合成化合物 **5**?
- 第一步反应使用了 *m*CPBA,因此是一个氧化反应。
- 第一步反应氧化了哪个基团?
- 第二步反应是碱性水解反应,被水解的基团来源于第一步反应。
- 通过两步反应,最后得到一个苯酚类衍生物。

可以利用廉价的 2,6-二甲氧基甲苯 **22** 在四氯化钛的作用下,与二氯甲基甲醚反应生成化合物 **5**。这个反应可以在实验室大量制备化合物 **5**[11],如下图所示:

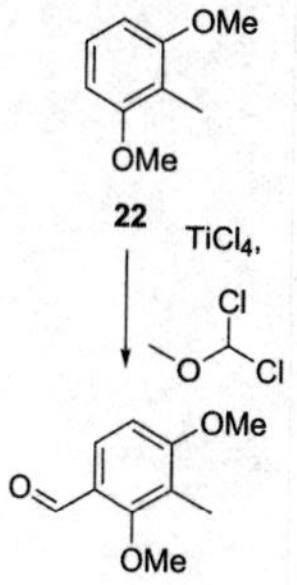

解答:

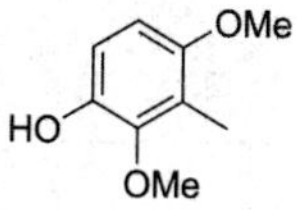

化合物 **6**:3-羟基-5,6-二甲氧基-4-甲基苯酚结构(HO, OMe, OMe,甲基取代)

22 (2,6-二甲氧基甲苯) → TiCl₄, Cl_2CHOMe → **5**

讨论:

在化合物 **5** 结构中苯环的所有取代基中,甲酰基是最容易被氧化的。通常,脂肪醛均很容易被氧化成脂肪酸。但是,芳基甲醛在过氧酸的作用下并不是都被氧化成芳基甲酸(具体讨论见第 1 章)。1899 年,A. Baeyer 和 V. Villiger 教授发现,在过氧酸的作用下,酮可以转化为酯,而环酮则可以生成内酯,这一类反应被命名为 Baeyer-Villiger 氧化反应。这个氧化反应对羰基有着非常好的选择性,即使是在 α,β-不饱和酮衍生物中,过氧酸也会首先和羰基反应,而碳碳双键则不受影响。可用做氧化剂的过氧酸有很多。常用的过氧酸的氧化能力排序[12]如下:

$$F_3CCO_3H > m\text{CPBA} > CH_3CO_3H \gg H_2O_2 > t\text{BuOOH}$$

Baeyer-Villiger 氧化反应的机理如下图所示:首先是酮羰基上的氧被质子化从而提高酮羰基碳的亲电性,然后过氧酸进攻酮羰

Dakin 氧化反应与 Baeyer-Villiger 氧化反应的区别:
Dakin 氧化反应的底物为芳香醛,产物为芳香羧酸或甲酸酚酯;
Baeyer-Villiger 氧化反应的底物为酮(包括环酮)类化合物,不包括醛类化合物,产物为酯。

Baeyer-Villiger 氧化反应的一个非常重要的特点是迁移基团上的手性保持不变。

Dakin 反应的 Criegee 中间体：

甲酸酚酯

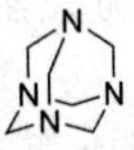

hexamethylenetetramine (HMTA)

基碳形成四面体结构（Criegee 中间体），酮羰基两侧的基团迁移到过氧酸的氧原子上，并离去一个羧酸基团，从而得到酯的结构。通常情况下酮羰基两侧基团的迁移顺序是：叔烷基 > 仲烷基 > 芳基 > 伯烷基 > 甲基。

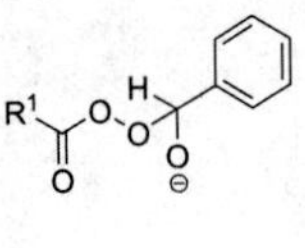

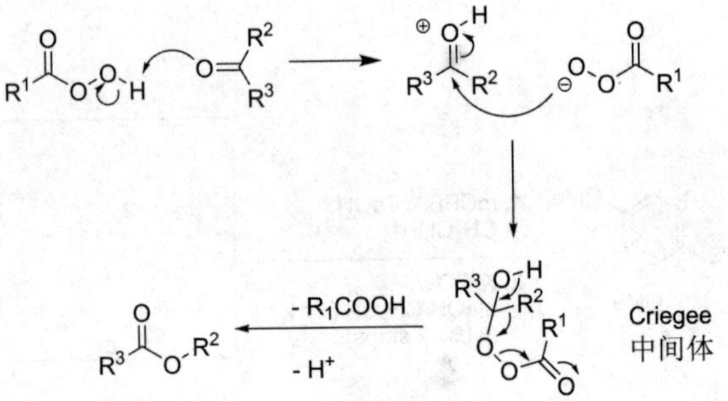

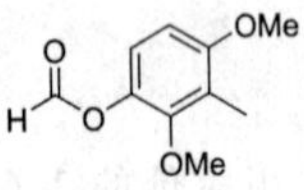

而对醛而言，在类似的氧化过程中，Dakin 氧化反应与 Baeyer-Villiger 氧化反应有类似的过程。芳基容易迁移还是氢容易迁移，取决于苯环上的取代基，这些在第 1 章已讨论过。底物 5 结构中苯环上有三个给电子取代基，这为富电子体系的苯环，比氢更容易迁移，因此生成甲酸酚酯。甲酸酚酯在弱碱（K_2CO_3）的作用下水解得到所需要的苯酚类衍生物 6。

问题 4:

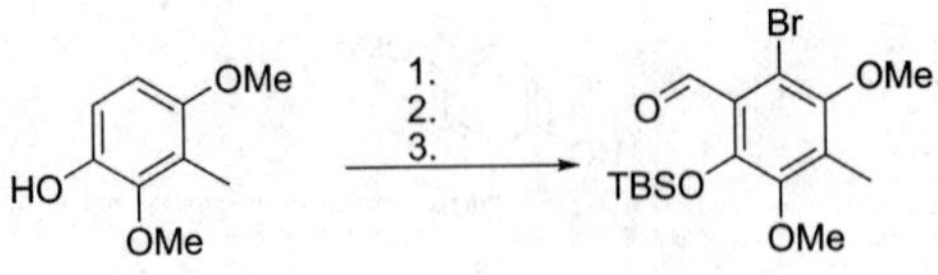

提示:
- 通过前两步反应，实现在苯环上引入甲酰基和溴两个取代基，得到一个六取代的苯环。
- 首先在苯环上引入一个甲酰基，因此第一步反应是甲酰基化反应。
- 接着在苯环上进行溴化反应，需要注意哪些因素？
- 第三步反应是一个简单的酚羟基保护反应。

解答:
1. HMTA, AcOH, reflux, 60%；
2. Br_2, K_2CO_3, CH_2Cl_2, 0℃, 97%；
3. TBSCl, iPr$_2$NEt, DMF, rt, 94%。

讨论：

HMTA 的中文名称是六亚甲基四胺，俗名乌洛托品（Urotropine），在 Duff 醛基化反应中可作为羰基碳的来源。Duff 醛基化反应通常要求底物结构中有强的活化基团以增加其反应位点碳原子的亲核性。在此转换中，利用苯环上酚羟基来增加邻位碳原子上的电子密度从而进攻 HMTA。整个反应通常在乙酸回流的条件下进行，反应机理如下：

HOAc
AcO⊖
- HOAc
HOAc
- ⊖OAc
H3O⊕

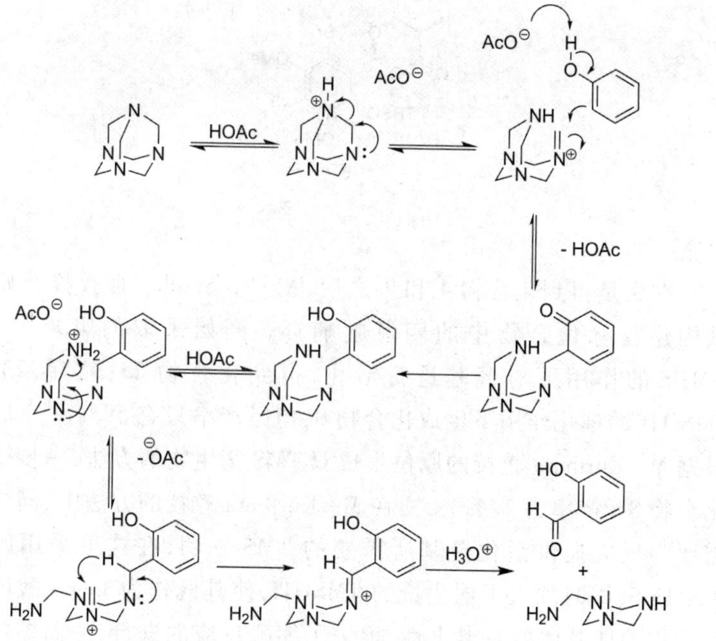

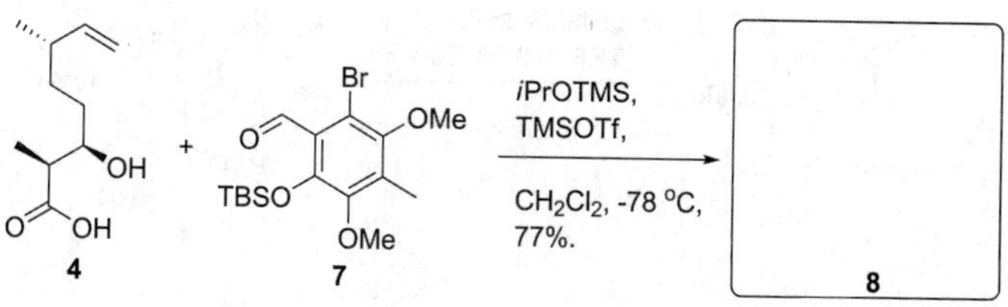

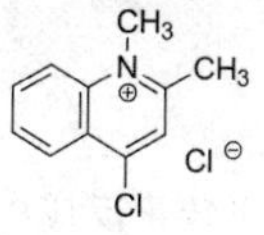

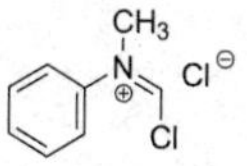

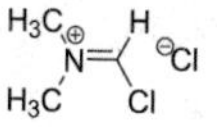

化合物 **6** 在此转化过程中生成醛。由于酚羟基的定位效应，甲酰基只能连接在酚羟基的邻位。

接下来是酚的溴化反应。为了防止液溴的氧化作用以及对苯环的过度溴化，此溴化反应需要在低温下进行，同时加少量的碱中和反应生成的氢溴酸。

最后，利用 TBSCl 保护酚羟基得到化合物 **7**。

问题 5：

iPrOTMS,
TMSOTf,
CH2Cl2, -78 °C,
77%.
4
7
8

在富电子苯环上引入甲酰基的另一种方法是 Vilsmeier 反应：

1925 年，A. Vilsmeier 发现，将 $POCl_3$ 与 *N*-甲基乙酰苯胺反应，可以得到4-氯-1，2-二甲基喹啉氯化盐。

进一步研究表明，*N*-甲基甲酰苯胺与 $POCl_3$ 反应得到 Vilsmeier 试剂——氯代亚胺盐。

此试剂与富电子苯环反应得到苯甲醛衍生物。

此反应的特点：

（1）Vilsmeier 试剂常用 DMF 与 $POCl_3$，$SOCl_2$ 或 $(COCl)_2$ 反应制备；

（2）富电子芳香环、烯烃、1，3-二烯均可以发生此反应；

（3）五元杂环的反应能力：

吡咯 > 呋喃 ≈ 噻吩

反应常用的溶剂是卤代烷；

（4）反应温度依赖于底物的活性（0 ~ 80℃）；

（5）产物水解前为盐，与水反应生成醛，与 H_2S 反应生成硫代醛类衍生物；

(6) 反应优先在空阻小的位置上进行。

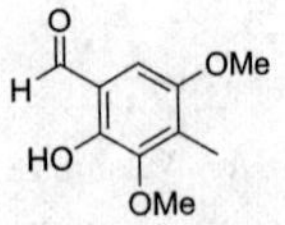

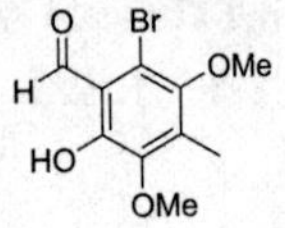

在这三步转化反应中,把酚羟基的保护反应放在最后的原因在于,在第一步反应中只有酚才能进行此转换;第二步反应由于有 HBr 生成,而 TBS 保护基在酸性条件下不稳定。

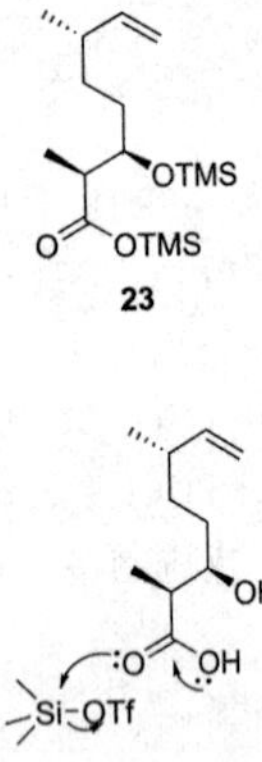

提示:
- 这个转换相当于一个形成缩醛的反应;
- 得到的是一个六元环化合物;
- *i*PrOTMS 和 TMSOTf 的作用是什么?

解答:

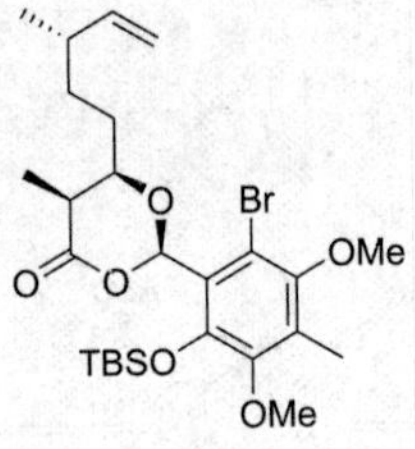

讨论:

在大量得到化合物 **4** 和 **7** 之后,A. B. Smith, Ⅲ 教授开始尝试构建目标化合物中的四氢吡喃环。开始采取的策略是,在 HMDS 的作用下对羟基进行活化,得到化合物 **23**;然后,**23** 在 TMSOTf 的催化作用下生成化合物 **8**,但是产率只有 59%。[6,7] 后来根据 M. Kurihara 教授的原位生成双 TMS 衍生物的方法,一步得到化合物 **8**(产率为 77%)。[13] 在 M. Kurihara 教授的方法中,同样也需要为反应提供活化羟基所需的 TMS 基团,在这里采用的是 *i*PrOTMS,同时加入了催化量的 TMSOTf,使其既作为 Lewis 酸同时又利用 OTf 基团的易离去性,促进了缩醛反应的进行,从而缩短了反应步骤,提高了整体合成的效率,利用"一锅煮"的方法快速合成了所需的六元环系。从最终的立体构型可以看出,化合物 **4** 中羟基被 TMS 基团保护后三甲基硅氧是作为亲核试剂对甲酰基进行了加成反应。

问题 6:

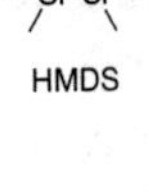

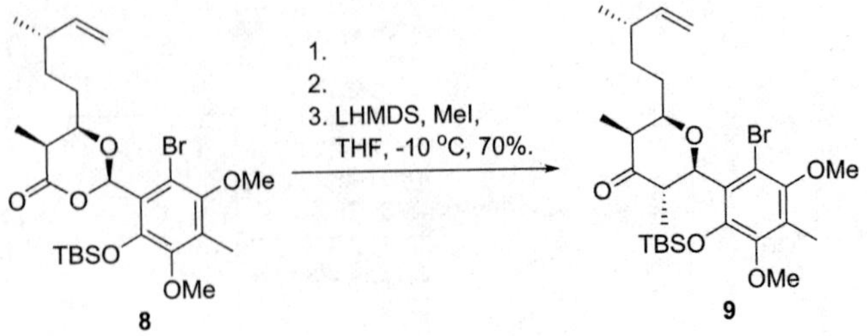

提示：
- 这三步反应实现了将酯基上的氧转换为一个乙基，因此与底物相比，产物多了两个碳原子；
- 第一步反应引入了一个碳碳双键，这是将酯基转化为碳碳双键的反应；
- 第二步反应将第一步反应引入的一个碳碳双键进行了重排反应，这是一个 Petasis-Ferrier 重排反应；
- 是否可以将三步反应缩短为两步？

解答：
1. Cp_2TiMe_2，THF，60℃，85%；
2. Me_2AlCl，CH_2Cl_2，−78℃，85%。

讨论：

Petasis 试剂 Tebbe 试剂

Petasis 试剂（Cp_2TiMe_2）可以将羰基转化为末端烯烃。和 Wittig 反应相比，Petasis 试剂活性更高，不但可以和醛、酮反应，还可以将酯、大环内酯上的羰基转化为双键。

Petasis 试剂其实是对 Tebbe 试剂[14]的改进。由于 Tebbe 试剂中铝具有较强的路易斯酸性，会使很多底物分解，而 Petasis 试剂去除了铝元素，大大提高了其对底物的兼容性，从而获得了更加广泛的应用。此外，Petasis 试剂合成简单，操作容易，通常情况下在甲苯或者四氢呋喃的溶液中加热即可进行反应。[15]但是，Petasis 试剂和 Tebbe 试剂中均只能使用甲基，不能有更长碳链的烷基取代基，因此只能与各类羰基发生亚甲基化反应。这两类试剂与羰基反应生成末端烯烃的反应统称为 Tebbe-Petasis 烯烃化反应。在第一步反应中，使用了 Petasis 试剂，将底物 **8** 中的唯一一个酯基转化为烯醇醚。

Tebbe-Petasis 烯烃化反应的通用机理如下：

1976 年，R. R. Schrock 在研究烯烃复分解反应的过程中发现，利用特丁基取代的钽卡宾不仅可以与醛、酮反应生成碳碳双键（类似于 Wittig 反应），也可以与酯、酰胺的羰基反应生成碳碳双键。

1978 年，F. N. Tebbe 发现，二氯二茂钛与两倍量的 $AlMe_3$ 反应生成了 Tebbe 试剂。Tebbe 试剂与各类羰基反应生成碳碳双键。Tebbe 试剂可以将羧酸酯、内酯，以及酰胺高产率地转化为烯醇醚或烯胺。

Tebbe 反应的特点：
（1）与 Wittig 反应的磷叶立德相比，Tebbe 反应的活性物种亚甲基二茂钛的亲核性更强，而碱性则更弱，因此许多羰基均能参与反应形成烯烃；
（2）Tebbe 试剂在溶液中比较稳定，在低温下可以与各类含羰基的化合物反应，羰基的反应能力如下：

醛 > 酮 ≈ 酯 > 酰胺

（3）酰卤和酸酐不能进行亚甲基化反应；

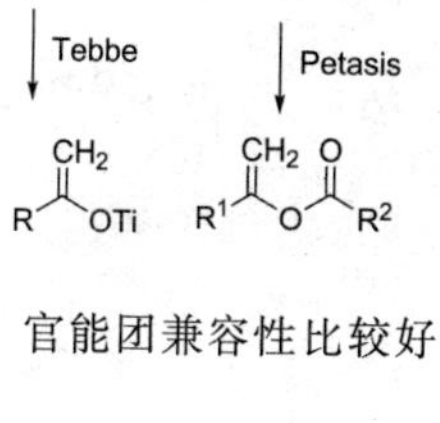

（4）官能团兼容性比较好。

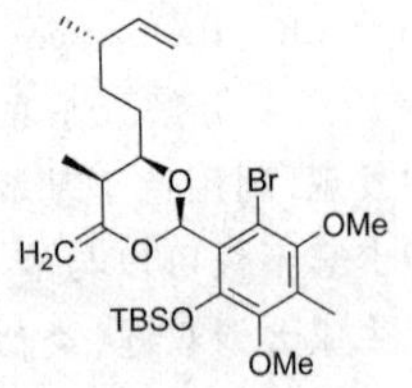

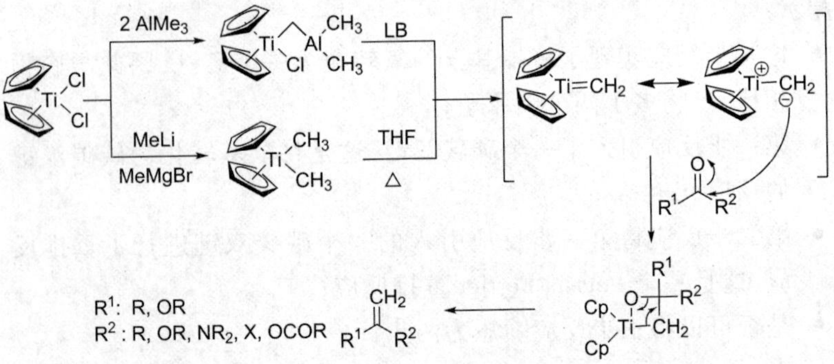

第二类 Ferrier 重排反应：

Petasis-Ferrier 重排反应的特点：
(1) 在重排过程中，底物缩醛酯结构中的缩醛或缩酮的构型会保留在产物中；
(2) 五元环的重排反应所需温度高于六元环；
(3) 当使用 iBu_3Al 时，反应生成的羰基通常会被还原成醇，其最终的立体构型取决于其他取代基的立体化学，而使用 Me_3Al 或 Me_2AlCl 时，不发生此还原过程。

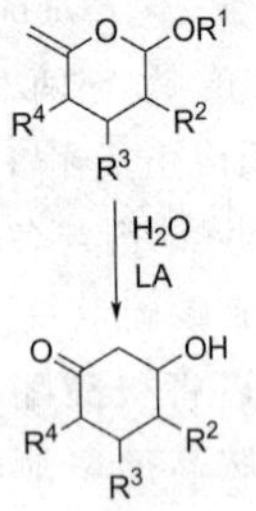

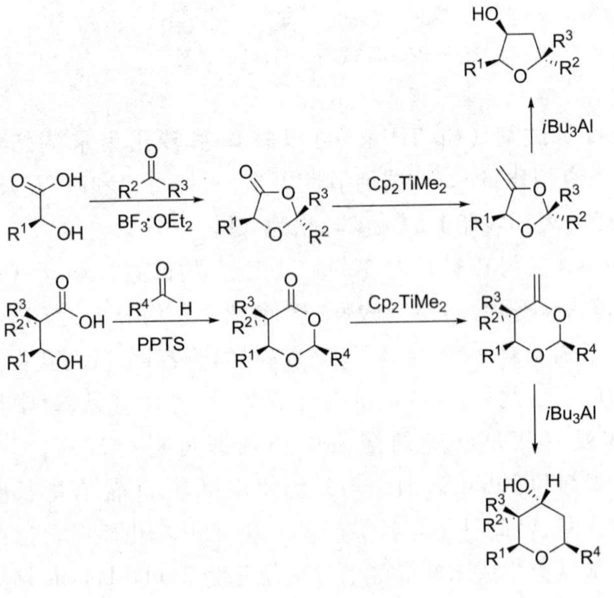

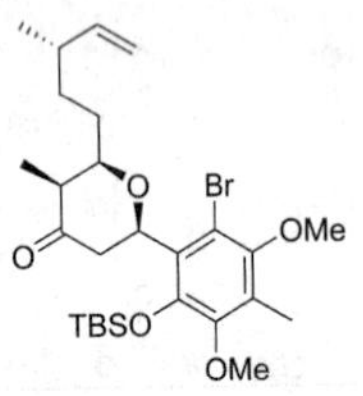

第二步反应是 Petasis-Ferrier 重排反应。1995 年，N. A. Petasis 报道了 Lewis 酸催化的五元环缩醛酯衍生物可以重排成取代的四氢呋喃衍生物；1996 年，发现六元环缩醛酯衍生物也可以通过类似的重排生成取代的四氢吡喃衍生物。研究发现，此重排过程经历了羰基氧正离子的过程，此过程类似于第二类 Ferrier 重排反应。

通常情况下认为这个反应可以分为三步：第一步，α-羟基酸或者 β-羟基酸与酮或者醛上的羰基反应，得到一个 1,3-二氧杂环戊烷-4-酮或者 1,3-二氧杂环己烷-4-酮，该反应是高立体选择性的；第二步，是在 Cp_2TiMe_2 的作用下，将羰基转化为环外碳碳双键；第三步，在含铝的 Lewis 酸（通常情况下为三烷基铝，比如：Me_3Al，iBu_3Al 和 Me_2AlCl）的催化下，进行 [1,3]σ 重排得到所需要的四氢呋喃或者四氢吡喃衍生物，也就是环中的氧原子与环外的碳原子进行了交换。[16] 1999 年,A. B. Smith,Ⅲ教授将此反应经过改进并应用在一些复杂天然产物的全合成中,本章介绍的天然产物(-)-kendomycin 就是其中之一。Petasis-Ferrier 重排反应类似于在烷基铝催化下逐步的[1,3]σ重排。其具体的反应机理如下:

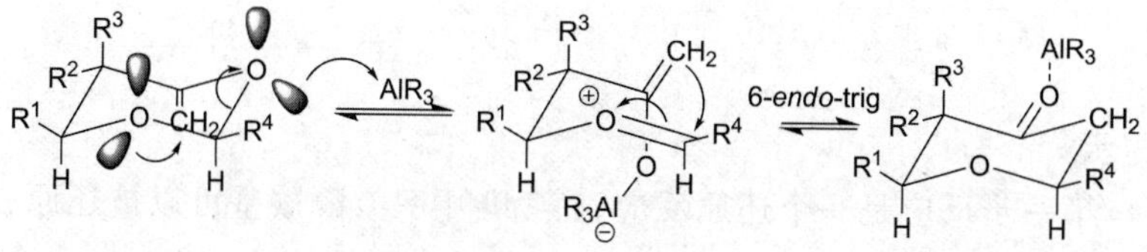

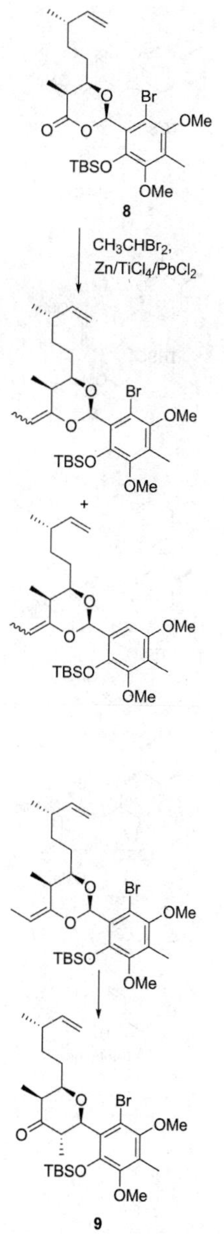

从这个重排机理可以看出,这也可以认为是在 Lewis 酸的催化下,烯醇负离子对羰基的亲核加成反应。如果使用 iBu_3Al,则会发生如下的还原过程:

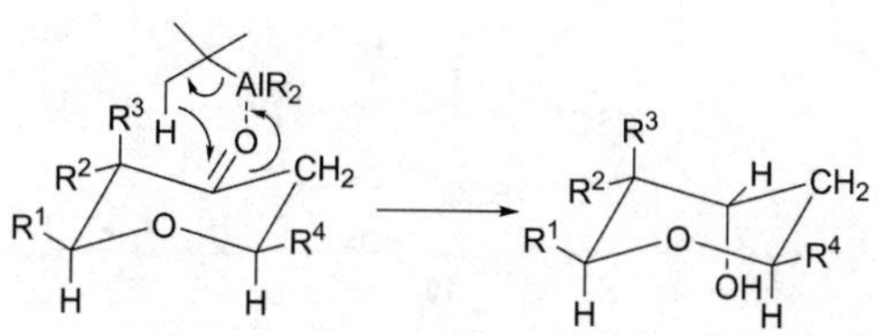

这是一个 β-H 消除的过程。此消除后的 β-H 将酮羰基还原为醇羟基。

A. B. Smith,Ⅲ教授还尝试了另外一种方法,就是直接将化合物 **8** 的羰基转化为乙撑基(CH_3CHBr_2;催化体系 $Zn/TiCl_4/PbCl_2$)[17],这样就可以省略后面上甲基的步骤,直接利用 Ferrier 重排反应得到化合物 **9**。但是很可惜的是,可能是由于试剂体系中使用锌的缘故[18],发现产物的苯环发生了碳-溴键断裂的现象,所以 A. B. Smith,Ⅲ教授放弃了此路线。

最后一步反应,在 LHMDS 的作用下得到烯醇式,烯醇盐进攻碘甲烷发生酮羰基 α 位的甲基化反应,甲基连接在船式构象的平伏键上,得到立体专一性的甲基取代产物。通常认为,这种立体专一性是来源于 C8 上甲基的空间位阻作用,使得整个反应遵从船式构象而不是椅式构象。在实际反应中,A. B. Smith,Ⅲ教授需要利用柱色谱小心地将目标产物 **9** 与甲基处于直立位置的异构体和双甲基化的副产物加以分离提纯。幸运的是,反应产率还是比较高的,达到了 70%。

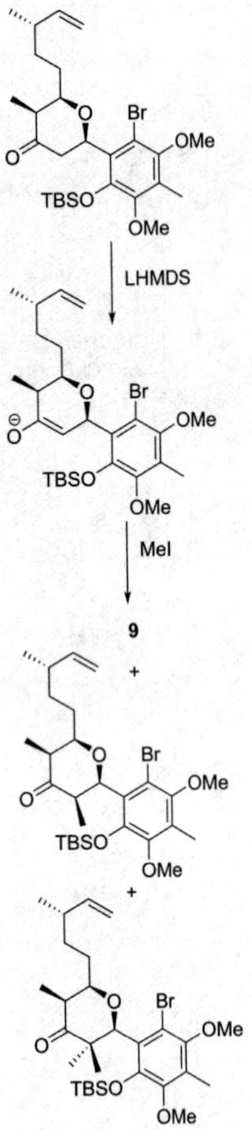

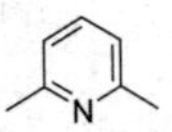

2,6-lutidine

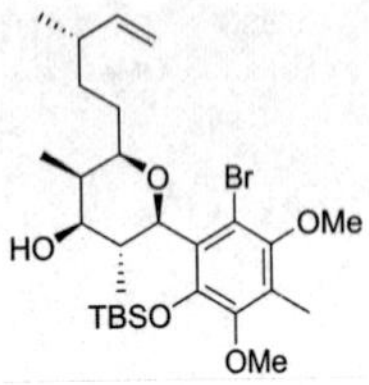

问题 7:

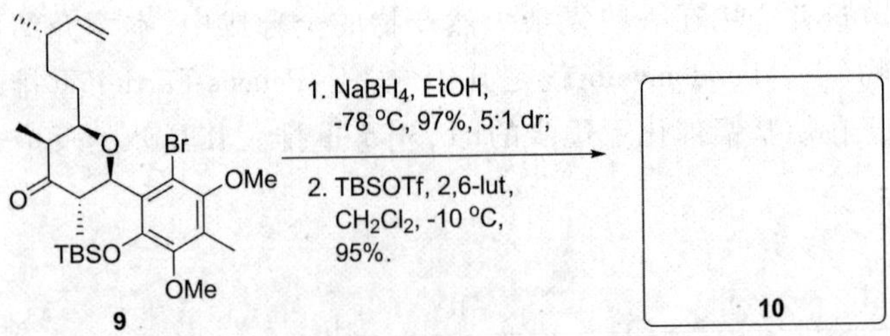

提示:

- 第一步反应是一个还原反应,底物**9**中只有酮羰基可以被还原;
- 第二步反应是对上一步生成的醇羟基进行保护的反应。

解答:

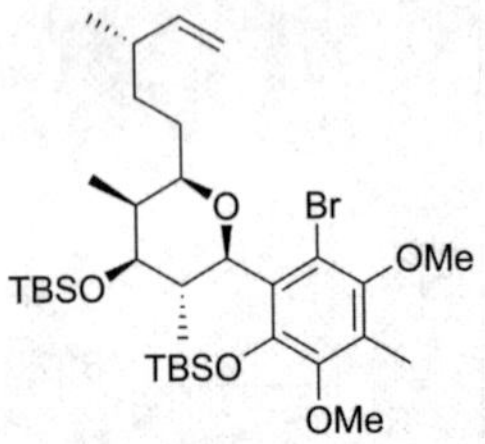

10

讨论:

在 $NaBH_4$ 的作用下,羰基还原得到羟基,羟基再和 TBSOTf 反应,对羟基进行保护从而进行下一步构建大环的反应(见“问题 11”)。其立体构型在得到化合物**17**的晶体结构后才得以确认。

问题 8:

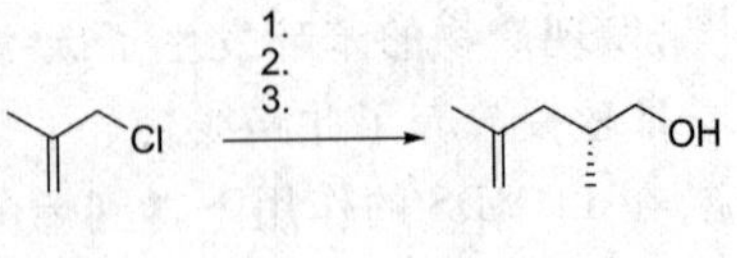

11 **12**

提示:

- 第一步反应是 Finkelstein 碘化反应;
- 第二步反应是在前面合成中已经使用过的类似反应;
- 最后一步反应是还原反应。

解答：

1. NaI, acetone, rt, 62%;
2. **21**, LDA, THF, -78～-15℃, 82%, 97:3 *d.r.*;
3. LiBH$_4$, MeOH, Et$_2$O, rt, 92%。

讨论：

  Finkelstein 反应通常用于将烷基卤代物中的卤原子用另外一种卤原子所替代，这是一个年代悠久的反应。最经典也是最常用的方法是，将烷基氯代物或者烷基溴代物和碘化钠在丙酮溶液中回流进行反应，得到相应的烷基碘代物。从反应速度来讲，通常情况下一级碳上的卤原子交换速度最快，其次是烯丙基、苄基，最后是三级碳上的卤原子。Finkelstein 反应是一个平衡过程，可以通过加入大量的卤代物来推动反应的进行，当然，也可以利用不同卤代物在有机溶剂中的溶解度不同来推进反应的进行，比如碘化钠可以很好地溶解于丙酮中，而溴化钠、氯化钠的溶解度则非常小，可以推动碘化反应的进行。[19,20] 在现代有机合成中，这一古老的反应仍然被大量采用，同时也进行了很多改进，比如使用固相负载的碘化钾代替普通的固态碘化钠，从而降低碘的用量；用微波辅助反应加快反应速度；利用 Lewis 酸来促进那些具有大位阻的二级碳或者三级碳上卤原子的交换速度。作为一个经典的 S$_N$2 反应，其反应过程中的分子轨道变化如下：

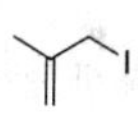

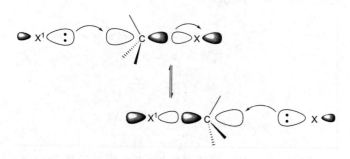

  第二步反应是 Evans 不对称烷基化反应，在合成化合物 **4** 的过程中已经讨论过 Evans 不对称羟醛缩合反应（见"问题 2"）。在这一步中继续使用 Evans 助剂 **21**，利用 **21** 中的手性控制新形成的手性中心的构型，其非对映选择性的比例高达 97:3，这也说明了 Evans 助剂的高效性。

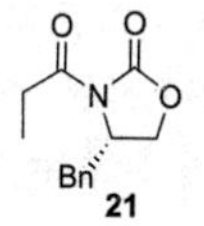

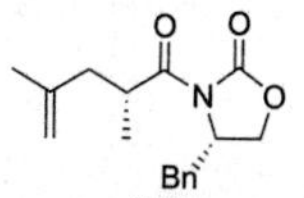

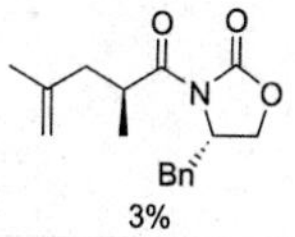

  接下来第三步反应则利用还原的方法脱除 Evans 助剂，利用 LiBH$_4$ 还原酰胺生成醇 **12**。

问题 9：

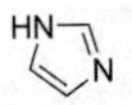

[ImH (imidazole) 结构]

化合物 **12** 经以下步骤转化为 **14**：
1. PPh₃, I₂, ImH, MeCN/Et₂O (4:1), 0 ℃ ~ rt, 85%；
2. LDA, **13**, LiCl, THF, rt, 98%。

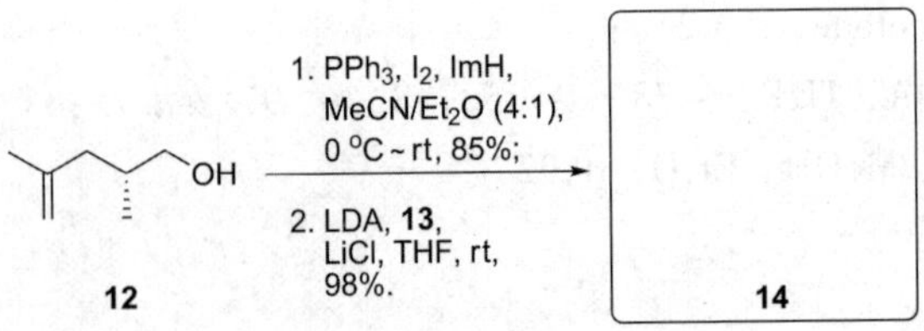

提示：
- 第一步反应是醇的卤化反应，将羟基转化为碘取代基；
- 第二步反应是 Myers 不对称烷基化反应；
- 如何判断化合物 **14** 的立体构型？

解答：

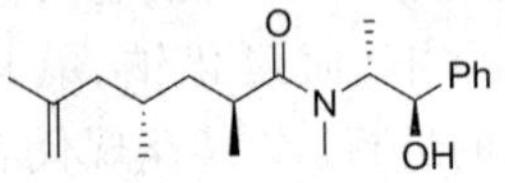

[化合物 14 结构]

讨论：

在三苯基膦和四卤甲烷的共同作用下可以将醇类化合物转换为相应的卤代烷，此转换为 Appel 反应。Appel 反应与经典的醇的卤化反应（如使用 $SOCl_2$ 或 PBr_3）相比，具有条件温和、产率高等优点。此反应的具体转换过程如下：

[Appel 反应机理图：CCl_4 + PPh_3 → $Cl_3C^{\ominus}$ + $Cl\text{—}PPh_3^{\oplus}$，RCH_2OH，Cl_3CH + $RCH_2O^{\ominus}$，$Ph_3P^{\oplus}\text{—}O\text{—}R$ + $Cl^{\ominus}$，Ph_3PO + RCH_2Cl]

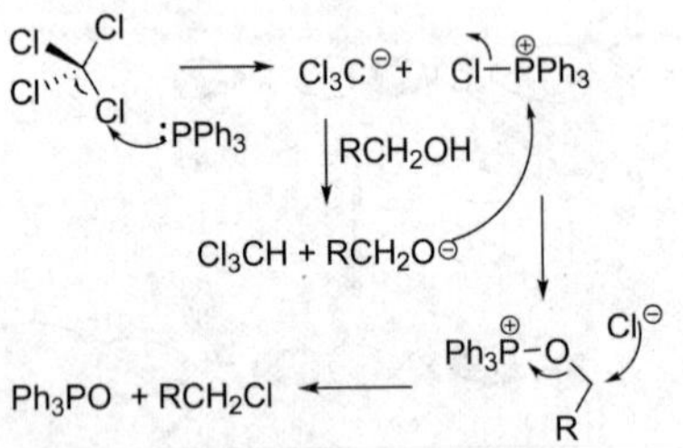

如果使用 CBr_4，可以得到溴代烷；在合成烷基碘化物时，I_2 代替了 CCl_4。但是由于使用了 I_2，体系会产生 HI，需要加入咪唑，中和 HI 以使体系在中性或弱碱性条件下反应。

第一步反应，将化合物 **12** 溶解在乙醚和乙腈的混合溶液中，加入三苯基膦、咪唑和碘，可以在很温和的条件下将羟基转化成碘代物。

第二步反应是 Myers 不对称烷基化反应，它与 Evans 不对称烷基化反应类似，但使用另一种助剂 **13**。此反应的特点是立体选择性好，产率很高。其可能的转化过程如下：[21]

Appel 反应的特点：

(1) 通常合成一级或二级卤代物。

(2) 从反应机理可以看出，生成氧磷盐后，卤素负离子对其进行 S_N2 反应，如果此碳原子是手性的，会发生构型翻转；其他亲核试剂也可以进行此转换，如使用 CN^- 可以将醇转化为 RCN。

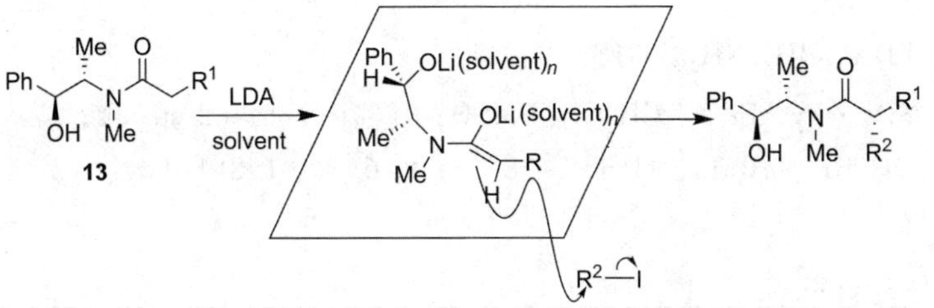

Myers 不对称烷基化反应：1978 年，M. Larcheveque 发现，N,N-二酰基化氨基酸的 α 位可以高非对映选择性、高产率地进行烷基化反应。二十年后，A. G. Myers 改进了此方法，利用手性的 N-酰基化氨基醇为原料在其 α 位高立体选择性地进行烷基化反应，合成手性的醛、酮、羧酸以及醇类化合物。其手性原料 N-酰基化氨基醇在 LDA 作用下生成 Z-构型烯醇盐。

在这个转换过程中，其高立体选择性的原因到目前还尚不清楚。但是，通常认为由于在 LDA 的作用下形成的 Z-烯醇化物的 Si 面被溶剂化的烷氧基锂所占据，所以烷基化反应只能发生在烯醇化物的 Re 面，从而控制了产物的立体构型。由于烯醇化物的反应活性很高，所以在 Myers 不对称烷基化反应当中，不仅可以使用烯丙基、苄基等取代基活性较高的卤代物，还可以使用活性较差的烷基卤代物（比如 β 位多取代的烷基碘代物或者 β 位氧代的长链卤代物）。同时在实验中观察发现，为了获得高产率和高选择性，需要加入超过 6 倍量的 LiCl。LiCl 不但可以加速反应，还可以抑制手性助剂氨基醇上的羟基被烷基化。[22]

问题 10:

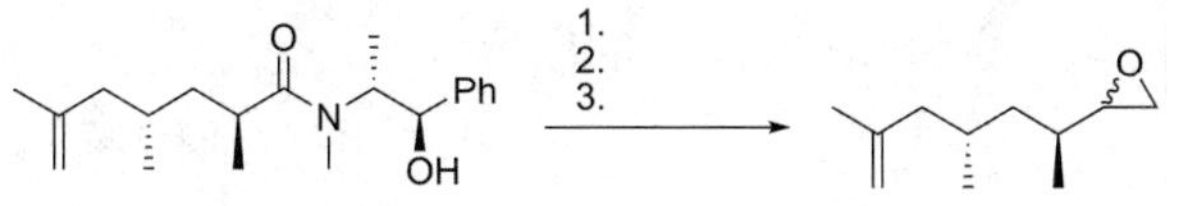

提示：
- 底物 **14** 在这三步转换过程中包含手性助剂的脱除并最终实现了比底物多一个碳原子的环氧化。
- 第一步反应需要脱除手性助剂，通常脱除这类助剂需在还原条件下进行。
- 第二步反应使用了另一种利用有机氧化剂将一级醇氧化成醛的合成方法。
- 此氧化过程中的活性物种是什么？
- 最后一步反应中环氧乙烷环将被打开，所以化合物 **15** 可以不考虑立体选择性。
- 三步反应也可以缩减为两步反应。

手性助剂氨基醇的脱除方法：
(1) 在酸性、碱性或 Lewis 酸作用下水解可以得到手性羧酸；
(2) 被吡咯基三氢硼化锂或氨基三氢硼化锂还原生成一级醇；
(3) 被三乙氧基氢化锂铝还原生成醛；
(4) 与烷基锂试剂反应水解后生成酮。

解答:

1. LDA, BH$_3$-NH$_3$, THF;
2. SO$_3$·Py, Et$_3$N, CH$_2$Cl$_2$/DMSO, 81%~97% (2 steps);
3. CH$_2$Br$_2$, nBuLi, THF, −78℃~rt, 63%, 1.8:1 d.r.。

讨论:

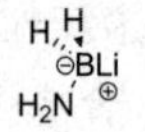

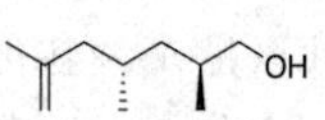

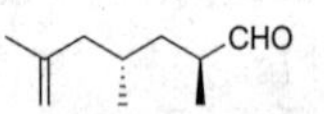

在 Myers 不对称烷基化反应之后,可以利用不同的后处理条件得到羧酸、醛和醇。这里的第一步反应是利用硼烷还原得到羟基,加入 LDA 的目的是原位合成氨基三氢硼化锂,此外还可以使原料中的羟基形成氧鎓盐,再由氨基三氢硼化锂将酰胺还原成醇。

第二步反应,利用 Parikh-Doering 氧化反应将一级醇氧化得到醛。Parikh-Doering 氧化反应是利用 SO$_3$·Py 配合物对 DMSO 进行活化,和 Swern 反应一样都得到关键的烷氧基锍离子中间体,然后在碱的作用下发生去质子化作用生成硫叶立德,最后通过一个五元环的过渡态,硫叶立德进一步发生分解得到产物醛或者酮。[23]

1963 年,J. G. Moffatt 和 K. E. Pfitzner 发展了一种可以代替金属铬氧化剂(如 PCC 和 PDC)将一级醇或二级醇氧化成醛或酮的有机氧化体系。此体系是二甲亚砜(DMSO)、二环己基碳二酰亚胺(DCC)以及催化量的无水磷酸。此反应不管是小量还是大量,均可以取得高的产率。但是此反应的缺陷是,生成的二烷基脲很难从产物中除去,而且需要在酸性条件下进行后处理。此反应的活性物种是 DMSO 在酸性条件下被 DCC 活化的烷氧基锍离子中间体。

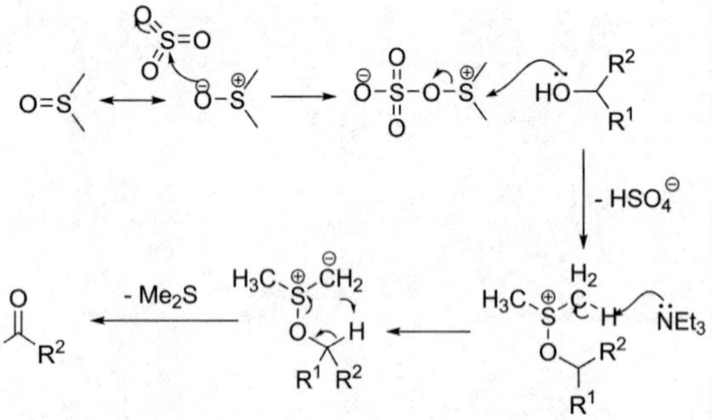

按照 Myers 的还原方法,利用特定的还原剂 LiAlH(OEt)$_3$,也可以将 **14** 部分还原生成醛基,但是化合物 **14** 这个底物由于其结构的特殊性,利用 LiAlH(OEt)$_3$ 还原会得到大量的副产物 **24**,而且反应产率很不稳定,介于 35%~77% 之间,所以 A. B. Smith, III 教授选用了上面介绍的两步法得到醛。

24

最后一步，利用 CH_2Br_2 快速地将醛基转化成为环氧化物。CH_2Br_2 与 nBuLi 反应得到的溴甲基负离子对甲酰基进行亲核进攻，得到 α-溴代的氧负离子。氧负离子再与 α-溴代的碳进行亲核取代反应，得到环氧乙烷衍生物 15。由于溴甲基负离子对醛羰基进行亲核进攻的立体选择性很差，因此反应得到一对非对映异构体，其比例为 1.8∶1。但是考虑到对后期的步骤没有影响，所以这个结果还是可以接受的。[24]

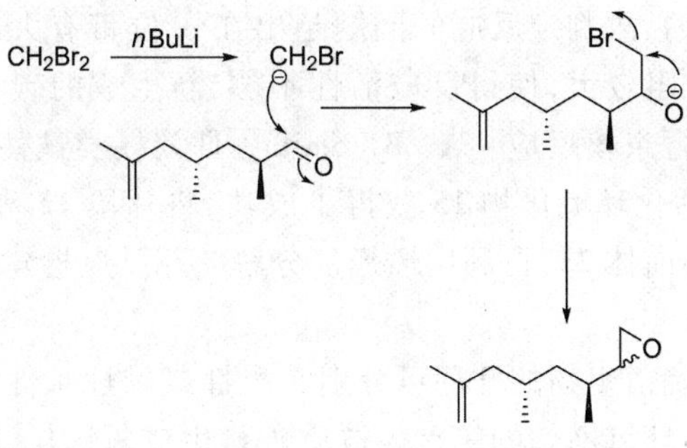

1965 年, J. D. Albright 和 L. Goldman 利用乙酸酐活化了 DMSO。1967 年, J. R. Parikh 和 W. V. E. Doring 利用 DMSO/Et_3N/Py·SO_3 体系代替了 DMSO/DCC/H_3PO_4。1976 年, D. Swern 利用三氟乙酸酐活化了 DMSO，并首次提出了其活性物种为

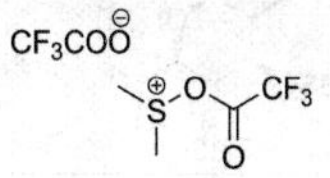

1978 年，他又利用草酰氯得到了新的活性物种：

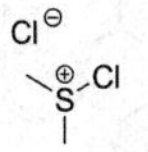

Swern 氧化反应可以在低温下进行，这样会大大增加底物的兼容性。

问题 11:

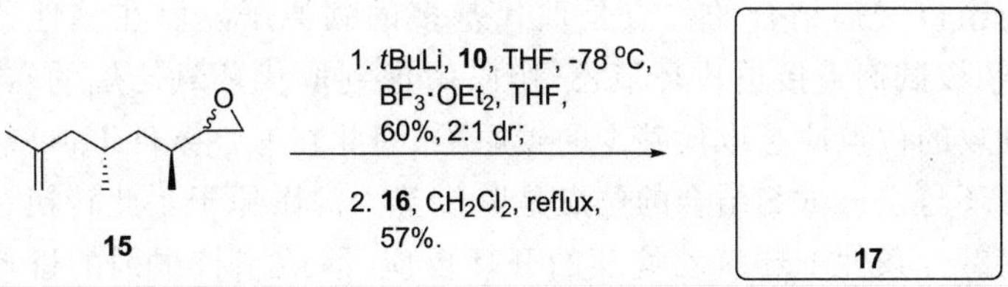

提示:
- 在第一步反应中，α 位取代的环氧化物的反应活性相对比较低，需要加入一定量的 Lewis 酸活化。其活化的原理是什么？
- 第二步利用关环烯烃复分解反应构筑十六元大环，其难度很大。

解答:

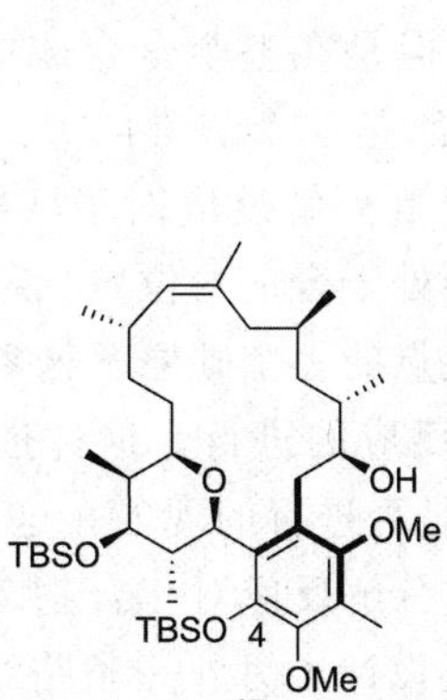

讨论：

在第一步反应当中，通常使用 tBuLi 与化合物 **10** 反应，攫去苯环上的溴，生成苯环负离子，接着此负离子对环氧乙烷进行亲核取代反应，打开环氧环。但是 A. B. Smith, Ⅲ 教授发现，反应并不能顺利进行，在添加了催化量的 CuI 后也没有反应。当实验人员用 CD_3OD 对加完 tBuLi 的反应体系进行淬灭时发现，苯环上的溴原子已经被 CD_3OD 中的氘原子所取代，从而确定苯环上的锂卤交换是没有问题的，故判定反应的问题是出在 α 位带有大的支链环氧化物的 **15** 位阻较大，使得反应活性不够，新生成的碳负离子无法与此位点进行亲核反应。A. B. Smith, Ⅲ 教授尝试使用 Lewis 酸 $BF_3·OEt_2$ 活化环氧化物 **15** 获得了成功，将片段 **15** 和片段 **10** 连接，得到关环前体 **25**，再利用烯烃复分解关环反应构建了整个分子骨架。

环氧乙烷衍生物的开环可分别在酸性或碱性条件下进行。在酸性条件下，环氧乙烷的氧首先被质子化生成氧鎓盐，随后环氧乙烷开环生成相对稳定的碳正离子；取代基多的碳正离子优先生成，接着碳正离子与亲核试剂反应。因此在酸性条件下，环氧乙烷开环与亲核试剂结合的位点是取代基多的碳原子。而在碱性条件下，亲核试剂直接进攻环氧乙烷环，考虑到取代环氧乙烷的空阻，受进攻的位点应是取代基少的碳原子，因此在碱性条件下，环氧乙烷开环与亲核试剂结合的位点是取代基少的碳原子。此转换过程是在碱性条件下环氧乙烷环的开环反应，因此亲核试剂的进攻位点是空阻小（取代基少）的碳原子，从而生成二级醇 **25**。

2005 年，Y. Chauvin 教授，R. H. Grubbs 教授和 R. R. Schrock 教授因在烯烃复分解反应研究方面做出的突出贡献荣获了当年的诺贝尔化学奖。因此，利用烯烃复分解反应构筑大环体系也成了全合成领域中的一个热点，这为有机化学家提供了一个构筑大环体系的全新的工具。[25] 但是在整个全合成中，如何合成一个 α 位带有支链的三取代烯烃，是一个非常巨大的挑战，难度非常高，以前几乎没有报道。烯烃复分解反应对于底物的要求非常严格，进行反应的两个双键必须处于合适的位置，否则反应往往不会发生，有时甚至是远离反应位点的一个碳原子构象的变化都会影响整个反应的结果，甚至阻碍反应的进行。这种远端碳原子结构控制反应位点，从而决定反应是否进行的现象在这里得到了很好的验证。

在尝试利用烯烃复分解反应对化合物 **25** 进行关环反应之前，A. B. Smith, Ⅲ 教授还设计了另外一条路线，就是希望利用 Dess-Martin 氧化反应先得到构筑邻位羟基内醚所需的羰基，先制备化合物 **26**，然后再进行关环烯烃复分解反应得到 **27**。但是实验人员在多次尝试烯烃复分解反应后发现，化合物 **26** 根本不能关环。最终他们只能放弃了这条路线，改为选择先进行关环反应后引入羰基的策略。从这里我们也可以看出来，在天然产物全合成当中，尤其是构筑大环的过程当中，一个微小的结构差异都可能影响最终的反应结果。

同时，在对关环前体的反应条件探索时也发现，只有 19(*S*)-**25** 可以进行烯烃复分解反应得到目标产物 **17**，这一步反应产率较低，但可以通过柱色谱分离提纯产品。尽管反应最终得到的化合物 **17** 和预先设计的双键构型不相同，但这是对尝试 α 位带有支链的三取代烯烃关环反应的一个非常成功的探索。后面的步骤就是如何将反应得到的化合物 **17** 中的 *Z*-构型烯烃转化为天然产物中的 *E*-构型烯烃。

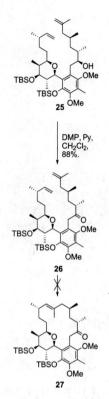

问题 12:

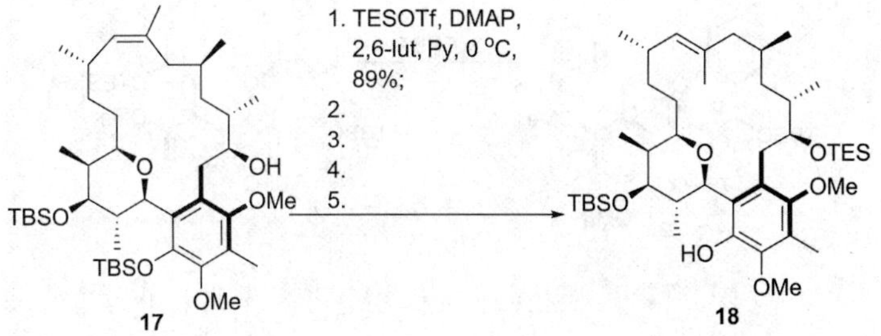

提示:
- 第一步反应的条件是典型的羟基进行烷硅基化保护的条件；
- 通过后面四步反应调整了通过烯烃复分解反应形成的碳碳双键的构型；
- WCl_6 的作用是还原环氧化合物；
- 四级铵碱是一类强碱；
- 在此过程中，碳碳双键由 *Z*-构型转化为 *E*-构型。

解答:
2. OsO_4, Py, THF, 0℃, 78%；
3. MsCl, Py, CH_2Cl_2, 0℃, 95%；
4. $BnMe_3NOH$, MeOH/THF, 0℃, 84%；
5. WCl_6, *n*BuLi, THF, 0℃~rt, 71%。

讨论:

第一步是在 *N,N*-二甲氨基吡啶的催化下，2,6-二甲氨基吡啶作碱，二级醇羟基与 TESOTf 发生亲核取代反应，将羟基用三乙基硅基保护，生成化合物 **28**，为下一步双键构型的转化作准备。这是利用三烷硅基化保护醇羟基的经典反应条件。

从化合物 **28** 到 **18** 的转变其实就是一个碳碳双键的异构化反应。将碳碳双键从化合物 **28** 中的 *Z*-构型转化为化合物 **18** 中的 *E*-构型。A. B. Smith, Ⅲ 教授曾尝试很多简捷的方法来达到这一目的，比如利用催化量的碘通过自由基反应来达到异构化的目的，但是只得到双键移位的产物 **29**；还利用 Vedejs 异构化反应：先用 *m*CPBA 对双键进行环氧化，再在 Ph_2PLi 和 MeI 的作用下重新得到双键[26]；还尝试了通过甲氧基和碘邻位二取代的消除反应形成碳碳双键的 Oshima 异构化反应[27]。但遗憾的是，在这个复杂的底物中采用这些步骤少、操作简便的路线都没有成功地实现碳碳双键构型的转化。

29

Vedejs 异构化反应：

Oshima 异构化反应：

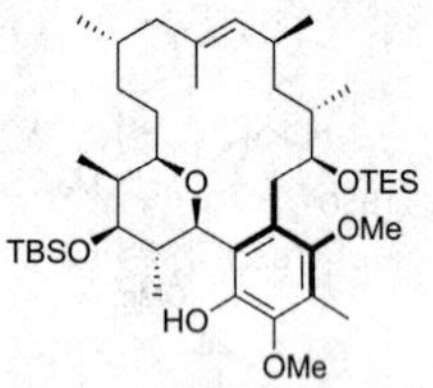

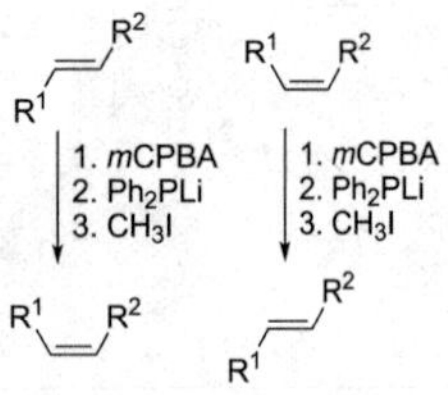

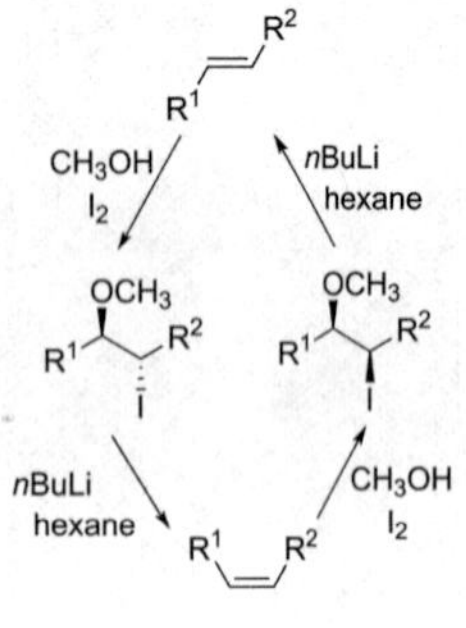

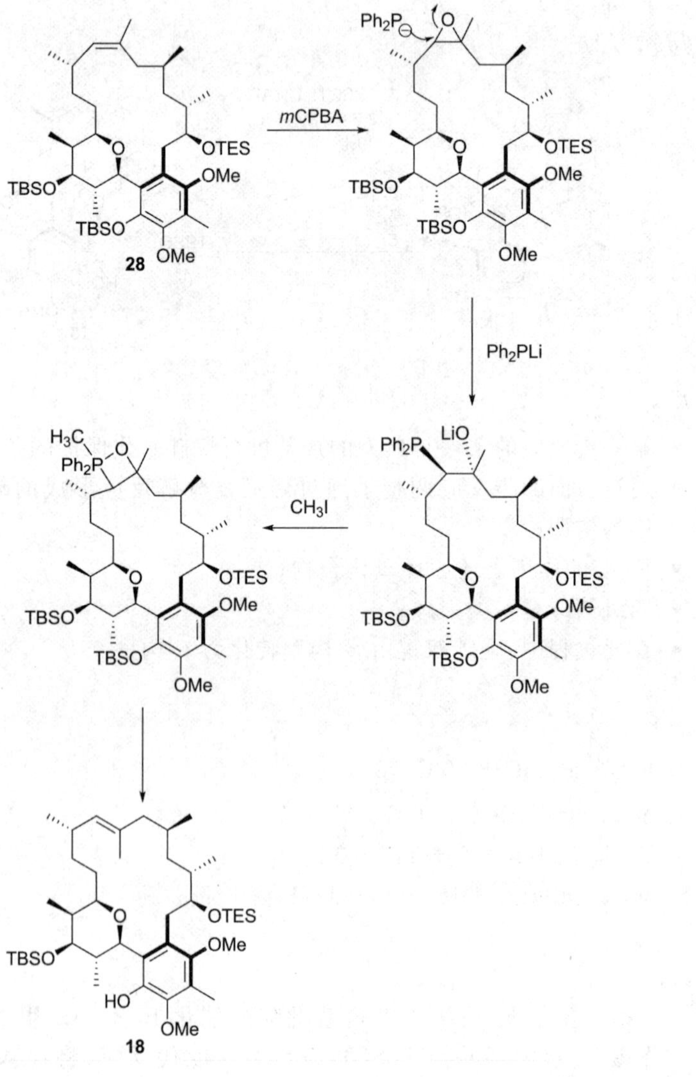

为了研究这个双键异构化反应,A. B. Smith,Ⅲ教授首先假设化合物 **17** 在溶液和单晶状态下分子结构类似,然后对化合物 **17** 的 X 射线单晶衍射结构进行了详细的分析研究。结果表明,这些异构化反应不成功的主要原因在于,进攻环氧乙烷环的亲核试剂必须从大环的内侧进攻,而这个方向被环氧化物旁边的甲基所阻碍,无法顺利进行进攻从而导致环氧乙烷环无法正常开环或者消除。所以,A. B. Smith,Ⅲ教授设计了一个巧妙的通过分子内消除环氧化物的反应路线。

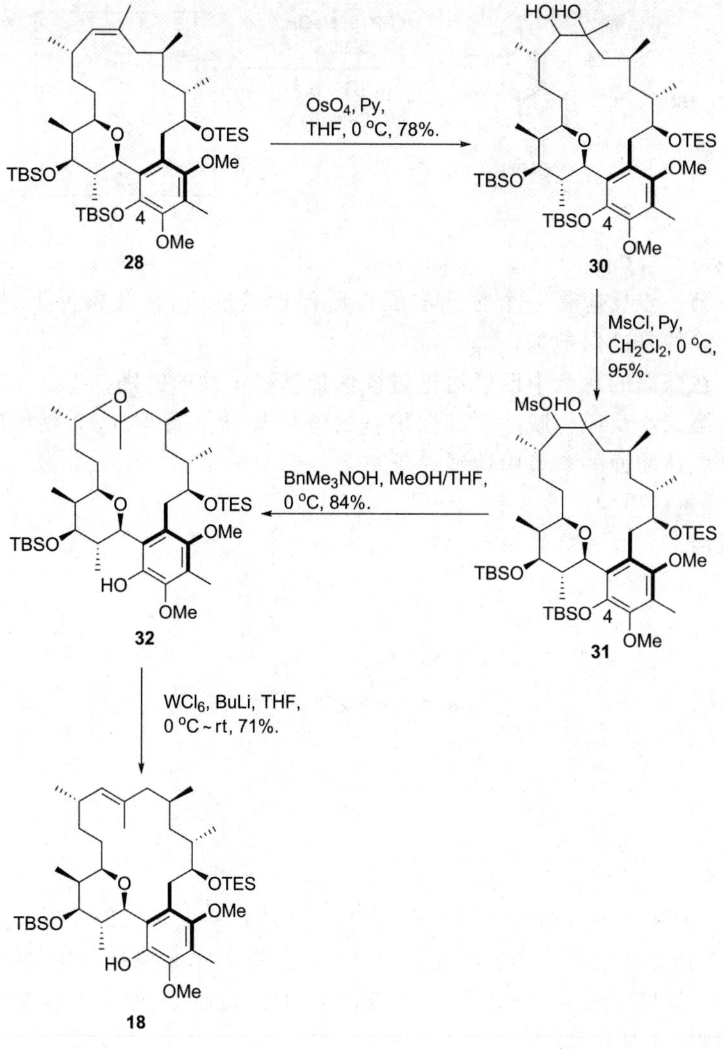

在 OsO_4 的作用下,化合物 **28** 可以得到一个顺式邻二醇 **30**。MsCl 选择性地对相对空阻较小的二级醇羟基进行了保护,得到单保护的醇 **31**。在 $BnMe_3NOH$ 的诱导下,通过分子内 S_N2 关环可

以得到环氧化物 **32**，同时脱去了 C4 上的 TBS 保护基。在 K. B. Sharpless 教授发现的 WCl_6 作用下发生脱氧反应，得到构型正确的化合物 **18**。[28] 最后，在 WCl_6 脱氧反应中，WCl_6 和 *n*BuLi 作用可以得到一种可以溶解于 THF 的无机盐，不同配比的 WCl_6 和 *n*BuLi 可以得到不同的无机盐。在这里使用的是 1∶2 的 WCl_6 和 *n*BuLi，可以高产率、高选择性地得到碳碳双键为 *E*-构型的化合物 **18**。

问题 13:

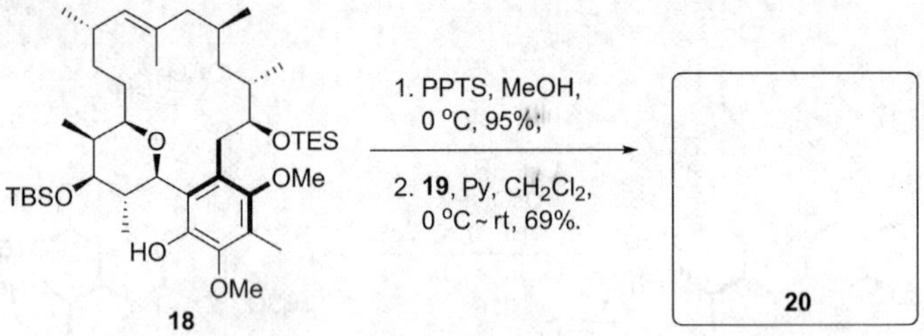

18 **20**

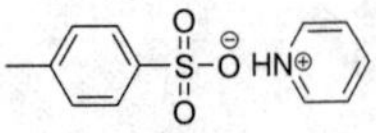

PPTS

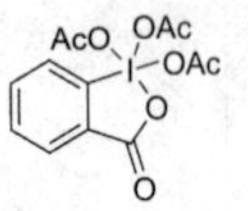

19

提示:

- 第一步反应是一个普通的酸性脱保护基反应，在此条件下，脱除的是硅保护基；
- 在前面的章节中已经讨论过硅保护基稳定性的区别；
- 第二步反应将脱除了硅保护基的醇羟基氧化成醛，这个氧化反应在前面的章节中曾经讨论过。

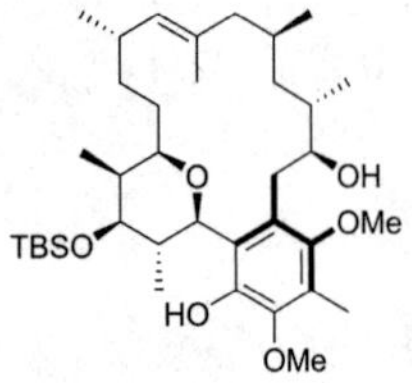

解答:

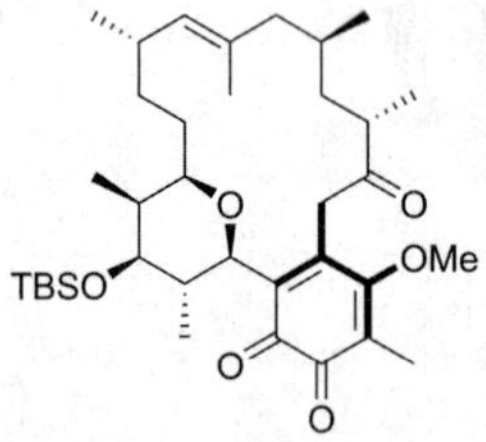

20

讨论:

对甲苯磺酸吡啶盐 PPTS 选择性脱去 C19 上的 TES 保护基，释放出一个二级羟基。[29] 化合物 **18** 上有两个硅保护基，TBS 的稳定性比 TES 强，在 PPTS 弱酸性条件下，TES 被脱除，而 TBS 保护基则维持不变。

Dess-Martin 氧化反应将一级醇转化成醛，二级醇转化成酮。该反应具有反应条件温和，对于复杂体系中其他官能团的兼容性高，同时化学选择性非常好，可以高产率地得到氧化产物等优点，且 Dess-Martin 试剂 **19** 可以长期保存,使用方便。[30]

在此氧化过程中,Dess-Martin 试剂 **19** 将前一步的产物二级醇氧化成酮,同时也将 2-甲氧基苯酚结构单元氧化成 1,2-苯醌骨架。

问题 14:

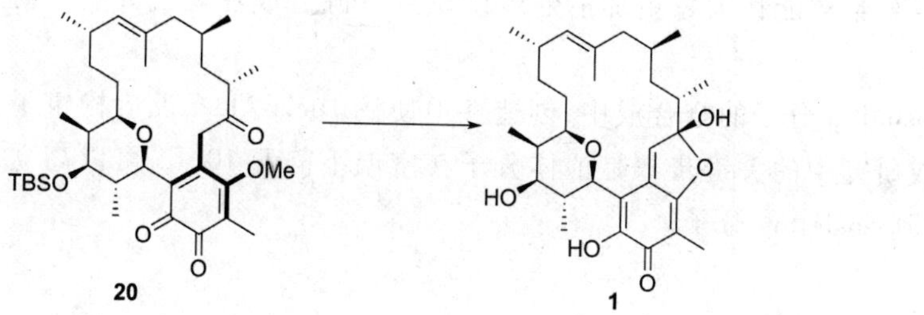

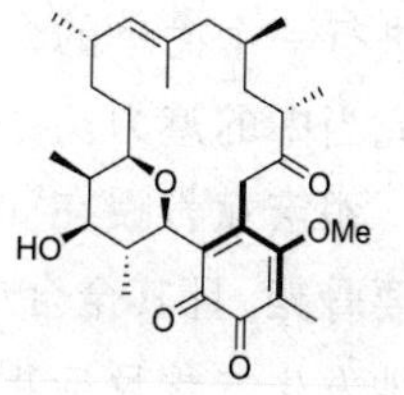

提示:
- 此步实现目标分子完成的关键反应的灵感来源于大自然;
- 在 HF 的 MeCN 溶液中,会脱除 TBS 保护基;
- 将邻苯醌的结构转化为对苯醌式;
- 在此转化过程中还实现了一个二氢呋喃环的构筑;
- 会形成半缩酮体系。

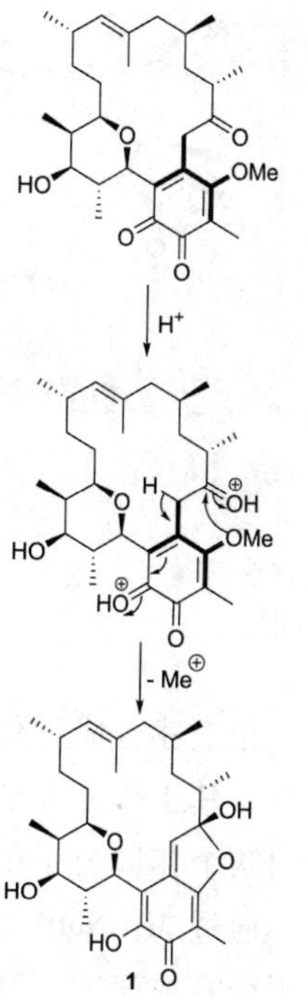

解答:

HF(aq.), MeCN, rt, 40%。

讨论:

由于氟与硅原子有强的成键能力,所以在 HF 的 MeCN 和水混合溶液中,化合物 **20** 脱去 TBS 保护基,同时在 HF 质子酸催化下形成五元环半缩酮,最后一步的环化反应的灵感来自于 A. Zeeck 教授对于生源合成的研究[4],并由 A. B. Smith, Ⅲ 教授在实验室中顺利地将其完成。

6.4 结论

整个全合成包括三个片段的合成,总步骤达到 21 步,总产率为 0.49%(平均每步产率 78%),这其中包括通过 Petasis-Ferrier 重排反应构筑非常漂亮的具有大位阻的四氢吡喃,通过烯烃复分解反应构筑含有支链的十六元环系,通过环氧化/脱氧反应达到烯烃构型转换的目的以及 quinone-methide-lactol 的生源合成,这些都为整个全合成工作增添了无数的亮点。

6.5 天然产物全合成研究中的生源合成

在现代天然产物全合成的研究当中,还可以看到很多利用生源合成来进行逆向推理、构建关键反应,从而完成正向合成的设计例子。在这里我们对其中一部分利用生源合成的例子进行一个简单的介绍,希望能让大家更加清楚地认识到生源合成在现代天然产物全合成研究当中的魅力。

翟宏斌教授在 absinthin 分子的全合成中,创造性地使用 Diels-Alder 反应构筑了分子的主要骨架,且其全合成研究中的关键步骤是前体分子在室温下静置 10 天,可以高立体选择性地发生二聚反应得到 absinthin 分子。[31]

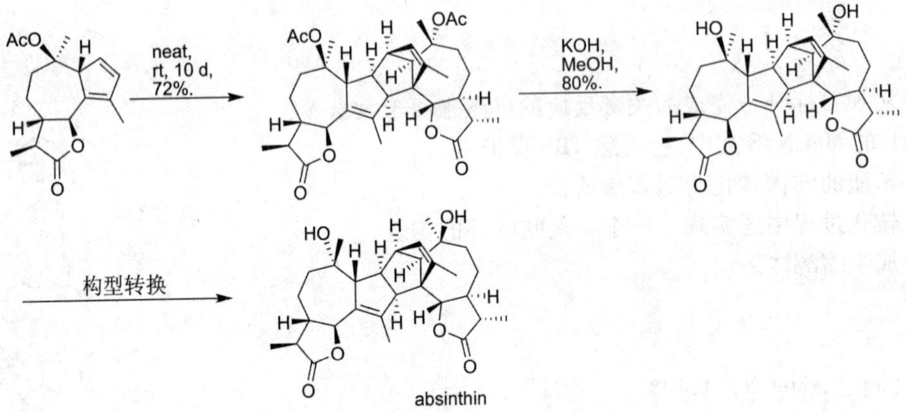

在上述合成工作中,翟宏斌教授用 9 步反应构筑了 absinthin 分子并获得了 18.6% 的总产率。其工作最大的亮点是利用生源合成的灵感,进行了一步高区域选择性和高立体选择性的两个相同分子的 Diels-Alder 反应。

通过 M. Norte 教授对于 abudinol B 的生源合成探索,F. E. McDonald 教授开始对其进行了全合成研究。M. Norte 教授提出,abudinol B 是通过分子内的环化反应构筑的复杂的五环体系,其路线如下:[32,33]

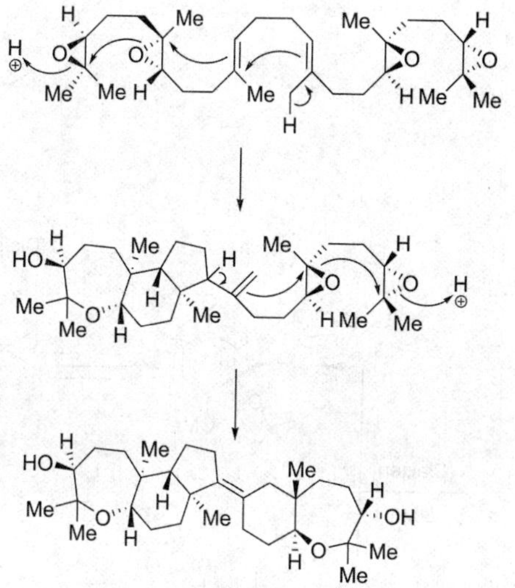

abudinol B

在 F. E. McDonald 教授对这个分子的全合成研究当中,受到 M. Norte 教授生源合成的启发,他设计了一条利用串联反应来构筑多元体系的方法,其关键反应如下:

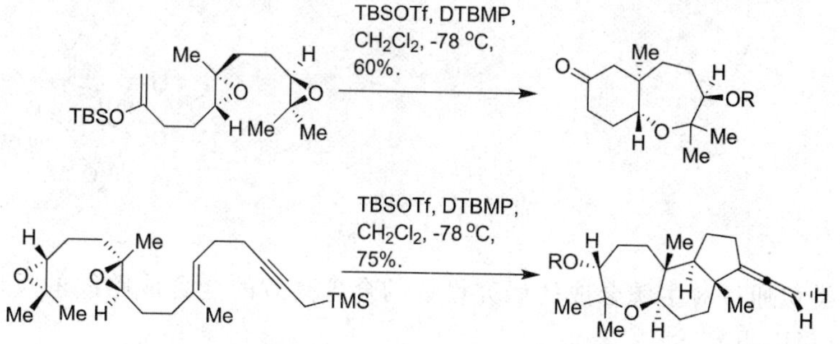

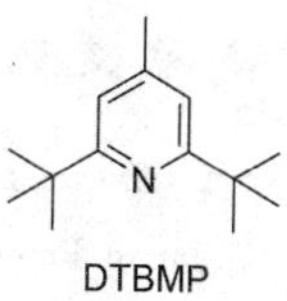

在 TBSOTf 和 DTBMP 的催化下,一步关环得到并三环体系,并且产率在 60% 以上,证明了 M. Norte 教授的生源合成的可行性。

在第 1 章讨论过的 lateriflorone 天然产物的全合成工作中,K. C. Nicolaou 教授也同样利用 Claisen/Diels-Alder 串联反应构筑了一个笼形结构。这种生源合成的方法早在三十多年前已由 F. Scheinmann 教授提出,K. C. Nicolaou 教授多次在全合成当中应用。合成 lateriflorone 时,更是出神入化地拿到了需要的产物,为后续的目标化合物的合成奠定了基础。[34,35] 其关键反应(见 1.3 节"问题 10")如下:

还有许多类似通过对生源合成的研究设计的合理高效的全合成路线的反应实例。由于篇幅的关系，这里不再赘述。

参 考 文 献

1. Nicolaou, K. C.; Montagnon, T.; Snyder, S. A. *Chem. Commun.* **2003**, 551.
2. Funahashi, Y.; Kawamura, N.; Ishimaru, T. Japan Patent 08231551 [A2960910], 1996; *Chem. Abstr.* **1997**, *126*, 6553.
3. Funahashi, Y.; Kawamura, N.; Ishimaru, T. Japan Patent 08231552, 1996; *Chem. Abstr.* **1996**, *125*, 326518.
4. Bode, H. B.; Zeeck, A. *J. Chem. Soc., Perkin Trans. 1* **2000**, 323.
5. Yuan, Y.; Men, H.; Lee, C. *J. Am. Chem. Soc.* **2004**, *126*, 14720.
6. Smith, A. B., III; Mesaros, E. F.; Meyer, E. A. *J. Am. Chem. Soc.* **2005**, *127*, 6948.
7. Smith, A. B., III; Mesaros, E. F.; Meyer, E. A. *J. Am. Chem. Soc.* **2006**, *128*, 5292.
8. Ireland, R. E.; Anderson, R. C.; Badoud, R.; Fitzsimmons, B. J.; McGarvey, G. J.; Thaisrivongs, S.; Wilcox, C. S. *J. Am. Chem. Soc.* **1983**, *105*, 1988.
9. Evans, D. A.; Bartroli, J.; Shih, T. L. *J. Am. Chem. Soc.* **1981**, *103*, 2127.
10. Hoveyda, A. H.; Evans, D. A.; Fu, G. C. *Chem. Rev.* **1993**, *93*, 1307.

11. Shawe, T. T.; Liebeskind, L. S. *Tetrahedron* **1991**, *47*, 5643.
12. ten Brink, G. -J.; Vis, J. -M.; Arends, I. W. C. E.; Sheldon, R. A. *J. Org. Chem.* **2001**, *66*, 2429.
13. Kurihara, M.; Hakamata, W. *J. Org. Chem.* **2003**, *68*, 3413.
14. Tebbe, F. N.; Parshall, G. W.; Reddy, G. S. *J. Am. Chem. Soc.* **1978**, *100*, 3611.
15. Petasis, N. A.; Bzowej, E. I. *J. Am. Chem. Soc.* **1990**, *112*, 6392.
16. Petasis, N. A.; Lu, S. -P. *J. Am. Chem. Soc.* **1995**, *117*, 6394.
17. Okazoe, T.; Takai, K.; Oshima, K.; Utimoto, K. *J. Org. Chem.* **1987**, *52*, 4410.
18. Guijarro, A.; Rosenberg, D. M.; Rieke, R. D. *J. Am. Chem. Soc.* **1999**, *121*, 4155.
19. Streitwieser Jr., A. *Chem. Rev.* **1956**, *56*, 571.
20. Bordwell, F. G.; Brannen, W. T. *J. Am. Chem. Soc.* **1964**, *86*, 4645.
21. Myers, A. G.; Yang, B. H.; Chen, H.; Gleason, J. L. *J. Am. Chem. Soc.* **1994**, *116*, 9361.
22. Myers, A. G.; Bryant, H. Y.; Hou, C.; Lydia, McK.; David, J. K.; James, L. G. *J. Am. Chem. Soc.* **1997**, *119*, 6496.
23. Parikh, J. R.; Doering, W. v. E. *J. Am. Chem. Soc.* **1967**, *89*, 5505.
24. Michnick, T. J.; Matteson, D. S. *Synlett* **1991**, 631.
25. Trnka, T. M.; Grubbs, R. H. *Acc. Chem. Res.* **2001**, *34*, 18.
26. Vedejs, E.; Fuchs, P. L. *J. Am. Chem. Soc.* **1973**, *95*, 822.
27. Maeda, K.; Shinokubo, H.; Oshima, K. *J. Org. Chem.* **1996**, *61*, 6770.
28. Sharpless, K. B.; Umbreit, M. A.; Nieh, M. T.; Flood, T. C. *J. Am. Chem. Soc.* **1972**, *94*, 6538.
29. Nelson, T. D.; Crouch, R. D. *Synthesis* **1996**, *1031*.
30. Dess, D. B.; Martin, J. C. *J. Org. Chem.* **1983**, *48*, 4155.
31. Zhang, W.; Luo, S.; Fang, F.; Chen, Q.; Hu, H.; Jia, X.; Zhai, H. *J. Am. Chem. Soc.* **2005**, *127*, 18.
32. Femández, J.; Souto, M.; Norte, M. *Nat. Prod. Rep.* **2000**, *17*, 235.
33. Tong, R.; Valentine, J. C.; McDonald, F. E.; Cao, R.; Fang, X.; Hardcastle, K. I. *J. Am. Chem. Soc.* **2007**, *129*, 1050.
34. Carpenter, L.; Locksley, H. D.; Scheinmann, F. *Phytochemistry* **1969**, *8*, 2013.
35. Nicolaou, K. C.; Sasmal, P. K.; Xu, H. *J. Am. Chem. Soc.* **2004**, *126*, 5493.

(本章初稿由段晓菲完成)

第7章

大环内酯类化合物的构筑：
大环内酯化反应
(−)-Clavosolide B：D. H. Lee（2007）

7.1 背景介绍

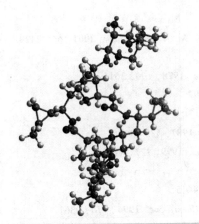

1
(−)-clavosolide A

2
(−)-clavosolide B

大环内酯（macrolides）是指分子结构中含有由八个以上原子组成的内酯环的一类天然产物。这类化合物往往具有多种丰富的生物活性，常作为抗生素使用。[1] 大环内酯类抗生素在合成过程中通常要经过一些后修饰，如羟基化、甲基化和糖基化反应等，这些后修饰的基团赋予了大环内酯类天然产物重要的生物学功能。例如，通过糖基化后修饰连接于内酯环上的糖基特别是脱氧糖基，参与了作用靶位点的分子识别，它是抗生素表现抗菌活性的必要组成部分。

本章所研究的化合物是从采自于菲律宾海岸的海绵类海洋生物 *Myriastra clavosa* 的代谢物中提取得到的。海绵（marine sponge）是一类低等的多细胞海洋动物。自1950年首次报道从中分离得到活性物质以来，海绵就一直活跃在人们的视线里。据不完全统计，1997—2000年间美国《化学文摘》（CA）收录的关于海绵研究的论文共有684篇。迄今为止，人们从海绵中发现了大量的具有抗肿瘤、抗细菌、抗病毒（包括HIV病毒）、抗真菌的活性物质，它们大多是海绵的代谢物。

最初从 *Myriastra clavosa* 中提取得到的活性物质包括 clavosolide A 和 B 两种，它们的分子内有22个手性中心，这对其对映选择性的全合成研究提出了很高的要求。由于相对分子质量的限制，clavosolide A 和 B 并不具有细胞毒素的性质，但其潜在的生物活性仍是人们的兴趣所在，因此对 clavosolide 类化合物的生理活性研究目前仍在进行当中。2005年，C. L. Willis首先完成了 clavosolide A 的全合成研究[2]，但是核磁信号和分子模拟的表征数据表明，先前提出的 clavosolide A 的结构其实是天然产物的异构体，进而修改了原来的 clavosolide A 的结构，提出了 clavosolide A 的正确结构。不久，D. H. Lee 完成了这一修改后结构的 clavosolide A 全合成研究。但是，一个错误的旋光数据让他们误以为，他们所合成的 clavosolide A 的结构与天然产物正好相反。因而，虽然合成了具有正确结构的 clavosolide A，D. H. Lee 却得出了错误的结论。这一错误被 Smith 和 Simov 等人所发现，他们也合成了同样结构的 clavosolide A，并确证这就是天然产物 clavosolide A 的绝对构型，当然关于这个旋光值的错误也已经被 D. H. Lee 所更正。其实，天然产物的全合成工作有 40% 的最初发表结构都不是完全正确的，很多时候是限于当时的表征技术、设备、合成水平以及研究条件，当然也有偶然的失误。但随着时间的推移，神秘的面纱都会被一层层揭开，因为科学总是在不断向前进步的。[3]

错误的 clavosolide A 结构：

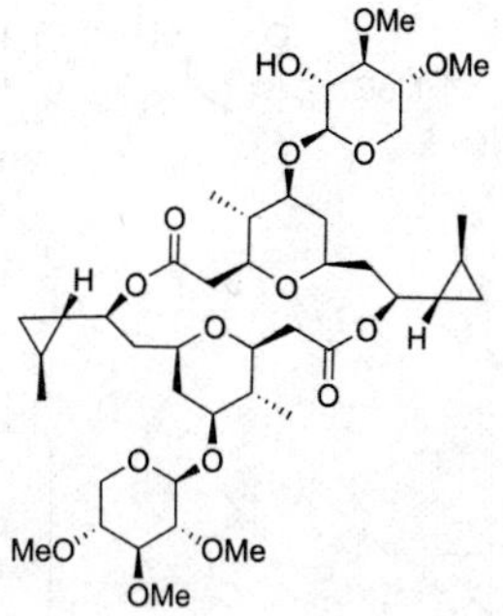

作为此前工作的延续，D. H. Lee 又提出了 clavosolide B 的修改结构，同样用全合成的方法对 clavosolide B 的构型进行了验证。本章讲述的就是 D. H. Lee 发表在 *Org. Lett.* 上的这一延续性工作，也就是 clavosolide B 的全合成研究，以及通过全合成的方法对其结构进行的修改。

合成目标分子 clavosolide B 的关键步骤主要有：(1) Evans 羟醛缩合反应；(2) 羟基导向的 Simmons-Smith 环丙烷化反应；(3) Mitsunobu 反应；(4) 糖苷化反应；(5) 大环内酯化反应，等等。[4]

7.2 概览

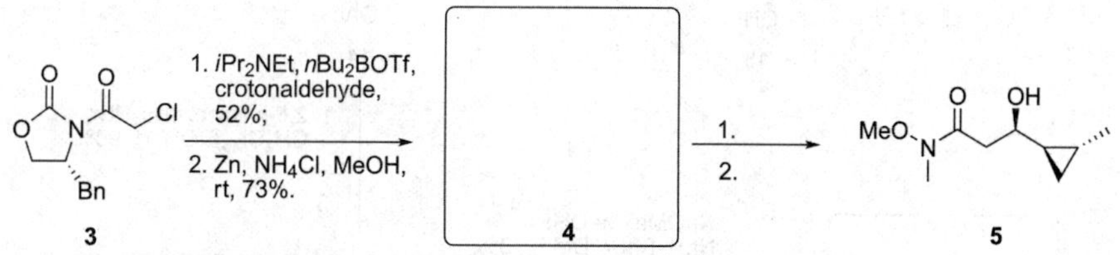

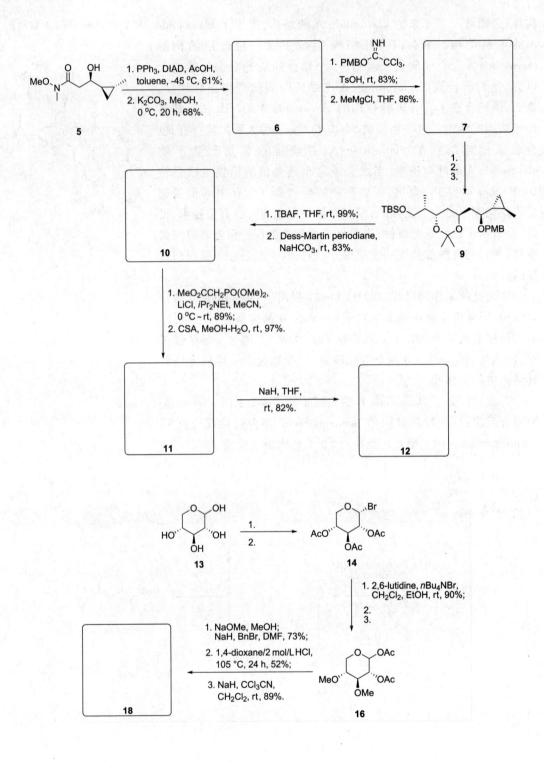

第 7 章 大环内酯类化合物的构筑：大环内酯化反应 / 177

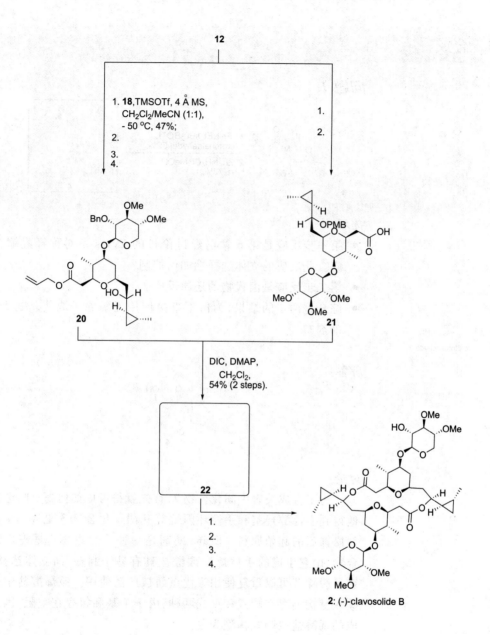

2: (−)-clavosolide B

7.3 合成

问题 1:

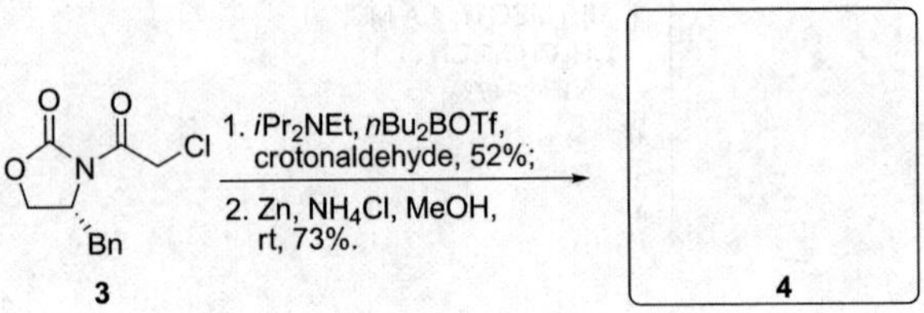

[反应式: 化合物 3 (N-酰基噁唑烷酮带 Bn 基, 酰基为 ClCH₂CO-) 经 1. iPr₂NEt, nBu₂BOTf, crotonaldehyde, 52%; 2. Zn, NH₄Cl, MeOH, rt, 73%. 得到化合物 4]

提示:

- 第一步反应是第 6 章已经讨论过的 Evans 不对称羟醛缩合反应。此反应的立体选择性如何控制？
- 第二步反应是卤代物的还原反应。
- 综合这两步的结果，为何不直接使用无氯原子取代基的 Evans 助剂？

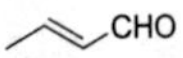

crotonaldehyde: CH₃-CH=CH-CHO

解答:

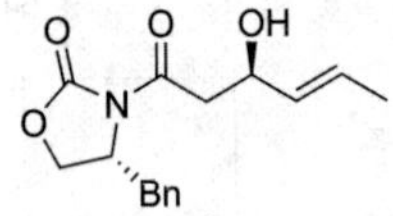

[化合物 4: Evans 助剂 (带 Bn 基的噁唑烷酮) 的 N-酰基为 -CO-CH₂-CH(OH)-CH=CH-CH₃]

讨论:

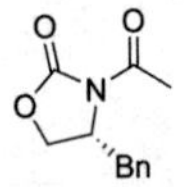

为了合成关键中间化合物 **7**，首先就得考虑如何高对映选择性地得到手性醇羟基和手性环丙烷等基团。化合物 **3** 是经 Evans 助剂修饰后的起始原料。Evans 助剂是一种手性 N-酰基噁唑烷酮化合物，由它生成的手性烯醇硼酸盐具有易于制备、高立体选择性、容易脱除及可以重复使用等优点而被广泛使用。该烯醇盐中的碳碳双键构型存在顺式和反式两种，由于苄基和氯存在空阻，因而生成的烯醇盐以顺式构型为主。

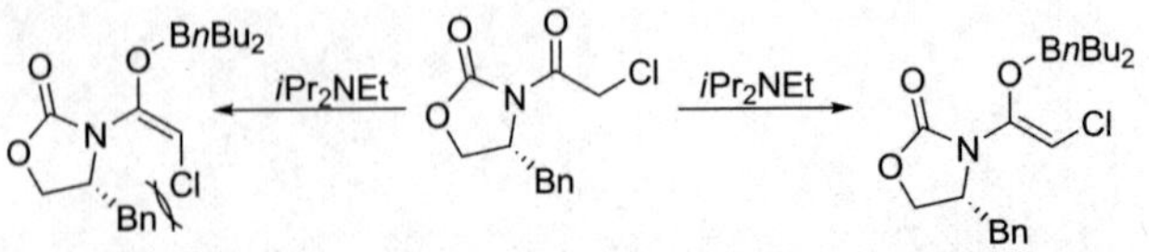

[化合物 7: 含 OPMB 基团的甲基酮和甲基环丙烷结构]

[反应式显示 E-烯醇盐 ⇌ (iPr₂NEt) 化合物 3 → (iPr₂NEt) Z-烯醇盐]

E-烯醇盐   Z-烯醇盐

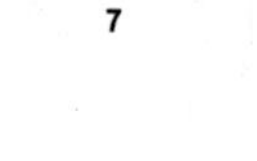

反应的立体选择性可通过相应的椅式过渡态 **23**（Si 面方向进攻）来表示。由于硼氧键的键长很短,因而反应时可以形成紧密的六元环椅式过渡态。根据不同的排列组合,可以形成八种过渡态结构。由于 1,3-直立键的空间位阻,醛的 R 取代基位于假平伏键的位置对稳定过渡态的形成比较有利;由于噁唑酮羰基的偶极矩与烯醇盐中碳氧键的偶极矩方向采用相反的方式对后续形成椅式过渡态有利,同时由于苄基的位阻,底物醛采取从前面与烯醇盐形成六元环椅式过渡态的方式进行反应,从而使反应表现出很高的立体选择性,新形成的羟基与氯取代基成顺式构型的产物。[5] 烯醇盐的构型如下图所示:

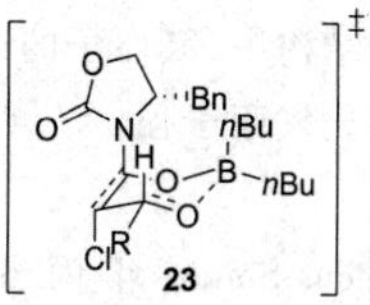

必须防止噁唑酮羰基的氧与硼原子形成分子内螯合物,以利于醛羰基的氧进入并与硼原子配位。

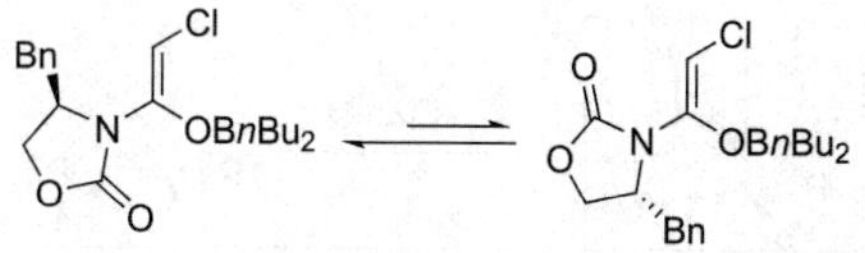

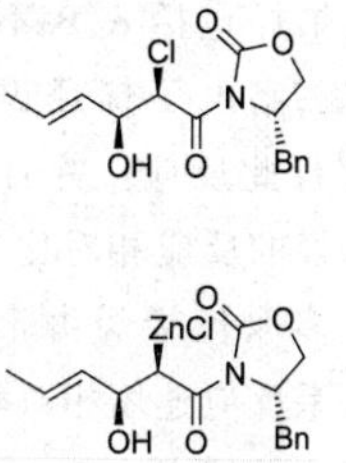

因此,用 nBu_2BOTf 和二异丙基乙基胺处理 Evans 助剂 **3** 后,生成的具有顺式双键的烯醇盐与巴豆醛（反式丁烯醛）反应形成紧密的六元环过渡态,从而高选择性地得到了顺式（syn）羟醛缩合产物,其对映选择性 e.e. 值为 90%。

生成的氯化物在锌粉的作用下被还原,这一步反应是单电子转移生成烷基氯化锌,接着在酸性条件下被还原。这与格氏试剂与酸或水反应生成烷烃化合物是一致的。

问题 2:

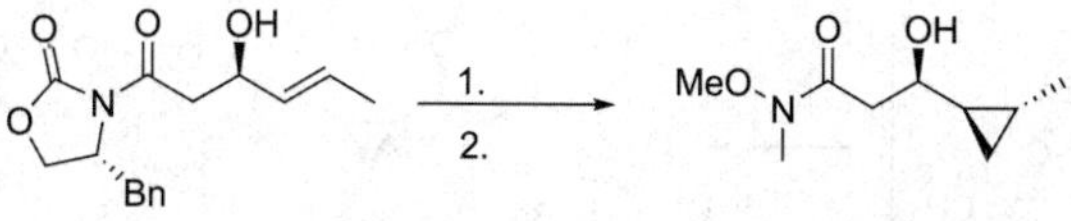

提示:
- 首先是一个烯烃环丙烷化的反应。
- 在有机合成方法学中有许多类似的方法可以进行烯烃的环丙烷化反应,你能想到多少种方法?
- 该步反应中最重要的是要得到一个与醇羟基成顺式构型的环丙烷取代基。如何进行其立体构型的控制?
- Evans 助剂的脱除都有哪些方法?
- 合成目标酰胺化合物 **5** 的目的是什么?

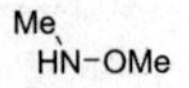

在此结构中,氮原子的亲核能力比氧原子强。

Simmons-Smith 环丙烷化反应:

1958 年,H. E. Simmons 和 R. D. Smith 首次在 Zn-Cu 合金作用下利用 CH_2I_2 与非官能团化的碳碳双键反应立体专一生成环丙烷。随着后续研究工作的拓展,各类烯烃包括 α,β-不饱和醛、酮,富电子烯烃等均可以进行此反应。并且富电子烯烃的反应相对比较快,但是多取代烯烃由于空阻的关系反应速度相对较慢。此反应的特点:

立体专一性,碳碳双键的四个取代基的相对空间位置被保留在环丙烷中;副反应相对较少;反应对很多官能团都兼容;常使用非配位溶剂(CH_2Cl_2,$ClCH_2CH_2Cl$),Lewis 碱性溶剂会降低反应速度;反应在双键的空阻小的那一面进行;如果底物中有可与锌配位的基团时,会诱导产物的立体构型,如本例所示。

目前代替 Zn-Cu 合金的试剂有:
(1) Zn-Ag 可以使产率更高,反应时间更短;
(2) $ZnEt_2/CH_2I_2$ 体系;
(3) $Sm/Hg/CH_2I_2$ 可以优先使烯丙基醇的双键环丙烷化,而 iBu_3Al/CH_2I_2 则

解答:

1. Et_2Zn,CH_2I_2,CH_2Cl_2,0 ℃,97%;
2. Weinreb base,$AlMe_3$,THF,96%。

讨论:

Simmons-Smith 环丙烷化反应是目前最有效的一种碳碳双键环丙烷化方法,该反应具有普适性。其反应过程如下:

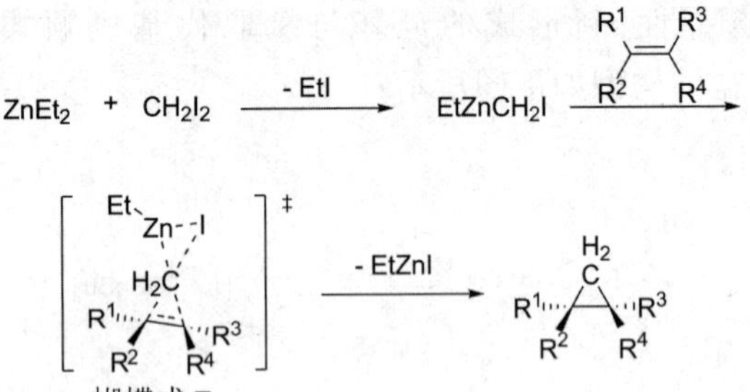

Simmons-Smith 环丙烷化反应的突出特点在于,如果反应底物中存在含杂原子的官能团,如—OH,—OAc,—NHR 等,其过渡态的形成就具有了一定的导向性,使得此反应具有高立体选择性。在此环丙烷化过程中,手性醇羟基作为导向基团诱发了不对称的环丙烷化反应,由于 Zn 与羟基氧原子的螯合作用,使得环丙烷的形成与醇羟基成顺式的反应过渡态更加有利,因而形成环丙烷与羟基处于顺式的产物居多,其 *syn/anti* 的比例为 11:1。

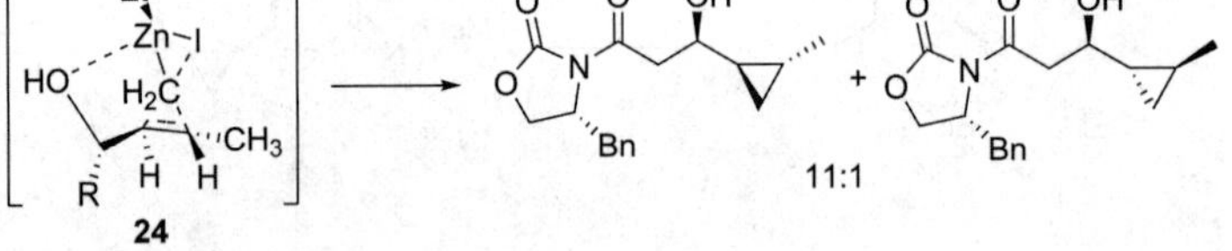

第二步反应脱除了 Evans 助剂。在 $AlMe_3$ 作 Lewis 酸的条件下,*N*,*O*-二甲基羟胺亲核进攻羰基,高产率地得到 Weinreb 碱修饰的酰胺 **5**,这是脱除 Evans 助剂的方法之一。

此外,还可以通过酯交换水解(水解体系:LiOH,LiOOH,LiOR)或还原(还原剂:$LiAlH_4$)的方法脱除 Evans 助剂。这里选择转变成 Weinreb 碱的目的在于为后面 Weinreb 酮的合成作准备。

问题 3:

[反应式: 化合物 5 → 化合物 6
条件: 1. PPh₃, DIAD, AcOH, toluene, -45 °C, 61%;
2. K₂CO₃, MeOH, 0 °C, 20 h, 68%.]

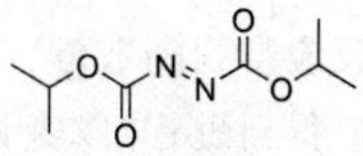

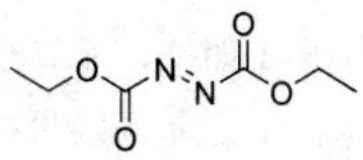

可以在有烯丙基醇取代的情况下只与孤立的碳碳双键反应。

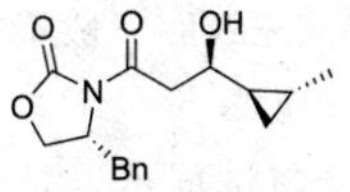

[化合物 25 结构图,Bn]

[DIAD 结构图]

[DEAD 结构图]

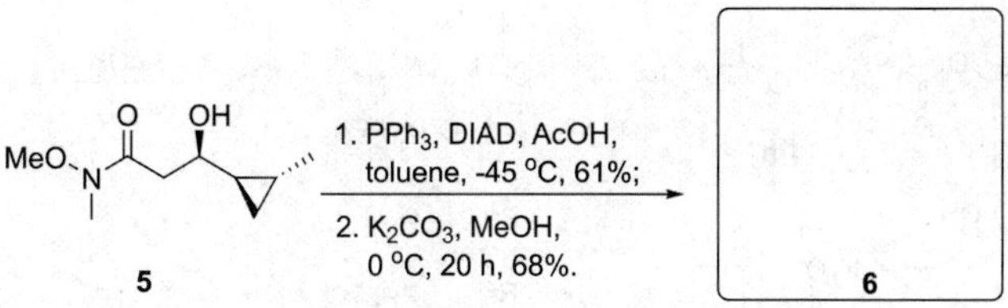

提示:
- 化合物 5 和目标化合物 6 相比,与羟基相连的不对称碳原子的构型正好相反。
- 如何实现此二级醇羟基的构型翻转?
- 哪些反应可以实现羟基构型的翻转?
- 第二步反应是典型的碱性酯交换反应。
- 最终实现了底物中羟基构型的翻转。

解答:

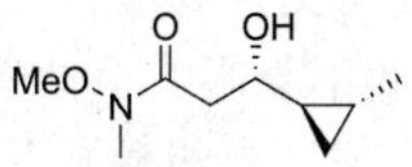

[化合物 6 结构图]

讨论:

手性醇是一类重要的不对称化合物,很多天然有机化合物和具有生理活性的化合物都含有手性醇的结构单元。虽然它们的对映体在非手性环境中化学性质相同,但生理活性和药理作用却相差甚远。因此,分离出单一有效的异构体是十分必要的。

实现手性醇的完全构型翻转可以利用双分子亲核取代反应(S_N2 反应)。首先将醇羟基转化为较易离去的基团,然后利用亲核试剂进行 S_N2 反应得到构型翻转的产物。手性醇的 50% 构型转化,即是醇的消旋化。现在的研究方法有别于传统的化学消旋方法,一般采用金属催化剂进行消旋,并配合酶催化拆分。

这里用到的 Mitsunobu 反应实现了二级醇羟基相连的手性碳的构型完全翻转。首先将羟基转化成一个好的离去基团,再与脂肪酸盐(包括钠盐、钾盐和铯盐)通过 S_N2 反应得到构型翻转的酯。酯水解即可得与原手性醇构型完全翻转的二级醇,这是二级手性醇羟基进行构型翻转的一个重要途径。其可能的反应过程如下:

Mitsunobu 反应:

1967 年,O. Mitsunobu 发现二级醇在 DEAD 和 PPh₃ 的作用下可以与羧酸反应生成酯。经过几年的研究表明,对映体纯的二级醇在此反应条件下发生了完全的构型翻转。随后,此反应就被广泛地应用于光活性的胺、叠氮、醚、硫醚以及烷烃的制备中。

此反应的特点：

（1）可用于一级醇和二级醇的酯化反应，二级醇能实现完全的构型翻转；除一些特例外，三级醇一般不能进行此反应。

（2）亲核试剂可以是酸性物种（pK_a < 15）。

（3）与以氧为亲核位点的试剂反应得到酯或醚，与苯酚反应得到醚；与以氮为亲核位点的试剂反应得到酰胺、氮杂环等，如与一些活泼亚甲基（如1,3-二酮、β-酮羰基酯）反应可以形成碳碳键；与卤素负离子反应生成一级或二级卤代烷。

（4）分子内的 Mitsunobu 反应可以形成 3～7 元的环醚、内酯或环胺，甚至可以形成更大的环。

（5）反应常用溶剂为 THF，二氧六环或二氯甲烷也可以；反应在 0～25℃ 甚至可以在低温下进行。

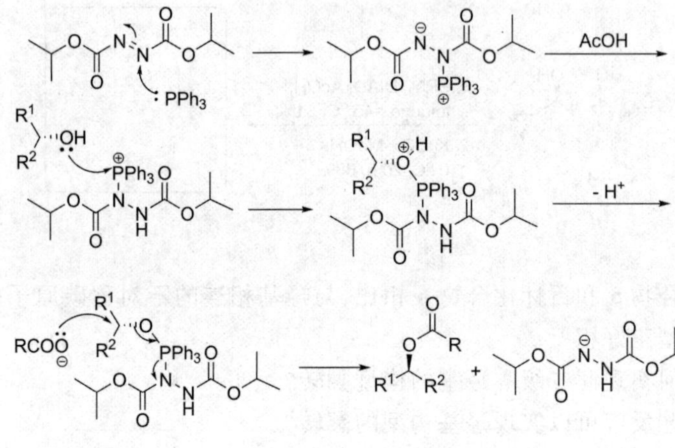

通过此反应过程，手性二级醇 **5** 转化为手性中心构型完全翻转的酯 **26**。

在弱碱性条件下进行酯交换反应，甲醇作为亲核试剂进攻 **26** 中乙酸酯基的羰基碳，因此不会影响手性醇羟基的构型，酯交换后得到手性二级醇 **6**，从而完成了二级醇羟基构型的完全翻转。反应历程如下：

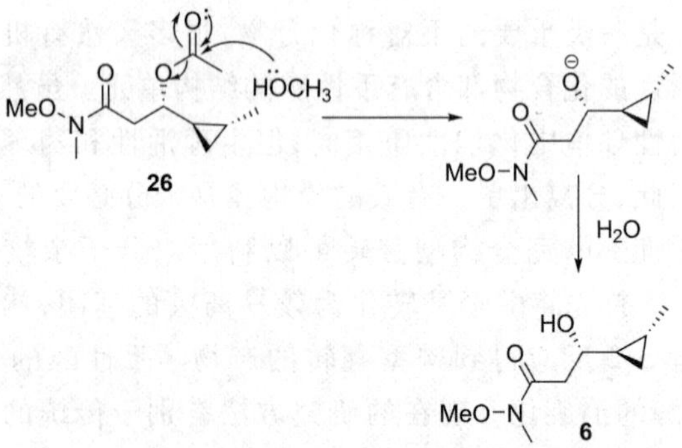

问题 4:

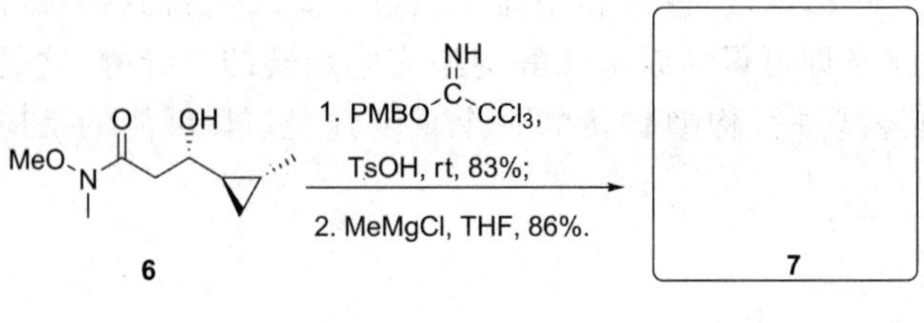

第7章 大环内酯类化合物的构筑：大环内酯化反应

提示：
- 为了进行第二步格氏反应，首先要将醇羟基进行保护。
- 在这里使用了一种特殊的试剂。
- 格氏反应我们非常熟悉，酰胺与格氏试剂反应常生成三级醇，而在此处反应中没有生成三级醇，为什么？
- 需要了解 Weinreb 碱在此格氏反应中的作用。

解答：

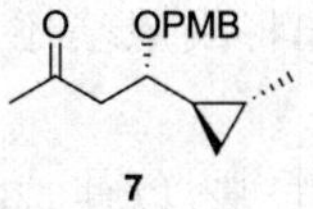

讨论：

　　PMB 是常用的氨基保护基，当然也可以有效地保护羟基，去除该保护基需要等倍量的铈盐或 DDQ 等氧化剂。第一步反应用 PMB 基团将醇羟基保护起来。这里使用了一个与常用的对甲氧基卤化苄不同的引入 PMB 保护的特殊试剂，如侧栏图所示。

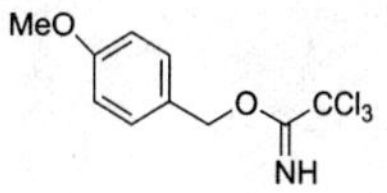

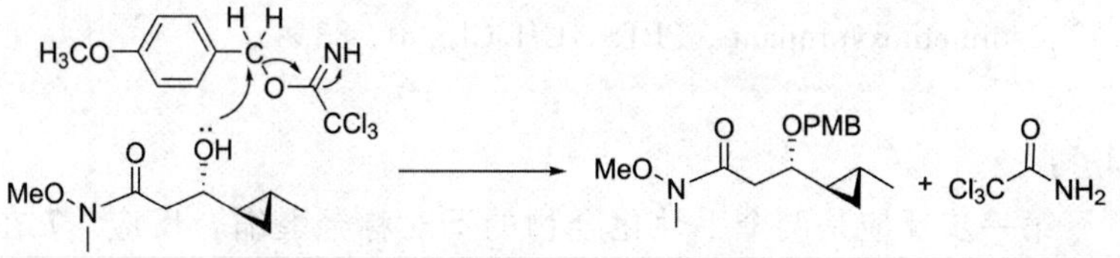

　　一般来说，醛、酮、酯和酰胺都可以与格氏试剂发生格氏反应生成醇。在这四类化合物中，醛和酮更容易与格氏试剂反应，因而酯和酰胺与格氏试剂反应很难停留在醛和酮这一步，反应继续进行得到三级醇。但是对于化合物 6 而言，由于镁与氧原子的配位作用，形成一个如侧栏图所示的五元环中间体，使得 Weinreb 碱不能顺利离去形成中间体酮，从而使得格氏试剂的反应不能够进一步发生，因而将反应最终停留在五元环中间体这一步。五元环中间体在后处理的过程中与水反应生成酮。当然，为了保证反应的顺利进行，该反应需要在低温下进行。

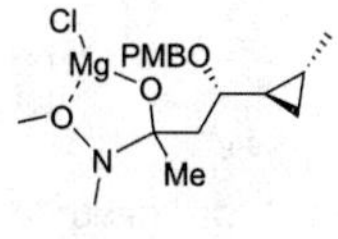

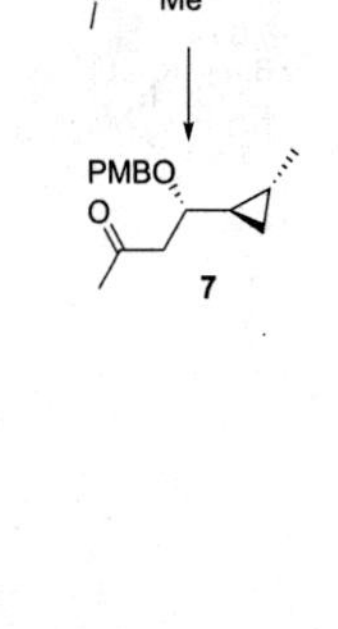

　　至此，合成中需要的重要中间体 7 就完成了。

问题 5：

提示：
- 从二者的结构分析，通过碳碳键的构筑引入了 1,3-二醇骨架体系。
- 1,3-二醇骨架体系可以通过对 β-羟基酮体系还原得到。
- β-羟基酮体系是典型的羟醛缩合反应的产物骨架，因此要有一个羟醛缩合反应。
- 因此，第一步反应仍然是一个不对称的羟醛缩合反应。
- 很显然，在通过不对称的羟醛缩合反应得到 β-羟基酮体系后，由于结构的需要，需要先将酮羰基还原。还原酮羰基的方法有很多种，你能说出几种？
- 接下来是选择性地保护羟基，以便选择性地进行端位羟基的氧化反应。
- 第三步反应是两个羟基的保护，用到了什么试剂？

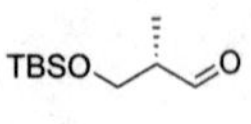

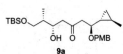

解答：
1. **8**, iPr$_2$NEt, nBu$_2$BOTf, ether, -78℃, 93%；
2. Me$_4$NB(OAc)$_3$H, MeCN/AcOH, 95%；
3. 2,2-dimethoxypropane, PPTS, CH$_2$Cl$_2$, rt, 83%。

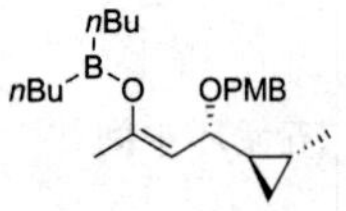

讨论：

第一步反应是两个手性化合物的不对称羟醛缩合反应。**7** 在有机碱 iPr$_2$NEt 的作用下与 Bu$_2$BOTf 反应生成烯醇硼酸盐，接着与醛 **8** 反应形成六元环椅式紧密过渡态，如下图所示：

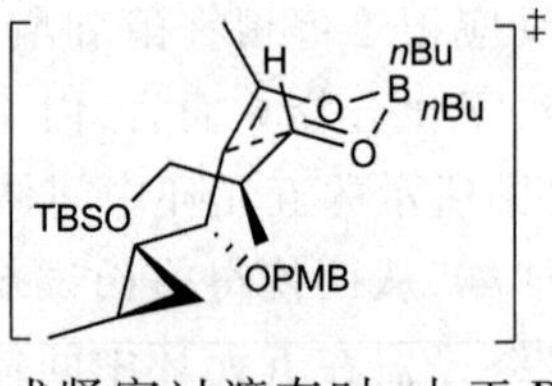

在形成六元环椅式紧密过渡态时，由于 PMBO 基团和化合物 **8** 中侧链上的手性碳上相连的甲基之间存在空间位阻，只能采取以上的优势构象过渡态以减少空阻，这样使得生成 β-羟基酮 **9a** 的羟基和原化合物 **8** 中的甲基为顺式（syn），此反应的 e.e. 值大于 92%。[6]

接下来的反应是酮羰基的还原，能够实现这一过程的还原剂有 LiBH$_4$、NaBH$_4$、LiAlH$_4$ 等等。LiBH$_4$ 和 NaBH$_4$ 虽然活性不高，但都具有很好的化学选择性，它们通常被用做醛和酮的还原试剂，反应温度通常在 0℃ 或室温。而 LiAlH$_4$ 则能够还原几乎所有的羰基。

此处用到的是 Me$_4$NB(OAc)$_3$H 还原剂,之所以选用这样一个结构复杂的还原剂,是出于反应立体选择性的考虑。此处 β-羟基酮 **9a** 的羟基与 Me$_4$NB(OAc)$_3$H 反应,使得双分子还原体系转化成了一个分子内的还原体系,这样就可以通过形成椅式六元环的过渡态来还原酮羰基。其过渡态如下图所示:[7]

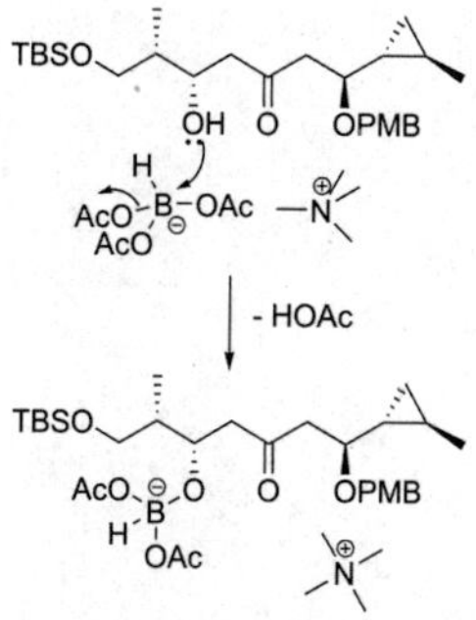

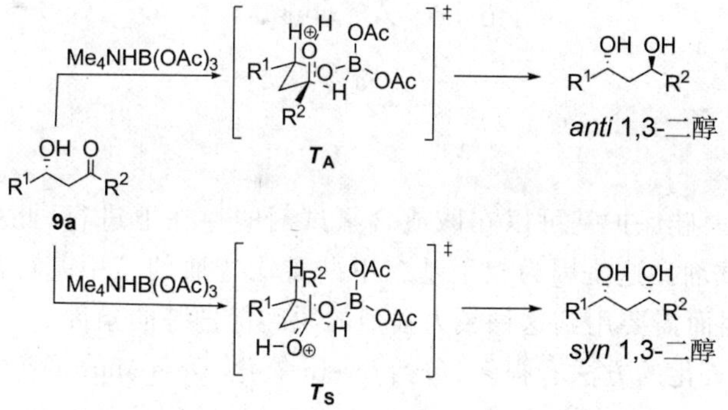

由于空间位阻和氢键的作用,反应表现出了很好的立体选择性。在过渡态 T_S 的构象中,R^2 与 OAc 基团由于 1,3-二直立键的作用存在较大的空间位阻,且在过渡态 T_A 的构象中将酮羰基质子化的氢与 OAc 的氧存在氢键作用,因而过渡态 T_A 为优势构象,得到了 1,3-反式二醇产物 **27**。

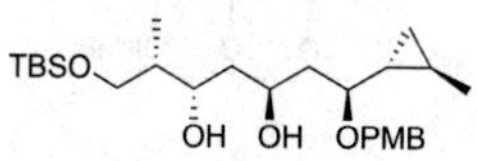

为了不影响后续的反应,因而需要对化合物 **27** 中的两个二级醇羟基进行保护。保护二级醇羟基的一种常用方法是形成缩醛或缩酮,但是丙酮直接保护二醇的条件十分苛刻,而采用 2,2-二甲氧基丙烷或 2,2-二乙氧基丙烷进行酸催化的缩酮交换方式能使反应条件变得非常温和,并且反应选择性更高,能有效地对反式二羟基进行保护,生成化合物 **9**。[8]

问题 6:

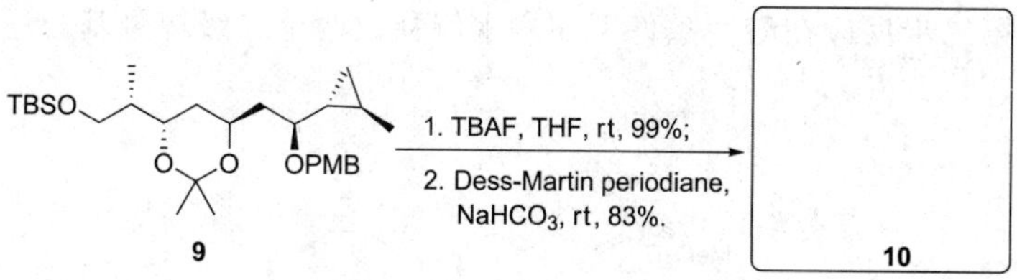

提示:
- TBAF 是最常用的脱除硅基保护基的试剂。还有哪些试剂可以用于硅保护基的脱除?

- 硅保护基的稳定性取决于硅上的取代基。
- 第二步反应是一级醇的氧化反应。

解答:

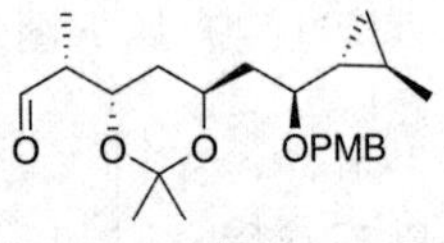
O
O
O
OPMB

10

讨论:

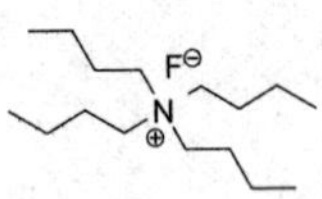
F⊖
N
⊕

TBAF

脱去硅保护基可以在碱或含氟试剂的存在下进行,此处采用TBAF试剂。这是因为叔丁基二甲硅醚比普通的三甲基硅醚更为稳定,因而需要用到这种较为强烈的脱硅保护基的条件。

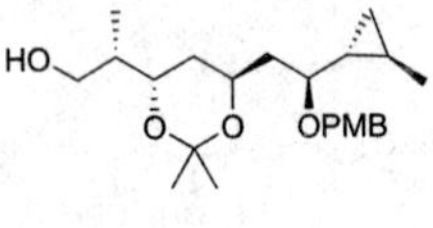
HO
O
O
OPMB

醇氧化的方法有很多,包括Swern氧化、Dess-Martin氧化、PCC氧化等等。Dess-Martin氧化具有选择性好、反应条件温和、操作简便、收率高等优点,因而此处选用了该种方法,其机理我们已经在前面的章节中讨论过,在这里就不再赘述了。

问题 7:

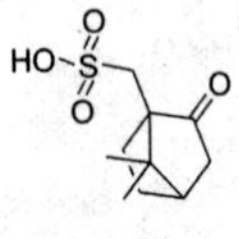
HO
O
S
O
O

CSA

(樟脑磺酸)

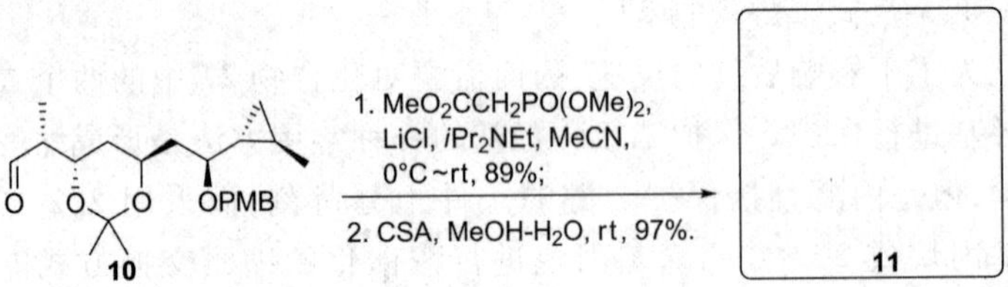
O
O
O
OPMB
10
1. MeO2CCH2PO(OMe)2,
LiCl, iPr2NEt, MeCN,
0°C~rt, 89%;
2. CSA, MeOH-H2O, rt, 97%.
11

提示:

- 第一步反应是利用Horner-Wadsworth-Emmons的方法形成碳碳双键,产物为α, β-不饱和酯;
- 第二步反应在酸性条件下缩酮水解释放两个二级醇羟基。

解答:

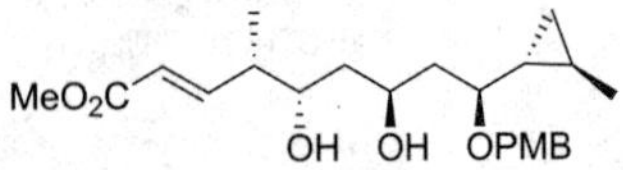
MeO2C
OH
OH
OPMB

11

讨论：

Horner-Wadsworth-Emmons 反应是一类有效的形成碳碳双键的反应。由于此磷酸酯的 α 位有酯基取代，因此其 α 位碳上的氢具有较强的酸性，在有机碱二异丙基乙基胺的作用下生成碳负离子。

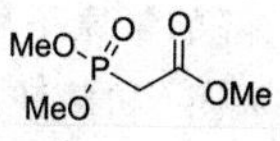

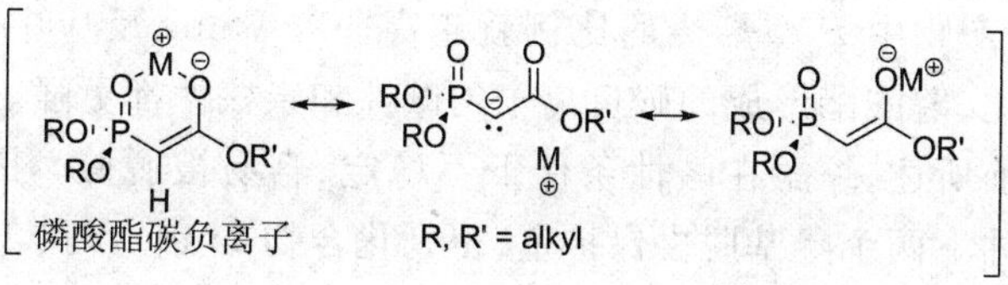

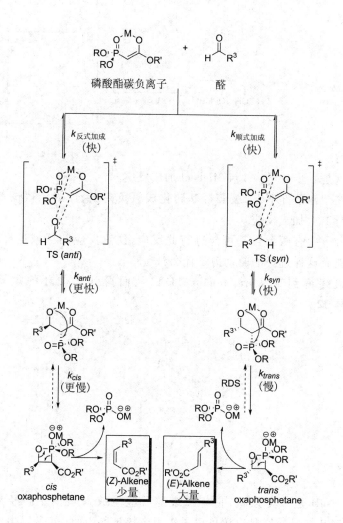

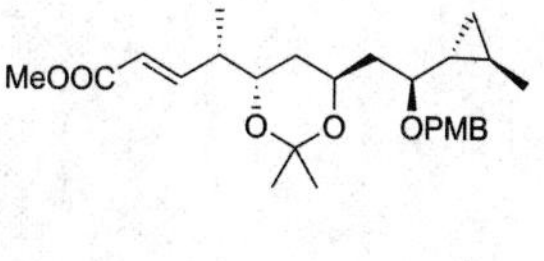

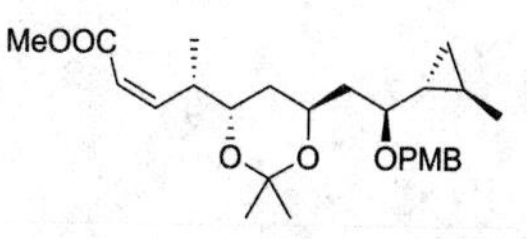

反应生成的烯烃的顺反构型与碳负离子和醛酮加成时的方向有关，同时与反应的可逆性及两个中间体之间的相互转化有关。亲核

加成的过程中,采取交叉式的构象,醛的氢原子尽量与较大的基团(如磷酸酯基)重叠,从而确保了下一步形成酯基与 R^3 处于 *syn* 型,接着单键旋转,形成四元环,通过逆的[2+2]反应得到 E 型烯烃。另一方面,也可以认为生成两种氧负离子的反应是可逆的。由于两个较大的基团(R^3 和酯基)处于同侧,因此不易环化为四元环,会逐渐转化为较稳定的另一种构型。

接下来的转化过程如下:碳负离子进攻醛基发生亲核加成,形成氧负离子。氧负离子再进攻磷原子,生成一个氧杂的四元环中间体(oxaphosphetane),这一步是决速步骤。由于其余四个基团的摆向不同,可以生成两种产物,最终消除生成 E 构型和 Z 构型烯烃。

最后一步消除是不可逆的,最终反应向消除为 E 型烯烃的方向进行,产物中 E 型烯烃的比例就越高。与 Wittig 反应中的磷叶立德相比,磷酸酯形成的碳负离子的碱性和亲核性都更强。

如前所述,缩酮在酸性条件下不稳定,容易被脱除。因此,在酸性条件下两个羟基脱去保护基,得到化合物 **11**。

问题 8:

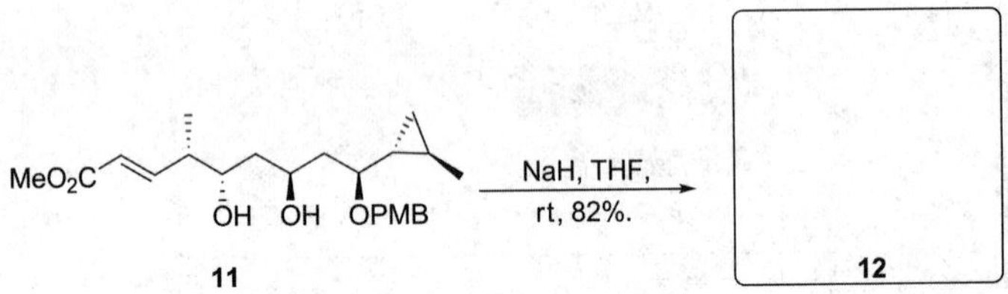

提示:
- 这是一步分子内 1,4-Michael 加成反应。
- 在碱性条件下,二级醇羟基转化成氧负离子,作为亲核试剂进行 1,4-加成反应。
- 分子中有两个羟基可能进行此反应,注意反应的区域选择性。能有这样选择的驱动力是什么?
- 最终得到 3,7-*syn*/*anti* = 11/1,从而得到了关环的重要前体 **12**。

解答:

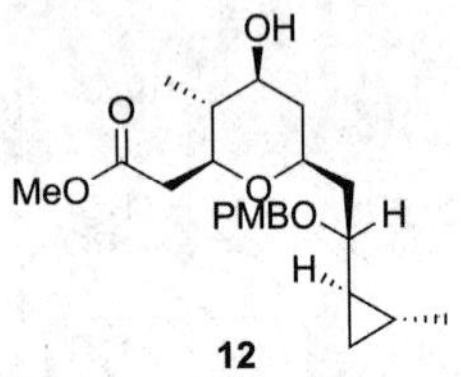

讨论:
    NaH 是一类强碱,它与二级醇反应生成氧负离子。经典的 Michael 加成反应是以碳负离子作为亲核试剂,而此处是以生成的氧负离子作为亲核基团。由于反应过程中生成六元环中间体更加

稳定而使得两个羟基的反应性得以区分,获得了很好的区域选择性。反应的过渡态如侧栏图所示。到此,成功地构筑了目标分子的主要片段。

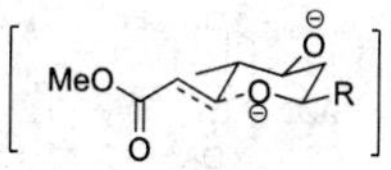

问题 9:

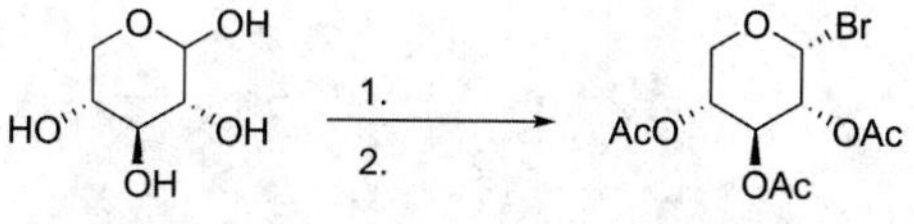

提示:

- 从这里开始进行糖基部分的合成,涉及糖的反应,这是该分子合成中的一个特别之处。
- 这两个反应是为接下来进行的羟基保护作准备。
- 主要是为了合成溴代糖类化合物。
- 糖分子中各个位置羟基的活性有什么差别?可以利用这种差别选择性地保护羟基。

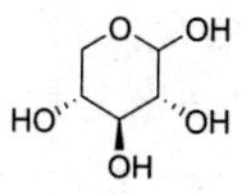

解答:

1. Ac_2O, Py, 100%;
2. HBr/AcOH, 91%。

讨论:

糖基部分的合成涉及一系列糖的反应,这是该类化合物合成中的一个特别之处。乙酰基是糖化学中最常用的羟基保护基,常将糖和乙酸酐在吡啶溶液中和室温下反应。由于该保护基比较活泼,对羟基的保护几乎没有选择性。[9]

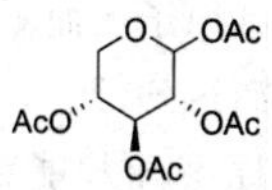

D-戊醛糖 **13** 是商业上可得的原料,它可与乙酸酐在吡啶作用下定量反应生成四个羟基均被乙酰基保护的糖 **28**。显然,由于半缩醛形成的酯不稳定,容易发生进一步的反应,因而可以在 HBr 作用下发生 S_N2 反应。由于半缩醛羟基的不稳定性,使其手性不易被保持,反应得到了两个非对映异构体,主要产物为 **14**。

这里的立体选择性涉及异头体效应。所谓异头体效应,是指当具有吸电子诱导效应的取代基(如卤素、烷氧基)在吡喃糖的 C1 位时,此糖类化合物的稳定性为取代基位于直立键时比平伏键时要高。化合物 **14** 有异头体效应,是因为氧的孤对电子可以与 C—X 键的反键轨道相互作用,因而使之比取代基处于平伏键时更为稳定。稳定的程度随溶剂极性的增加而降低,因为溶剂极性增加

在这里等于将半缩醛的羟基乙酰化,将羟基转化为易离去基团——乙酸根负离子。

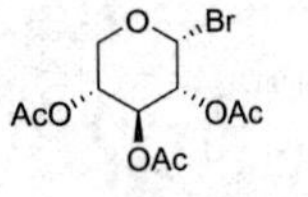

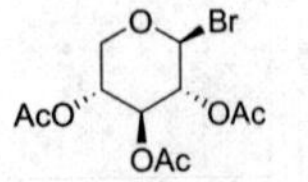

时孤对电子的溶剂化作用增加,从而使氧原子上的孤对电子与 C—X 键反键轨道的相互作用减弱。这里产物以 **14** 为主。

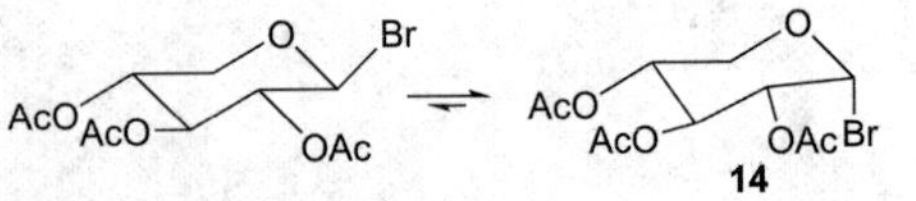

问题 10:

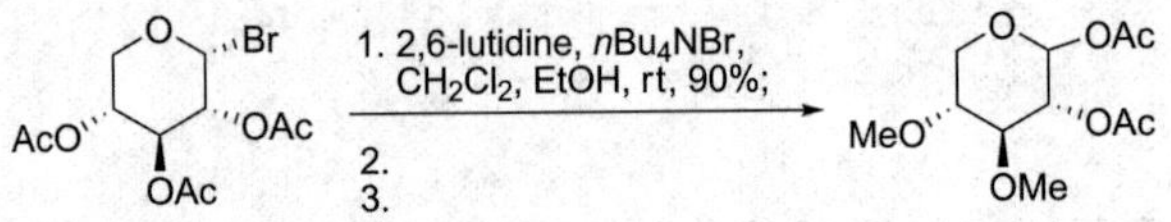

提示:
- 经这三步转换后,实现了三个二级醇羟基的区分,其中两个被甲基保护,另一个转化为乙酰氧基;
- 取代基溴也转化为乙酰氧基;
- 有了前面的准备工作以后,可以选择性地保护两个羟基,而另外两个羟基能够顺利地进行其他反应[10];
- 第二步反应采用 Zemplen 的方法[11]去乙酰化,脱去另两个羟基的乙酰基保护基,接着再进行这两个二级醇羟基的甲基化反应;
- 在糖的反应中乙酰基扮演了重要角色,在这些转换中可见一斑。

解答:

2. NaOMe, MeOH; NaH, MeI, DMF, 93%。
3. AcOH, rt, 1 h; Ac$_2$O, Py, rt, 24 h, 98%。

讨论:

第一步反应是通过将化合物 **14** 转变成稳定的原酸酯 **15**,选择性地保护了两个羟基。其转化过程如下:

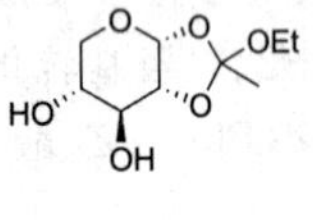

原酸酯是原酸 RC(OH)$_3$ 的三个羟基全部被烷氧基(—OR)取代所生成的化合物。原酸因其三个羟基连在同一碳原子上而不稳定,很难分离得到,而与该结构相应的原酸酯却能稳定存在。原酸酯大多为液体,并具有类似醚的气味。对碱稳定,可被酸分解。

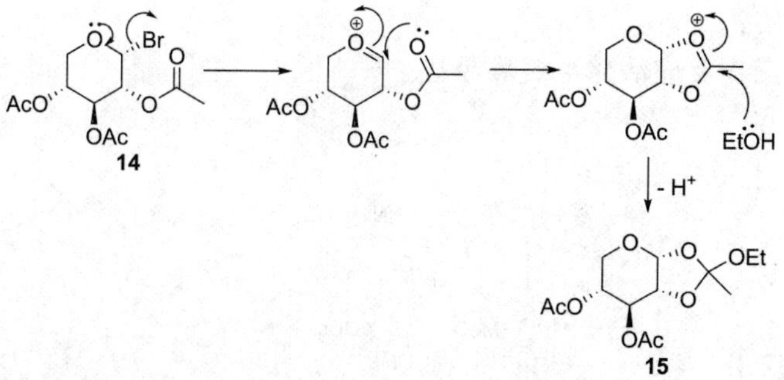

由于氧原子的邻基参与使得溴负离子更易离去，形成羰基氧正离子，接着乙酰基氧上孤对电子对羰基碳进行亲核加成，最后乙醇进攻酯羰基碳形成了含顺式五元环的原酸酯 **15**。

Zemplen 法是用甲醇钠作碱，在碱性条件下将乙酸酯通过酯交换反应释放醇羟基的过程，而在此过程中原酸酯能稳定存在。该反应高效并立体专一，在糖的合成中经常被用到。接下来，游离的羟基在强碱 NaH 的存在下发生甲基化反应，这是糖化学中常用的甲基化条件。

此处均是甲氧基负离子进攻酯羰基碳，因而对羟基的手性不产生影响。

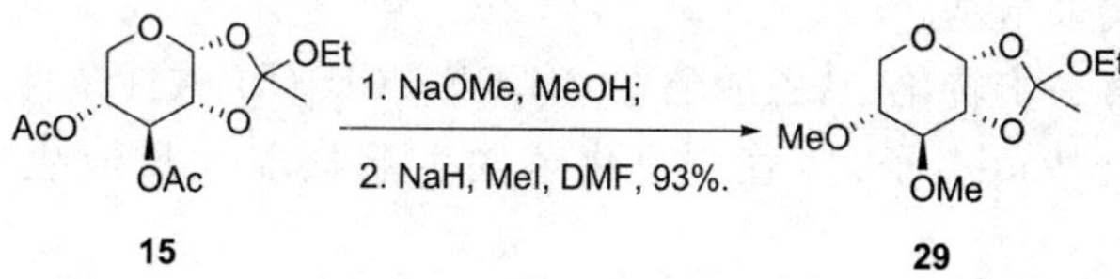

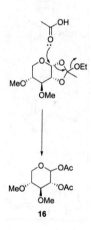

接着由于原酸酯在酸的条件下不稳定，因而化合物 **29** 以冰醋酸和醋酸酐处理后，得到化合物 **16**。

问题 11：

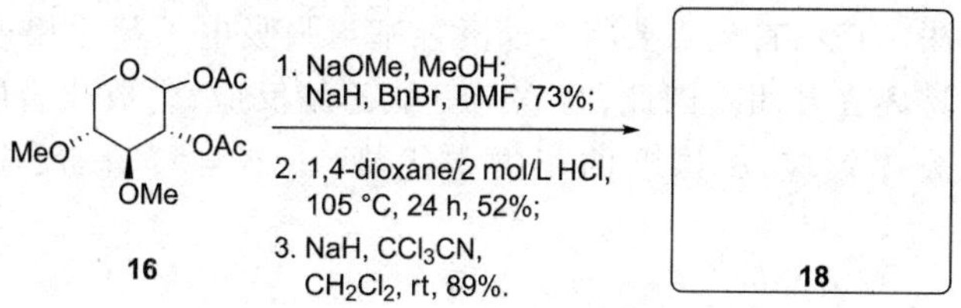

提示：
- 第一步反应使用上一步同样的方法脱去两个乙酰保护基，形成烷氧基负离子。
- 随即原位进行苄基化保护。

- 第二步反应选择性水解其中一个苄基醚,哪个位置更容易被水解?
- 第三步反应活化半缩醛羟基。

解答:

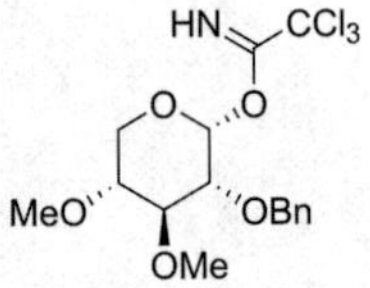

18

讨论:

苄基是常用的羟基保护基。苄基醚对酸、碱,以及很多试剂(包括过碘酸钠、四乙酸铅和氢化锂铝等)都较稳定,能够耐受酸性条件,从而为酸性条件下脱除一些对酸敏感的羟基保护基以及将甲基糖苷转变为游离的糖羟基提供了可能性。当然,在中性溶液及室温下钯催化氢解苄氧基很容易除去苄基,也可用金属钠在乙醇或液氨中还原裂解除去苄基。当糖中存在对催化氢化或氢解反应较为敏感的基团时,也可对苄基氢进行自由基卤代反应,然后水解即可脱去苄基。[9]

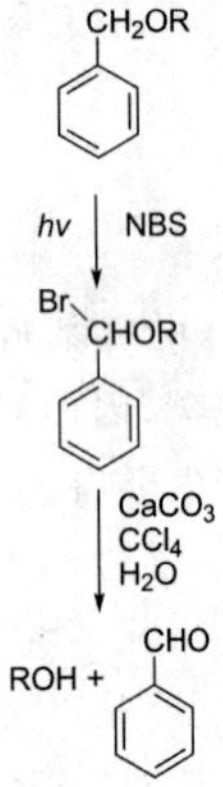

在第一步转化中,乙酸酯在 CH_3ONa/CH_3OH 碱性条件下水解形成烷氧基负离子,接着与溴化苄发生亲核取代反应生成化合物 **17**。

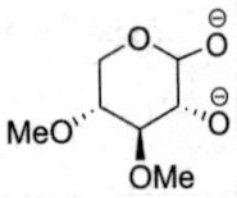

缩醛的醚键与其他醚键相比更易水解,环外的醚键比环内的醚键更易水解。因此,连在异头碳上的苄醚键优先水解,形成半缩醛 **17a**。此羟基将在下一步反应中与化合物 **12** 的羟基反应形成醚键。

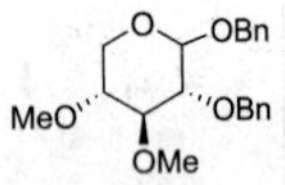

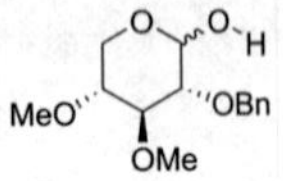

在糖化学中,Schmidt 糖苷化反应是使两个羟基形成糖苷键的常用方法。该法首先需要将半缩醛羟基与强吸电子基团相连使之成为一易离去基团。因此,将它与三氯乙腈反应,生成化合物 **18**。根据异头体效应,α 构型的产物占优势,α:β = 5:1。反应历程如下:

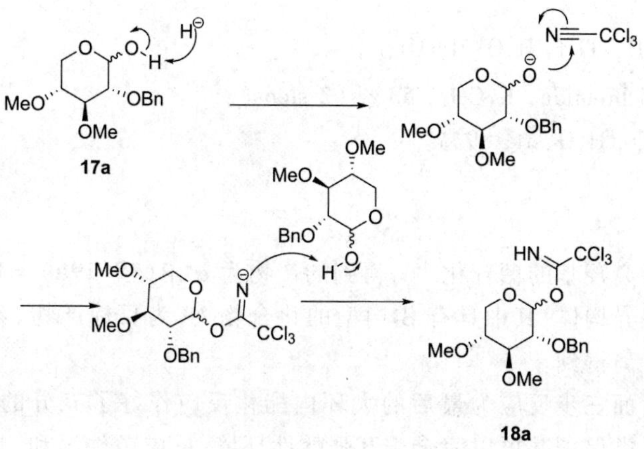

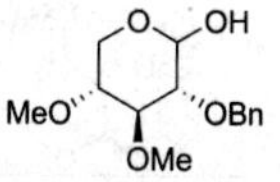

Schmidt 糖苷化反应： 通过引入强吸电子基团来活化异头碳上的羟基，从而使该基团为易离去基团，在下一步反应中容易被进攻而离去，从而起到了活化半缩醛羟基的作用。

问题 12：

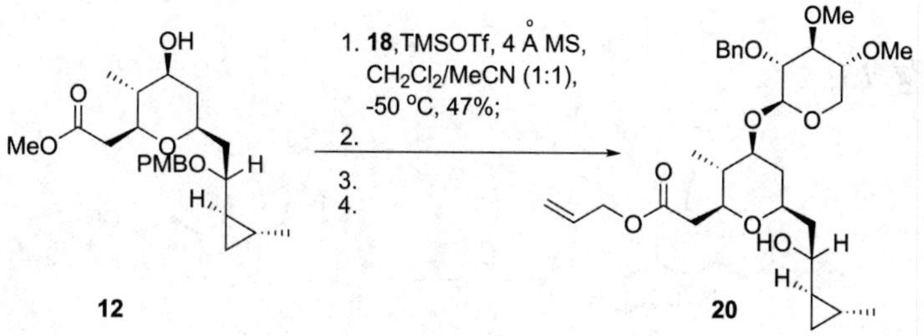

提示：

- 第一步反应实现了化合物 **12** 中游离羟基的糖苷化[12]，得到的产物为 α：β = 1：1 的非对映异构体，其中 β 构型 **19** 为目标产物，可以通过柱分离得到。
- 后三步反应的作用是什么？
- 从结构上看，PMB 保护基需要脱除，甲酯需要进行交换。
- 为了保证后面关环反应高效进行，采取两边分别关环的方法，那么在分子一翼关环的同时就需要对另一翼的一些活泼基团进行保护，那就需要选择不同的保护基。
- 在一翼关环反应完毕，需要对另一翼脱保护，如何进行？

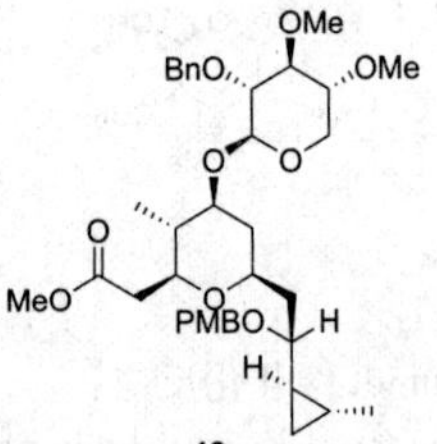

解答:

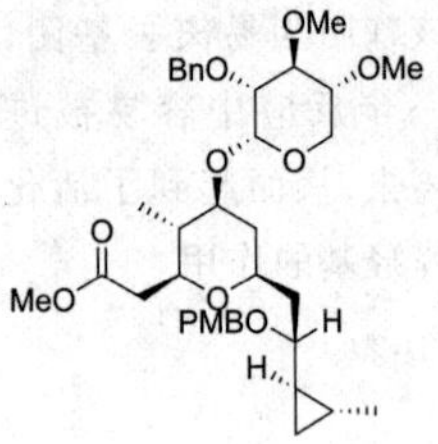

2. LiOH, THF/H₂O/MeOH;
3. allyl bromide, K₂CO₃, 53% (2 steps);
4. DDQ, H₂O, rt, 89%。

讨论:

游离羟基的糖苷化[12]，得到的产物为 α:β (**19:19a**) = 1:1 的非对映异构体，其中具有 β 构型的化合物 **19** 为目标产物，可以通过柱分离得到。

后面三步反应为最后的大环内酯化反应作好了充分的准备。烯丙基类保护基可以完全避开强酸性环境，反应条件温和，是现代糖化学合成中保护羧酸的首选方法。因而先将化合物 **19** 中的甲酯碱性水解，得到羧酸；羧酸进行烯丙基酯化反应，得到烯丙基酯。

第四步反应是用 DDQ 氧化脱除 PMB 保护基，得到化合物 **20**。

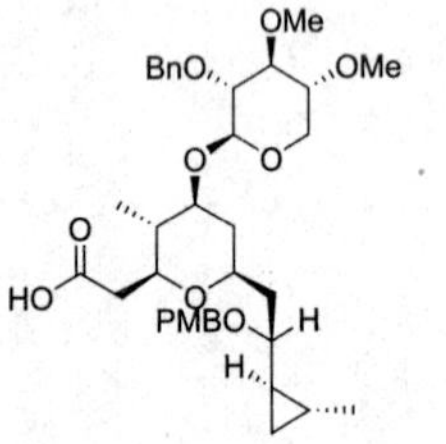

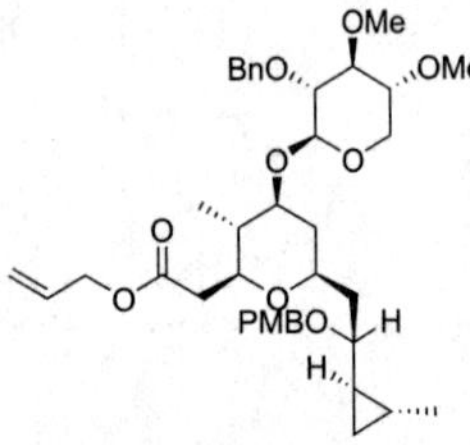

问题 13:

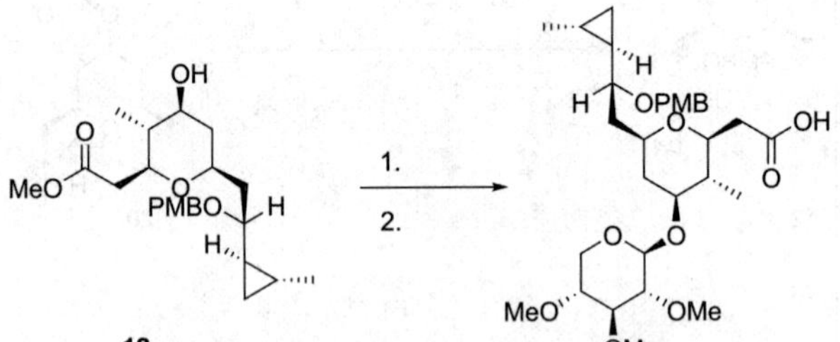

提示:

- 从这两个转换过程看，包含糖苷化反应和酯水解反应。
- 这两步的反应次序是怎样的？
- 形成糖苷键的过程，该步反应条件与前面用到的反应类似。
- 酯水解的条件也与前面的水解反应一致。

解答:

1. **18**, TMSOTf, 4 Å MS, CH₂Cl₂/MeCN (1:1);
2. LiOH, THF/H₂O/MeOH。

讨论：

为了避免羧酸基团对形成糖苷化反应的影响，应该先进行糖苷化反应，然后酯基再水解。

化合物 **21a** 可以用与合成化合物 **19** 类似的方法将 **12** 和 **18** 反应来制备[6]，这里不再赘述。**21a** 再在碱性条件下水解，在酸化后得到 **21**。

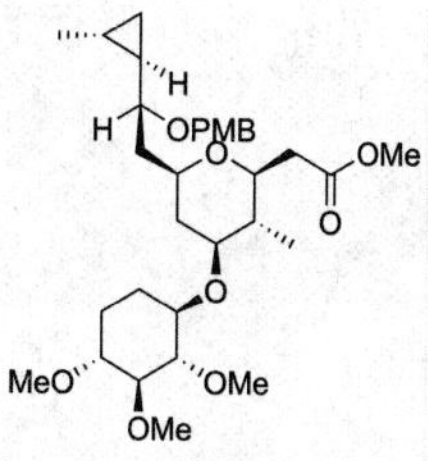

21a

问题 14：

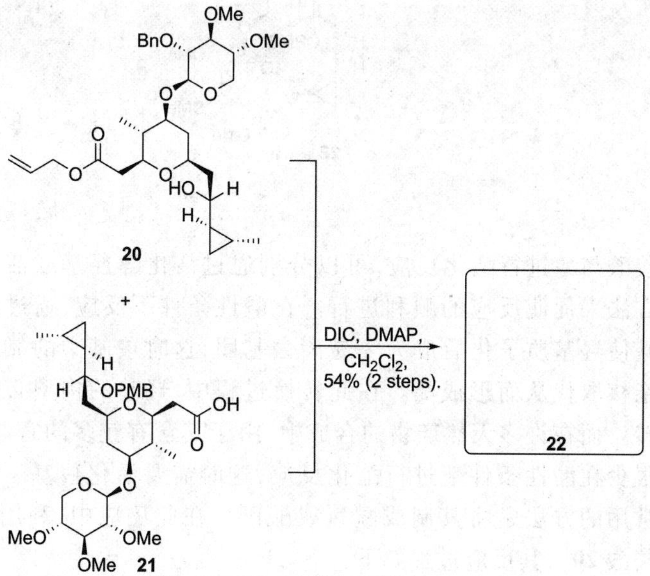

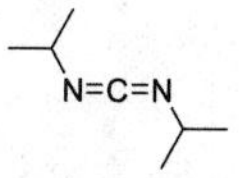

DIC

提示：

- 通过常规的酯化反应先构筑大环的一翼。
- 这是一个二级醇的酯化反应。
- 此转化过程中二级醇的手性是否会受到影响？为什么？

解答：

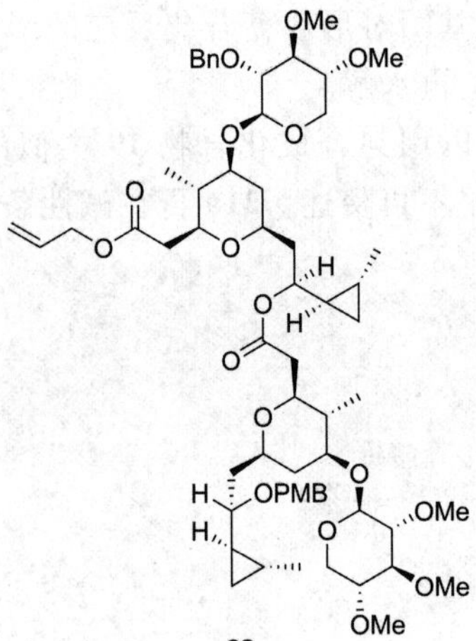

22

讨论：

羧酸与醇进行酯化反应，可以分别通过活化醇羟基或活化羧基等方法来促使反应的顺利进行。在酸性条件下反应，通过活化醇羟基使羟基质子化后成为一易离去基团，这时羧基中的氧对其进行亲核取代从而形成酯。在此转换过程中，羟基的构型必然发生翻转。而在许多天然产物的合成中，由于其含有较多的官能团，因此很少在酸性条件下进行酯化反应，这时需要活化羧基。活化羧基常用的方法是将其制成酰氯或酸酐。在此反应中，利用 DIC 活化羧酸 **20**。其反应过程如下：

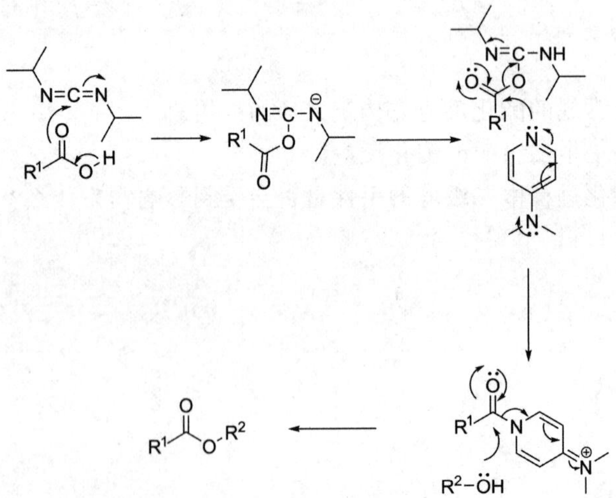

在上述形成酯的过程中，醇羟基作为亲核试剂进攻羰基，因而该反应二级醇羟基的构型保持不变。

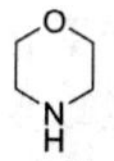

吗啉
morpholine

问题 15:

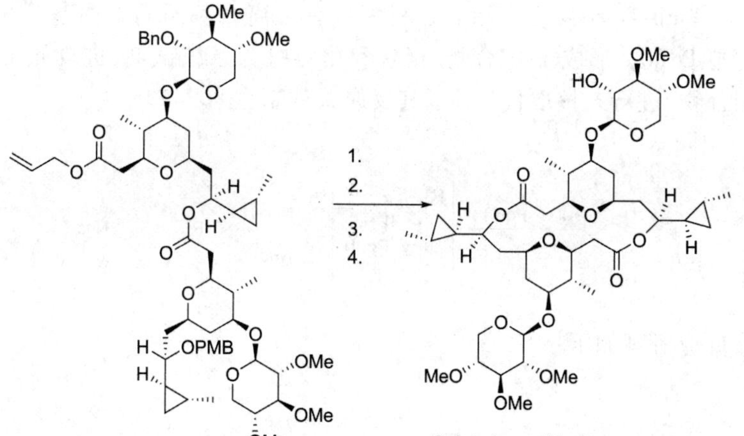

22

2: (−)-clavosolide B

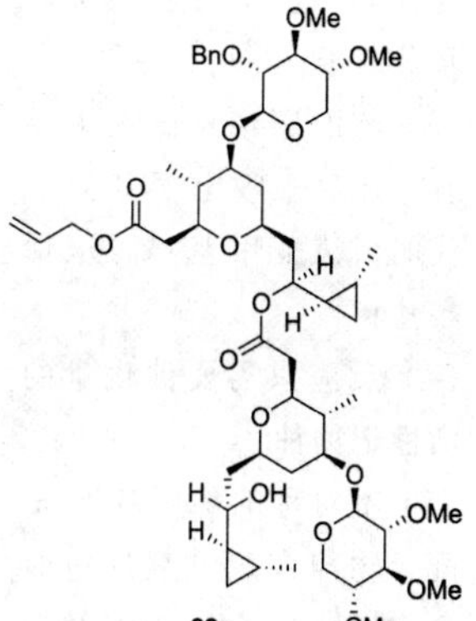

22a

提示:

- 通过这四步反应实现了整个分子的关环反应，得到了目标产物大环内酯 **2**。
- 第一步反应脱除 PMB 保护基，其方法已经在前面反应中使用过。
- 第二步反应的作用是什么？
- 第三步反应实现了大环内酯的关环。
- 第四步反应脱除苄基保护基，得到最终的目标产物。

解答:

1. DDQ, CH_2Cl_2, H_2O, 70%。
2. $Pd(PPh_3)_4$, morpholine。
3. 2,4,6-$Cl_3PhCOCl$, TEA, THF, rt; DMAP, PhMe, reflux, 52% (2 steps);
4. Pd/C, MeOH, rt, 78%。

讨论:

第一步反应利用 DDQ 选择性切断 PMB 的羟基保护，生成化合物 **22a**。由于 PMB 保护基是一类富电子体系的基因，可以被 DDQ 氧化脱除，而苄基保护基在 DDQ 氧化下没有受到任何影响。

Tsuji-Trost 反应：
1965 年，J. Tsuji 发现，烯丙基氯化钯 π-配合物可以被一些亲核试剂如烯胺或由丙二酸乙酯和乙酰乙酸乙酯生成的 α 位碳负离子取代。随后，1970 年发现此反应可以利用催化量的钯进行反应。1973 年，B. M. Trost 发现，烷基取代的烯丙基钯 π-配合物以高度专一的区域和立体选择性，可以与一些软的碳亲核试剂进行烷基化反应。然而，硬的亲核试剂，如烷基锂、格氏试剂等不能进行此反应。
此反应的特点：
(1) 离去基团范围广，如卤素负离子、乙酸根负离子、烷基氧负离子、磺酸根负离子、碳酸根负离子、氨基甲酸根负离子、磷酸根负离子等，这些基团的离去能力决定了反应性：
$Cl \approx OCO_2R > OAc \gg OH$

(2) 通常需要化学计量的碱参与反应以生成足够的软的碳亲核试剂,而碳酸烯丙基酯则不需要任何碱,因为反应产生了足够的烷氧基负离子;

(3) 软的碳亲核试剂主要有:有两个吸电子基团取代的活泼亚甲基、烯胺、烯醇盐;

(4) 反应只需要催化量的活性钯物种;

(5) 不对称的烯丙基钯 π-配合物与亲核试剂反应时具有区域选择性,有时其选择性取决于配体和亲核试剂;

(6) 手性底物形成的烯丙基钯 π-配合物与软的碳亲核试剂反应,最后结果构型得以保持(经过了两次构型翻转),而与硬的碳亲核试剂反应,构型完全翻转(烯丙基钯 π-配合物与硬的碳亲核试剂会先进行转金属反应)。

接下来利用 Tsuji-Trost 反应。这是一个在 Pd(PPh$_3$)$_4$ 催化下进行选择性切断酯基的烯丙基保护基的转换过程。此反应很好地回避了酯的碱性水解反应,这也是 D. H. Lee 为什么在前面要制备烯丙基酯的原因。

Tsuji-Trost 反应实际上是利用带有可离去基团的烯丙基衍生物与 Pd(0) 形成 π-配合物,接着利用吗啉为亲核试剂,进攻此 π-配合物,进行亲核取代反应。其反应式如下:

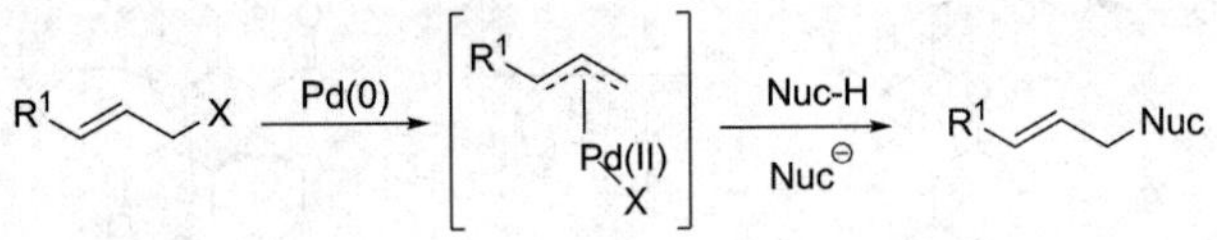

$$R^1\diagup\!\!\!\diagdown X \xrightarrow{Pd(0)} \left[\begin{array}{c}R^1\diagup\!\!\!\diagdown\\Pd(II)\\X\end{array}\right] \xrightarrow[Nuc^\ominus]{Nuc-H} R^1\diagup\!\!\!\diagdown Nuc$$

其反应机理如下:

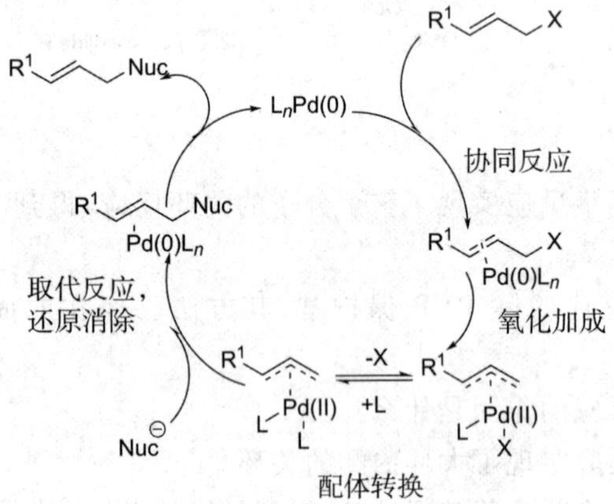

因此,化合物 **22a** 上的大基团作为离去基团,吗啉为亲核试剂,反应历程如下:

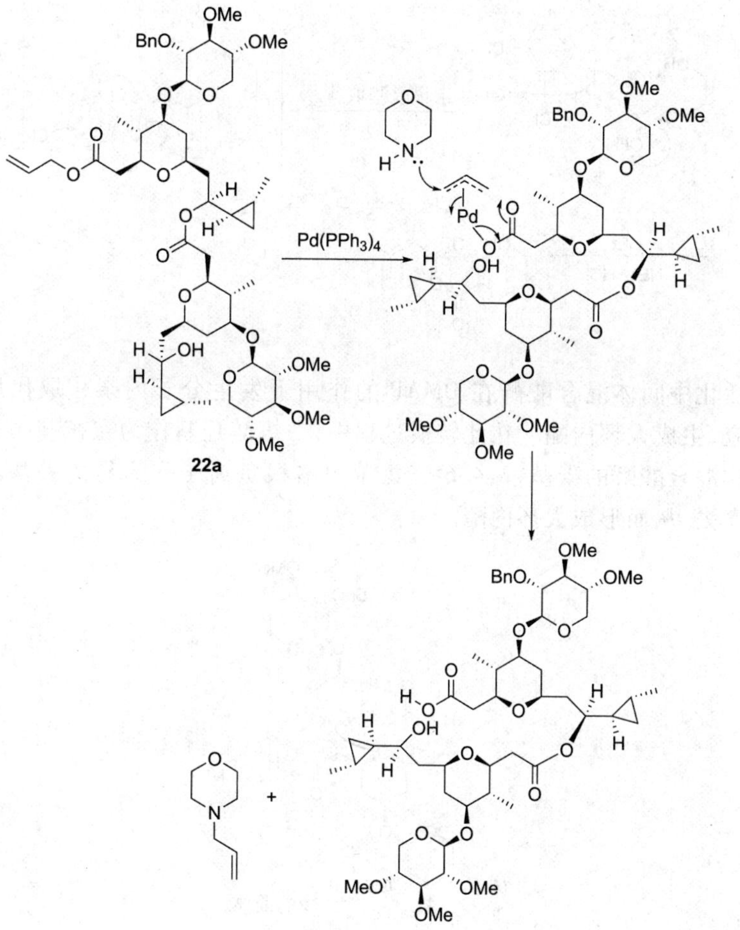

大环化合物的关环反应不容易发生,因而需要将大环的端基羧基或羟基进行活化从而提高反应发生的概率。在 Yamaguchi 大环内酯化反应中,引入了 2,4,6-三氯苯甲酰氯活化羧基,生成混酯,使得大环的关环反应得以顺利地进行。与其他内酯化反应相比,该反应具有操作简单、反应速率高、副反应少的优点。其形成活性中间体的机理如下:

Yamaguchi 大环内酯化反应:

1979 年,M. Yamaguchi 发现利用混合酸酐的醇解可以在温和的条件下快速制备酯或内酯。他们发现,2,4,6-三氯苯甲酰氯/DMAP 是最佳的反应体系。在此体系下,反应速率快、产率高,还可以用于对催化量 HCl 很容易分解或对酸非常敏感的底物的内酯化反应。底物羟基酸在 EtN_3 的存在下先与 2,4,6-三氯苯甲酰氯反应,除去 EtN_3 盐酸盐后,此混合酸酐被甲苯稀释至约 0.002 mol/L,在回流下加入 DMAP 即可。

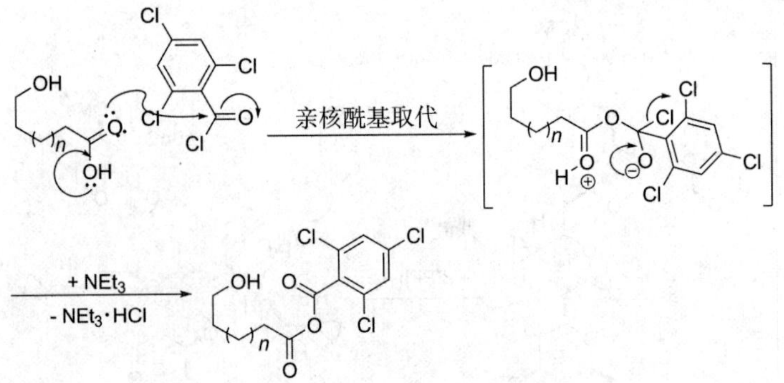

活化中间体混合酸酐在 DMAP 的作用下发生分子内亲核取代反应,生成大环内酯。在此转换过程中,二级醇羟基作为亲核基团进攻混合酸酐的羰基,2,4,6-三氯苯甲酸根负离子作为易离去基团离去,从而形成大环内酯。

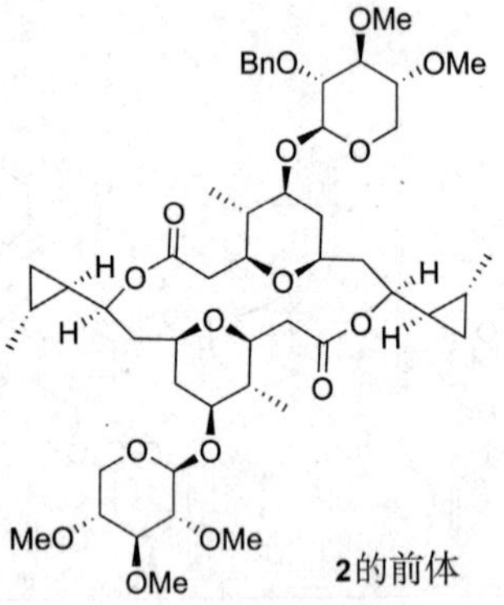

最后,在钯催化氢解条件下大环内酯很容易除去苄基保护基,生成产物 clavosolide B **2**。至此,通过一种收敛的方式完成了目标产物 clavosolide B **2** 的全合成研究。

7.4 结论

在此全合成研究中,首先利用 Evans 不对称羟醛缩合反应引入与羟基相连的手性碳,接着在此不对称碳原子连接的醇羟基导向下进行 Simmons-Smith 环丙烷化,得到逆合成分析中收敛出的重要中间体 **5**。从这个底物出发,经一系列不对称反应,得到关环反应需要的重要片段 **12**。接下来通过糖苷化反应,将两个糖片段连接到 **12** 上。最后,经 Yamaguchi 大环内酯化反应完成目标产物 clavosolide B **2** 的全合成研究工作。在这个过程中,D. H. Lee 小组很好地控制了 22 个手性中心的构型,并且反应大多在温和的条件(主要为室温反应)下进行,获得了较高的反应产率。最后,通过核磁共振谱图对照,对先前得到的该化合物的结构进行了修正[2],确认了 clavosolide B 的绝对构型。

7.5 大环内酯化反应

自从1927年Kerschbaum首次分离得到exaltolide以来,大环内酯类化合物就引起了人们广泛的研究兴趣。小到8元环,大到60元环,许许多多的大环内酯类化合物被发现、分离、合成,它们大多可以用做抗生素。大环内酯类抗生素是一类化学结构和抗菌作用相近的药物,因其抗菌活性强、抗菌谱广、疗效显著和不易产生耐药性等优点而被广泛应用于临床。自1952年美国礼来公司推出第一代大环内酯类抗生素产品红霉素后,该大类药物不断扩充,迅速成为全球抗感染用药中一个十分重要的类别。近年来,其家族新成员不断涌现,种类逐渐增多,并且新一代大环内酯类抗生素具有对酸稳定性好、半衰期长、组织药物浓度高等特点,不仅在感染性疾病治疗中起着极为重要的作用,而且在非感染性疾病治疗中也发挥着独特的疗效。目前,市场上大环内酯类药物中的强势品种为阿奇霉素。阿奇霉素是近年开发生产的大环内酯类抗生素,是在红霉素化学结构上修饰后得到的一种广谱抗生素。这类抗生素的作用机制、构效关系、动力学特征和耐药机制也逐渐被人们所认识,使这类药物的应用前景更加广阔。当然,大环内酯类抗生素有一定的毒性,尤其是静脉注射时会产生肾毒性、低血钾症和血栓性静脉炎等副作用,因此临床应用时应注意克服。

在大环内酯类化合物的合成中,最主要的问题来自于分子间反应的竞争,从而导致二聚体或寡聚物的形成;并且由于环张力的存在,8~11元环的大环内酯非常难于合成。为了克服分子间反应的竞争,最常用的方法是采用Ruggli和Ziegler发展的"高稀释技术",即通过蠕动泵将底物非常缓慢地加入到大量的溶剂中来进行反应。在此基础之上,人们发展了很多合成大环内酯的方法,下面介绍四种最常用的合成策略。[13]

7.5.1 Keck大环内酯化反应

为了克服大环内酯化反应中不利的熵效应,降低分子间反应的机会,除了要在高稀溶液中进行该类反应,还需要对反应的底物进行活化。活化底物的方法可以是活化分子中醇羟基部分,也可以活化分子中酸的那部分。利用活化过程产生的活性中间体进行下一步的酯化关环,可以大大提高底物的反应活性,进而提高反应的产率。利用DCC在碱性条件下形成酯来活化酸的一端,是最基本的一种方法。该方法最早由Woodward应用在内酯化的反应当中,Steglich和Litivenko在该类反应中引入了DMAP。但DCC-DMAP联用的方法很少使用,主要是因为在反应中会产生惰性的副产物N-酰基取代的脲,不利于反应的继续进行。Keck和Boden阐明了质子转移在该反应中的重要作用,用DMAP·HCl或其他胺的盐酸盐抑制了这一副产物的生成,大大提高了反应的产率。这就是著名的Keck反应。

其中,副产物N-酰基脲的形成机理如下:

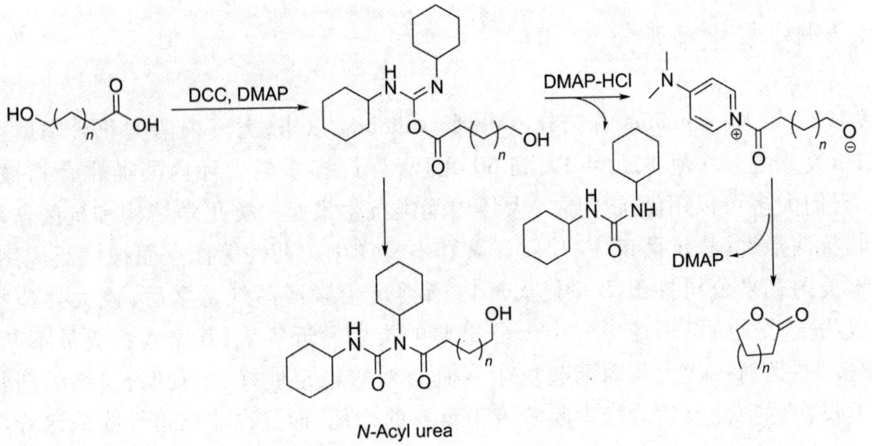

此外，Keck 反应中的质子转移机理如下：

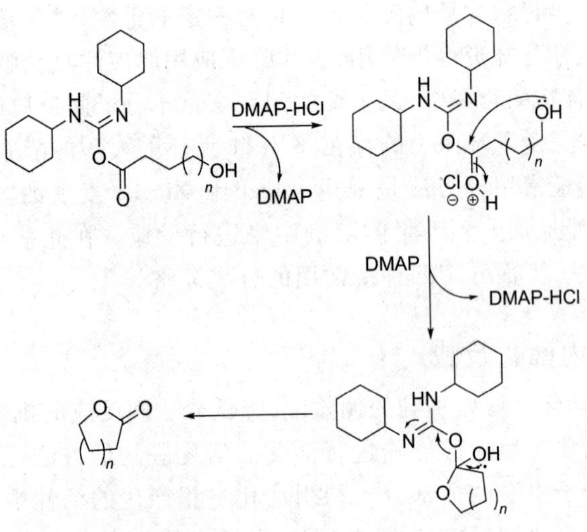

Keck 反应是最普适的一种大环内酯化反应，在合成十六元内酯环的反应中非常高效，产率可达到 95%。当然反应也存在一些缺点，比如 DCC 与水结合生成的脲如何除去是常常要考虑的一个问题。下面的例子是该反应在 (+)-colletodiol 的全合成中的应用。[14]

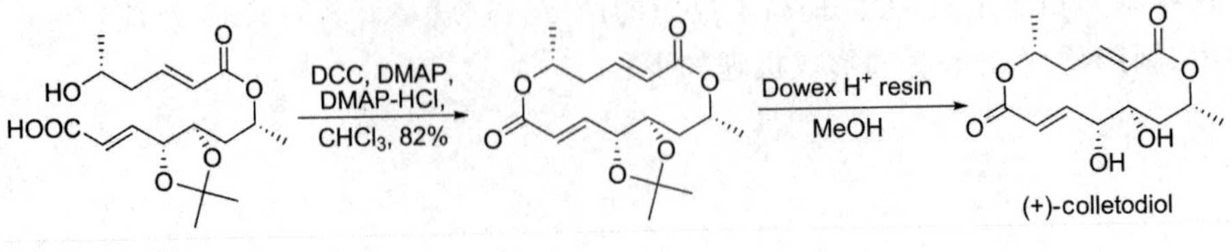

7.5.2 Corey-Nicolaou 大环内酯化反应

将酸活化成硫酯进行的大环内酯化反应是生物合成中最常用的方法，其中最著名的反应是 1974 年由 E. J. Corey 和 K. C. Nicolaou 发展的 Corey-Nicolaou 大环内酯化反应。其反应机理如下：首先在 PPh$_3$ 的作用下通过 Mukaiyama 氧化-还原缩合反应形成 2-吡啶硫酯中间体，将酸活化，接下来进行分子内的质子转移，使得羰基和羟基同时被活化，进而在静电作用的驱动下进行大环内酯化反应，即完成了一个双位点活化的大环内酯化反应。

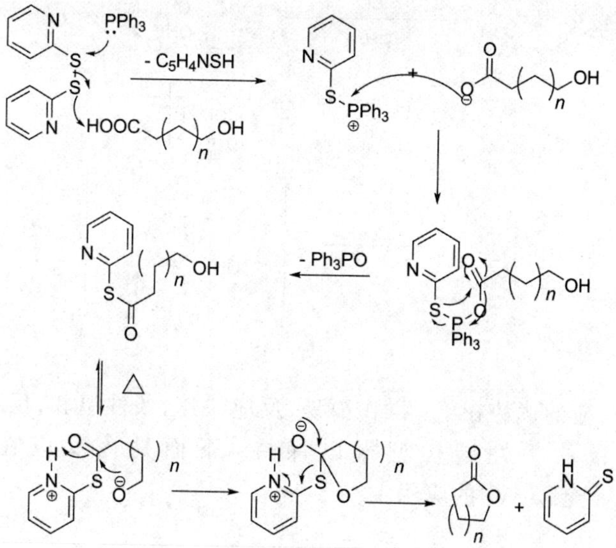

该反应由于其高效性，也被广泛应用在天然产物的全合成当中。下面是该反应在全合成应用中的一个实例[15]：

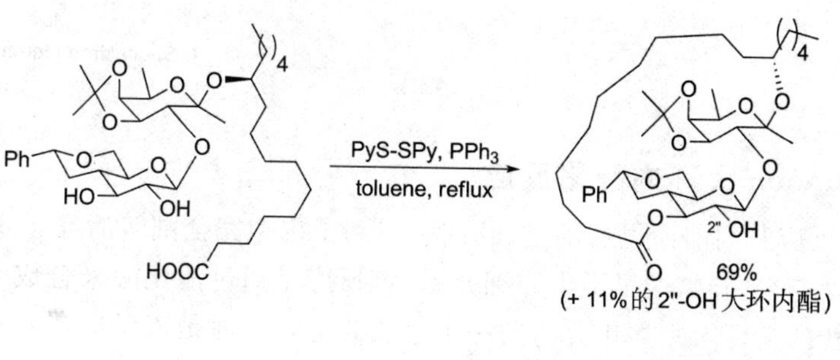

7.5.3　Yamaguchi 大环内酯化反应

另外一种活化酸的方法是通过形成混合酸酐的方法来活化酸,这就是我们前面介绍过的 Yamaguchi 大环内酯化反应,详细的反应机理前面已经讨论过了,不再重复。其简化的反应过程如下：

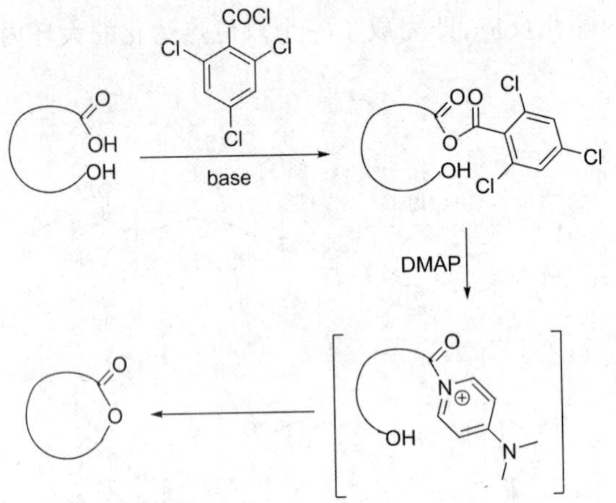

该反应较其他反应的优势在于：操作简易,反应快速,条件温和,反应产率高。此外,分子中与醇羟基连接的手性碳构型得以保持。下面是该反应在天然产物（9S）-dihydroerythronolide A 全合成中的应用[16]：

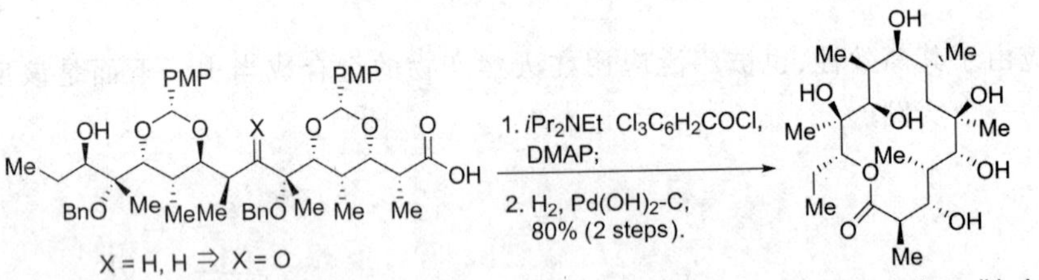

7.5.4　Mitsunobu 大环内酯化反应

Mitsunobu 反应我们前面也提到过,利用它得到了构型完全翻转的醇。Mitsunobu 大环内酯化反应的机理与它相同,这里不再详细介绍,该反应是通过活化醇来合成与醇羟基相连的手性碳构型翻转的大环内酯类化合物的一个重要典范。下面是该反应在 cyclopeptolide 的全合成中的应用,成功地构筑了构型翻转的大环内酯类化合物[17]：

合成大环内酯类化合物的方法不胜枚举,这里只列举了其中的四种供大家参考。在实际的全合成中,要根据大环内酯类化合物的结构特征(如环的大小以及构象等),来选取合适的方法制备目标产物。同时要兼顾反应产率的高低和副产物除去的难易。如何寻求最佳的合成策略来获得具有生物活性的大环内酯类化合物,仍是有机化学家未来的重要研究方向。

参 考 文 献

1. Kang, E. J.; Lee, E. *Chem. Rev.* **2005**, *105*, 4348.
2. Barry, C. S.; Bushby, N.; Charmant, J. P. H.; Elsworth, J. D.; Harding, J. R.; Willis, C. L. *Chem. Commun.* **2005**, *40*, 5097.
3. Chakraborty, T. K.; Reddy, V. R.; Chattopadhyay, A. K. *Tetrahedron Lett.* **2006**, *47*, 7435.
4. Son, J. B.; Hwang, M.; Lee, W.; Lee, D. H. *Org. Lett.* **2007**, *9*, 3897.
5. Nerz-Stormes, M; Thornton, E. R. *Tetrahedron Lett.* **1986**, *27*, 897.
6. Son, J. B.; Kim, S. N.; Kim, N. Y.; Lee, D. H. *Org. Lett.* **2006**, *8*, 661.
7. Evans, D. A.; Chapman, K. T.; Carreira, E. M. *J. Am. Chem. Soc.* **1988**, *110*, 3560.
8. Celas, J. *Carbohydr. Res.* **1979**, *70*, 103.
9. 李鹏飞,吉毅,颜杰,李宗石,乔卫红. 化学研究, **2005**,第16卷,第3期.
10. a) Zhang, J.; Zhu, Y.; Kong, F. *Carbohydr. Res.* **2001**, *336*, 229; b) Mach, M.; Schlueter, U.; Mathew, F.; Reid, B. F.; Hazen, K. C. *Tetrahedron* **2002**, *58*, 7345.
11. Czifrák, K.; Hadady, Z.; Docsa, T.; Gergely, P.; Schmidt, J.; Wessjohannd, L.; Somsák, L. *Carbohydr. Res.* **2006**, *341*, 947.
12. a) Schmidt, R. R.; Michel, J. *Angew. Chem. Int. Ed. Engl.* **1980**, *19*, 731; b) Schmidt, R. R.; Behrendt, M.; Toepfer, A. *Synlett.* **1990**, 694; c) Furstner, A.; Albert, M.; Mlynarski, J.; Matheu, M.; Declercq, E. *J. Am. Chem. Soc.* **2003**, *125*, 13132.
13. Parenty, A.; Moreau, X.; Campagne, J.-M. *Chem. Rev.* **2006**, *106*, 911.

14. Keck, G. E.; Boden, E. P.; Wiley, M. R. *J. Org. Chem.* **1989**, *54*, 896.
15. Lu, S. F.; O'Yang, Q.; Guo, Z. W.; Yu, B.; Hui, Y. Z. *J. Org. Chem.* **1997**, *62*, 8400.
16. Peng, Z.-H.; Woerpel, K. A. *J. Am. Chem. Soc.* **2003**, *125*, 6018.
17. Emmer, G.; Grassberger, M. A.; Schulz, G.; Boesch, D.; Gaveriaux, C.; Loor, F. *J. Med. Chem.* **1994**, *37*, 1918.

（本章初稿由丁琳完成）

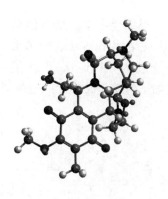

第8章

多环体系的抗生素：
多组分反应在有机全合成中的应用
Cyanocycline A：P. Garner（2008）

8.1 背景介绍

人类利用天然产物中的有效成分治疗疾病已经有很长的历史。由于具有生理活性的化合物在动植物中的含量通常很低，分离提取的难度比较大，这就迫使人们转而通过化学合成的方法获取相应的化合物，并详细研究其生理活性和药效。因此在现代天然产物药物学的研究中，对于已知结构的天然产物活性成分的有效合成是非常关键的一个环节。

Cyanocycline A 是一种新型的抗生素，从发酵液中的霉菌 *flavogriseus* 分离得到，具有广谱的抗菌和抗癌效果，在相关疾病的临床治疗中有重要意义。[1] 由于其独特的分子结构和生理活性，因此对 cyanocycline A 的全合成研究引起了有机化学家的极大兴趣。Cyanocycline A 的分子式为 $C_{22}H_{26}N_4O_5$，为醌类抗生素 naphthridinomycin[2] 的类似物，但比 naphthridinomycin 具有更高的化学稳定性。一般认为，cyanocycline A 可能是 naphthridinomycin 与 CN^- 反应后的产物。

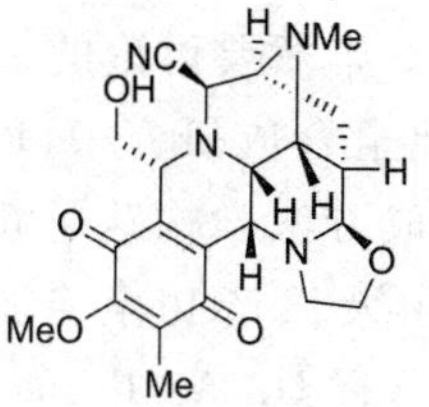

cyanocycline A

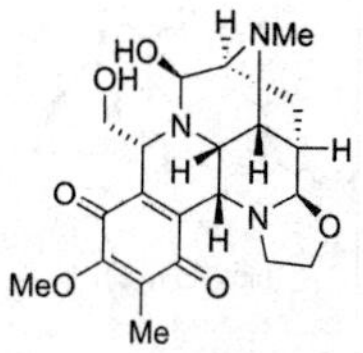

naphthridinomycin

由单晶衍射数据得知，cyanocycline A 具有高度拥挤的六环稠环骨架，其分子中含有噁唑啉和氮杂六元环并对苯醌两个结构单元，另外还有一桥环骨架。此外，分子中有八个手性中心。早期的合成工作集中于研究解决分子中八个手性中心的构建方法。哈佛大学的 D. A. Evans 教授及其合作者于 1986 年首次报道了 cyanocycline A 的全合成[3]，他们采用了如下的逆合成分析：

D. A. Evans 教授于 1985 年曾报道了其关键中间体三环稠合的内酰胺（此化合物是 D. A. Evans 教授后续对 cyanocycline A 的全合成研究的起始原料）的立体选择性合成。[4] D. A. Evans 教授的全合成工作一共采用了 35 步线性步骤。1987 年，T. Fukuyama 教授课题组报道了改进的 cyanocycline A 的对映选择性合成路线，一共包含了 32 步线性的合成路线。这也表明，T. Fukuyama 教授的全合成过程仍然受制于繁琐的大环合成步骤。[5]

bioxalomycin

近年来，P. Garner 教授课题组在多组分有机反应的研究领域中发展了基于金属催化的、具有立体选择性的合成吡咯衍生物的方法学[6]，为许多天然产物全合成工作中复杂环系的构建提供了很好的有机合成方法学。本章要讨论的是基于 P. Garner 在 2008 年发表的研究工作，在此全合成研究中，P. Garner 很好地利用其实验室发展的多组分合成方法学构筑了新的杂环体系，展示了有机合成方法学的发展在天然产物全合成中的重要作用。[7] P. Garner 教授的合成路线只有 D. A. Evans 和 T. Fukuyama 教授合成路线的三分之一左右，并且此合成路线也可以用于 cyanocycline A 的另一个类似物 bioxalomycin β2 的全合成研究。

8.2 概览

8.3 合成

问题 1:

第8章 多环体系的抗生素：多组分反应在有机全合成中的应用 / 211

提示：
- 这是格氏试剂的亲核加成反应，其亲核进攻的位点在何处？
- 此反应使用了一种特殊的亲电试剂。
- 由于底物 **2** 是对映体纯的化合物，因此该反应是底物控制的不对称合成，构建了一个新的手性中心。
- 此格氏试剂 **1** 如何制备？

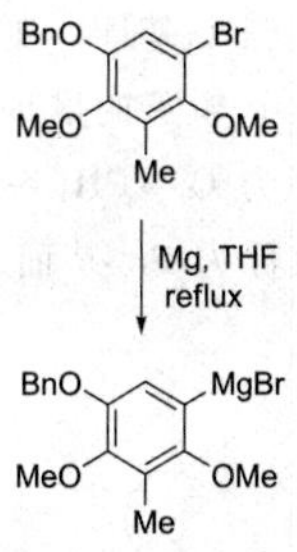

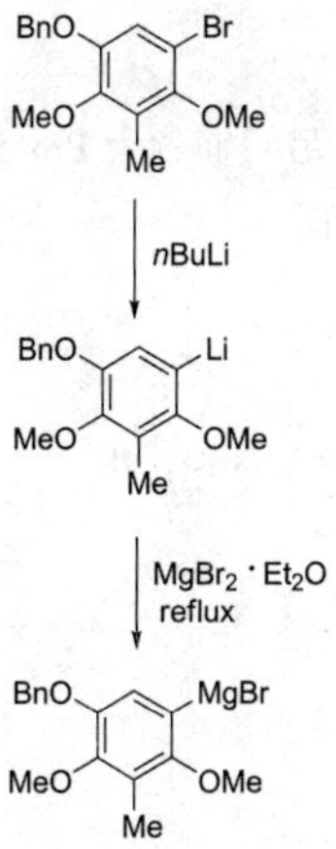

解答：

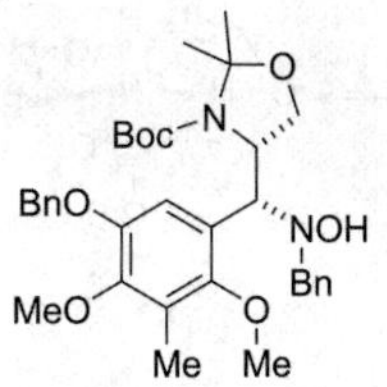

讨论：

格氏试剂常用的制备方法有三种：

1. 卤代烃直接与金属镁在无水乙醚或四氢呋喃中反应生成所需的格氏试剂；
2. 卤代烃先与烷基锂进行锂卤交换，接着原位生成的锂试剂再与溴化镁乙醚溶液进行转金属反应生成所需的格氏试剂；
3. 卤代烃直接与甲基碘化镁进行交换反应生成所需的格氏试剂。

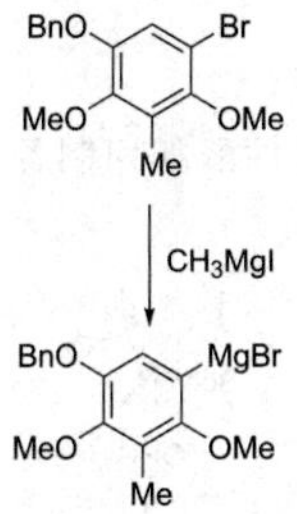

本例中的格氏试剂 **1** 是由其相应的溴化物与金属镁直接制备的，而此溴化物是由 3-甲基-5-溴-2,4-二甲氧基苯酚的苄基化反应制备的。（请思考：3-甲基-5-溴-2,4-二甲氧基苯酚是如何制备的？）

底物 **2** 为硝酮类化合物，我们在第 5 章中已经讨论过它的 1,3-偶极环加成反应。而此类化合物中的碳氮双键可以与格氏试剂发生亲核加成反应。这是由于氧氮键的强吸电子效应，与氮相连的碳呈电正性，容易受到格氏试剂中碳负离子的亲核进攻，生成羟胺类衍生物。

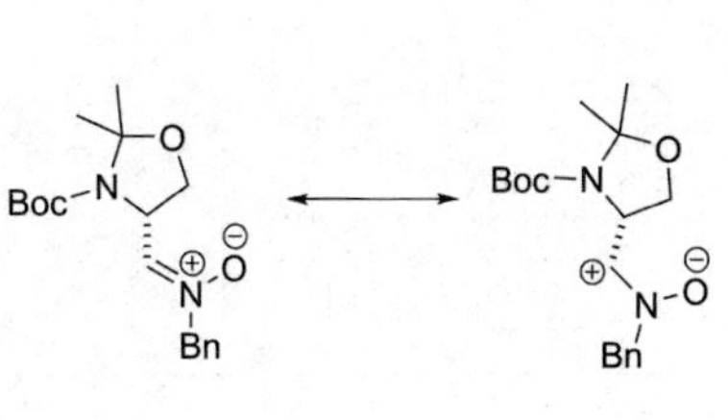

含有羰基、碳氮双键或碳碳双键的化合物，双键处的碳原子是平面型的，是非手性的，但当双键发生加成反应时，碳原子将变为四面体结构，可能成为新的手性中心，因此双键处的分子平面为前手性面。以乙醛为例，以受进攻的碳原子为中心，以目测视线观察这个碳原

子所连三个基团。如果目测这三个基团的顺时针方向排序为 O→CH₃→H,此观察面称为 Pro-R 面,也称 Re 面;

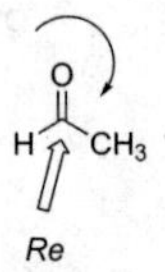

反之,另一面称为 Pro-S 面,即 Si 面。

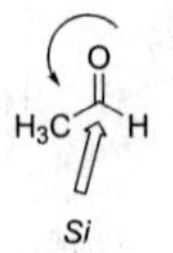

在格氏试剂 **1** 对硝酮 **2** 的不对称亲核加成反应中,可能采用以下的过渡态模型进行反应。在此过渡态中,金属镁与硝酮的氧负离子以及叔丁氧羰基中的羰基氧形成环状螯合物,由于 Re 面的空阻远远大于 Si 面的空阻,使得格氏试剂中的 R 基团从 Si 面对硝酮中碳氮双键进行亲核进攻,形成羟胺衍生物。

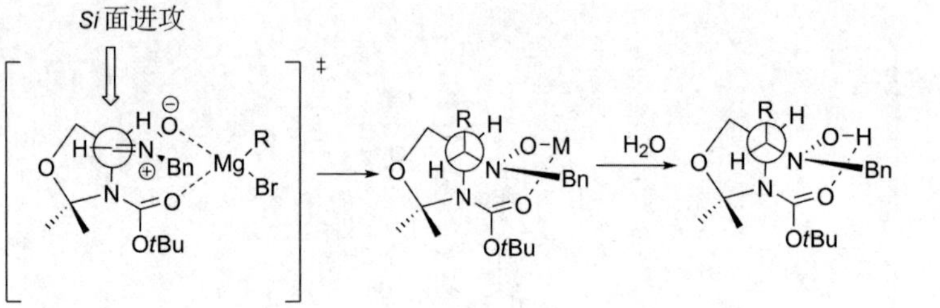

实验结果表明,硝酮中碳氮双键的亲核加成反应的过渡态构象类似于产物的构象。一些叔丁氧基甲酰基取代的羟胺衍生物的晶体结构分析表明,其存在着分子内氢键(如上图右边的结构所示)。这种分子内氢键的作用可以辅证在硝酮亲核加成反应的过渡态中硝酮的氧负离子和叔丁氧羰基中的羰基氧存在与金属镁配位的作用力。此过渡态和产物的构象研究都利用了 MOPAC(AM1)的最低能量模型进行了计算。计算结果表明,这二者的最低能量非常接近。

这是一类底物控制的不对称合成反应,利用手性纯的硝酮衍生物与格氏试剂反应得到产物 **3**。

根据我们在第 5 章中提到的制备硝酮的方法,可按以下逆合成分析完成此类不对称硝酮衍生物 **2** 的合成。

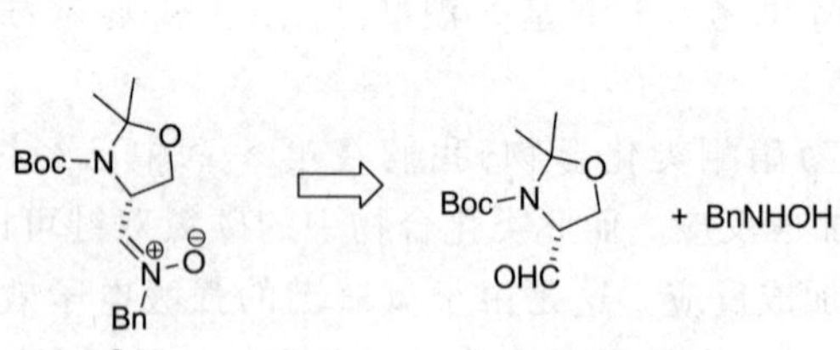

思考题:
以下手性醛如何制备?

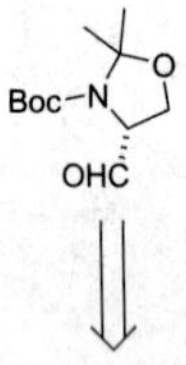

问题 2:

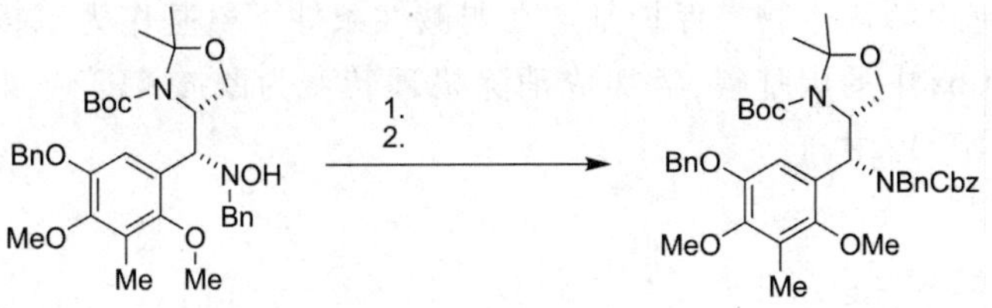

[结构式: 化合物 3 → 化合物 4]

提示:
- 第一步反应是羟胺的还原反应,将羟胺还原为二级胺;
- 第二步反应保护新形成的二级氨基。

解答:
1. Zn, EtOH, NH_4Cl(aq.), 90℃;
2. CbzCl, $NaHCO_3$(aq.), dioxane, 80% (2 steps)。

讨论:

这两步反应的目的在于形成一个被保护的氨基。首先,需要将羟胺及其衍生物(RNHOH)还原成胺。在硝基被还原成氨基的过程中,存在着形成羟胺中间体的可能性。例如利用氢化铝锂还原硝基反应中,通常会有羟胺和肟等副产物。因此,大多数将硝基还原成胺的方法也可以还原羟胺生成胺。因此,通常还原羟胺的试剂有乙硼烷(还原烷基羟胺生成胺)和在酸性条件下的锌粉(还原苯基和烷基羟胺生成胺)。在此转换中,在酸性溶液中利用还原性金属 Zn 还原取代羟胺 3 生成苄基保护的二级胺 3a。

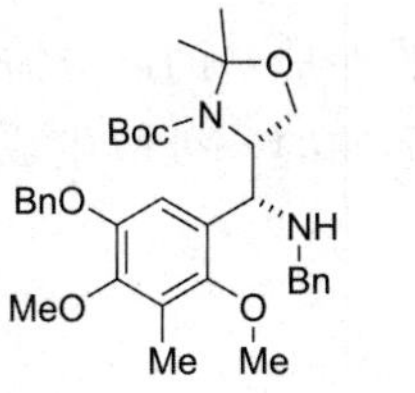

[结构式: 化合物 3a]

氨基作为一个活泼的基团能参与许多反应。氨基的活性在于两方面:伯胺或仲胺氮上的活泼氢以及氮上的孤对电子。因此,在进行反应前,为了避免氨基对后续反应的干扰,就需要对氨基进行保护。常用的氨基保护方法有:利用苄基或者三烷硅基保护基将伯胺或仲胺转化为叔胺;将氨基转化为酰胺或氨基甲酸酯。

羟胺 NH_2OH 可看做 NH_3 中的一个 H 被 OH 取代而形成的衍生物。室温下为不稳定的白色晶体,容易潮解,常以水溶液的形式使用。研究表明,二价或三价铁盐会催化50%羟胺溶液的分解。羟胺及其衍生物通常以盐的形式储存。

羟胺与烷基化试剂反应,可以生成 N 或 O 取代产物;与醛或酮反应生成肟。

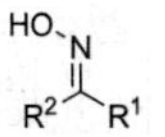

[结构式: 肟]

肟通常是具有固定熔点的固体,其生成与分解反应可用于纯化羰基化合物。羟胺与氯磺酸反应生成羟胺-O-磺酸(NH_2OSOOH),是生产己内酰胺的原料之一。

羟胺可与金属离子配位。

羟胺及其衍生物的用途:
(1) 在有机和无机合成中常用做还原剂和抗氧化剂;
(2) 脱发剂;
(3) 在照相业中用做显影剂;
(4) 硝酸羟胺可用做火箭推进剂;
(5) 生物学中的化学诱变剂,可以使碱基对中的 A 改变为 G, C 至 T, 用于观察基因突变的后果。

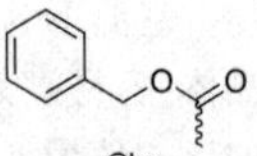

在此转换过程中，Cbz 作为氨基的保护基被引入。Cbz 是一类苄氧基甲酸衍生物类保护基。在弱碱性条件下氨基作为亲核基团进攻 Cbz 中的羰基碳，经加成消除机理转变为酰胺 **4**，产生的 HCl 被 NaHCO₃ 中和。

可溶性金属是一类有效的还原剂，可以还原多种化合物。其还原过程是由金属表面的电子或溶解的金属电子转移到被还原的反应物的单电子转移过程，溶剂作为质子源提供质子。常用的金属有锂、钠、钾、钙、镁、锌等，常用做质子源的溶剂有醇、乙酸、铵的水溶液以及液氨等。Birch 还原就是利用碱金属的单电子还原反应。

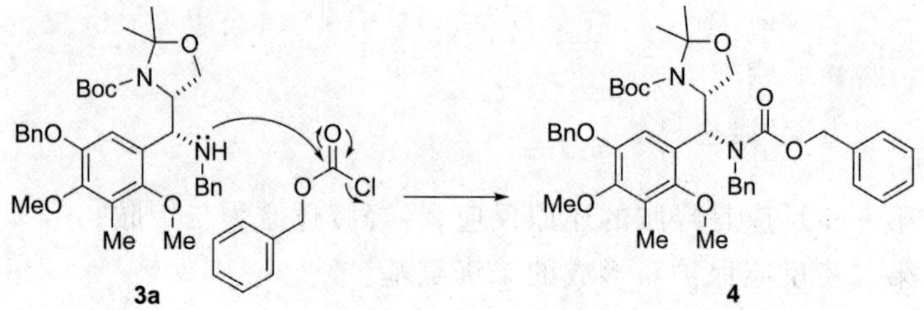

苄氧基羰基类保护基在酸性下稳定，但在钯-碳催化氢化条件下可以被脱除。利用这样的差异，可以在后面的反应中方便实现 Cbz 保护基和 Boc 保护基的选择性脱除。

问题 3:

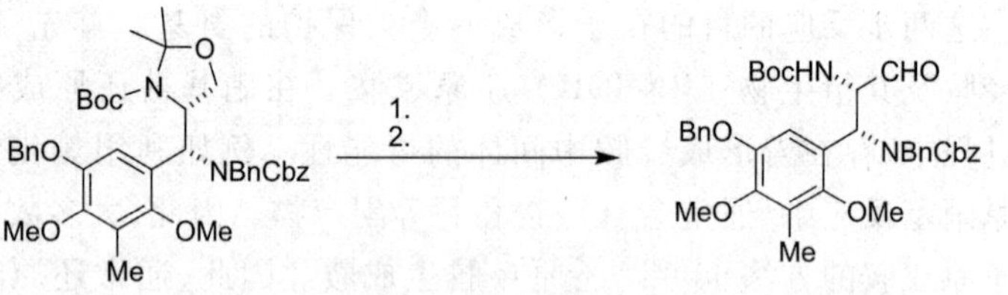

提示:
- 在这个转换过程中，通过两步反应实现了脱除保护基和醇羟基被氧化成醛的转化；
- 通常缩酮类化合物脱保护基的反应需在弱酸性环境中进行；
- 第二步反应氧化新形成的一级醇生成醛，选择的反应条件不能影响氨基。

解答:
1. Cat. TsOH, MeOH, rt, 71%；
2. Dess-Martin oxidant, DCM, rt, 92%。

讨论：

第一步反应完成缩酮类化合物脱除保护基的转化。酸催化下的水解反应是最常用的缩醛或者缩酮脱保护的方法。当然，Lewis 酸也可以用于实现脱缩酮保护基。我们已在前面几章讨论过缩酮脱保护基的反应条件。在催化量对甲苯磺酸的作用下，脱除缩酮保护基生成化合物 **4a**。在此弱酸性条件下，氨基甲酸苄酯类和 Boc 保护基均可稳定存在，不受影响。

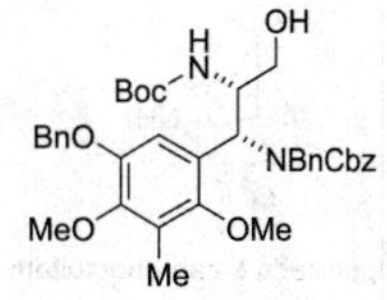

Dess-Martin 氧化反应：1980 年以来，有机高价碘试剂作为高选择性、温和、环境友好的氧化试剂在有机合成中日益重要。其中，最著名的是 IBX 和 DMP。

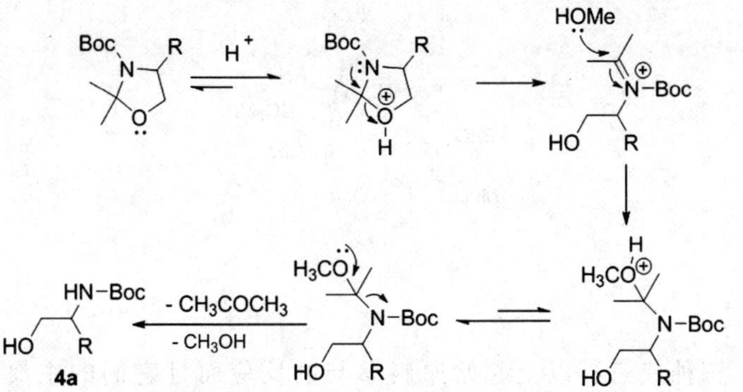

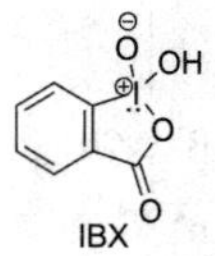

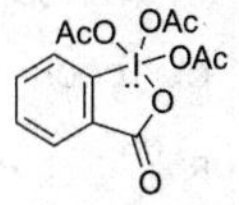

第二步反应是经典的 Dess-Martin 氧化反应，可以在中性、室温条件下将一级醇或二级醇氧化为醛或酮，此反应尤其适合氧化对酸、热不稳定的化合物，已广泛用于将一些多官能团化合物中的一级或二级醇羟基氧化成醛或酮。利用 Dess-Martin 氧化反应将化合物 **4a** 氧化成醛 **5** 时，底物中 Boc 保护的氨基不受影响。Dess-Martin 氧化剂是一个高价碘物种，与高价碘物种相关的许多化合物都可以用做氧化剂。目前一些高价氯、高价溴试剂正在有机合成中展示其特殊的性质，相关的合成方法学得到了很好的发展。

IBX 在有机溶剂中几乎不溶，影响了其在有机合成中的广泛应用。1983 年，D. B. Dess 和 J. C. Martin 通过将 IBX 乙酰化的反应制备了 DMP。DMP 在有机溶剂中有很好的溶解度，因此它代替了 IBX 被广泛应用于将醇氧化形成羰基化合物的反应中。

问题 4：

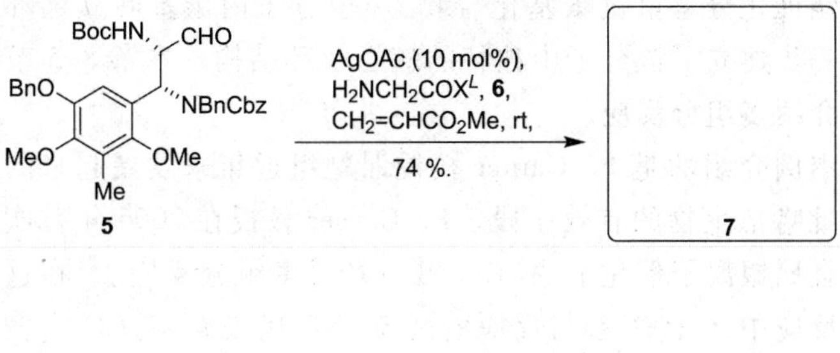

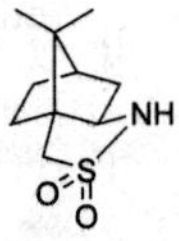

Oppolzer's L-camphorsultam

Strecker 反应：
这是一个由醛、胺和氢氰酸三组分参与反应生成 α-氨基腈的反应。这个反应具有原料简单、反应产率高等特点。

$$R^1CHO + R^2NH_2 + HCN$$

$$\downarrow$$

$$\underset{R^2NH}{\overset{R^1}{\diagup}}CN$$

$$\downarrow H^+, H_2O$$

$$\underset{R^2NH}{\overset{R^1}{\diagup}}COOH$$

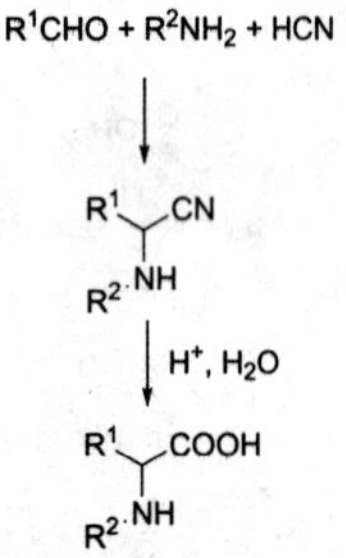

由于 α-氨基腈水解后的产物为 α-氨基酸衍生物，因此发展不对称 Strecker 反应一直是一个重要的研究方向。因此，利用此方法可以进一步合成自然界中没有的手性 α-氨基酸。

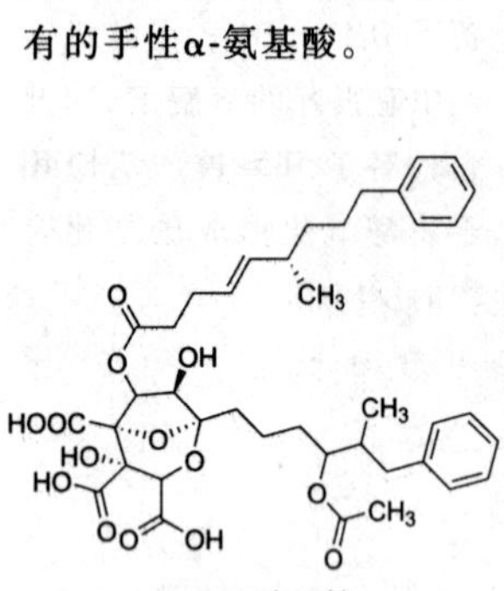

zaragonic acid

提示：
- 通过金属催化的多组分合成方法构建一个杂环体系，这已经成为一种十分有效的合成手段；
- 醛首先和胺发生缩合，然后在金属的参与下与烯发生环化反应；
- X^L 为 Oppolzer's L-camphorsultam。

解答：

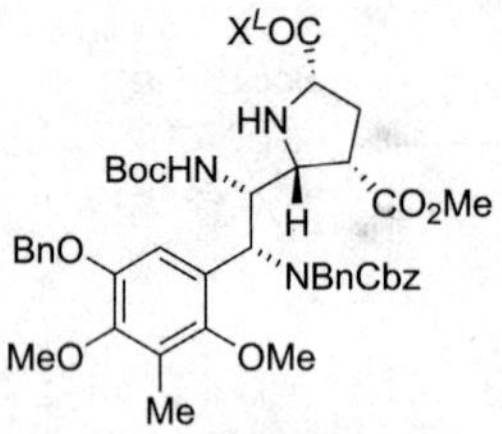

7

讨论：

　　三种或三种以上起始原料参与的反应而且它们的主要原子都存在于同一种产物中，这样的反应称为多组分反应（multi-component reaction，MCR）。多组分反应能够实现一步形成多个化学键，在最终产物中含有所有原料的主要片段，具有高灵活性、高选择性、高收敛性、高原子经济性以及易操作性等特点，是一类重要的有机化学反应。多组分反应在新药设计与合成、组合化学和天然产物合成中具有广泛的应用。第一个多组分反应由 A. Strecker 于 1850 年报道，通过简单的氢氰酸、醛和胺三组分反应合成 α-氨基腈，水解后可以得到 α-氨基酸。此方法在有机合成中是非常有价值的，为后续的有机合成方法学研究提供了参考。[8] 近年来，有关多组分反应的研究取得了较大的发展，其突出的贡献之一是有效构建复杂天然产物中的环系。一个典型的成功例子是降低胆固醇药物 zaragozic acid 的全合成。Merck 公司的科研人员应用醋酸铑催化分解重氮羰基化合物，经过分子内羰基叶立德环加成反应一步建立了该分子中独特的核心双环结构。本章 8.5 节将会简要介绍多组分反应。

　　本例介绍的是 P. Garner 教授课题组近年来发展起来的合成四氢吡咯衍生物的有效手段。P. Garner 教授在 2006 年首次报道了在金属银离子催化下的 [C + NC + CC] 多组分反应。[7] 在这个多组分反应中，C 代表参与反应的醛基，NC 代表氨基，CC 代表碳碳双键，因此这是一个三个官能团参与形成四氢吡咯的反应。其反应的过程是，醛基首先和胺反应生成亚胺，然后在金属离子和碱的参与下,羰基α位氢在碱的作用下离去,形成碳负离子,随后此中间体与碳碳双键发生1,3-偶极环加成反应,形成四氢吡咯环衍生物。此反应的特点是,在一个反应过程中形成了具有四个手性碳的四氢吡咯衍生物。其可能的转化过程如下:

P. Garner研究发现,碳碳双键和亚胺叶立德的电子效应对这个1,3-偶极环加成反应有较大的影响。烯烃所连接的吸电子基团与金属的相互作用,及环加成反应主要产生下图所示的 *endo* 型产物。

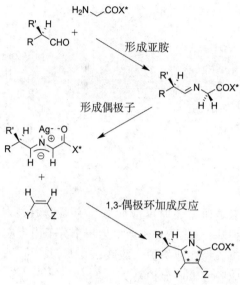

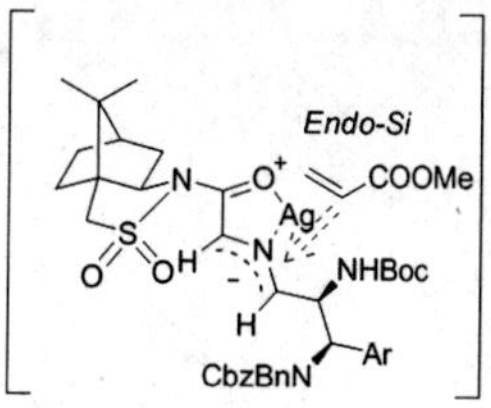

X* 为 Oppolzer's *D*- or *L*-camphorsultam

这一点通过核磁共振中的NOE效应得到了进一步的证实。P. Garner经过系统的研究还发现,晶体结构表明Oppolzer's *L*-camphorsultam诱导反应在 *Si* 面发生,而Oppolzer's *D*-camphorsultam诱导反应在 *Re* 面发生。

反应的区域选择性从下图的共振式可以看出,

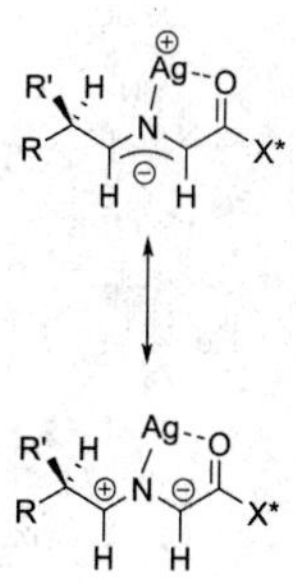

该多组分反应利用不同组分反应性的差异,在"一锅煮"的模式下实现了不同组分参与反应的先后顺序的控制。此反应的关键步骤是,亚胺的叶立德与有吸电子基团取代的双键或叁键的1,3-偶极环加成的过程。这一反应不仅可以构建五元环系,还可以产生四个手性中心,是合成四氢吡咯衍生物的有效方法。

在 cyanocycline A 的全合成过程中,最为关键的步骤之一就是取代的四氢吡咯环的构建。在之前有关 cyanocycline A 的全合成报道中,拥有多个手性中心的四氢吡咯环的高效合成成为了制约因素之一。另外,对于四氢吡咯环上碳原子的绝对构型的控制也是一个难题。P. Garner 教授课题组的研究成果表明,利用[C + NC + CC]的三组分反应,不但可以高效地合成多取代的四氢吡咯环系,还可以通过底物中手性基团的诱导,控制产物的绝对立体构型。

近年来,在多组分反应的研究过程中,新的反应体系不断出现,但是仍然有许多问题有待解决。总的来说,该研究领域充满机遇和挑战,今后的发展趋势集中在如下几个方面:提高反应底物

羰基的α位碳具有亲核性,因此在与丙烯酸甲酯的碳碳双键反应时,上述共振式中羰基α位碳只能与丙烯

酸甲酯的 β 位碳相连,展示了专一的区域选择性。

的适应性,扩大醛和亚胺的应用范围,发展化学专一、立体专一、高效率的新反应,设计合成新的手性配体、手性催化剂,实现不对称催化反应的突破,获得理想的高对映选择性,建立高立体选择性控制的反应体系,并力求将这一类反应成功地应用到更多的复杂天然产物全合成的研究中。

问题 5:

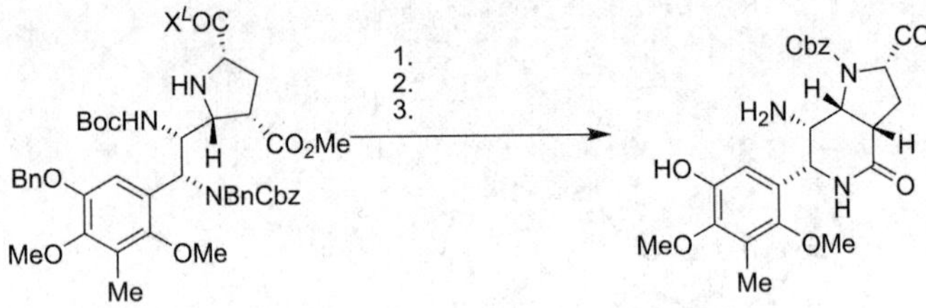

提示:
- 第一步反应是通过还原反应脱去所有可以通过催化氢解方式脱除的保护基,与此同时还会发生一个分子内反应;
- 第二步反应选择性地保护二级胺;
- 第三步反应脱去 Boc 保护基。

解答:
1. H₂,1 atm, Pd/C, MeOH, rt, 40%～48%;
2. CbzCl, DIEA, THF, 0℃, 75%;
3. TFA, DCM, rt。

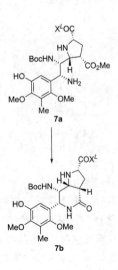

讨论:
　　叔丁氧羰基是一类重要的氨基保护基,在强酸性条件下,它可以很容易被脱除,但在 pH = 1～12 范围内稳定。非酸性条件下的催化氢解、氢化物还原和氧化反应均不会影响叔丁氧羰基。与之相反的是,苄氧基羰基类和苄基类等保护基团在酸性下稳定,但是在钯-碳催化氢解条件下容易被脱除。利用这样的差异,在第一步反应中,分子 **7** 在催化氢解的条件下,苯环上苄氧基中的苄基以及氮原子上的苄基和 Cbz 保护基团均被脱除,而 Boc 基团保留,从而生成 **7a**。由于脱保护后的游离氨基与酯基成顺式构型,因而可以形成热力学稳定的六元环内酰胺。因此,在催化氢解生成游离氨基后,酯基迅速发生胺解反应,形成分子内的六元环 **7b**,这是一个热力学稳定的产物,能量上更为有利。

第二步反应是选择性保护二级氨基的反应。体系中存在三种氨基,分别为四氢吡咯环的二级氨基、环状的二级酰胺中的氨基以及 Boc 保护的酰胺中的氨基。由于烷基的给电子作用,及酰胺羰基的强吸电子作用,使得这三个氨基的亲核能力有很大的区别。在与 CbzCl 的反应中,四氢吡咯环的二级氨基具有较强的亲核能力,反应活性比内酰胺和 Boc 保护的氨基高,优先与 CbzCl 发生亲核取代反应。利用这样的性质差异,可以选择性保护四氢吡咯环的二级氨基,生成 **7c**。二异丙基乙胺 DIEA,起到了活化 CbzCl 和中和反应生成 HCl 的双重作用,使反应始终在高活性和弱碱性体系进行。

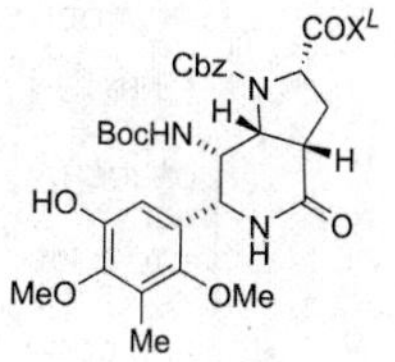

第三步反应在强酸性条件下脱除叔丁氧羰基,形成一级胺 **8**。在此条件下,对酸性条件稳定的 Cbz 保护基则不受任何影响。

问题 6:

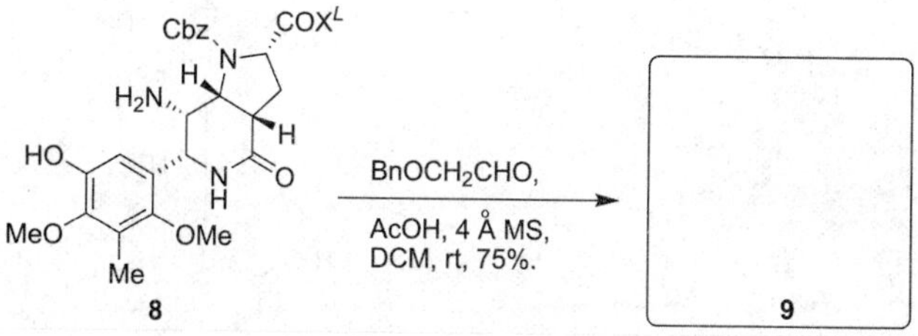

提示:
- 在化合物 **8** 中有一级氨基和酚羟基,哪个会与苄氧基乙醛优先反应?
- 这是一个人名反应,最终的产物为四氢异喹啉衍生物。

解答:

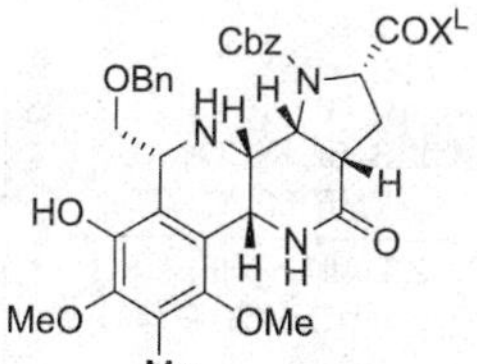

讨论:
这是 Pictet-Spengler 反应,是由 A. Pictet 和 F. Spengler 两位教授在 1911 年共同发现的。[9] 后来经过一系列的发展,成为合成四氢异喹啉类化合物的有效手段。在 Pictet-Spengler 反应中,β-芳基乙胺首先与羰基化合物发生反应形成亚胺,然后发生环化反应形成四氢异喹啉环系,同样由于环化前两个基团均处于纸面下方,

Pictet-Spengler 反应:
1911 年, A. Pictet 和 T. Spengler 发现,在浓 HCl 作用下苯乙胺与二甲氧基甲烷反应生成 1,2,3,4-四氢异喹啉,收率中等。

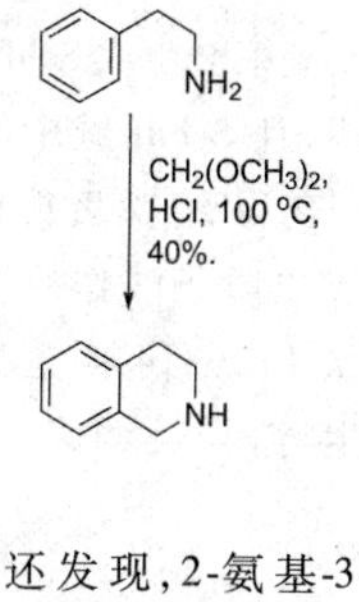

他们还发现,2-氨基-3-(4′-羟基苯基)丙酸在此条件下也可与二甲氧基甲烷反应进行此转化。

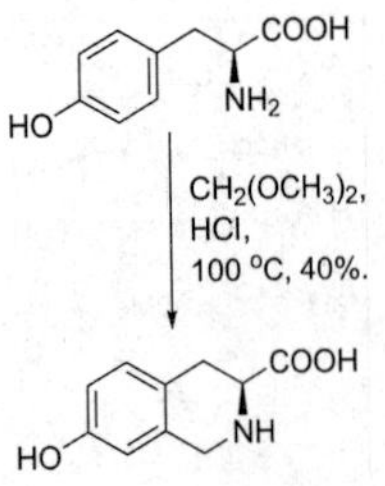

因此,在质子酸或 Lewis 酸的作用下,β-芳基乙胺与羰基化合物发生缩合反应生成取代的 1,2,3,4-四氢异喹啉的反应称为 Pictet-Spengler 反应。

此反应的特点:

(1) 给电子基团取代的 β-芳基乙胺参与的反应产率较高;

(2) 羰基化合物可以是醛、酮,或其替代物;

(3) 最常用的是甲醛和二甲氧基甲烷;

(4) 芳基上给电子取代基的数目会影响反应的难易程度,如两个烷氧基取代的 β-芳基乙胺可以在生理环境的条件下进行此反应;

(5) 在质子酸或非质子酸体系中,为了保证反应的完全进行,需要过量的羰基化合物;

(6) 反应中会生成 Schiff 碱中间体,且 Schiff 碱中间体可以分离得到,然后再在质子酸或非质子酸作用下生成环状 1,2,3,4-四氢异喹啉衍生物。

因此产物中相应的两个氢都有确定的指向。在这个例子中,利用 Pictet-Spengler 反应很简捷地构建了所需的并环结构体系。Pictet-Spengler 反应的机理如下:

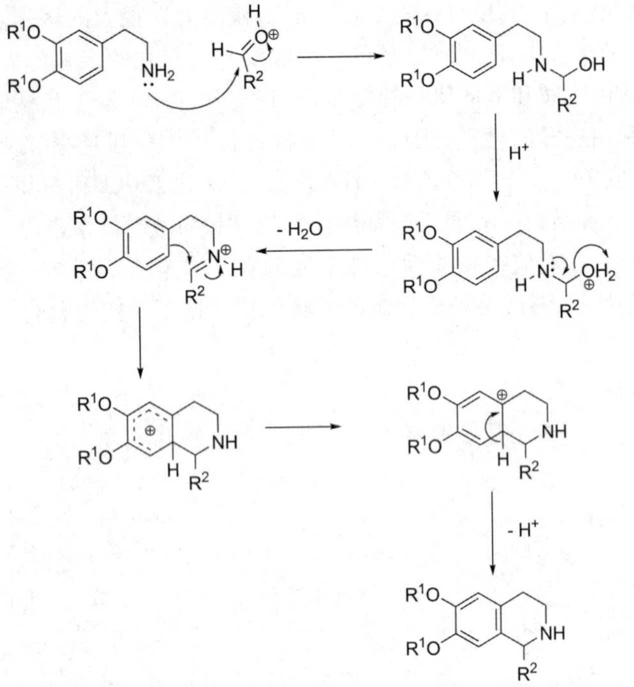

底物 **8** 的构型决定了苯环作为富电子体系参与反应时主要采取从纸面上方进攻的方式,因此并环后苄氧基所连接的碳指向纸面下方就很容易理解了。

问题 7:

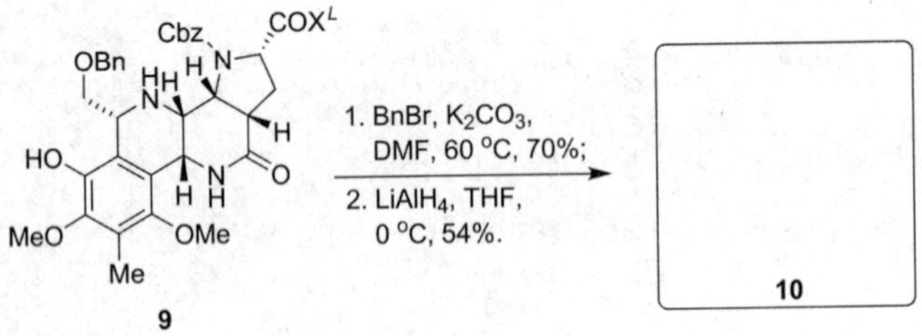

提示:
- 这两步反应完成了对酚羟基的保护、利用还原性的条件脱除手性助剂和氨基保护基等一系列的转换。
- 第一步是在碱性条件下进行保护酚羟基的反应。
- 第二步反应是手性助剂的脱除,可很多种方法,此处使用了还原性条件进行脱除;同时将 Cbz 保护基进行了转换。

解答:

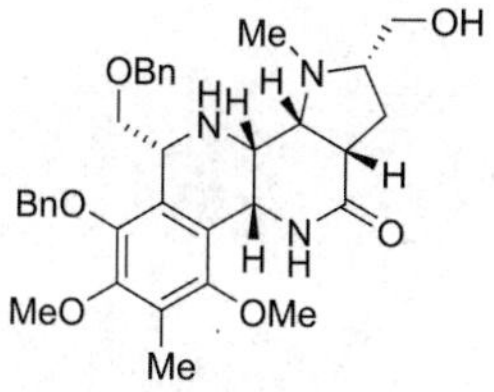

10

讨论:

  许多具有生物活性的化合物,如核苷、糖类和甾体,甚至某些氨基酸的侧链上都含有羟基。当对这些分子进行氧化、酰化、卤化和水解等反应时,需要对反应活性较高的羟基进行保护。因此,羟基的保护和去保护反应是有机化学中重要的研究内容。孤立羟基通常转化为醚、酯、缩醛或缩酮进行保护,而 1,2-二醇或 1,3-二醇通常转化为环醚或环酯进行保护。脱除保护基的方法包括:烷基醚、缩醛或缩酮类化合物可以在酸性条件下水解,酯类化合物可以在碱性条件下水解,苄醚可以用催化氢解,等等。

  本例中所使用的苄基保护基是一类常用的羟基保护基。在 pH = 1~14 下苄醚是稳定的,而且对于诸如碳正离子、亲核试剂、有机金属试剂、氢化物还原剂和一些氧化剂等试剂都不受影响。苄醚的碳氧键的切断是采用催化氢解的方法,包括钯-碳催化氢解法和可溶金属还原法(Birch 还原反应)。由于苄醚的去保护方法与其他醚键断裂的方法有所不同,在催化氢解去苄基时,其他的醚键可以保留。本例中的反应选择苄基保护基不仅要考虑保护羟基,避免游离羟基对反应的影响,而且还要考虑到在后续反应中可能会对其他基团的影响,形成苄醚的保护方法可以保证在后面的还原反应中,该碳氧键不会发生断裂。

  在 K_2CO_3 碱性条件下,完成了对酚羟基的苄基保护反应得到 **9a**。

  化合物 **9a** 被 $LiAlH_4$ 还原得到一级醇 **10**。该还原反应不仅除去了手性助剂,同时如前面所示,苄氧羰基可以用 $LiAlH_4$ 或 DIBAL-H 还原的方法除去。在本例中,$LiAlH_4$ 将苄氧羰基保护的氨基转化为后续反应需要的氨甲基。[10] $LiAlH_4$ 是还原极性官能团最为有效的还原剂。Cbz 保护基在 $LiAlH_4$ 作用下转化为甲基的反应机理为:

Birch 还原反应:

在碱金属的液氨溶液并有醇存在下,芳环发生 1,4-加成生成相应的非共轭环己二烯或杂环化合物。吡啶、吡咯以及呋喃均可以反应。当芳香环上有取代基时,还原反应的区域选择性取决于取代基的性质。如果取代基为给电子基团,反应速率低于无取代基的芳香基团,此基团在产物中的位置为非还原位点。若取代基为吸电子基团,反应速率快于无取代基的芳香基团,此基团在产物中的位置在还原位点上。

随着 Birch 还原反应的深入研究,反应底物已经拓展到共轭烯烃、α,β-不饱和醛、α,β-不饱和酮、α,β-不饱和酯、双取代炔烃、苯乙烯等。但是对富电子的芳环必须至少有一个吸电子取代基。如果没有吸电子取代基,呋喃和噻吩环均不能被还原。孤立双键不能被还原。α,β-不饱和醛、α,β-不饱和酮和 α,β-不饱和酯被还原成烯醇盐中间体,水解后得到羰基化合物。

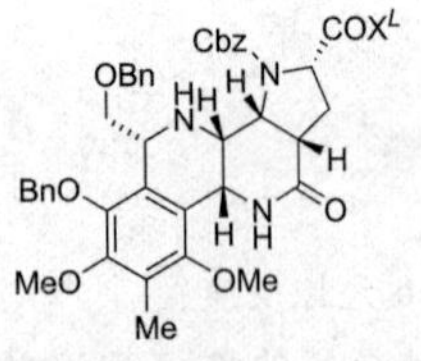

9a

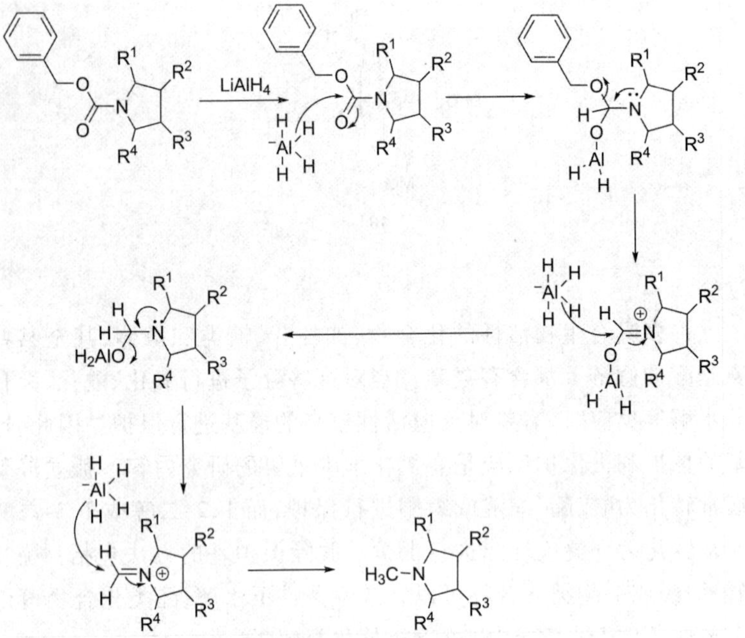

酰胺中的羰基首先被还原，由于苄氧基负离子容易离去，形成了亚胺中间体，接着被还原得到三级胺。

利用 $LiAlH_4$ 还原法不仅将手性助剂还原脱除，而且将 Cbz 氨基保护基转化为目标产物所需的氨甲基。在此还原条件下，对苯环上的甲氧基和苄氧基保护基均没有影响，而且由于反应温度比较低（0℃），内酰胺也没有被还原。

问题 8:

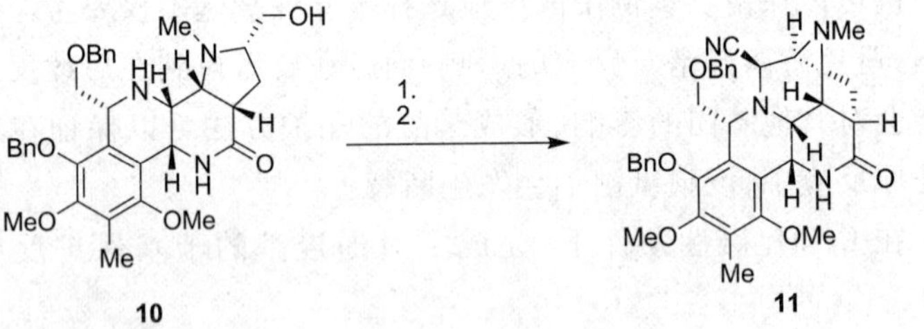

10 **11**

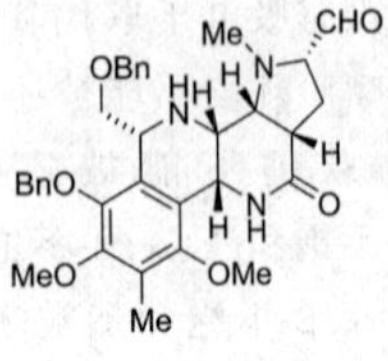

10a

提示:

- 这两步反应完成了分子中桥环骨架的构筑；
- 第一步发生了一个氧化反应，一级醇被氧化生成醛；
- 第二步反应是 TMSCN 促进的醛和胺反应生成 α-氨基腈，实现了桥环骨架的构筑。

解答:

1. (COCl)$_2$, Et$_3$N, DMSO;
2. TMSCN, ZnCl$_2$, 53% (2 steps)。

讨论:

在 Swern 氧化反应条件(草酰氯和 DMSO 为反应试剂,Et$_3$N 作碱)[11]下,一级醇 **10** 被氧化成醛 **10a**。Swern 氧化的反应机理如下:

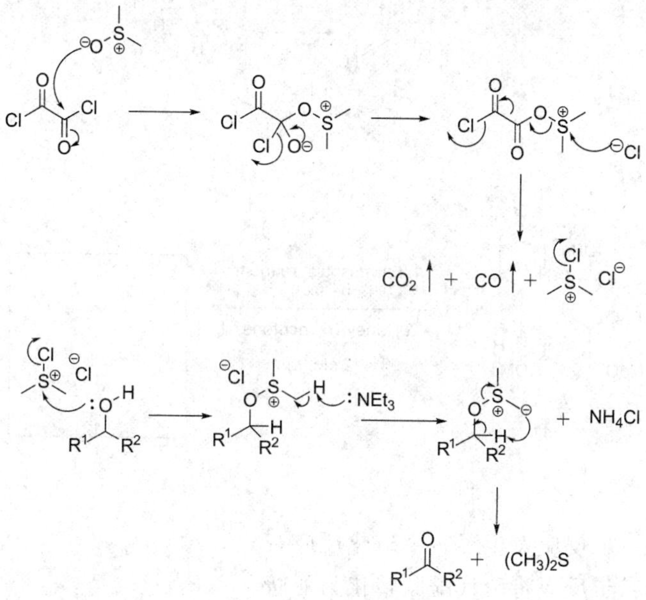

Swern 氧化反应是在相对温和的条件下将一级醇氧化为醛的常用方法。与 PCC 氧化反应相比,Swern 氧化反应中所使用的试剂毒性低,后处理相对简单(PCC 氧化反应中产生大量的三价铬),适用范围广,反应产率较高。

此反应的副产物是二甲基硫醚、一氧化碳和二氧化碳,当使用三乙基胺的时候还会生成三乙基氯化铵。其中二甲基硫醚和一氧化碳都是挥发性物质且有毒性,因此,此反应的后处理需要在通风橱中进行;二甲基硫醚也有强烈的令人不愉快的气味。这是 Swern 氧化反应的缺点。通常可以将粗产品与过硫酸氢钾混合将其氧化为二甲亚砜,从而达到消除臭味的目的。

Swern 氧化反应通常在低温下进行,近年来日本科学家开发了在室温下实现 Swern 氧化反应的方法,进一步拓展了该反应的应用。

Swern 氧化反应:

1976 年,D. Swern 发现,二甲亚砜(DMSO)与三氟乙酸酐在 -50℃ 下反应可以生成三氟乙酸氧基二甲基三氟乙酸锍盐,而此盐可以迅速将一级醇或二级醇氧化成醛或酮。烷氧基二甲基三氟乙酸锍盐在 Et$_3$N 作用下也可以较高产率得到醛或酮。1978 年,发现草酰氯比三氟乙酸酐在此反应中更加有效。

此反应的特点:

(1) 当不用溶剂时,DMSO 与草酰氯或三氟乙酸酐反应非常剧烈,可能会爆炸,因此需要小心操作;

(2) 常用溶剂为二氯甲烷;

(3) 当使用三氟乙酸酐时,其中间体盐在 -30℃ 以上不稳定,副产物会发生 Pummerer 重排;

(4) 当使用草酰氯时,其中间体盐在 -60℃ 以上不稳定,因此反应需在 -78℃ 下进行;

(5) 反应步骤通常是先在低温下 DMSO 与草酰氯或三氟乙酸酐反应,接着缓慢加入醇,最后再加入三级胺;

(6) 三级胺的加入有效地促进了烷氧基二甲基锍盐的分解;

(7) 底物的空阻并不会影响氧化反应的效率;

(8) 三氟乙酸酐可能会产生三氟乙酸盐副产物,而草酰氯的副产物则很少。

与 Swern 氧化反应相关的三个反应：

(1) Pfizner & Moffatt 反应：1963 年，J. G. Moffatt 和 K. E. Pfizner 发现，在 DMSO 溶液中加入二环己基碳二酰亚胺(DCC)以及催化量的磷酸，可以将一级醇和二级醇氧化为相应的醛或酮：

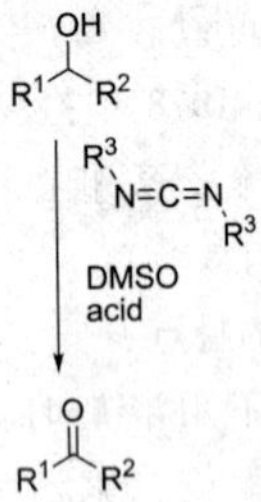

$$R^1R^2CHOH \xrightarrow[\text{acid}]{\underset{R^3-N=C=N-R^3}{\text{DMSO}}} R^1COR^2$$

(2) Albright & Goldman 反应：

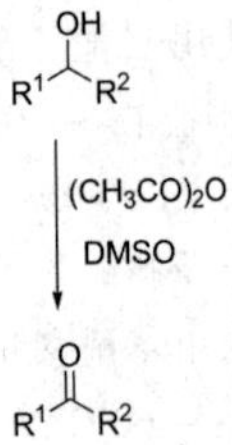

$$R^1R^2CHOH \xrightarrow[\text{DMSO}]{(CH_3CO)_2O} R^1COR^2$$

(3) Parrikh & Doering 反应：

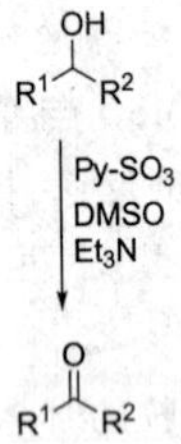

$$R^1R^2CHOH \xrightarrow[\substack{\text{DMSO}\\ \text{Et}_3\text{N}}]{\text{Py-SO}_3} R^1COR^2$$

第二步是典型的 Strecker 反应，即 TMSCN 促进的醛和胺缩合生成 α-氨基腈的反应。通常可选用 KCN，NaCN 以及 TMSCN 作为 CN 基团的来源，酸通常使用 ZnCl$_2$，AcOH，TsOH 等，其作用是与醛羰基配位，从而活化醛羰基，使其具有更强的亲电能力。其反应机理如下：

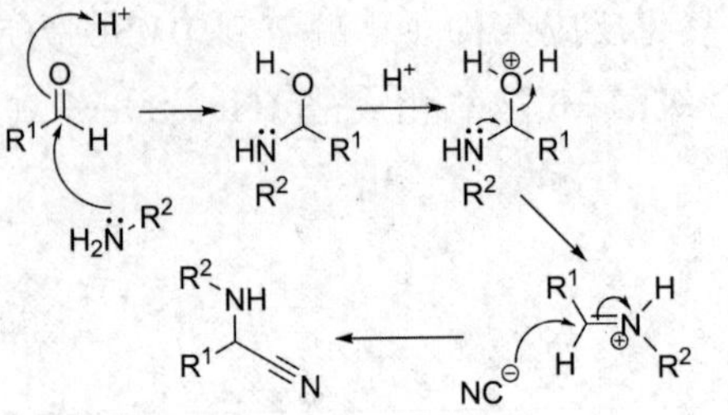

问题 9：

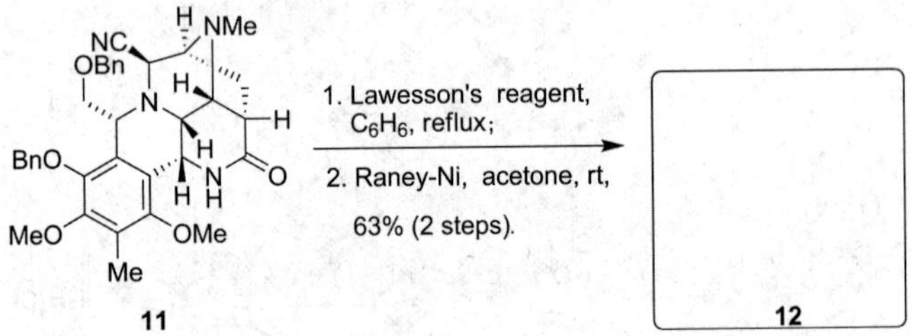

化合物 11 → (1. Lawesson's reagent, C$_6$H$_6$, reflux; 2. Raney-Ni, acetone, rt, 63% (2 steps).) → 化合物 12

提示：
- 第一步反应发生了一个硫化反应；
- 第二步反应将硫代酰胺转化为亚胺。

解答：

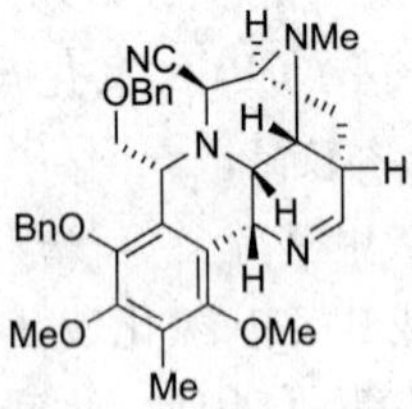

化合物 12 结构式

讨论：

S. O. Lawesson 硫羰基化反应是 2,4-双(4-甲氧基苯基)-1,3-二硫-2,4-二磷杂环丁烷(Lawesson 试剂)将酮、酰胺和酯的羰基转化为相应的硫羰基化合物的合成手段。此转换方法由 S. O. Lawesson 教授课题组在 1977 年首次提出。[12] 其反应机理为：

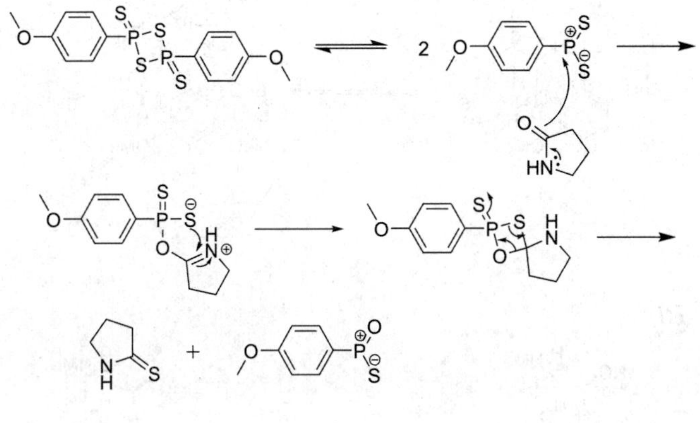

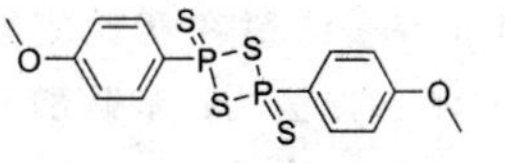

Lawesson 试剂

Lawesson 试剂已经成为商品化的化学药品。实验室中也可以用下面的方法简便地合成：

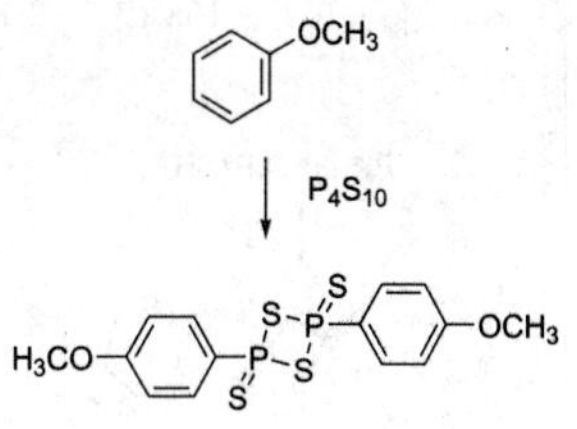

其制备方法为：在干燥条件下，将 108 g（1 mol）苯甲醚与 44.4 g（0.1 mol）五硫化二磷二聚体一起加热至回流，当温度达 145℃ 时，即开始放出硫化氢。将温度逐渐升高到 150℃ 并保持 1.5 小时，使多硫化磷完全溶解并形成清亮的淡橘黄色溶液。稍后，即有淡黄色沉淀析出。最后将温度升至 155～160℃ 回流约 6 小时，等不再有硫化氢逸出后，冷却反应混合物，让产物结晶。用苯洗涤晶体，真空中加热干燥，可得产率为 80% 的 Lawesson 试剂。

与 Lawesson 试剂功能类似的是 Japanese 试剂：2,4-双（苯基硫基）-1,3-二硫-2,4-二磷杂环丁烷-2,4-二硫化物，它是 1984 年日本 M. Yokoyama 等人[13]在合成具有生物活性的硫代肽和二硫代酯时发现的又一种氧硫交换试剂。Japanese 试剂作为 Lawesson 试剂的类似物，具有相似的优点。该试剂制备简单，易于控制，反应条件温和，反应性能好，因而在有机合成中具有很大的潜力，现已作为一种有机合成的重要试剂，不仅可与羰基发生氧硫交换反应，而且可以与双亲核性官能团发生环化反应，合成出一类结构新颖的环状磷酸酯化合物。

Japanese 试剂与含有羰基的底物发生氧硫交换反应，可制得各种硫代羰基化合物。根据软硬酸碱对规则，硫负离子为软碱，氧负离子为硬碱，磷为硬酸，所以磷与氧结合是氧硫交换反应的推动力。Japanese 试剂与羰基化合物在无水四氢呋喃或甲苯中反应。通常，与酰胺类底物反应使用四氢呋喃作溶剂，反应温度较低（20～65℃），收率高。例如脂肪族酰胺以四氢呋喃作溶剂与 Japanese 试剂反应，可得到 71% 的硫代酰胺，此反应对取代基氰基、氨基没有影响。[14] 内酰胺也可被 Japanese 试剂硫化，而且不会发生开环反应，得到 84% 的硫代内酰胺。[15]

Japanese 试剂还可以顺利地脱去亚砜中的氧。如 Japanese 试剂与二苄亚砜在甲苯中反应，得到 83% 的二苄硫醚，因此利用此反应试剂可以合成一些特殊的硫醚。

在第二步反应中，利用 Raney-Ni 的还原性，将硫代酰胺 **11a** 转化为亚胺 **12**。在此转换过程中，首先硫代酰胺互变异构成巯基取代的亚胺，接着 Raney-Ni 将巯基还原。

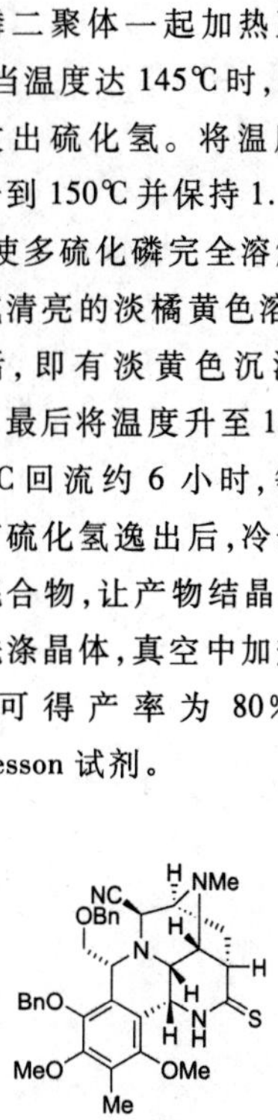

Japanese 试剂在实验室里的制备方法为：苯硫醇和五硫化二磷按 5∶1（摩尔比）比例混合，在 1,2,4-三氯苯中回流 30 分钟，然后冷却到 25℃，得到大量黄色晶体。用氯仿和乙醚洗涤，在 1,2,4-三氯苯中重结晶，真空干燥，制得产物。收率 58%，熔点 167～168℃。

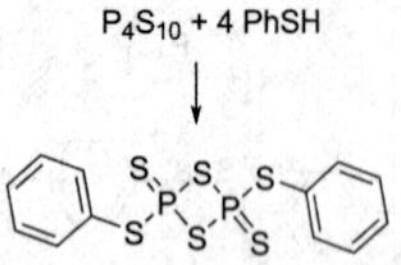

Japanese 试剂

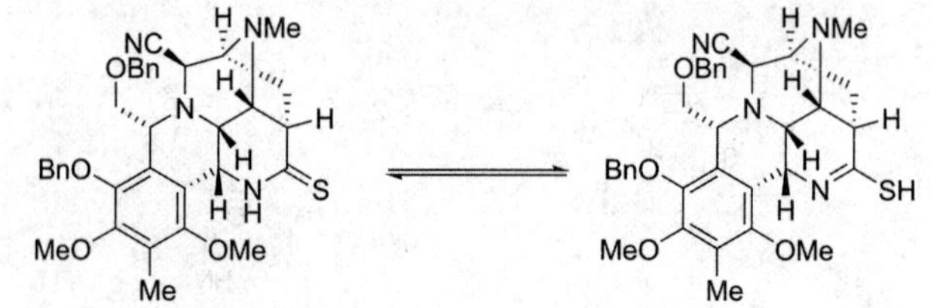

11a

问题 10:

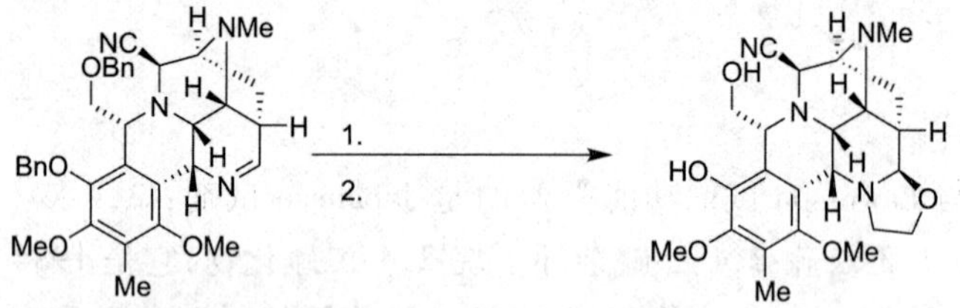

12　　13

提示:

- 利用小环的张力开环并发生环加成反应，生成相对稳定的五元环。

解答:

1. Ethylene oxide, MeOH, 60℃ (tube sealing), 58%;
2. BCl_3, DCM, −78℃, 52%。

讨论:

极化的双键与环氧乙烷发生环加成反应是合成五元杂环的有效手段。[15] 其可能的转化过程如下：

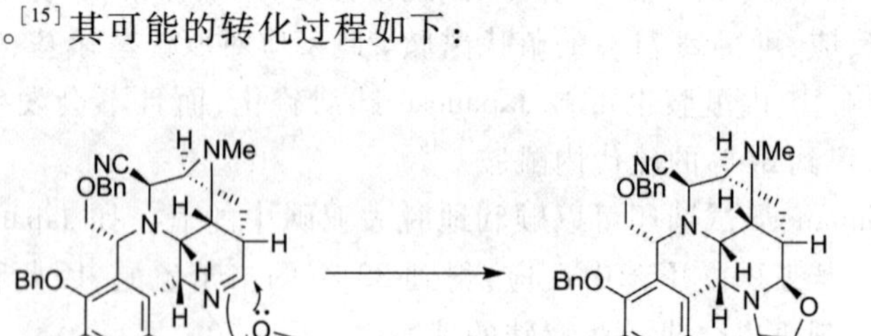

12

由于纸面上方的空阻较小，因此氧上孤对电子从空阻小的一方与碳氮双键反应，形成五元环。得到的化合物经过 BCl_3 处理，同时脱除苯环酚羟基和一级醇的苄基保护基，生成化合物 **13**。在此转换过程中，P. Garner 发现，利用常用的催化氢解的方式不能脱除苄基保护基，而选用 Lewis 酸 BCl_3 可以成功地脱除苄基保护基。实际上，BBr_3 是目前常用的脱除苯环上甲氧基的甲基保护基的试剂。在这里，使用 BCl_3 成功地区分了苯环上的苄氧基和甲氧基。

化合物 **13** 是 T. Fukuyama 教授合成 cyanocycline A 的重要中间体。随后就可以利用 Fukuyama 合成路线得到 cyanocycline A。

问题 11：

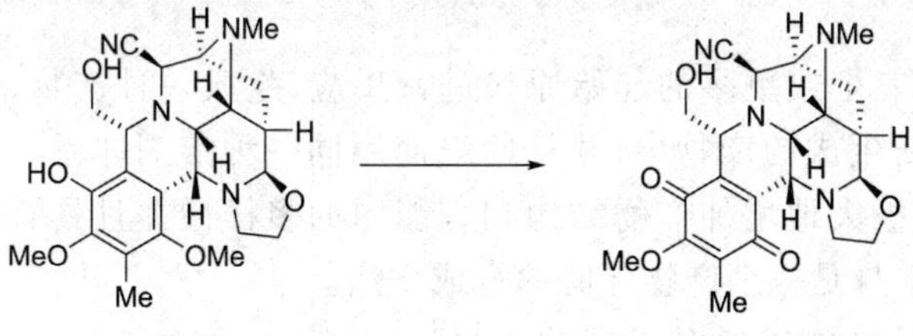

提示：
- 化合物 **13** 与目标化合物 cyanocycline A 相比，结构上的差异是化合物 **13** 中的苯环在 cyanocycline A 中转变成了醌式结构，因此上述转换需要一个氧化的条件。

解答：
$Mn(OAc)_3$(excessive)，0.3% H_2SO_4/CH_3CN，rt，2 h，55%。

讨论：
化合物 **13** 经过一步非常简单成熟的氧化反应即可合成 cyanocycline A。在此转换过程中，利用三乙酸锰作氧化剂，将酚羟基取代的苯环氧化成醌，得到 cyanocycline A。而利用其他氧化条件，只有低于 25% 的产率。Cyanocycline A 在 Ag^+ 的作用下可以转化为 bioxalomycin β2。[16] 这个转化过程比较简单，在这里就不作介绍了。

8.4 结论

以上讲解了 P. Garner 以格氏试剂与硝酮衍生物为起始原料，经过 14 步反应以 0.3% 的总产率完成了 cyanocycline A 的合成。由于采用了多组分合成环系的方法学，该路线较 P. Garner 之前的合成路线缩短 10 步，产率提高一个数量级，较前人的合成路线缩短近 20 步左右，是目前报道的最短的 cyanocycline A 合成路线。

此全合成研究工作的关键步骤包括：P. Garner 发展的金属催化的[C + NC + CC]三组分有机合成方法构建吡咯环衍生物，各种保护基团的选择性保护和去保护，以及构建复杂并环体系采用的分子内 Strecker 反应。这些反应也证明了以 cyanocycline A 为代表的这一类并环体系可以通过高效的合成方法制备。金属催化的[C + NC + CC]三组分有机合成方法在此体系中的成功应用，为今后合成 cyanocycline 系的其他天然产物以及与此结构类似的非天然产物提供了强有力的工具，也为该类分子在分子生物学和药物科学中的应用向前推进了一大步。

8.5 多组分反应

多组分反应是收敛的反应，用三个或更多的起始原料进行反应，生成一种产物，原料中所有或大部分的原子都会存在于新生成的产物中，并且始终使用同一种溶剂体系。多组分反应可以大大减少反应操作步骤，极大地增加产物结构和官能团的多样性并且具有步骤经济性和原子经济性。多组分反应本身是一个产物导向的合成方法。

最早的多组分反应就是本章提到的 1840 年发现的 Strecker 反应：

$$R^1CHO + R^2NH_2 + HCN \longrightarrow \underset{NC}{\overset{R^2NH}{\underset{R^1}{|}}} \xrightarrow{H^+, H_2O} \underset{HOOC}{\overset{R^2NH}{\underset{R^1}{|}}}$$

Mannich 反应也是我们非常熟悉的一种多组分反应：

$$\underset{R^1}{\overset{CH_2R^2}{\underset{O}{\|}}} + HCHO + Me_2NH \cdot HCl \longrightarrow Me_2NH_2C \underset{R^2}{\overset{R^1}{\underset{O}{\|}}}$$

但是真正体现多组分反应优势的反应是 R. Robinson 于 1917 年发展的"一锅煮"高效合成具有双环桥环结构的托品酮的反应。在此合成托品酮的过程中，R. Robinson 利用两次 Mannich 反应得到了多组分反应的产物——托品酮的前体，接着经脱羧反应生成托品酮。

可是，多组分反应在此后的几十年一直没有取得很好的发展。直到 20 世纪 90 年代组合化学的提出，多组分反应被认为可以为药物化学构建有机化合物库的理想反应才逐渐得到大家的重视。此后，多组分反应得到了飞速的发展，发现了许多新的反应方法。在这里，由于篇幅的限制，我们只介绍其中几个多组分反应。

8.5.1 Biginelli 三组分反应

Biginelli 三组分反应是最古老的多组分反应之一。1893 年, P. Biginelli 首次利用芳基甲醛、脲衍生物和乙酰乙酸乙酯在催化量 HCl 的作用下利用三组分"一锅煮"的方法合成了 3,4-二氢嘧啶-2-酮衍生物。这类产物也称为 Biginelli 化合物。1990 年以前, 此反应一直没有被很好地研究。1990 年后, 由于药物化学的发展, 二氢嘧啶酮衍生物作为具有重要生理活性的关键化合物才受到了大家广泛的重视。因此, 此反应作为合成多取代的二氢吡嘧啶酮衍生物的简捷方法, 得到深入的研究。其反应通式如下:

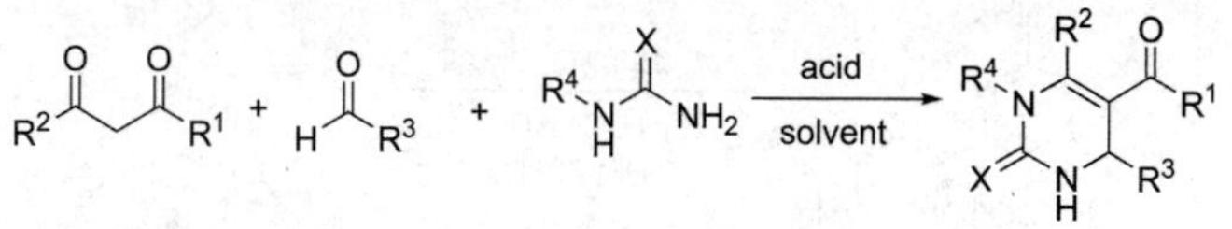

R^1: -OEt, -NHPh, -NEt$_2$, -SEt, -R; R^2: -R, -Ar, -CH$_2$Br; R^3: -Ar, R;
R^4: Me, Ph, H; X: O, S; acid: HCl, FeCl$_3$, InCl$_3$, PPE, BF$_3$ Et$_2$O; solvent: EtOH

此反应的特点包括:
1. 反应溶剂通常为醇;
2. Lewis 酸或 Brönsted 酸作催化剂;
3. 三个底物的结构都具有多样性;
4. 芳香醛参与反应的产率高, 而脂肪醛、空阻大的芳香醛产率中等;
5. 只有单取代的脲衍生物可以反应, 而 N,N'-二取代的脲在此条件下不能发生 Biginelli 反应。

经过这些年的发展, Biginelli 反应有了许多改进, 并在许多天然产物的合成中展示了重要的作用。L. E. Overman 成功地利用 Biginelli 反应构筑了天然产物 crambescidin 类化合物的中心环系。[19]

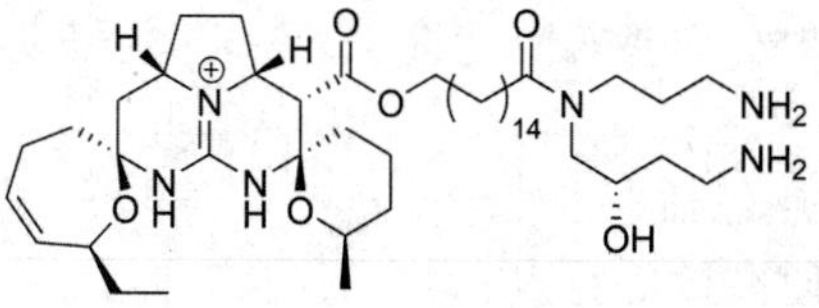

crambescidin 800

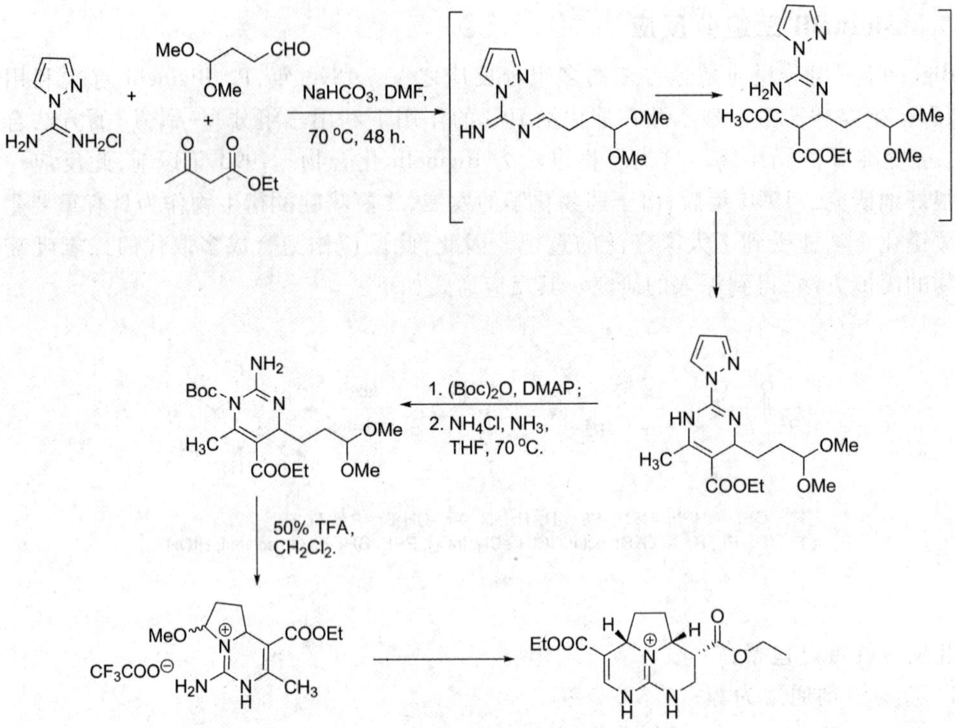

8.5.2 Petasis 三组分反应

1993 年, N. A. Petasis 利用改进的 Mannich 反应发展了合成烯丙基胺的方法。[20] 他利用烯基硼酸代替了 Mannich 反应中的亲核试剂酮。Petasis 三组分反应的反应通式如下：

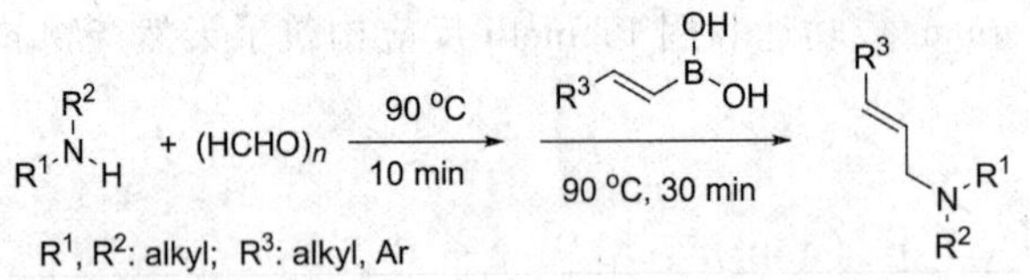

Petasis 三组分反应的特点包括：
1. 反应具有易操作、简便高效等特点；
2. 后处理过程可以利用酸除去没有反应的烯基硼酸；
3. 通常使用过量的烯基硼酸,碳碳双键的构型在反应中保持不变；
4. 糖或 α-氧代羧酸也可以代替反应式中的多聚甲醛,产物为 α-氨基酸。

烯丙基胺是有机合成中的重要骨架,并具有多样的生理活性。因此,利用 Petasis 三组分反应可以合成许多具有生理活性的化合物,例如一种具有重要生理活性的物质 N-acetylneuraminic acid。[21]

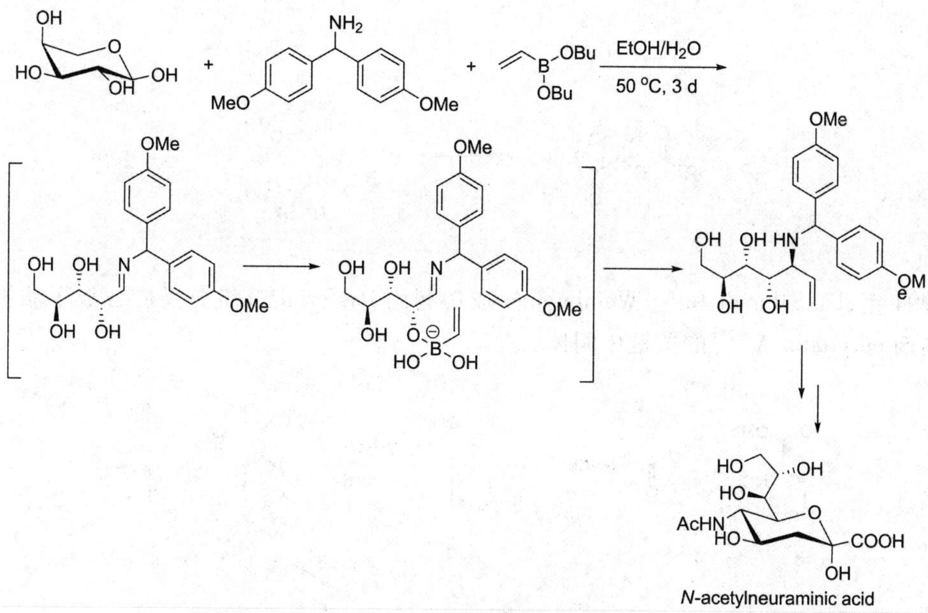

8.5.3　Passerini 三组分反应

Passerini 三组分反应是第一个成功利用异腈作原料的合成方法,它将异腈、羧酸和酮三类化合物在温和的条件下采用"一锅煮"的反应方法生成 α-酰氧基酰胺衍生物。[22] 此反应的最大特点是底物中的所有原子均在产物中。其反应通式如下:

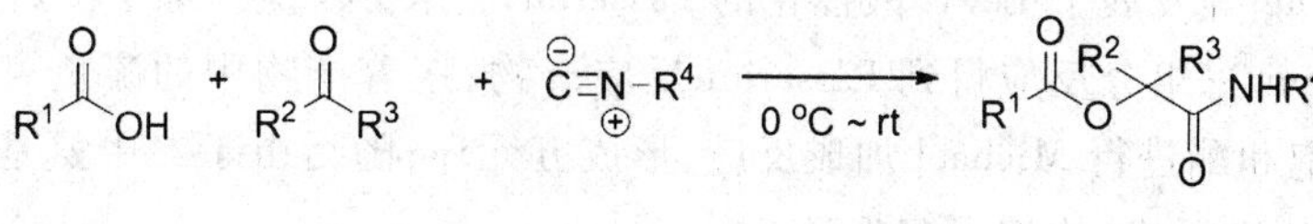

此反应的特点为:
1. 反应在高浓度下和惰性溶剂中进行,反应温度低于室温;
2. 非极性溶剂可以加速反应;
3. 大多数醛和酮都可以进行此反应,但是少数空阻大的酮和 α,β-不饱和酮不能反应;
4. 烷基取代的异腈和三甲硅基取代的异腈都能反应;
5. 水作为亲核试剂在酸的催化下可以代替羧酸参与此反应,生成 α-羟基酰胺;
6. 选择合适的原料,Passerini 三组分反应生成的产物可以继续后续的反应生成各类杂环化合物。

其可能的转化过程如下：

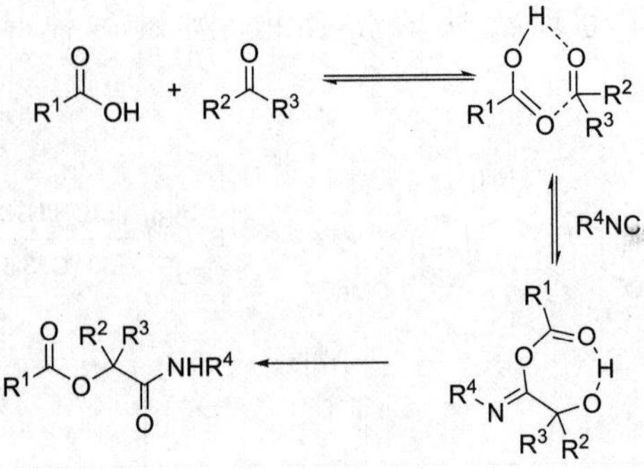

1994 年，U. Schmidt 和 S. Weinbrenner 成功利用 Passerini 三组分反应合成了肽链内切酶抑制剂 eurystatin A[23]的关键中间体。[24]

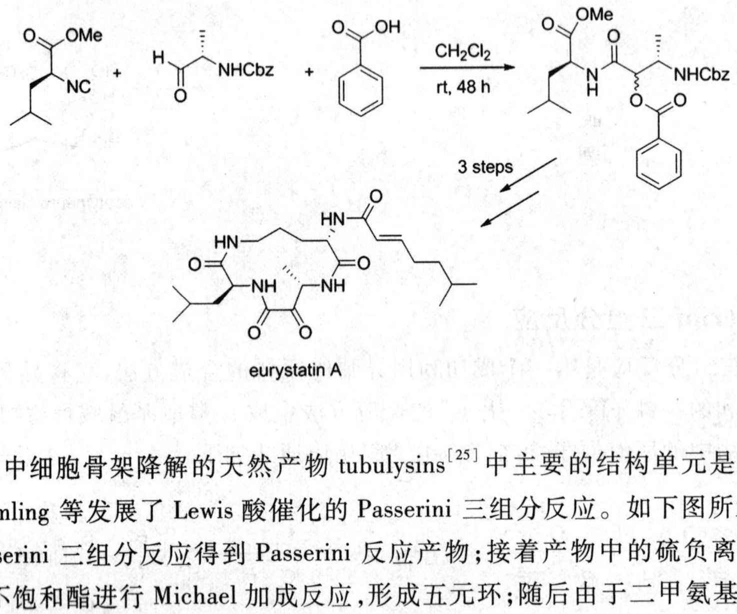

微管蛋白中细胞骨架降解的天然产物 tubulysins[25]中主要的结构单元是噻唑取代的氨基酸。A. Dömling 等发展了 Lewis 酸催化的 Passerini 三组分反应。如下图所示，A. Dömling 首先利用 Passerini 三组分反应得到 Passerini 反应产物；接着产物中的硫负离子对二甲氨基取代的 α,β-不饱和酯进行 Michael 加成反应，形成五元环；随后由于二甲氨基的易离去发生了 Michael 加成的逆反应，构筑了噻唑环。[27]

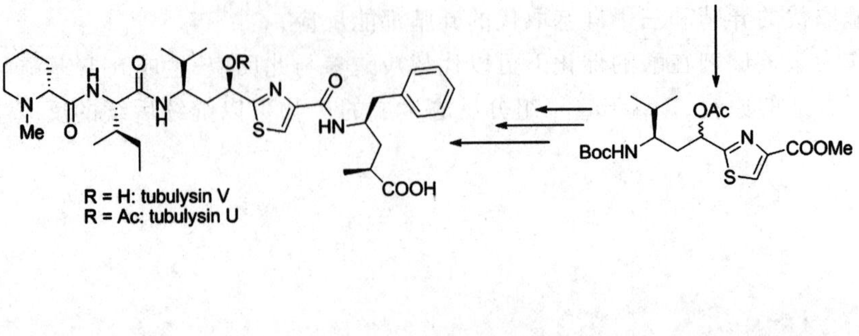

8.5.4　Ugi 四组分反应

1959 年，I. Ugi 报道了一个由胺、醛或酮、某一亲核试剂以及异腈等四组分参与并生成单一缩合产物的反应。最常用的亲核试剂是羧酸，此外叠氮酸、氰酸及其盐、硫氰酸及其盐、碳酸单酯、二级胺的盐、水、硫化氢以及硒化氢等也可以代替羧酸。[28] 其反应通式如下：

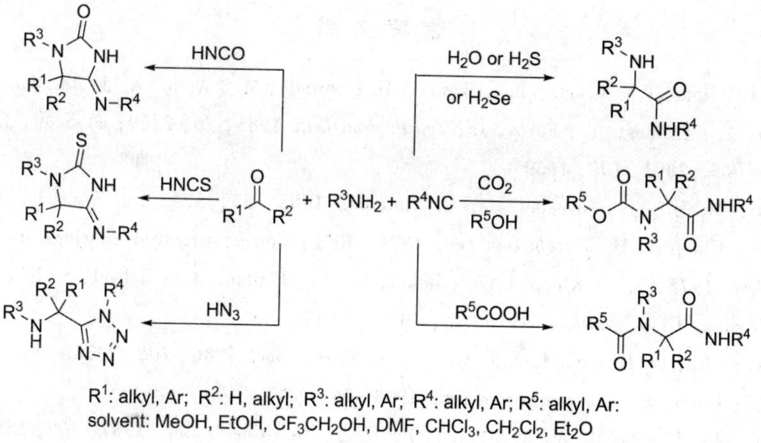
HNCO
HNCS
HN3
H2O or H2S
or H2Se
CO2
R5OH
R5COOH
R1: alkyl, Ar; R2: H, alkyl; R3: alkyl, Ar; R4: alkyl, Ar; R5: alkyl, Ar:
solvent: MeOH, EtOH, CF3CH2OH, DMF, CHCl3, CH2Cl2, Et2O

此反应的特点有：

1. 反应很容易操作，待其他三个组分充分混合并冷却后，再加入异腈；
2. 最佳的方法是先将醛或酮与胺反应生成亚胺后再接着反应；
3. 反应剧烈放热，需要冷却；
4. 甲醇是最好的溶剂。

Ugi 多组分反应是合成肽片段的最有效方法，但是此反应的最大弱点是目前其有效的不对称合成方法相对欠缺。Ugi 多组分反应在组合化学中已经展示了其底物广泛性和高效性等优点。T. Fukuyama 利用 Ugi 四组分反应合成了 bicyclomycin 的核心中间体。[29]

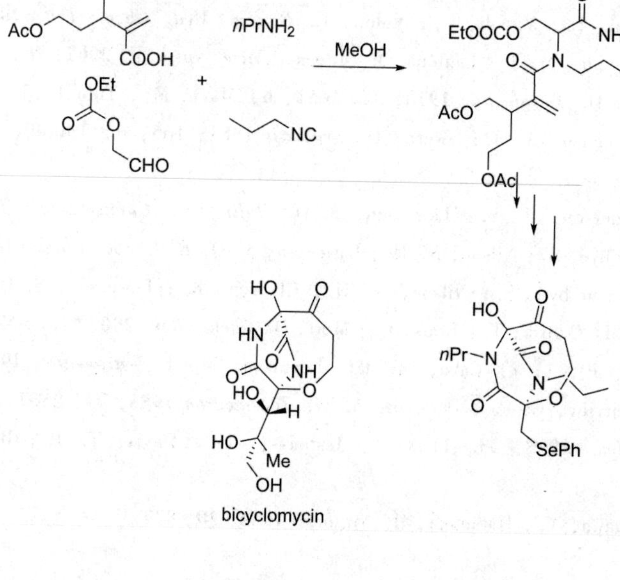
nPrNH2
MeOH
bicyclomycin

近年来,原子经济性的多组分反应、串联反应以及无保护基合成都已经被广泛地应用于有机合成中。多组分反应作为这些发展中的重要一员,已经在天然产物全合成以及药物化学中发挥了关键性的作用。但是,我们也可以看到多组分反应的局限性,如多组分反应的数量有限,有些多组分反应的机理基本上是一致的,有些只是一些有机反应的机械组合等等。因此,多组分反应还有许多空间值得我们去研究和探索。

参 考 文 献

1. a) Hayashi, T.; Noto, T.; Nawata, Y.; Okazaki, H.; Sawada, M.; Ando, K. *J. Antibiot.* **1982**, *35*, 771; b) Aramburu, A.; Perales, A.; Fayos, J. *Tetrahedron Lett.* **1985**, *26*, 2369; c) Scott, J. D.; Williams, R. M. *Chem. Rev.* **2002**, *102*, 1669.

2. a) Zmijewski, M. J., Jr.; Goebel, M. *J. Antibiot.* **1982**, *35*, 524; b) Sygusch, J.; Brisse, F.; Hanessian, S.; Kluepfel, D. *Tetrahedron Lett.* **1974**, 4021; Correct structiral drawings are shown in errata, *Tetrahedron Lett.* **1975**, 3; c) Kluepfel, D.; Baker, H. A.; Piattoni, G.; Sehgal, S. N.; Sidorowicz, A.; Siggh, K.; Vezina, C. *J. Antibiot.* **1975**, *28*, 497.

3. Evans, D. A.; Illig, C. R.; Saddler, J. C. *J. Am. Chem. Soc.* **1986**, *108*, 2478.

4. Evans, D. A.; Biller, S. A. *Tetrahedron Lett.* **1985**, *26*, 1907.

5. Fukuyama, T.; Li, L.; Laird, A. A.; Frank, R. K. *J. Am. Chem. Soc.* **1987**, *109*, 1587.

6. Kaniskan, H. Ü.; Garner, P. *J. Am. Chem. Soc.* **2007**, *129*, 15460.

7. a) Garner, P.; Kaniskan, H. Ü.; Hu, J.; Youngs, W. J.; Panzner, M. *Org. Lett.* **2006**, *8*, 3647; b) Garner, P.; Hu, J.; Parker, C. G.; Youngs, W. J.; Medvetz, D. *Tetrahedron Lett.* **2007**, *48*, 3867.

8. a) Strecker, A. *Ann.* **1850**, *75*, 27; **1854**, *91*, 349; b) Mowry, D. T. *Chem. Rev.* **1948**, *42*, 236; c) Stadnikoff, G. *Ber.* **1907**, *40*, 1014; d) Clarke, H. T.; Bean, H. J. *Org. Syn.* **1931**, *11*, 4; e) Srewart, T. D.; Li, C. H. *J. Am. Chem. Soc.* **1938**, *60*, 2782; f) Pollard, C. B.; Hughes, L. J. *J. Am. Chem. Soc.* **1955**, *77*, 40.

9. a) Pictet, A.; Spengler, T. *Ber.* **1911**, *44*, 2030; b) Whaley, W. M.; Govindachari, T. R. *Org. React.* **1951**, *6*, 151.

10. a) Pallavicini, M.; Moroni, B.; Bolchi, C.; Cilia, A.; Clementi, F.; Fumagalli, L.; Gotti, C.; Meneghetti, F.; Riganti, L.; Vistoli, G.; Valoti, E. *Bioorg. Med. Chem. Lett.* **2006**, *16*, 5610; b) McManus, H. A.; Fleming, M. J.; Lautens, M. *Angew. Chem. Int. Ed.* **2007**, *46*, 433.

11. a) Omura, K.; Swern, D. *Tetrahedron* **1978**, *34*, 1651; b) Marx, M.; Tidwell, T. T. *J. Org. Chem.* **1984**, *49*, 788; c) Mancuso, A. J.; Swern, D. *Synthesis* **1981**, 165; d) Tidwell, T. T. *Org. React.* **1990**, *39*, 297.

12. a) Scheibye, S.; Pedersen, B. S.; Lawesson, S.-O. *Bull. Soc. Chim. Belg.* **1978**, *87*, 229; b) Pedersen, B. S.; Scheibye, S.; Nilson, N. H.; Lawesson, S.-O. *Bull. Soc. Chim. Belg.* **1978**, *87*, 223; c) Pedersen, B. S.; Scheibye, S.; Nilson, N. H.; Clausen, K.; Lawesson, S.-O. *Bull. Soc. Chim. Belg.* **1978**, *87*, 293; d) Ozturk, T.; Ertas, E.; Mert, O. *Chem. Rev.* **2007**, *107*, 5210; e) Campaigne, E. *Chem. Rev.* **1946**, *39*, 1; f) Cava, M. P.; Levinson, M. I. *Tetrahedron* **1985**, *41*, 5061; g) Cherkasov, R. A.; Kutyrev, G. A.; Pudovik, A. N. *Tetrahedron* **1985**, *41*, 2567; h) Nagaoka, J. J. *Synth. Org. Chem. Jpn.* **1995**, *53*, 1138; i) Jesberger, M.; Davis, T. P.; Barner, L. *Synthesis* **2003**, 1929.

13. Yokoyama, M.; Hasegawa, Y.; Hatanaka, H. *Synthesis* **1984**, *10*, 827.

14. a) Ohms, G.; Fleischer, U.; Kaiser, V. *J. Chem. Soc. Dalton Trans.* **1995**, *8*, 1297; b) Menzel, F.; Kaiser, V.; Brockaer, W. *Polyhedron* **1994**, *13*, 579; c) A. Cherkasovr, G. A. Kutyrev, A. N. Pudovik, *Tetrahedron* **1985**, *41*, 2567.
15. Pelletier, S. W.; Nowacki, J.; Mody, N. V. *Synth. Commun.* **1979**, *9*, 201.
16. a) Zaccardi, J.; Alluri, M.; Ashcroft, J.; Bernan, V.; Korshalla, J. D.; Morton, G. O.; Siegel, M.; Tsao, R.; Williams, D. R.; Maiese, W.; Ellestad, G. A. *J. Org. Chem.* **1994**, *59*, 4045; b) Fukuyama, T. *Adv. Heterocycl. Chem.* **1992**, *2*, 189.
17. Robinson, R. *J. Chem. Soc.* **1917**, 762.
18. Biginelli, P. *Gazz. Chim. Ital.* **1893**, *23*, 360.
19. Nilsson, B. A.; Overman, L. E. *J. Org. Chem.* **2006**, *71*, 7706.
20. a) Petasis, N.; Akritopoulou, I. *Tetrahedron Lett.* **1993**, *34*, 583; b) Petasis, N. A.; Zavialov, I. A. *J. Am. Chem. Soc.* **1997**, *119*, 445; c) Petasis, N. A.; Zavialov, I. A. *J. Am. Chem. Soc.* **1998**, *120*, 11798.
21. a) Thomson, R.; von Itzstein, M. N-Acetylneuraminic acid derivatives and mimetics as anti-influenza agents. In *Carbohydrate Based-Drug Discovery*; Wong, C.-H., Ed.; Wiley-VCH: Weinheim, Germany, 2003; b) Hong, Z.; Liu, L.; Hsu, C.-C.; Wong, C,-H. *Angew. Chem. Int. Ed.* **2006**, *45*, 7417.
22. a) Passerini, M. *Gazz. Chim. Ital.* **1921**, *51*, 126; b) Passerini, M. *Gazz. Chim. Ital.* **1921**, *51*, 181; c) Passerini, M. *Gazz. Chim. Ital.* **1926**, *56*, 826; d) Passerini, M.; Ragni, G. *Gazz. Chim. Ital.* **1931**, *61*, 964.
23. Toda, S.; Kotake, C.; Tsuno, T.; Narita, Y.; Yomasaki, T.; Konishi, M. *J. Antibiot.* **1992**, *45*, 1580.
24. Schmidt, U.; Weinbrenner, S. *J. Chem. Soc., Chem. Commun.* **1994**, 1003.
25. a) Sasse, F.; Steinmetz, H.; Heil, J.; Hofle, G.; Reichenbach, H. *J. Antibiot.* **2000**, *53*, 879; b) Steinmetz, H.; Glaser, N.; Herdtweck, E.; Sasse, F.; Reichenbach, H.; Hofle, G. *Angew. Chem. Int. Ed.* **2004**, *37*, 4888.
26. a) Henkel, B.; Beck, B.; Westner, B.; Mejat, B.; Dömling, A. *Tetrahedron Lett.* **2003**, *44*, 8947; b) Dömling, A.; Beck, B.; Eichelberger, U.; Sakamuri, S.; Menon, S.; Chen, Q.-Z.; Lu, Y.; Wessjohann, L. A. *Angew. Chem. Int. Ed.* **2006**, *45*, 3275.
27. a) Dömling, A.; Ugi, I. *Angew. Chem. Int. Ed.* **2000**, *39*, 3169; b) Ugi, I. *Pure Appl. Chem.* **2001**, *73*, 187; c) Zhu, J. *Eur. J. Org. Chem.* **2003**, 1133; d) Dömling, A. *Chem. Rev.* **2006**, *106*, 17.
28. Fukuyama, T.; Robins, B. D.; Sachleben, R. A. *Tetrahedron Lett.* **1981**, *22*, 4155.

（本章初稿由陈海波完成）

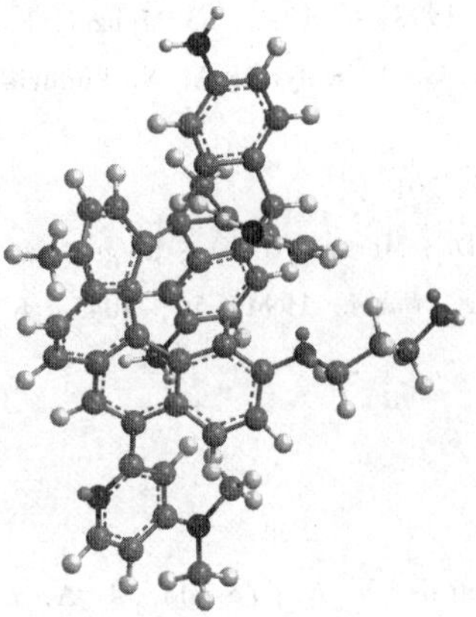

第9章

科学探索的道路：
分子马达的合成
Molecular Motors：T. R. Kelly（2007）

9.1 背景介绍

构建尺度越来越小的机器是科学家长久以来的目标。1959年，诺贝尔物理学奖得主 R. Feynman 就悬赏 1000 美元征集体积小于 1/64 立方英寸的机械马达。[1]出乎他意料的是，仅一年之后此目标就被实现了。到了 21 世纪，随着现代微加工技术和光刻蚀技术的发展，半径与头发相当的马达也已经被制造出来。[2]

> Top-down（自上而下）和 bottom-up（自下而上）原先用于信息存储的处理方法或知识增长的模式。随着纳米科学的发展，后被用于指器件的构筑方式。

上述微纳分子马达的构筑大多采用了"自上而下"（top-down）的方法。然而，这个"自上而下"的方法终有其尺度极限。[3]最微型的马达，应当是从分子尺度上采用"自下而上"（bottom-up）的方法进行构建的。[4]事实上，自然界已经为我们提供了丰富的分子动力体系[5]，如著名的 F_1-ATP 酶[6]和鞭毛[7]，都是经典的用化学"燃料"驱动的分子马达。受自然界的启发，自 20 世纪 90 年代以来，世界上很多研究小组开始尝试合成人工的分子马达和分子机器。[8]其中，Boston College 的 T. R. Kelly 教授可说是此领域的先驱之一。

1999 年，T. R. Kelly 教授合成了世界上第一例由化学"燃料"驱动的、单向旋转的人工分子马达[9]，其工作原理如下图所示（黑色小球用以显示其所标示的苯环发生的旋转过程）：

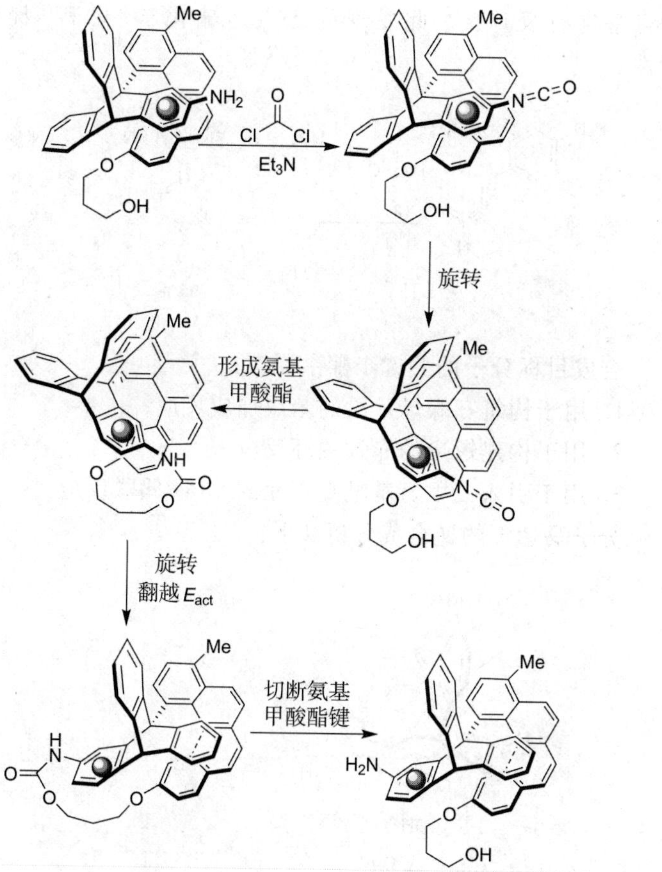

可以看到，经过一个循环旋转之后，三蝶烯片段相对于螺烯片段完成了一个 120° 的定向旋转。然而要真正制造一个可以对外做功的马达，需要完成 360° 持续、定向的旋转。

本章所要介绍的，正是 T. R. Kelly 小组探索可持续旋转分子马达的研究工作。尽管他们最后并没有实现这个富有想象力的目标，然而 Kelly 教授的工作，不论是对于分子水平上的机械运动机理的探索，还是整个合成的过程，都是可圈可点的。对比 T. R. Kelly 小组所合成的天然产物 lactonamycin 的结构[10]，我们就会发现，T. R. Kelly 教授所要完成的分子马达从合成难度上绝不亚于传统全合成的目标分子。从后面的叙述中我们会看到，这种"非天然产物全合成"有时难度更大。

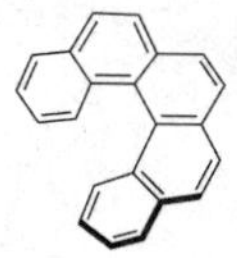

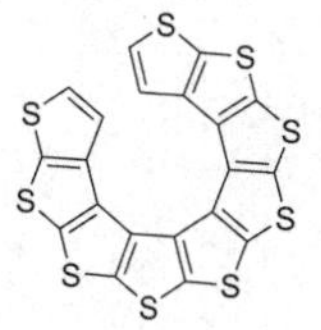

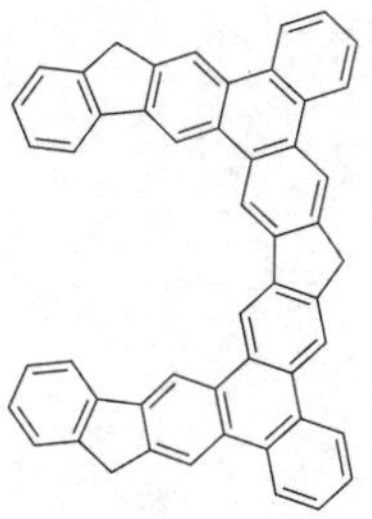

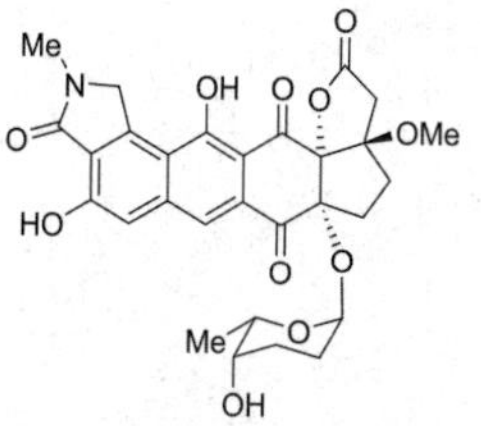

T. R. Kelly 教授新设计的分子[11]与最初分子的最大区别，在于其结构中的一个对二甲氨基吡啶单元（DMAP）的引入。DMAP 分子本身常被用于催化酰胺键的形成。T. R. Kelly 小组于 2002 年报道，在分子内引入 DMAP 单元，能够选择性地使酰氯与邻位

三蝶烯

螺烯的代表性化合物：

lactonamycin

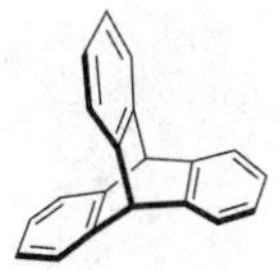

的氨基进行反应。[12] 此发现为定点运输化学"燃料"提供了可能性。

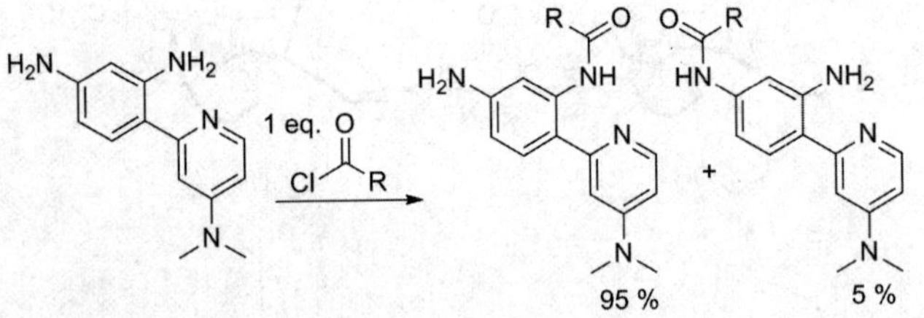

合成目标分子的关键步骤主要有：
1. 用于构筑三蝶烯片段的苯炔加成反应；
2. 用于构建螺烯的光致关环反应；
3. 用于引入二甲氨基吡啶单元的 Stille 偶联反应。

分子马达 **1** 的逆合成分析如下：

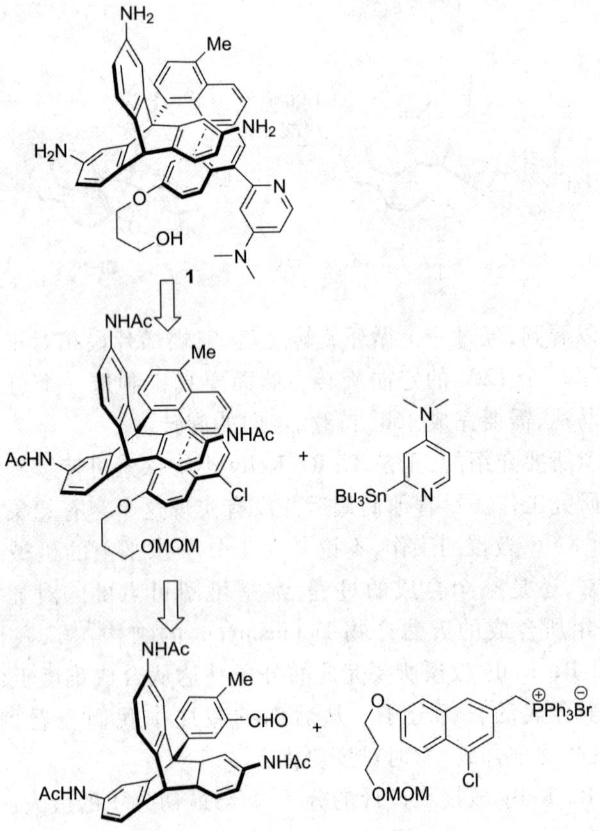

合成中也曾尝试了其他的切断方法，但均没有获得成功。

9.2 概览

240 / 中级有机化学

9.3 合成

问题 1:

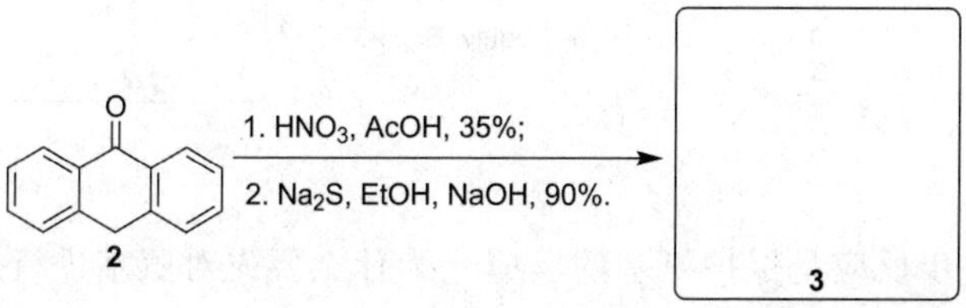

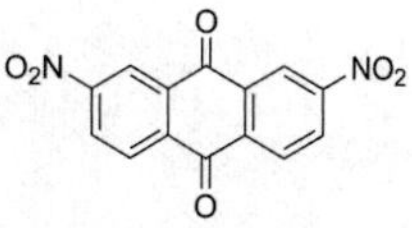

[反应式: 化合物 2 (9(10H)-蒽酮) → 产物 3, 试剂: 1. HNO₃, AcOH, 35%; 2. Na₂S, EtOH, NaOH, 90%.]

提示:
- 第一步反应是典型的芳香亲电取代反应——硝化反应。根据基团的定位效应,可确定硝基引入的位置。为什么?
- 此分子的苯环上既有吸电子取代基,又有给电子取代基,如何定位?
- 硝化过程中还可能发生什么反应?
- 额外引入的官能团在还原过程中是否会受影响?

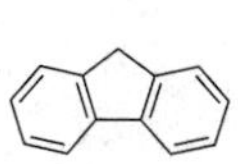

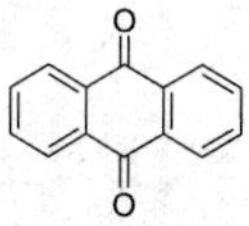

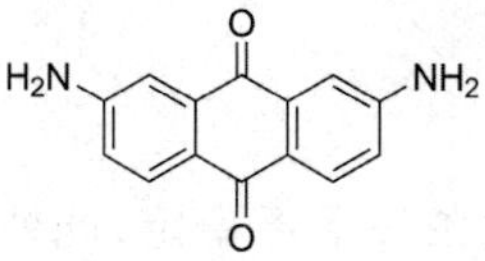

解答:

[化合物 3 结构: 2,7-二氨基蒽醌]

[侧栏: 化合物 21 (2,7-二硝基蒽醌); 芴; 蒽醌; 芴在 NaOH, O₂, DMSO 条件下氧化成芴酮]

讨论:

9(10H)-蒽酮 **2** 是一个商业可得的原料。在硝酸作用下,**2** 发生硝化反应,生成 **21**。由于羰基和苯基亚甲基的存在,使得硝基进入羰基的间位、苯基亚甲基的对位。左右两苯环由于羰基的共轭阻断,可认为是相对独立的,故第一个硝基的进入不影响第二个位点的硝基引入反应。

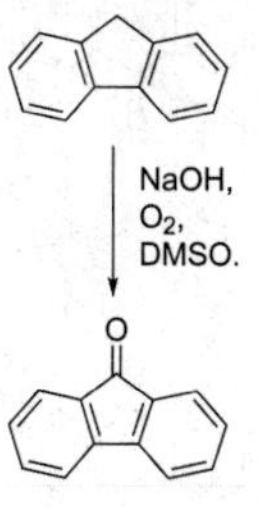

值得注意的是,蒽酮中的亚甲基在反应过程中也被氧化。与两个苯环相邻的亚甲基不稳定,易被氧化。类似的情况在芴单元中更常见,这是由于芴失去质子后生成的环戊二烯负离子形成稳定的芳香共振结构,接着在强氧化剂中被氧化成酮。[13~15]

硫化钠在碱性条件下还原硝基是一个经典的条件。常用的其他还原方法还有 Fe/HCl, Cu (催化量)/H₂, Sn/HCl, SnCl₂/HCl 等。在此条件下,新形成的羰基并未受影响,生成产物 **3**。

问题 2:

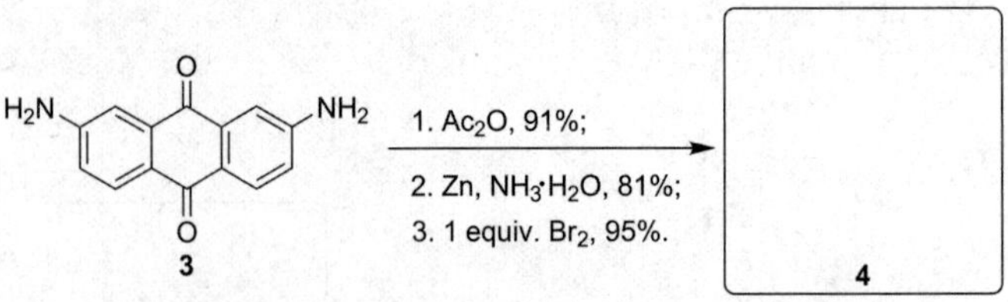

3: 2,7-二氨基蒽醌 (H$_2$N-蒽醌-NH$_2$)

试剂:
1. Ac$_2$O, 91%;
2. Zn, NH$_3$·H$_2$O, 81%;
3. 1 equiv. Br$_2$, 95%.

产物 4

提示:
- 第一步反应是保护氨基的反应。为什么要先对氨基进行保护?
- 哪些是常用的氨基保护基?
- Zn 在碱性条件下可以还原一些基团,哪些基团在此条件下可以被还原?其驱动力是什么?
- 第三步反应还是芳香亲电取代反应——溴化反应。根据定位原则,溴化的位置在哪里?

解答:

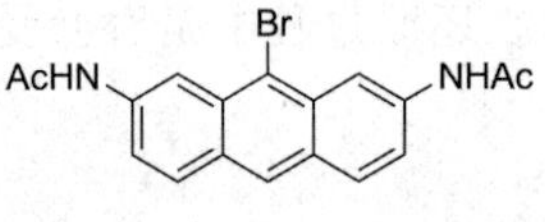

产物 **4**: 9-溴-2,7-双(乙酰氨基)蒽 (AcHN-蒽(9-Br)-NHAc)

讨论:

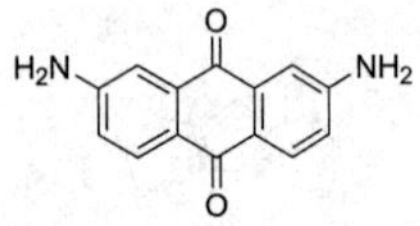

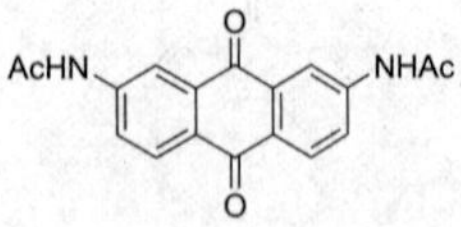

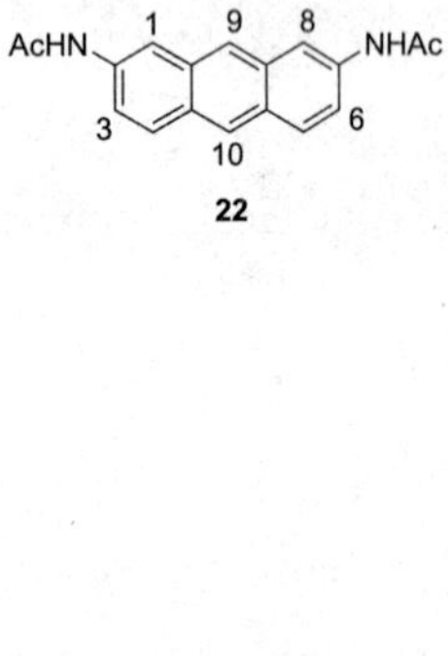

一级氨基在氧化性条件下不稳定,此外苯胺在芳香亲电取代反应中的高活性常常使苯环溴化位点的数量难以控制,因此先要用乙酰基将氨基保护起来。将氨基转化成乙酰胺基后,降低了氨基的反应活性。

第二步还原反应的动力在于产物的芳构化,产物为 **22**。首先酮羰基被还原,接着再进行脱水反应。其他常用的芳构化条件还有 DDQ 氧化反应等。

在最后一步反应中,产物 **22** 结构式中标出的 6 个位点均有可能发生溴化。其中,蒽的 C9、C10 位本身就较为活泼。但是,溴化在 C10 位时所得中间体的正电荷无法有效地分散到两个乙酰胺基上,故最后产物为 **4**。在实际操作过程中,除严格使用 1 倍量的液溴外,还须控制反应温度和滴加液溴的速度。溴化反应对于温度较敏感,温度越高,所得产物越复杂。缓慢滴加,则是为了防止产物在局部聚集而发生进一步的二溴化或过溴化反应。

化合物 **22**: AcHN-蒽-NHAc,位点标号 1, 3, 6, 8, 9, 10。

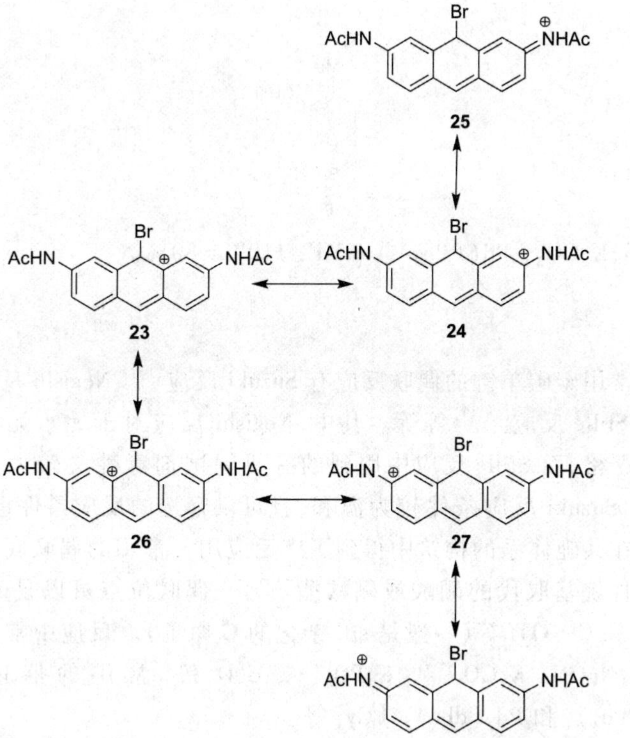

问题 3:

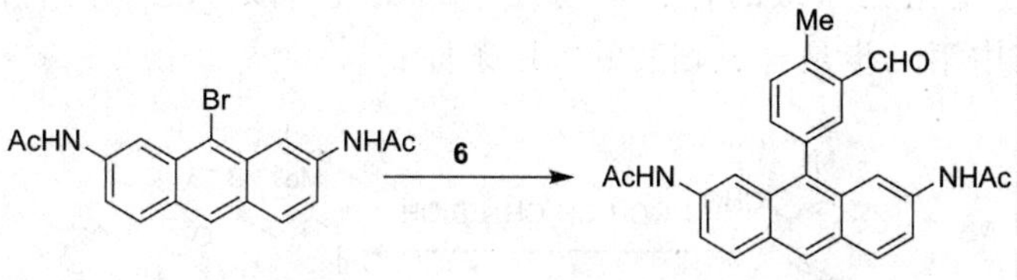

提示:

- 这是一步金属催化的偶联反应,前面我们已经提到过此类反应。在此转换过程中,有哪些偶联反应可供选择?
- 此处选用的是 Suzuki 偶联反应。那么 6 可以是哪些底物?
- 6 是一个硼酸。它通常以什么形式存在?
- 你能否设计一下 6 的合成方法?

解答:

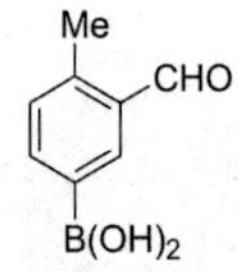

6, K_2CO_3, $Pd(PPh_3)_4$, DMF, 110℃, 80%。

讨论:

常用碳碳单键的偶联反应有 Suzuki 反应[16]、Negishi 反应[17],以及 Stille 反应[18,19] 等等。其中,Negishi 反应对于无水无氧的要求较严格,而 Stille 反应中用到的有机锡试剂毒性又较大。相比之下,Suzuki 反应条件较为温和,且可供筛选的反应条件也较多,因而在共轭体系的构筑中得到了广泛应用。常用的偶联底物可以是各种烷基取代的硼酸或硼酸酯。另一偶联位点可以是 C—Br,C—I 和 C—OTf 等(一般是 sp^2 杂化的 C 原子)。反应中常用到的碱有 NaOH,K_2CO_3 和 $K_3PO_4 \cdot 3H_2O$ 等,常用的催化剂有 $Pd(PPh_3)_4$ 和 $Pd_2(dba)_3/PCy_3$ 等。

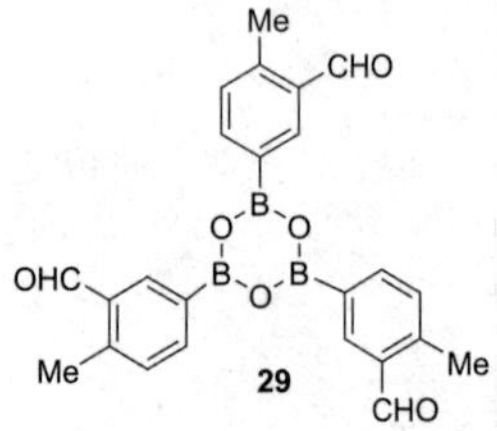

在本步骤中,T. R. Kelly 教授等人用到的是硼酸 **6**。实际上,**6** 是以三聚体的形式 **29** 存在的。**6** 的合成使用的是芳香金属试剂硼酸化的方法。在 **6** 的合成过程中,需注意对醛基的保护,因为醛基在丁基锂类强碱的存在下易发生副反应。以下是 **6** 的合成步骤,其中第二步是合成硼酸的常用条件。

在实验室中,常用苯基硼酸来制备苯酚。

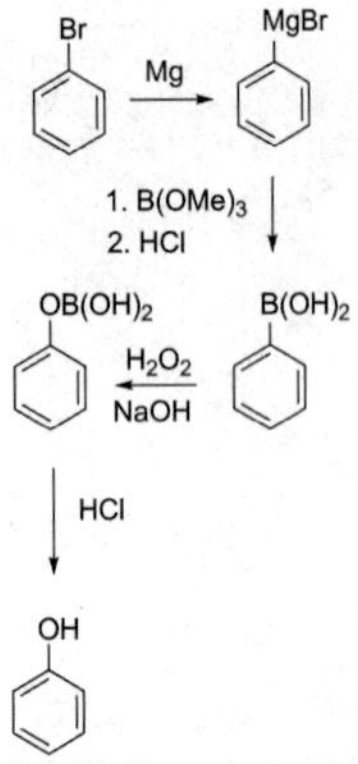

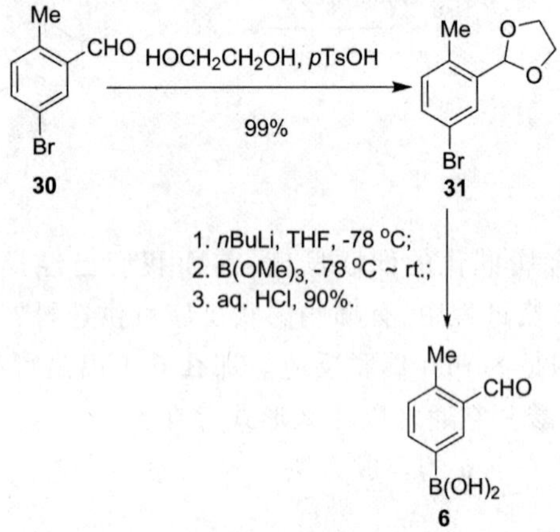

此步 Suzuki 偶联反应所用的碱是 K_2CO_3 水溶液。催化剂为 $Pd(PPh_3)_4$,溶剂为 DMF,温度为 110℃。

问题 4:

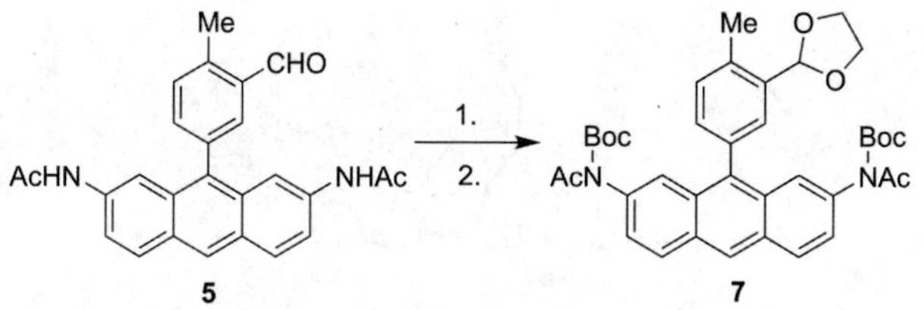

Me
CHO
AcHN
NHAc
1.
2.
5
Me
Boc
AcN
Boc
NAc
7

提示:

- 酰胺氮上的氢在下一步反应中可能受影响,也需要保护。
- 醛基不稳定,一般需要保护。保护醛基共有多少种方法?
- 以上两步保护反应的步骤是怎样的?

解答:

1. Boc_2O;
2. $HOCH_2CH_2OH$, oxalic acid, 56%。

讨论:

此两步保护反应是为了下一步关键反应产率的提高,均采用最常见的保护基团。两步保护步骤不能颠倒,因为缩醛保护基在强酸性条件下不稳定。

问题 5:

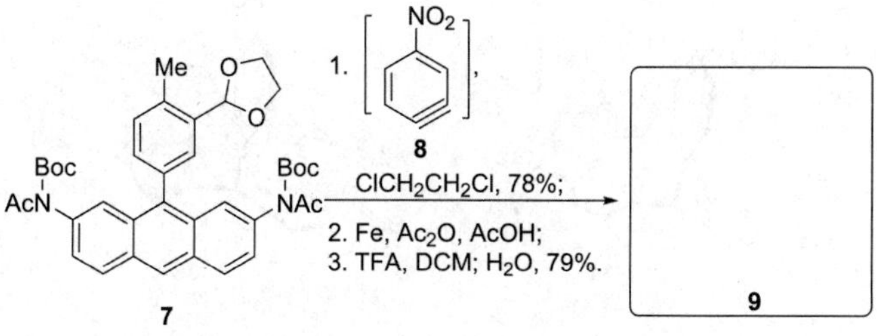

Me
Boc
AcN
Boc
NAc
7
1.
NO2
8
ClCH2CH2Cl, 78%;
2. Fe, Ac2O, AcOH;
3. TFA, DCM; H2O, 79%.
9

提示:

- 第一步反应是一个[4+2]环加成反应。底物 **7** 中蒽环有三个苯环,加成反应究竟会发生在哪个苯环上?
- [4+2]环加成反应通常是一个区域选择性的反应。在这里有无异构体的产生?如何分辨这些异构体?
- 最终要得到的是氨基取代的衍生物。考虑到最终的产物,是否可以使用氨基或酰胺基取代的苯炔进行[4+2]环加成反应?
- 最后一步是将前一步引入的保护基脱去。

Negishi 偶联反应:

1972 年,在发现烯基和芳基卤代物在镍的催化下可以与格氏试剂偶联(Kumada 交叉偶联反应)之后,许多研究集中在如何改进此反应的底物兼容性,特别是是否可以使用一些比烷基锂和格氏试剂的活性相对小一些的金属有机试剂。1976 年,E. Negishi 报道了有机铝试剂与烯基和芳基卤代物在镍催化下的第一例立体专一性偶联反应。进一步的研究表明,有机锌试剂在钯的催化下可以具有反应时间短、更高的反应产率以及立体专一性等优点。

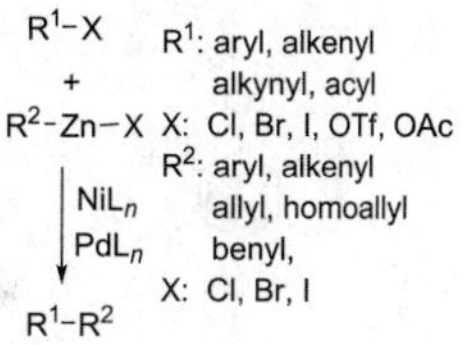

R1-X
+
R2-Zn-X
NiLn
PdLn
R1-R2
R1: aryl, alkenyl
alkynyl, acyl
X: Cl, Br, I, OTf, OAc
R2: aryl, alkenyl
allyl, homoallyl
benyl,
X: Cl, Br, I

但是此反应也存在一些弱点,如二级、三级烷基锌容易发生异构化等。

思考题：
苯环通常不能发生[4+2]环加成反应。为什么蒽环中的苯环可以发生[4+2]环加成反应？

其他苯炔的制备方法：

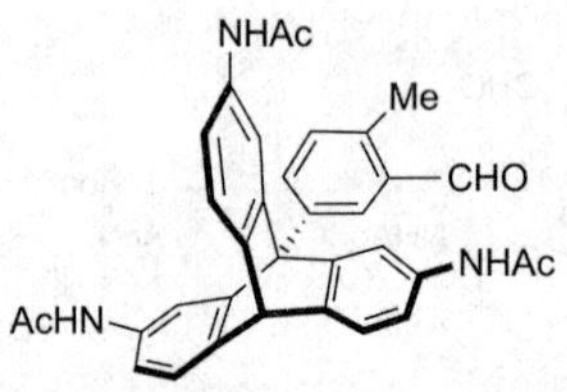

（邻氟溴苯 + Mg → 苯）

还可以用 Li 代替 Mg：

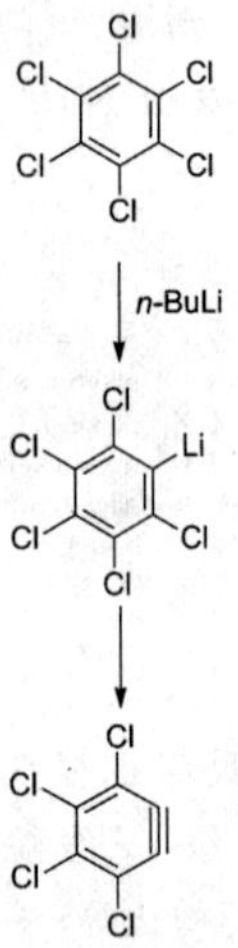

（六氯苯 + n-BuLi → 五氯苯基锂 → 四氯苯炔）

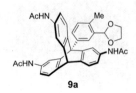

9a

36 (对位 NHAc 苯胺)

解答：

（结构 **9**：含 NHAc、Me、CHO 等取代基的三蝶烯衍生物）

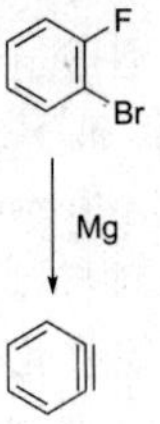

讨论：

苯炔 **8** 是由 **32** 通过重氮化方法制备的[20]，这是制备取代苯炔的一个通用方法。经重氮化后形成的重氮盐 **33** 协同脱去一分子二氧化碳和一分子氮气后生成苯炔。

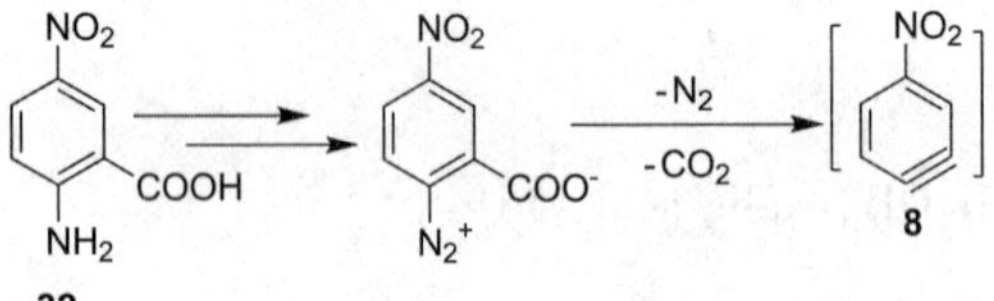

（32：2-氨基-5-硝基苯甲酸 → 33：重氮盐 → 8：3-硝基苯炔，$-N_2$，$-CO_2$）

苯炔与蒽的[4+2]加成反应是制备三蝶烯的最常用方法[21]，反应发生在蒽的活性最高的中心苯环上。但是，在此反应中会有以下两种异构体产生（其中 **35** 为目标化合物的异构体）。这是由于苯炔高度的活性，使得此反应的区域选择性较差。

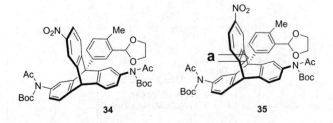

两异构体的确认、分离和相对含量的测定是在脱去 Boc 保护基，将硝基还原为氨基，并用乙酰基保护生成产物 **9a** 后才进行的，因为此时异构体 **35** 所对应的产物中的三叠烯骨架有三重对称轴，加上单键 a 可以自由旋转，其三叠烯上的同一化学环境的质子的化学位移相同，在 ^{1}H NMR 图谱上容易辨认。通过小心的柱色谱分离可以将两异构体分离，相对含量约为 1:1。

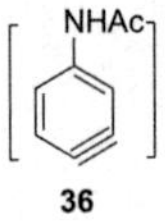

T. R. Kelly 小组也曾经尝试使用中间体 **36** 进行 Diels-Alder 反应生成 **9a** 后直接得到目标产物，这样可以大大缩短反应步骤。然而出乎意料的是，**36** 与 **7** 的反应完全不能进行。对于苯炔这样的活性中间体,取代基的不同竟能造成如此之大的反应性的差别,T. R. Kelly 也感到十分诧异。从 Diels-Alder 反应的电子角度考虑,苯炔主要通过 LUMO 轨道参与反应,且其 LUMO 与另一底物的 HOMO 越接近,反应越易发生。硝基的吸电子性有利于 LUMO 能级的降低,而乙酰胺基则相反。

完成这步关键的反应后,先用铁还原硝基,同时醋酸酐将新生成的氨基进行保护。再用三氟乙酸(TFA)将 Boc 保护基去除。为防止醛基的还原,两者次序不可颠倒。实际上,在苯炔加成反应的剧烈条件下,已经有部分的 Boc 基团和缩醛保护基发生了离去。

下面,我们来分析另一个片段的合成。

Diels-Alder 反应:
1928 年 Diels-Alder 反应正式被发现,并获得 1950 年的诺贝尔化学奖。
由于该反应一次生成两个碳碳键和最多四个相邻的手性中心,所以在合成中很受重视。如果一个合成设计上使用了 Diels-Alder 反应,则可以大大减少反应步骤,提高合成的效率。1950 年,Woodward 第一个开创了 Diels-Alder 反应在全合成中的应用。从此以后,合成大师们用睿智的大脑把 Diels-Alder 反应的应用发挥到了炉火纯青的极致。

问题 6:

MeO—C₆H₄—CHO
10

+

(EtO)₂P(O)—CH(CO₂Et)—CH₂—CO₂ᵗBu
11

1. LDA, THF, 75%;
2. TFA, H₂O;
3. H₂, Pd/C, EtOAc, 99%;
4. (COCl)₂, DMF, DCM;
5. AlCl₃, DCE, 90%.

→ **12**

提示:

- 第一步反应是 Horner-Wardsworth-Emmons 反应。它的反应机理与 Wittig 反应类似,也是一种生成碳碳双键的反应。
- 第二步反应是酸性条件下的酯水解反应。在三氟乙酸(TFA)条件下,哪一个酯基更容易水解?
- 第三步反应是一个还原反应。在此还原条件下,酯或酸是否会受影响?
- 第四步反应进行了一种官能团的转换。完成的是哪个官能团的转化?
- 最后一步是分子内的 Friedel-Crafts 反应。

解答:

MeO—(四氢萘环,C4位=O,C2位—CO₂Et)
12

讨论：

这一系列反应是用于构建骨架 **37** 的常用方法。第一步是一个典型的 Horner-Wardsworth-Emmons 反应，倾向于生成热力学较为稳定的具有反式碳碳双键的烯烃 **38**（$E:Z = 10:1$）。

Horner-Wardsworth-Emmons 反应的主要特点有：

1. Horner 试剂磷酸酯比较容易制备，可以通过卤代烷与三乙氧基膦制备，也可以由醇与碘和三乙氧基膦直接反应制备；
2. 在碱性条件下反应，反应条件比较温和，这是因为 Horner 试剂磷酸酯生成的碳负离子的亲核能力比 Wittig 试剂强得多；
3. 许多不能发生 Wittig 反应的具有大空阻的酮类化合物却能发生 Horner-Wardsworth-Emmons 反应；
4. Horner 试剂磷酸酯生成的碳负离子可以与许多化合物（如卤代烷）进行亲核取代反应，而 Wititg 试剂则不能；
5. 生成的烯烃通常是反式的；
6. 反应的后处理比较简单，副产物磷酸酯是水溶性的，使得目标产物烯烃易分离提纯，不像 Wittig 反应的副产物三苯基氧磷在许多有机溶剂中都不溶。

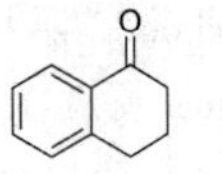

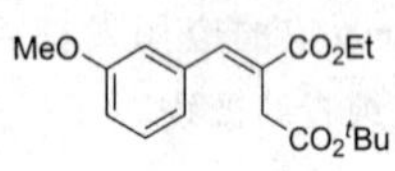

在 TFA 作用下，乙酯基并不受影响，这是由于叔丁酯水解的机理与普通酯的水解机理不同，发生了 O-*t*Bu 键的断裂，从而形成碳正离子，这对于乙酯的水解来说是很难的。

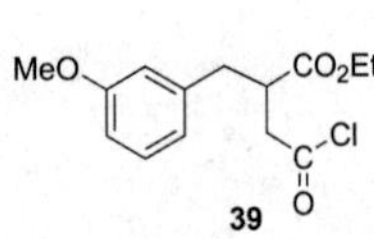

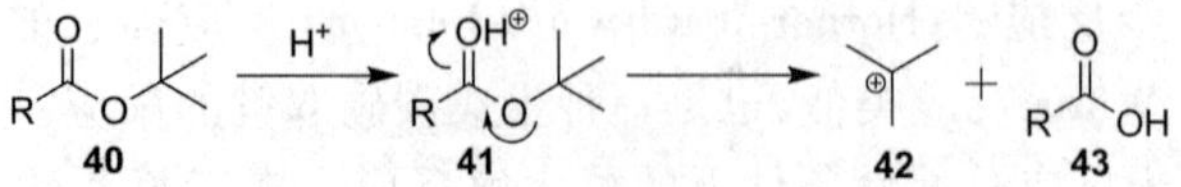

在用 H_2 还原的过程中，酯基和羧酸都不受影响。如果要还原此两者，需要用 $LiAlH_4$ 之类的还原剂。

草酰氯是一个很好的将酸转化为酰氯的试剂，之前生成的酸在此反应中生成酰氯 **39**。最后，在强 Lewis 酸 $AlCl_3$ 催化下，发生分子内的 Friedel-Crafts 反应，形成六元环 **12**。

问题 7：

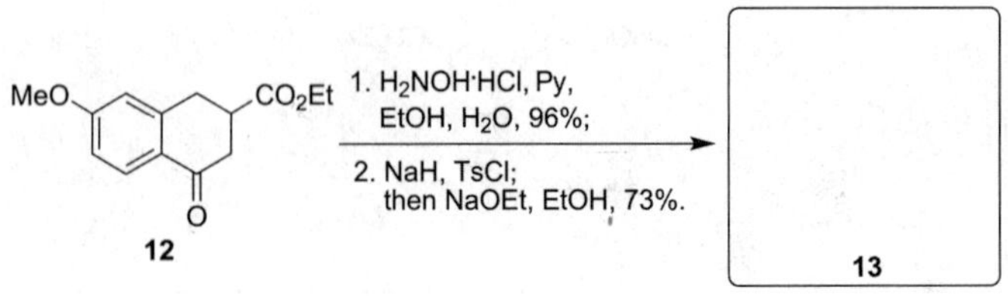

> Horner-Wardsworth-Emmons 反应和 Wittig 反应是两种最常用的制备烯烃的合成方法。
>
> Horner-Wardsworth-Emmons 反应得到的产物通常是具有反式碳碳双键的 α,β-不饱和酯或酮。1983 年，W. C. Still 和 C. Gennari 首次利用改进型的磷酸酯试剂得到了顺式烯烃。

提示：
- 第一步反应较为简单，是经典的将羰基转换为亚氨基的反应条件。其中吡啶的作用是什么？
- 第二步反应是一个复杂的重排反应，与之类似的是 Beckmann 重排。产物是什么？
- 在此过程中，发生了芳构化反应。

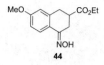

解答：

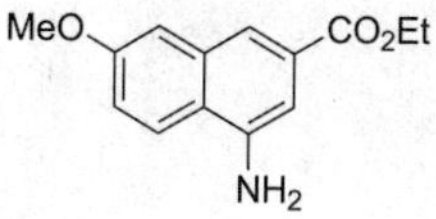

13

讨论：

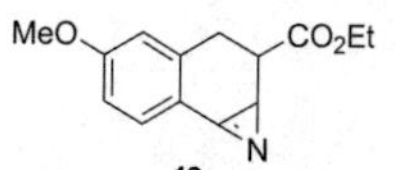

为了将环己酮单元转化为所要的卤素取代的芳环，T. R. Kelly 小组在这里采用 Semmler-Wolf 重排反应[22]生成相应的苯胺衍生物。第一步反应即羟胺和羰基反应生成肟。羟胺一般以盐酸盐的形式保存，使用时需要加入吡啶将之中和，最后生成 **44**。

第二步反应中，先用 NaH 和 TsCl 将 OH 转化为易离去的 OTs 基团。之后，在醇钠的作用下发生 Semmler-Wolf 重排。此反应的具体机理尚不清楚，Kemp 等人认为可能如下图所示。但是，也不能排除中间体 **49** 存在的可能性。此反应与 Beckmann 重排的不同点在于，此重排需在碱性条件下进行，利用其 α 位氢的酸性，形成稳定的共轭体系。

45 ⇌ **46** —Base→ **47** → **48** ⇌ **13**

问题 8：

13 →(1. 2. 3.)→ **14**

α,β-不饱和酮可以使用 NaBH$_4$ 在 CeCl$_3$ 存在的条件下被还原成烯丙基醇衍生物。这个还原反应称为 Luche 还原反应。而催化氢化反应则对羰基没有影响。

Beckmann 重排反应：

肟（醛或酮与羟胺反应转化的）在酸性条件下重排生成相应酰胺的反应称为 Beckmann 重排。这是工业生产环己酰胺的重要方法。

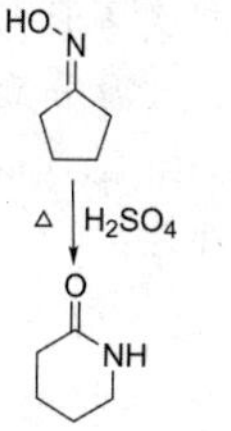

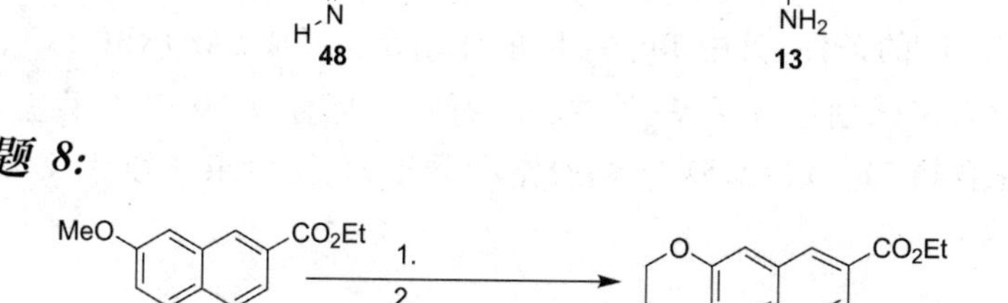

Beckmann 重排反应要求的条件比较剧烈：>130℃，强酸（H$_2$SO$_4$，HCl/Ac$_2$O/AcOH 等）。因此，对酸性非常敏感的底物不能进行此反应。其立体化学要求反式消除，即离去基团和迁移基团呈反式。

提示:
- 这三步转化均是经典的官能团转化反应。
- 在第一步反应中,氨基首先转化为 Cl 取代基。如何实现此转换?
- 后面的两步反应是将酚羟基的甲基保护基转换为另一种保护基,那么必须先脱除甲基保护基。
- 脱去连在苯环上的甲氧基一般用什么试剂?
- 最后是一步亲核取代反应。

解答:
1. tBuONO,CuCl$_2$,53%;
2. BCl$_3$,Bu$_4$N$^+$I$^-$;
3. K$_2$CO$_3$,CH$_3$OCH$_2$O(CH$_2$)$_3$Br,**15**,73%。

Sandmeyer 反应:
1884 年,T. Sandmeyer 尝试利用苯基重氮氯化盐与乙炔铜反应制备苯乙炔,结果得到的主要产物是氯苯。经过仔细研究后发现原位生成了 CuCl,接着 CuCl 催化反应氯取代了苯环上的重氮盐。接着利用 CuBr 可以得到溴苯,利用 CuCN 可以得到苯腈。因此,就可以利用各种芳基胺原位形成重氮盐,无需分离直接与 CuCl、CuBr 或 CuCN 反应生成取代苯。
请对比此反应、Gattermann 反应、Schiemann 反应的条件。

50

51

讨论:
 为了完成最后的偶联反应,首先要将氨基转化为可供偶联的基团。前文中提到,可供偶联的基团有 I,Br,OTf,Cl 等,其中 I 的活性最高,Br 与 OTf 相当,C—Cl 键则最不容易反应。但不幸的是,在之后要详细讲到的光致氧化关环反应中,I 与 Br 取代的底物均不能发生关环反应。当碘代物或溴代物不易制得时,OTf 是一个很好的替代基团。一般先引入保护的 OH(如 OTIPS),在脱去保护后用 Tf$_2$O/NEt$_3$ 进行 OTf 化。但是在这个底物中,中间产物(一个取代萘酚)不太稳定以至于无法得到 OTf 取代物。无奈之下,T. R. Kelly 小组只好选择在偶联反应中活性较差的氯代物,因为它在后续的关环反应中显示了可以接受的活性。此步转化是经典的 Sandmeyer 反应,生成氯代物 **50** 的产率为 50%。
 与苯环相连的甲氧基活性较大,有多种方法可以选择性地脱去其中的甲基。传统 HI 的条件由于会产生 CH$_3$I,已很少使用;现在最为常用的是 BBr$_3$ 的条件,其他条件还有 EtSNa/DMF、吡啶/HCl、HBr/AcOH 等。[23] T. R. Kelly 小组在这里使用的是 BCl$_3$/Bu$_4$N$^+$I$^-$ 的条件,其中 Bu$_4$N$^+$I$^-$ 的作用是:形成 (ArORBClI)$^+$;I$^-$ 作为亲核试剂进攻甲基。[23] 在此条件下,化合物 **50** 脱去甲基,生成化合物 **51**。最后,**51** 在碱的作用下与 **15** 发生亲核取代反应生成 **14**。

问题 9:

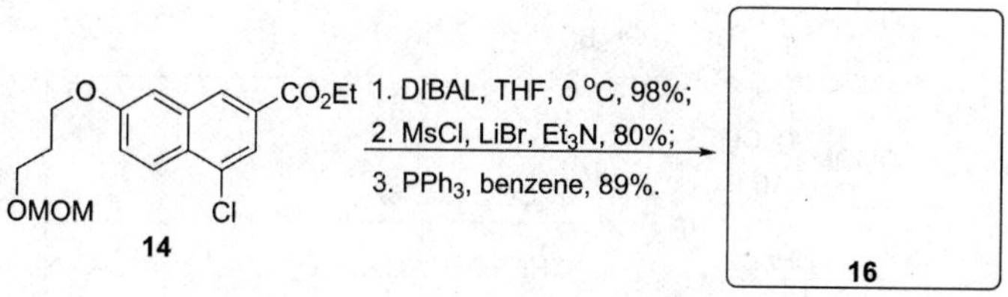
CO2Et
1. DIBAL, THF, 0 °C, 98%;
2. MsCl, LiBr, Et3N, 80%;
3. PPh3, benzene, 89%.
OMOM
Cl
14
16

提示：

- 前面反应中一直未参与的酯基在此过程中发生多次转化。
- 这里的目标是要合成可以与上文中已经得到的醛进行缩合反应的底物。产物是什么？
- 第一步反应是一个还原反应。底物中只有酯基可被还原。酯基被还原成什么基团？
- 第二步反应实际上是先将 OH 转化为易离去的 OMs 基团。加入 LiBr 的作用是什么？
- 最后是制备 Wittig 试剂的反应。

解答：

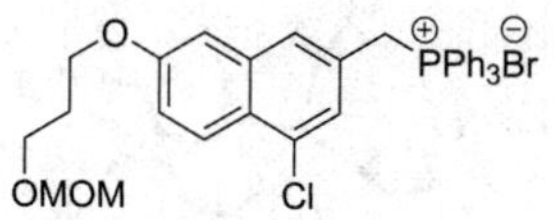
PPh3Br
OMOM
Cl

16

讨论：

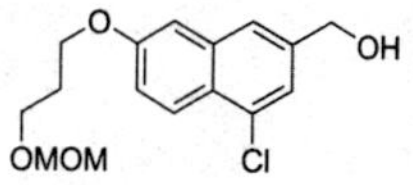
OH
OMOM
Cl

15

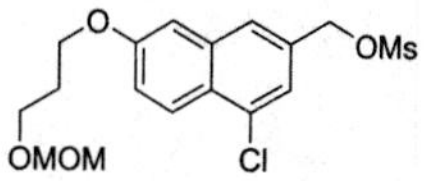
OMs
OMOM
Cl

15a

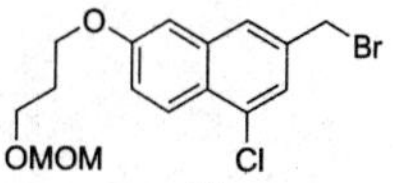
Br
OMOM
Cl

15b

前文中一直未用到的酯基实际上是提供了一个潜在的反应位点。在这一片段的合成中，首先使用 DIBAL 将酯基还原，在冰浴下反应直接得到醇。前文我们已经提到过酯基首先被还原成醛，由于醛基比酯基更容易被还原，因此此反应在 0℃ 下生成醇 **15**。之后，醇 **15** 被 MsCl 甲磺酰化生成甲磺酰酯 **15a**。这是一种非常好的将羟基活化的方法。由于羟基不是一个好的离去基团，通常将羟基转化为各种酯基，如甲磺酸酯、对甲苯磺酸酯、三氟甲磺酸酯或乙酸酯等，这些酯基都是好的离去基团，接着原位与 LiBr 发生 S_N2 反应，甲磺酸基被用 Br^- 取代，生成溴代物 **15b**。最后，溴代物 **15b** 与 PPh_3 反应采用制备 Wittig 试剂的方法得到了产物 **16**。

问题 10:

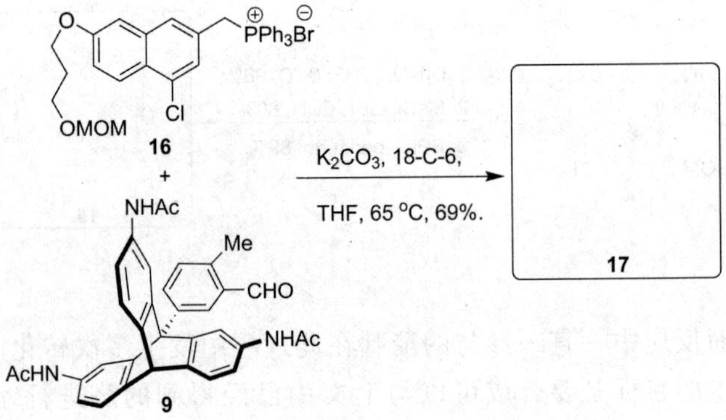

[结构式：化合物 16（含 OMOM、Cl、CH₂PPh₃⁺Br⁻ 的萘环）+ 化合物 9（含 NHAc、Me、CHO 的三蝶烯结构）]

K₂CO₃, 18-C-6, THF, 65 °C, 69%. → **17**

提示:
- 这是一个 Wittig 反应。前面已讨论过它的机理和立体选择性。
- 预计此反应的立体选择性如何？

解答:

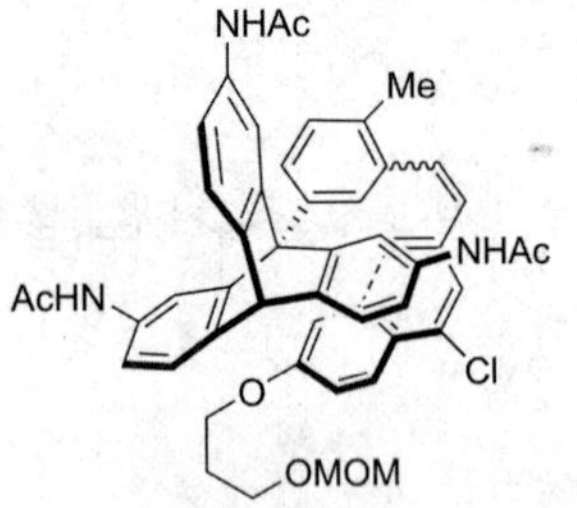

[产物 17 结构式]

讨论:

这一步通过 Wittig 反应将两个片段连接起来。从空阻角度考虑，反式结构应当较为稳定，最后得到的是 10:1 的 E/Z 顺反两种构型的烯烃混合物。这并不影响之后的光致关环反应，因为反式异构体本身虽不能发生关环反应，却会在紫外光照射下先异构化为顺式异构体。[24]

问题 11:

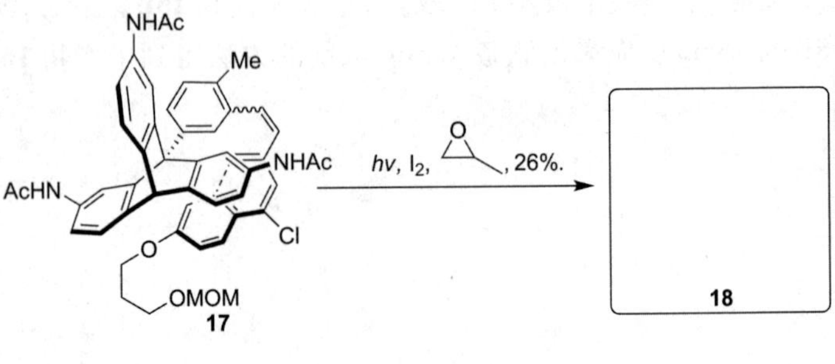

[化合物 17 结构式] hv, I₂, [环氧乙烷], 26%. → **18**

提示：
- 这是一个光照条件下的转换反应。
- 光照下，首先发生顺反异构化。
- 底物中的一些单键可以旋转。哪些单键可以旋转？单键旋转后，会导致哪些副产物？
- 可能有哪些产物？其中哪一个可能是主要产物？
- T. R. Kelly 小组在早先的底物设计中已将甲基引入。那么，甲基的作用是什么？
- 此反应通常需要 I_2 和甲基环氧乙烷的参与。反应中加入 I_2 和环氧丙烷的作用是什么？

解答：

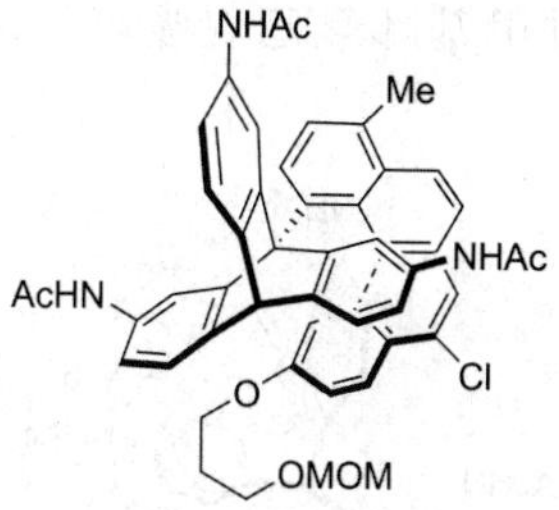

18

讨论：

这是整个合成中最为关键的一步。从 1998 年 T. R. Kelly 小组开始研究三蝶烯和螺烯组成的转子体系[24]起，光致氧化关环形成螺烯的反应就经常成为整个合成的瓶颈[25]，这次也不例外。其实，在原先设计目标分子的合成路线时，DMAP 基团在关环之前就已经引入，但是当合成到 **52** 时，T. R. Kelly 小组意外地发现 **52** 不能发生所预期的关环反应。尝试了改变各种条件（溶剂、温度、光源、pH 等）均没有获得成功后，他们进行了不含 DMAP 基团的模型化合物的反应，证明了 DMAP 的引入是导致光致关环无法发生的原因。然而，根据 T. R. Kelly 小组的经验，利用光致关环反应构筑螺烯的路线已是最成熟、最可行的方案。[24]因此，如前文所提到的，他们又进行了溴代物、碘代物等的合成，却不幸均没有发生期望的反应。所以，他们最后决定尝试氯代物的合成，尽管在偶联反应中氯代物不是一个很好的底物。

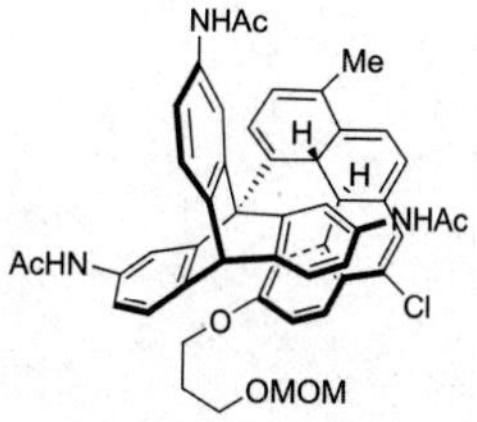

此反应的机理为：首先，底物 **17** 受到光子激发后先发生电环化反应生成中间体 **53**。接着，受到激发的 I_2 分解为 I 原子，从而夺取 H 原子形成 HI，同时底物发生芳构化形成[4]螺烯。环氧丙烷作

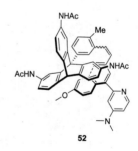

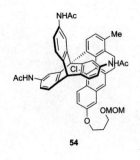

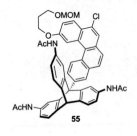

为 HI 的捕捉剂去除体系中生成的 HI。用于反应的 **17** 是 *E/Z* 两种构型的烯烃混合物,但是反式烯烃异构体在此条件下会先发生烯烃的光致异构化,转化成顺式烯烃。然而,此反应其实并不如想象中那样简单。仔细观察底物 **17** 可以发现 a、b 两根键均可以发生旋转,故实际应有四种产物。b 键的旋转将导致 **54** 的生成。由于萘环 α 位的活性大于 β 位,所以苯并[c]菲(目标产物)骨架较苯并[a]蒽(**54** 的骨架)更易生成。同理,a 键的旋转也会使关环产生更多的异构体。事实上,当不存在箭头所示的甲基时,由于位阻原因,得到的主要产物是异构体 **55**。甲基的引入封锁了这种方式关环所需要的氢。尽管如此,仍会有少量的 **55** 被观察到,可能经过一个涉及甲基离去的复杂机理。[25] 在克服以上困难后,T. R. Kelly 小组以 26% 的产率得到了目标产物 **18**。此反应使用甲基环氧乙烷的目的是,通过甲基环氧乙烷吸收反应生成的 HI,使体系始终保持中性。

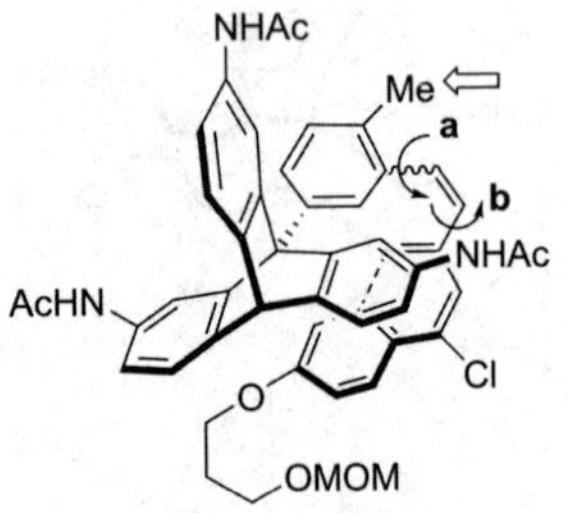

问题 12:

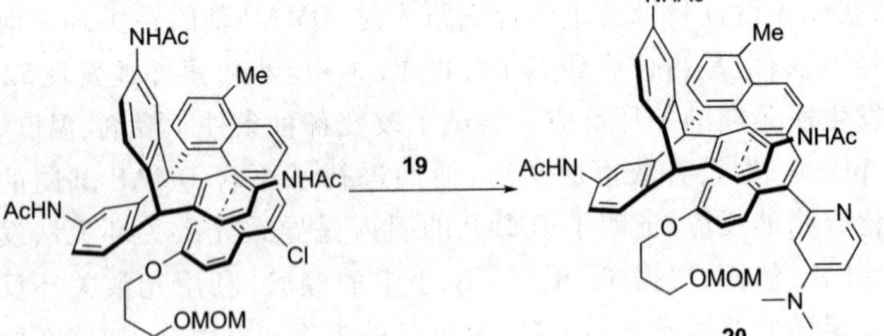

提示:
- 这里还是要采用一种偶联反应。T. R. Kelly 小组最后选择了 Stille 偶联反应来完成这个关键步骤。那么,Stille 偶联反应的另一个底物是什么?
- 如何制备 Stille 偶联反应的这个底物?

解答:

27, $(t\text{Bu}_3\text{P})_2\text{Pd}$, CsF, dioxane, 16%。

讨论:

这是目标分子合成中的最后一步,也是最艰难的反应之一。前文提到 T. R. Kelly 教授所担心的 C—Cl 键的不活泼性在这里体现出来。他们首先以 **56** 为模型化合物与 **19** 反应,采用催化剂 $(t\text{Bu}_3\text{P})_2\text{Pd}$ 时,得到了 75% 的产率。[26] 但是当同样的条件应用于 **18** 时,产率却只有 7%(这一步的产率在长期优化条件后被逐渐提高到 16%)。类似的,对 **56** 进行 Negishi 反应均得到中等的收率,但当同样的条件应用于 **18** 时却完全没有反应。尽管此步产率没有能够进一步提高,但是毕竟离目标产物已经很接近,所以 T. R. Kelly 小组决定继续前进。

问题 13:

提示:

- 要完成目标分子的制备只剩最后两步转化了。
- 这两步反应都是脱除保护基的反应。两步反应的顺序应如何安排?

解答:

1. HCl, DCM, EtOH;
2. KOH, nBuOH, 63%。

讨论:

相对于前面所作的众多努力,这两步反应已经非常简单了。由于前面众多的步骤加上较低的产率,最后两步反应均是在 10 mg 量级进行的。先用 HCl 水解除去 MOM 保护基,再用 KOH 除去 Ac,这样省去了中和盐酸盐的步骤。终于,T. R. Kelly 小组得到了所设计的分子马达 **1**。

然而,真正的考验才刚刚开始。

Stille 偶联反应:

有机锡烷类化合物与有机亲电试剂在零价钯催化下形成新的碳碳单键的反应称为 Stille 偶联反应。1976 年,C. Eaborn 报道了第一例钯催化有机锡化合物的反应。1977 年,K. Kosugi 和 T. Migita 发现了有机锡化合物和芳基卤代物在过渡金属催化下的碳碳键偶联反应。1978 年,J. K. Stille 进一步优化了此反应,可以在温和的条件下高产率地形成新的碳碳单键。

此反应的特点:

(1) 反应对底物兼容性高;
(2) 有机锡烷类化合物对水和氧气均不敏感;
(3) 有机锡烷类化合物很容易制备,分离以及保存;

但是此反应的最大弱点是毒性大、很难除去痕量的有机锡副产物等。

9.4 分子马达的转动

对于传统的全合成来说,工作至此已经结束。然而,T. R. Kelly 教授面对的不是这样一个纯粹的合成问题,他还需要考察所合成的分子马达是否能如设计的一样完成单向、持续的旋转。参考之前的工作[9],所合成的分子马达应当如下图所示运作:

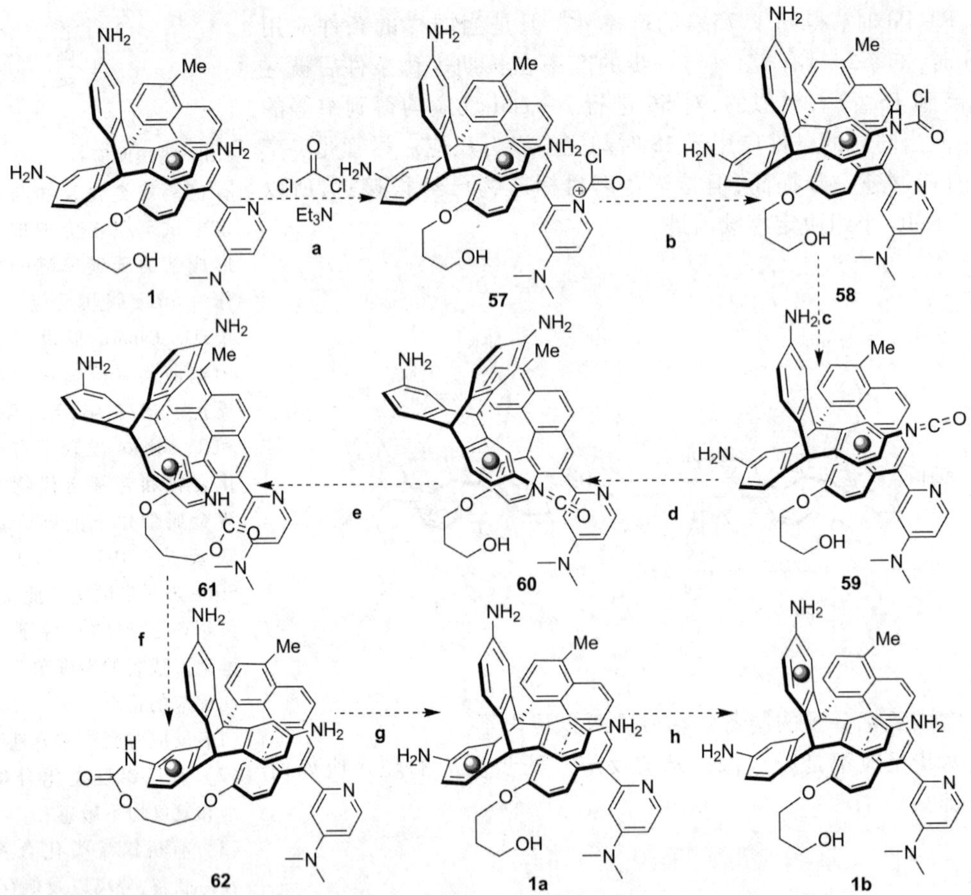

在前三步中,DMAP 基团将"燃料"光气选择性地运输到与之最近的氨基上,脱去氯化氢后形成活泼的异氰酸酯,在 d 步中通过连接三叠烯和螺烯的单键的旋转靠近螺烯侧链上的羟基,形成氨基甲酸酯后翻过势垒达到最稳定构象。在 g 步去除碳酸酰胺基团后,又回到了原来的分子 1。从黑色的标记小球可以看到,三叠烯的"叶瓣"在这个过程中完成了一个定向的 120°旋转。从理论上讲,持续反复以上的过程,此分子马达就能够借助外界化学燃料的供给完成持续的旋转,甚至对外做功。

然而,理想与现实似乎总是有着不可逾越的差距。将光气和三乙胺加入 **1** 的溶液中后,立刻得到大量不溶的高分子化合物。将体系进行高度稀释,并在 −78℃下进行同样的反应,在加入一倍量光气时,仍有大量的二、三氨基甲酸酯生成,说明 DMAP 并没有能够如预计的那样完成定点的燃料输送。于是,T. R. Kelly 采用活性较小的 1,1′-羰基二咪唑 **63** 作为燃料。在将体系的反应用甲醇淬灭后,通过一维和二维的 NMR 确定得到的结构是 **64**,证明在淬灭前的溶液中 **65** 确实选择性地生成了。这表明了 DMAP 确实能够实现定点输送燃料的设想。剩下的问题是,**65** 是否能在适当的条件下继续按照上述的机理进行运转。

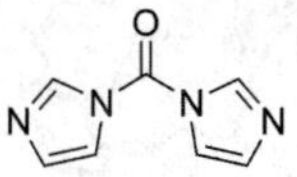

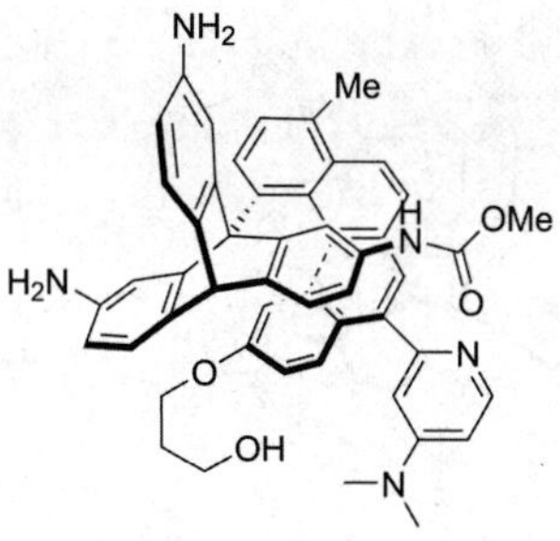

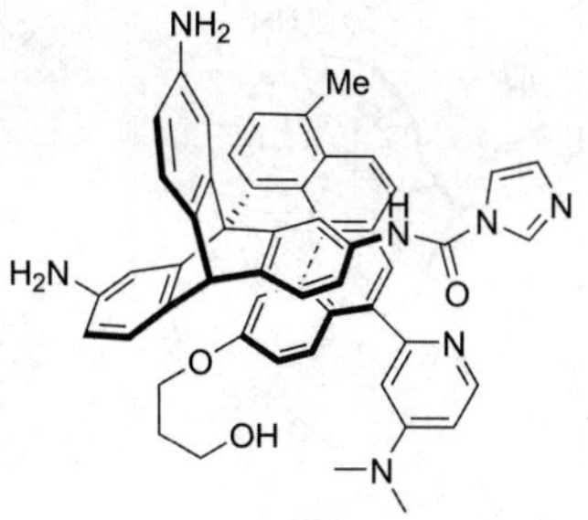

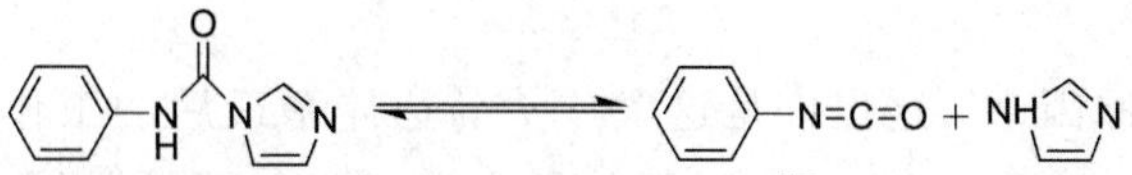

H. A. Staab 等人的工作表明,一级胺的咪唑脲 **66** 与相应的异氰酸酯 **67** 存在上述平衡。[27] 故 T. R. Kelly 教授希望,**65** 与 **59** 之间也存在类似平衡。然而不幸的是,通过详尽的 ^{13}C NMR 表征证明,**65** 是存在于反应体系中的唯一物种——设想中的后几步并没有发生。通过质子化、金属化(加入 Hg^{2+})、甲基化等活化 **65** 的方法均未成功。改换其他"燃料"得到的都是类似的结果:不是燃料太活泼导致选择性不佳,就是得到的单取代产物无法进行下一步反应。

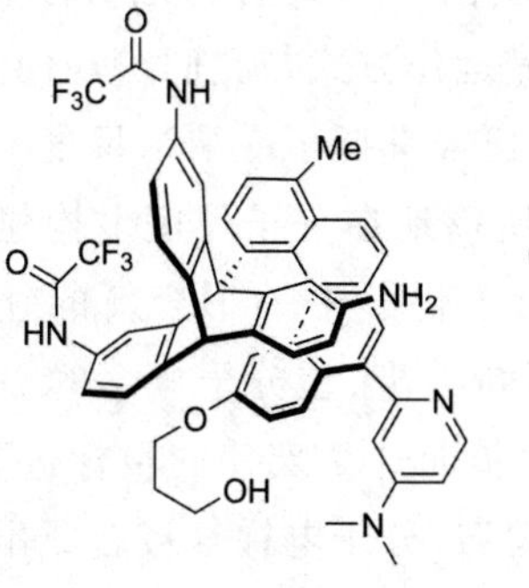

为了弄清上述分子马达运转的失败究竟是由于没有合适的化学燃料,还是在分子设计上本身存在着漏洞,T. R. Kelly 小组合成了分子 **69**。**65** 中的咪唑羰基起到了保护基的作

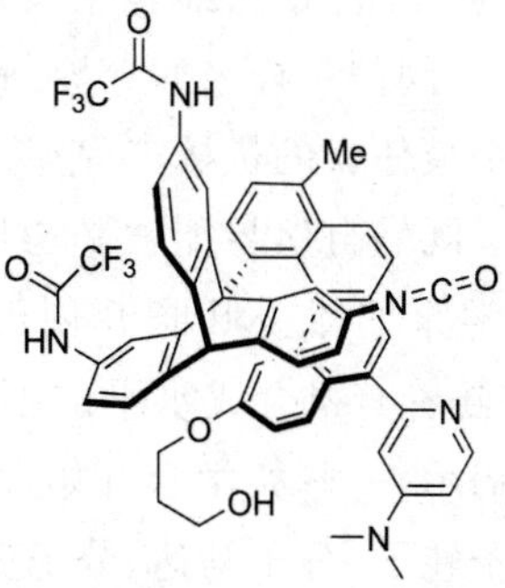

用,将靠近 DMAP 的氨基和其余两氨基区分开来。将 **69** 与光气反应,通过质谱得知所得到的物种是 **70**,没有得到所设想的最终产物 **71** 或 **72**。尽管光气能够和所设定位点的氨基反应并脱去 HCl 形成异氰酸酯,但生成的异氰酸酯却出乎意料地稳定,使得之后所设计的步骤无法进行。T. R. Kelly 小组解释,可能是由于本应参与反应的羟基和 DMAP 形成了氢键,或者是异氰酸酯基团与吡啶上的 N 存在如 **73** 所示的 Bürgi-Dunitz 相互作用[28],使得氨基甲酸酯的生成受到阻碍,导致了所设计的分子马达系统的最后失败。

71   **72**   **73**

由于种种现实的原因[11],这也许是这个分子马达体系最后的工作。我想读者在看到最后分子转动的失败时一定也会唏嘘不已;仅从纸面上,我们也可以想象在此过程中的无数艰辛。所以我们依旧应该感谢 T. R. Kelly 以及所有参与此工作的研究者,尽管他们的目标没有实现,然而他们留给我们的仿佛是一曲荡气回肠的史诗。纵观科学的发展史,最后成功的工作其实只是少数。然而在未来,当人们可以在分子水平上随心所欲地构建机械装置的时候,我们不应该忘记 T. R. Kelly 小组的贡献、他们的成果和他们的精神。

9.5 分子机器简介

经过数亿年的演化,自然界在细胞中发展出了各式各样的分子机械:它们或是利用 ATP 不停地转动,或是像阀门一样来回穿梭,其运作方式与我们宏观使用的机械有许多相似之处,只是自然界,这个最伟大的机械工程师,已经掌握了在纳米尺度上、在分子或超分子尺度上构筑机器的本领。既然自然界能够随心所欲地在分子尺度上构建分子机器,为什么人类就不行呢?一些科学家的雄心壮志开创出了化学中一个全新的领域:人工分子机器。20 世纪 90 年代以来,随着有机合成水平的不断进步、超分子概念的提出,以及生物体系中分子机器工作原理的揭示,一些科学家开始逐步向这个宏伟的目标进军。许许多多的分子机械,如分子齿轮、分子转子、分子马达、分子剪刀、分子电梯等被合成出来,预示着这个目标实现的可能性。

分子机器,从严格的定义上说,是分子器件(功能性分子体系)的一种。[29] 它通常包含两个机械耦合的部分,在外界条件刺激或能量输入时,两者会发生定向的或幅度较大的机械运动。最经典的例子就是索烃和轮烷。[30] 在轮烷中,环在线上的来回运动就是最简单的线性机械运动;而环相对于线的转动则是最基本的旋转运动。然而我们在作这样的类比时必须非常小心,因为在分子尺度上,宏观的概念如摩擦、动量等已经不占主导地位;取而代之的是布朗运动,以及其他粒子的无规碰撞(尤其是在溶液中)。[8]下面简要介绍这个领域中一些研究小组的工作,有兴趣的读者可进一步参考《分子器件与分子机器——通向纳米世界的捷径》一书。

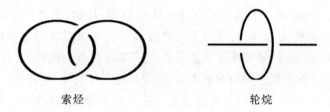

索烃　　　　　　　　　　　　轮烷

J. F. Stoddart 教授在分子机器领域是无可争议的先驱者。1995 年,J. F. Stoddart 小组首先发现苯并 24-冠-8 与二级铵盐通过氢键和 π-π 相互作用,产生了较大的结合常数。[31] 晶体结构证明,二级铵盐穿入苯并 24-冠-8 的孔穴中,形成最简单的轮烷。利用此超分子单元以及其他陆续发现的合成子,J. F. Stoddart 小组构建了一系列对光、电具有响应性的分子机器。[32] 如,在 2004 年的 Science 中,J. F. Stoddart 小组报道了一例非常有趣的用酸碱驱动的分子"电梯"。[33] 铵盐 75 的三条"臂"协同地插入冠醚 74 的三个空穴中,通过三重冠醚-铵盐的相互作用,形成稳定的超分子化合物。加入碱后,冠醚-铵盐的作用被破坏,74 进入"下层",与 4,4-联吡啶单元结合。整个过程就好比电梯的上下运动。

D. A. Leigh 教授发展了一系列基于酰胺之间氢键相互作用的轮烷和索烃体系,并基于这些体系构建了各种分子动力系统。[34]另外,D. A. Leigh 教授还从热力学第二定律出发,从原理上详细研究了分子马达对外做功的可能性及实现方案,并以此为指导建立了许多看似简单、实际意义深远的模型体系。[8]一个经典的例子是 D. A. Leigh 小组在 2004 年 *Science* 上报道的一个可逆的旋转马达的系统。[35]通过光照改变不同位点的结合常数,加上阻碍运动的保护基团的引入和去除,D. A. Leigh 小组成功模拟了一个"能量棘轮"的过程,为分子马达的设计提供了全新的思路。具体过程如下:从构型 76 开始,在光照下富马酰胺(反丁烯二酰胺)的双键发生异构化,此时上方的丁二酰胺对于大环来说成为更为稳定的结合位点。但是,由于左方体积较大的 TBDMS 基团以及右方三苯基甲基的阻挡,大环无法运动到该位点。步骤 b 中,使用 TBAF 脱去 TBDMS 基团后,大环运动到丁二酰胺处。重新用 TBDMSCl 保护后得到 78。注意,此处大环只能通过如图所示的顺时针方向旋转。c 步骤中,用吡啶使顺式双键重新变为反式双键,此时下方的富马酰胺又成为更稳定的结合位点。此时将 Tr 基团用 Me$_2$S·BCl$_3$ 脱去,大环就顺时针运动到下方。用 TrOTf 重新保护后,就回到了 79 的构型。如果将整个次序反转,就可以得到逆时针方向的运动。

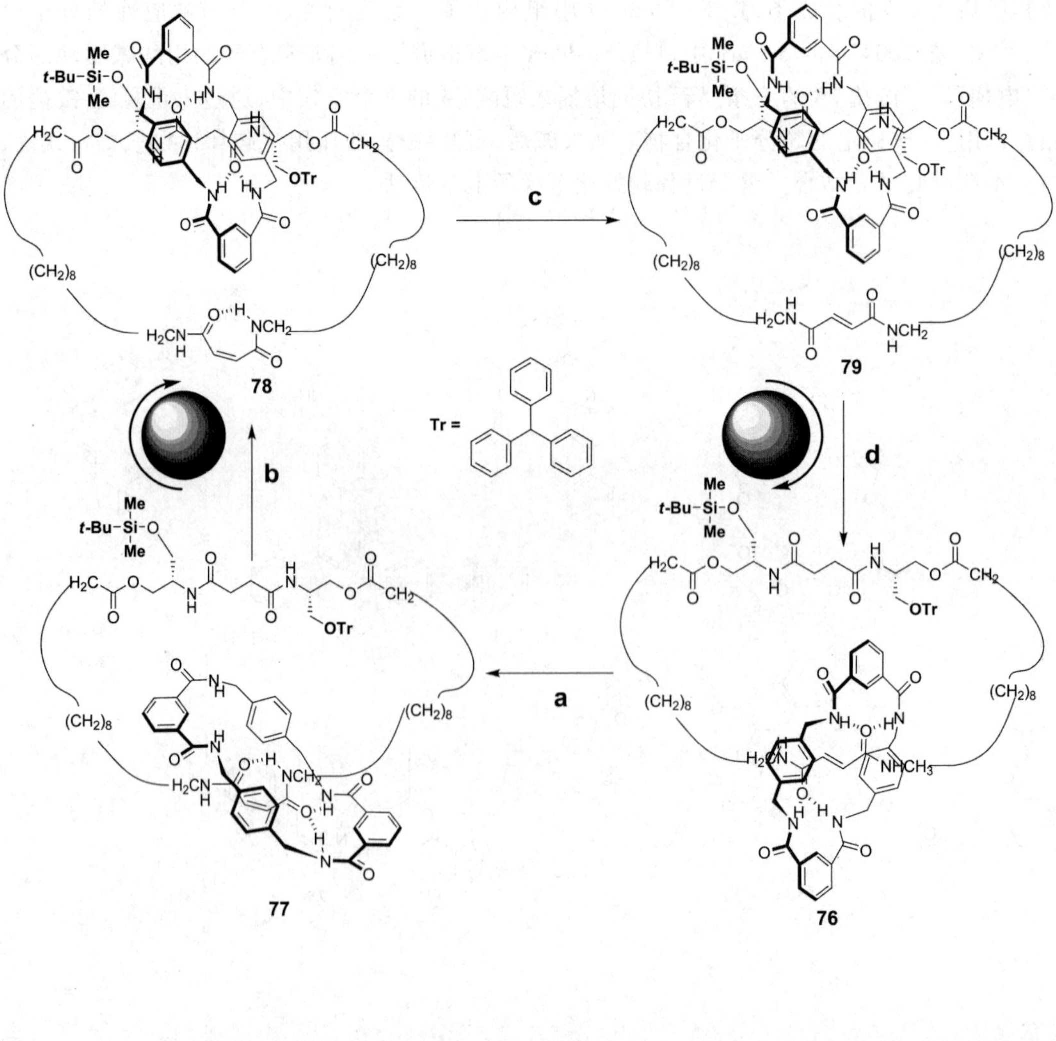

B. L. Feringa 小组一直致力于基于双键的光致异构化过程的分子转子体系。早在 1999 年，B. L. Feringa 小组与 T. R. Kelly 小组就同时首次报道了光致的、单向旋转的分子马达。[36] 其运作规律是，通过两次光致异构化至不稳态的状态，接着通过热致的方式使不稳态的状态转化为另一个稳态的状态。基于这样一个体系，B. L. Feringa 教授不仅实现了单向的旋转，而且还成功对其旋转速度进行了调控。B. L. Feringa 小组利用此分子马达系统，成功驱动了高分子聚合物的手性聚集方式的转变[37]，甚至是驱动液晶相的转变[38]。在后一个例子中，单个马达分子能够驱动质量为其 1000 倍的物体的运动。

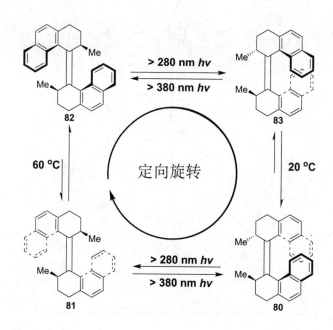

T. Aida 教授利用偶氮苯单元在光照条件下的顺反异构化，以及二茂铁基团中上下两环戊二烯基单元之间的相对旋转，精彩地在分子水平上建造出了一把剪刀。[39] 偶氮苯中双键的顺反异构所引起的构象变化通过刚性连接桥以及二茂铁基团传导到端位，引起顶端两苯环之间的相对位移。2006 年，T. Aida 教授又结合金属卟啉与配体之间的相互作用，实现了用这个精密的分子转动系统去操纵其他分子的概念。[40]

J.-P. Sauvage 教授是合成索烃领域的先驱。早在1984年，J.-P. Sauvage 小组就利用一价铜离子与邻菲洛林之间四面体的配位构型作为模板合成了索烃结构。[41] 之后，J.-P. Sauvage 小组基于此方法构筑了各种分子机器。[42] 以下图的超分子体系为例，通过 Zn^{2+} 和 Cu^+ 相对于邻菲洛林和联三吡啶单元之间的不同结合力，模拟了肌肉中肌腱之间的运作方式，被他们称为人工肌肉。[43]

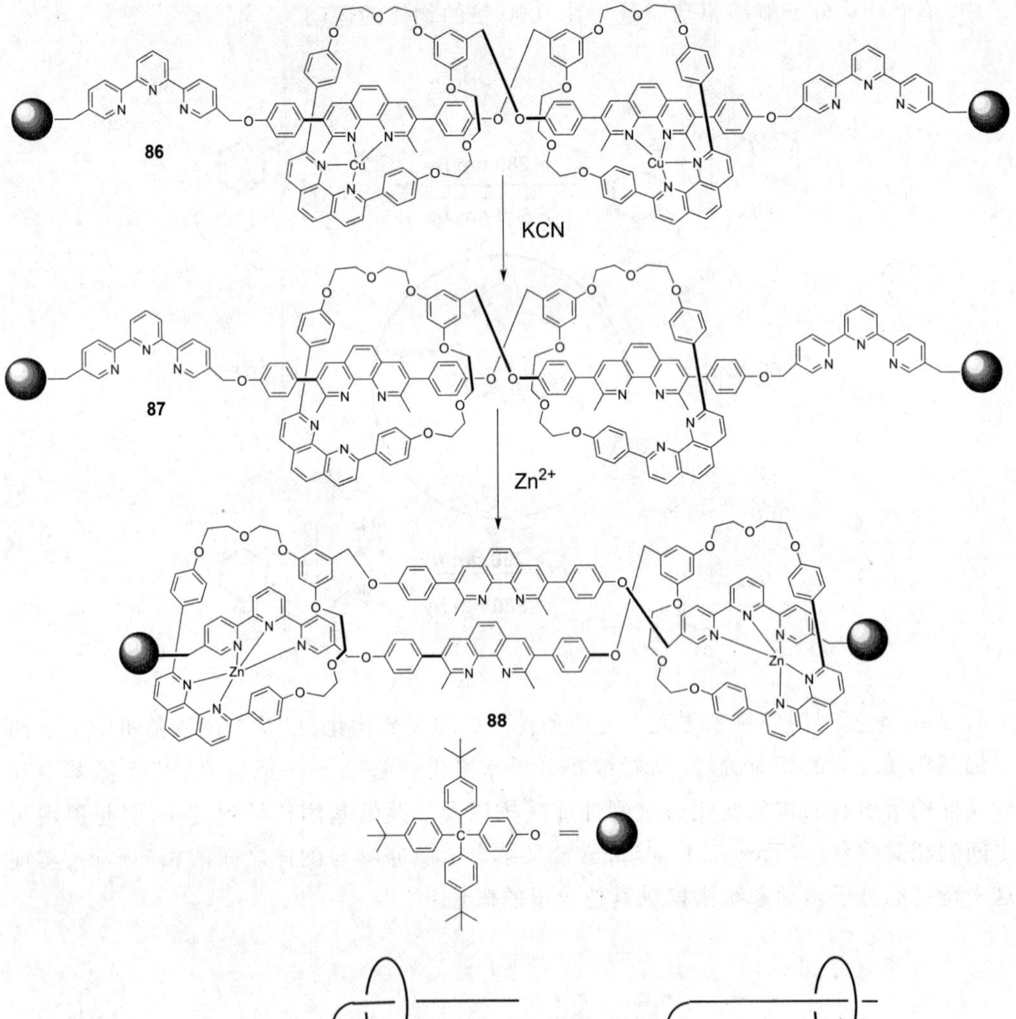

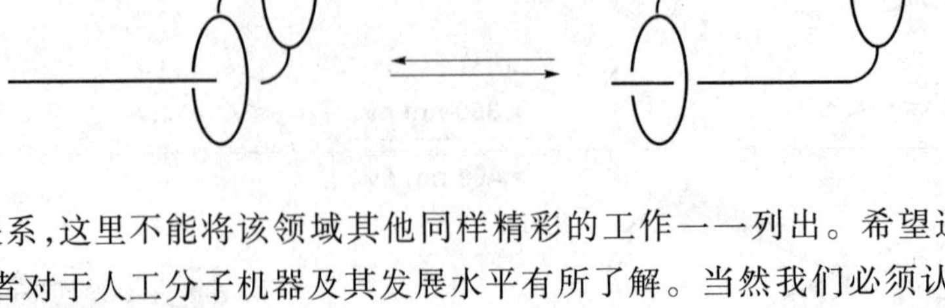

限于篇幅关系，这里不能将该领域其他同样精彩的工作一一列出。希望通过以上几个典型例子，使读者对于人工分子机器及其发展水平有所了解。当然我们必须认识到，与生物相比，我们现在所设计合成的分子机械还是很初级的。相信随着研究的进展，终有一天人类也可以随心所欲地在分子水平上建造工厂，并实现自然演化也未曾实现过的各种功能。

参 考 文 献

1. Feynman, R. P. There is plenty of room at the bottom. In *Miniaturization*; Gilbert, H. D. Ed.; Reinhold: New York, 1961; Chapter 16, pp 282.
2. Howe, R. T.; Muller, R. S.; Gabriel, K. J.; Trimmer, W. S. N. *IEEE Spectrum* **1990**, *27*, 29.
3. a) Reed, M. A.; Tour, J. M. *Sci. Am.* **2000**, *282*, 86; b) Tour, J. M. *Acc. Chem. Res.* **2000**, *33*, 791.
4. Balzani, V.; Credi, A.; Venturi, M. in *Molecular Devices and Machines: A Journey into the Nanoworld*. Wiley-VCH, Weinheim, 2003.
5. Berg, J. M.; Tymoczko, J. L.; Stryer, L. Molecular Motors. *Biochemistry*, 6th ed.; W. H. Freeman: New York, 2006; Chapter 34.
6. Noji, H. In *Molecular Motors*; M. Schliwa, Ed.; Wiley-VCH: Weinheim, 2003; pp 141.
7. Berg, H. C. *Annu. Rev. Biochem.* **2003**, *72*, 19.
8. Kay, E. R.; Leigh, D. A.; Zerbetto, F. *Angew. Chem. Int. Ed.* **2007**, *46*, 72.
9. Kelly, T. R.; De Silva, H.; Silva, R. A. *Nature* **1999**, *401*, 150.
10. Kelly, T. R.; Xu, D.; Martinez, G.; Wang, H. *Org. Lett.* **2002**, *4*, 1527.
11. Kelly, T. R.; Cai, X.; Damkaci, F.; Panicker, S. B.; Tu, B.; Bushell, S. M.; Cornella, I.; Piggott, M. J.; Salives, R.; Cavero, M.; Zhao, Y.; Jasmin, S. *J. Am. Chem. Soc.* **2007**, *129*, 376.
12. Kelly, T. R.; Cavero, M. *Org. Lett.* **2002**, *4*, 2654.
13. Wang, J. Y.; Yan, J.; Li, Z.; Han, J. M.; Ma, Y.; Bian, J.; Pei, J. *Chem. Eur. J.* **2008**, *14*, 7760.
14. Scherf, U.; List, E. J. W. *Adv. Mater.* **2002**, *14*, 477.
15. Zhou, X. H.; Zhang, Y.; Xie, Y. Q.; Cao, Y.; Pei, J. *Macromolecules* **2006**, *39*, 3830.
16. Miyaura, N.; Yanagi, T.; Suzuki, A. *Synth. Commun.* **1981**, *11*, 513.
17. Negishi, E. *Acc. Chem. Res.* **1987**, *20*, 65.
18. Stille, J. K. *Angew. Chem., Int. Ed. Engl.* **1986**, *25*, 508.
19. Miyaura, N.; Suzuki, A. *Chem. Rev.* **1995**, *95*, 2457.
20. Logullo, F. M.; Seitz, A. H.; Friedman, L. in *Organic Syntheses*, Wiley & Sons: New York, 1973; Collect. Vol. V, pp 54-59.
21. Zhao, D.; Swager, T. M. *Org. Lett.* **2005**, *7*, 4357.
22. Conky, R. T.; Ghosh, S. In *Mechanisms of Molecular Migrations*; Thyagarajan, B. S. Ed.; Interscience: New York, 1971; Vol. 4, pp 197.
23. Brooks, P. R.; Wirtz, M. C.; Vetelino, M. G.; Rescek, D. M.; Woodworth, G. F.; Morgan, B. P.; Coe, J. W. *J. Org. Chem.* **1999**, *64*, 9719.
24. Kelly, T. R.; Sestelo, J. P.; Tellitu, I. *J. Org. Chem.* **1998**, *63*, 3655.
25. Kelly, T. R.; Silva, R. A.; De Silva, H.; Jasmin, S.; Zhao, Y. *J. Am. Chem. Soc.* **2000**, *122*, 6935.
26. Littke, A. F.; Schwarz, L.; Fu, G. C. *J. Am. Chem. Soc.* **2002**, *124*, 6343.
27. Staab, H. A. *Angew. Chem. Int. Ed. Engl.* **1962**, *1*, 351.
28. Bürgi, H. B.; Dunitz, J. D. *Acc. Chem. Res.* **1983**, *16*, 153.
29. Credi, A.; Tian, H. *Adv. Funct. Mater.* **2007**, *17*, 679.
30. Steed, J. W.; Atwood, J. L. in *Supramolecular Chemistry*, Wiley, John & Sons, Incorporated, 2001.
31. Ashton, P. R.; Caampbell, P. J.; Chrystal, E. J. T.; Glink, P. T.; Menzer, S.; Philp, D.; Spencer, N.; Stoddart, J. F.; Tasker, P. A.; Williams, D. J. *Angew. Chem. Int. Ed. Engl.* **1995**, *34*, 1865.

32. Moonen, N. N. P.; Flood, A. H.; Fernández, J. M.; Stoddart, J. F. *Top. Curr. Chem.* **2005**, *262*, 99.
33. Badjic, J. D.; Balzani, V.; Credi, A.; Silvi, S.; Stoddart, J. F. *Science* **2004**, *303*, 1845.
34. Kay, E. R.; Leigh, D. A. *Top. Curr. Chem.* **2005**, *262*, 133.
35. Hernández, J. V.; Kay, E. R.; Leigh, D. A. *Science* **2004**, *306*, 1532.
36. Koumura, N.; Zijlstra, R. W. J.; van Delden, R. A.; Harada, N.; Feringa, B. L. *Nature* **1999**, *401*, 152.
37. Pijper, D.; Feringa, B. L. *Angew. Chem. Int. Ed.* **2007**, *46*, 3693.
38. Eelkema, R.; Pollard, M. M.; Vicario, J.; Katsonis, N.; Ramon, B. S.; Bastiaansen, C. W. M.; Broer, D. J.; Feringa, B. L. *Nature* **2006**, *440*, 163.
39. Muraoka, T.; Kinbara, K.; Kobayashi, Y.; Aida, T. *J. Am. Chem. Soc.* **2003**, *125*, 5612.
40. Muraoka, T.; Kinbara, K.; Aida, T. *Nature* **2006**, *440*, 512.
41. Dietrich-Buchecker, C.; Sauvage, J.-P.; Lern, J.-M. *J. Am. Chem. Soc.* **1984**, *106*, 3043.
42. Collin, J.-P.; Heitz, V.; Sauvage, J.-P. *Top. Curr. Chem.* **2005**, *262*, 29.
43. Jiménez, M. C.; Dietrich-Buchecker, C.; Sauvage, J.-P. *Angew. Chem. Int. Ed.* **2000**, *39*, 3284.

（本章初稿由严兢完成）

第 10 章
树枝状化合物 G2：
模拟光合作用的分子
G2：J. Pei（2008）

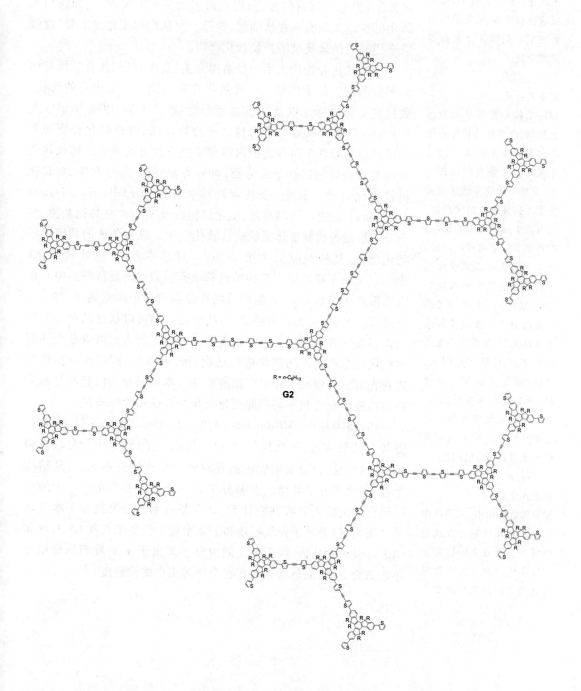

10.1 背景介绍

Dendrimer 一词来源于希腊文字,由"dendra"和"mer"两个词根组成。"dendra"本意是"树"的意思,"mer"有"枝节"的意思,dendrimer 中文名为"树枝状化合物"。这种树枝状的结构在日常生活和大自然中随处可见。在宏观尺度上,如我们身边的树;在毫米尺度上,如冬天飘落的雪花;而在微米或更小的尺度上,如我们人体中的神经元细胞和枝状细胞,等等。而从化学家角度上看,就可以合成具有纳米尺度的树枝状化合物。

树枝状化合物代表了一类结构完美、高度有序、具有三维结构的单分散性大分子体系。树枝状化合物由位于分子中心的母核、数代重复构建单元以及外围基团所组成。[1]自从 1978 年德国人 F. Vögtle 首次合成第一个树枝状化合物以来,树枝状化合物的合成及其应用即在全世界范围内得到了突飞猛进的发展。树枝状化合物按其构筑的结构单元分类,可分为非共轭、部分共轭、全共轭树枝状化合物。其中,全共轭树枝状化合物(fully π-conjugated dendrimer)是指一类其端基、支化结构以及核均含有共轭基团,整个分子形成连续共轭体系的树枝状化合物。纵观传统的共轭树枝状化合物,其构筑基元主要为苯[2]、对苯撑乙炔[3]、咔唑[4]、噻吩[5]以及对苯撑乙烯[6]等简单结构单元。如何发展新颖的中心核以及重复构建单元,一直是树枝状化合物的一个研究热点。此外,通过可控的、迭代的合成路线,树枝状化合物可以通过从中心不断向外延展的方式构建。这种迭代的合成方式使人们可以在全共轭树枝状化合物的不同部位进行结构设计和修饰,因而这一类化合物在光电器件领域引起了广泛的关注。本章要介绍的是与日常见到的树枝状化合物不同的此类化合物的合成和性能研究。

10,15-Dihydro-5H-diindeno[1,2-a;1′,2′-c]fluorene(truxene),俗名为三聚茚,是一个具有 C_3 对称性的分子,曾被用做合成富勒烯、盘状液晶,以及太阳能电池等材料的结构构筑单元。[7]从结构上看,三聚茚分子就像三个芴分子朝一个方向并共用一个中间苯环组合而成的大芳香共轭体系,如下图所示。三聚茚分子本身溶解性很差,仅微溶于四氢呋喃和三氯甲烷。但如果在其 C5,C10 和 C15 位引入烷基链,就会大大减少分子间由于 π-π 堆积的作用力导致的聚集,从而显著提高其在有机溶剂中的溶解度。[8]

有机合成中,线性合成的整体收率会迅速下降。在树枝状化合物的合成中,由于反应位点较多,通常采用两种方式:汇聚式合成和发散式合成。

汇聚式合成:
以一个核心构筑单元为起始原料,合成树枝状化合物的每个树枝片段,最终通过汇聚的方式将其绑定在一起,形成一个完整的树枝状分子。这种方法的优点是:只有两个同时发生的反应,以产生下一个树枝状片段。利用汇聚法可以减少反应位点和可能产生的未反应缺陷,实现一个近乎完美的树枝状分子。反应步骤因此可以减少,从而导致更高的产率和缩短反应时间。然而,该方法也有一些弊端:所需的原料量略高,合成具有较大结构的目标化合物的产率不高,并可能导致严重的立体空阻问题。

发散式合成:
随着代数的增加,采用从中心不断向外延展的方式进行每一步合成来构建目标树枝状化合物。这种合成方式最大的缺陷是随着代

在之前的工作中,我们已经合成了以三聚茚分子构成的树枝状大分子,该分子具有良好的发光性能,并被用做有机发光二极管中的蓝光材料。为了发展一类新颖的 π-共轭树枝状大分子作为光富集材料,克服以往的基于三聚茚的刚性树枝状分子中存在的有效共轭长度较短、吸收太阳光范围过窄等不足[9],我们进一步设计了以六己基取代三聚茚为核心和节点单元,以不同有效共轭长度的寡聚(2,5-噻吩乙炔基)单元为连接臂的第二代 π-共轭树枝状大分子 **G2** 的合成和表征工作。[10]

此 **G2** 分子的特点是:从最外端的基团到核心,各节点之间的寡聚(2,5-噻吩乙炔基)单元逐渐变长。这样的结构设计具有以下优点:

1. 可以形成分子内从外端基团到核心的能量梯度;在分子内核和外端引入长度不同的共轭基团,构建了一系列具有能量梯度的树枝状分子。通过这种能量梯度,可以实现高效、单向的能量转移。

2. 整个分子有较大的吸光范围。

3. 可以避免外围片段过于拥挤,从而在合成过程中减少空阻,有利于提高汇聚法构筑最终树枝状分子的产率。

G2 的分子半径将近 10 nm,是目前所合成过的半径最大、相对分子质量最大的第二代树枝状化合物。由于所设计的具有能量梯度的树枝状化合物 **G2** 中含有 22 个六己基化三聚茚以及逐层增长的连接臂,所以采用了发散法和汇聚法相结合的双指数增长的合成策略。即采用发散法构筑增加连接臂的碘代物,再采用汇聚法构筑所需的树冠状的单炔分子,最后通过偶联反应合成所需的树枝状化合物。合成的难点是如何比较简便地合成不同长度的寡聚(2,5-噻吩乙炔基),并将它们高效地连接起来形成最终的树枝状化合物。合成目标分子的主要反应有:

1. 构筑六己基化三聚茚的缩合反应;
2. 用于连接 sp 杂化碳和 sp^2 杂化碳的 Sonogashira 偶联反应;
3. 用于引入端炔的 Corey-Fuchs 反应。

数的增加,反应位点越来越多,从而导致产物中可能会有较多的结构缺陷。

双指数增长的合成:
这是在树枝状高分子合成中的最新突破。该方法基于 AB_2 型单体,其中 A 和 B 均为具有保护基和反应官能团的构筑单元。首先,利用不同原料制备 A 和 B 单体。然后,A 和 B 正交反应制备带保护基团的三聚体。重复利用这样的合成方式即可以合成所需的目标树枝状化合物。双指数增长的好处是:它比传统方法更加完善且只需要相对较少的步骤,有利于大树枝状高分子的合成。

树枝状化合物按代数(Generation)命名:从零代 G0 开始,依次为一代 G1、二代 G2、三代 G3、四代 G4⋯⋯

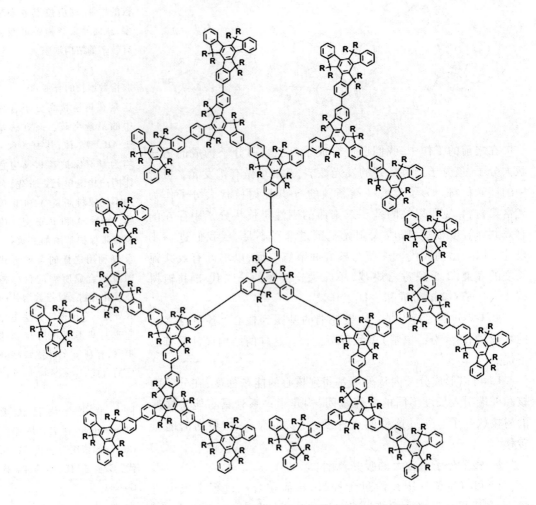

由六己基取代三聚茚为核心和节点单元的第二代树枝状大分子

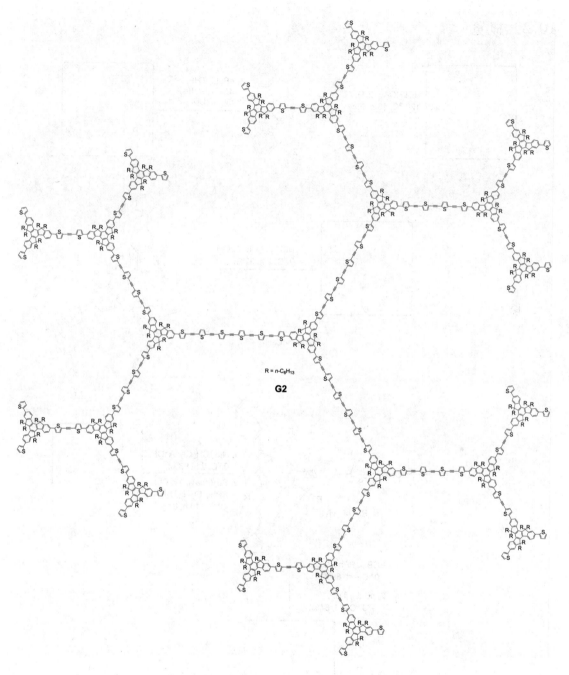

以六己基取代三聚茚为核心和节点单元,不同长度的
寡聚(2,5-噻吩乙炔基)为臂的第二代树枝状大分子 **G2**

270 / 中级有机化学

10.2 概览

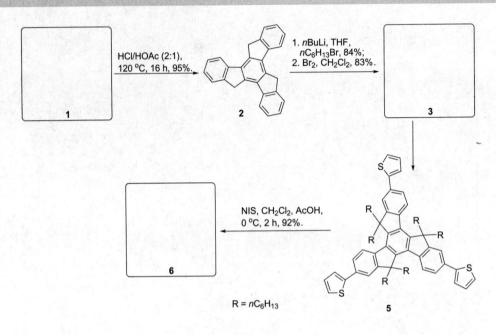

第 10 章 树枝状化合物 G2：模拟光合作用的分子 / 271

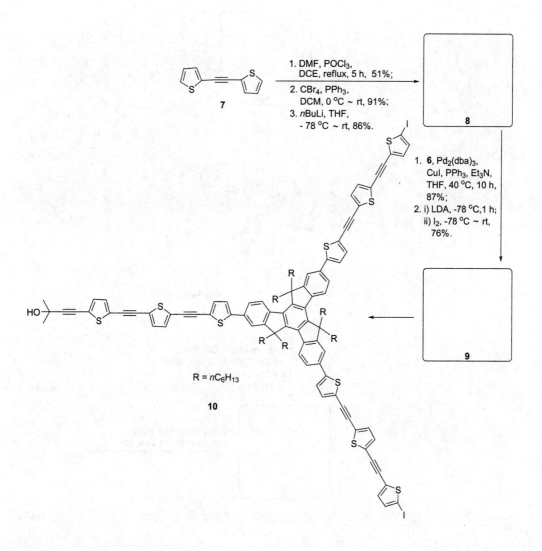

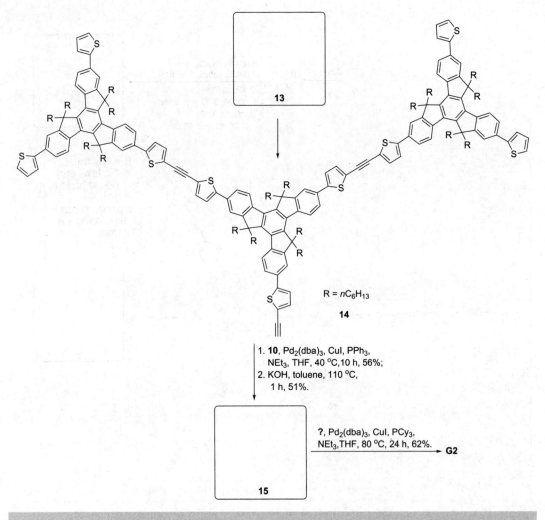

10.3 合成

问题 1:

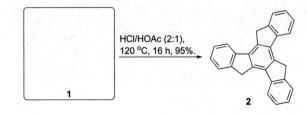

类似的起始原料还有:
ArCOCH₃。

不能进行此反应的原料有:
RCH₂COCH₂R。

提示:
- 这是酸催化的三聚成芳环的反应。反应的起点是羟醛缩合反应。那么,化合物 **1** 中应该含有什么官能团?

- 羟醛缩合反应的主要产物是 α,β-不饱和化合物。α,β-不饱和化合物通常又是 Michael 加成反应的基本起始原料。那么在这个三聚成芳环的过程中,可能会有哪些中间体生成?
- 驱动反应生成具有 C_3 对称性的三聚产物而不是二聚产物以及其他多聚体的动力是什么?

在羟醛缩合反应中,分别有碱催化和酸催化两种机理。碱催化是活化羰基的 α-碳,增加其亲核能力。而酸催化是活化羰基,增加羰基碳的亲电能力。

解答:

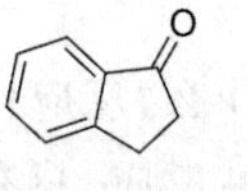

1

讨论:

1-茚酮 **1** 是一个商业可得的原料。在浓盐酸和醋酸的作用下,发生酸催化的三聚反应。反应可能经历了两次羟醛缩合反应,第一次酸催化的羟醛缩合反应生成了一个 α,β-不饱和酮,接着的第二次羟醛缩合反应形成了 α,β,γ,δ-不饱和酮三聚体。随后发生烯醇异构化和电环化,最后脱水得到三聚茚。[11] 尽管羟醛缩合反应是一个可逆的反应,但是由于三聚后形成了具有芳香性的中心苯环,使得反应顺利地向产物的方向进行。[12] 此外,有些中间产物可溶而最终产物溶解性很差,生成产物后会从体系中析出,很容易进行分离。其可能的反应过程如下:

通常情况下,α,β-不饱和酮的 Michael 加成反应需要在碱性条件下反应,而此反应是在酸性条件下进行,因此生成的 α,β-不饱和酮不会与 1-茚酮 **1** 发生 Michael 加成反应。

思考题:
是否还有其他的可能反应机理?

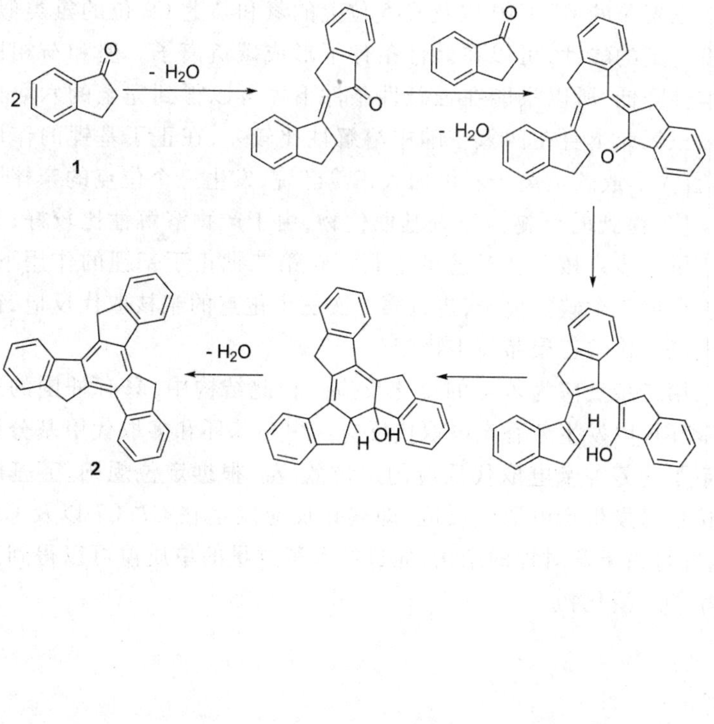

问题 2:

$$2 \xrightarrow[\text{2. Br}_2, \text{CH}_2\text{Cl}_2, 83\%.]{\text{1. }n\text{BuLi, THF,}\ n\text{C}_6\text{H}_{13}\text{Br, 84\%;}} 3$$

提示:
- 第一步反应的驱动力是什么,反应位点在哪里?
- 这是在强碱条件下的酸碱反应,只有亚甲基上的氢具有酸性。
- 第二步溴化的位置在哪里?

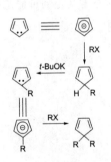

芴

C9 位亚甲基上氢具有酸性的原因在于,在碱作用下生成碳负离子,碳负离子上的孤对电子参与到两个苯环的共轭之中,形成更大的共轭体系。这与环戊二烯中亚甲基上的氢具有较强酸性是一致的。

这两个氢均具有酸性,反应逐步进行。

解答:

3, $R = n\text{C}_6\text{H}_{13}$

讨论:
　　三聚茚的 C5,C10 以及 C15 位上的氢和芴上 C9 位的氢类似,都有一定的酸性,可以在碱性条件下形成碳负离子。但和芴相比其酸性降低,所以只能在强碱性条件下才可以得到完全的六取代物。三聚茚本身在四氢呋喃中溶解性比较差,在正丁基锂的作用下,首先形成碳负离子。再加入正溴己烷,发生三个位点的亲核取代反应,得到的产物为三烷基取代物,由于产物溶解性比较好,有利于下一步亲核取代反应的进行。在第二批正丁基锂的作用下,再次形成三个碳负离子,进行第二次三个位点的亲核取代反应,得到六己基化的三聚茚衍生物。
　　第二步反应为苯环的溴化反应。在此结构中,只有外围的三个苯环可以发生芳香亲电取代反应。中心苯环和多取代甲基分别决定了此芳香亲电取代反应的定位效应。根据定位规则,芳基的对位更易发生亲电取代反应,即溴化反应发生在 C2, C7 以及 C12 位,并且由于其对称的结构,通过加入稍过量的单质溴可以得到高产率的三溴化物。

问题 3：

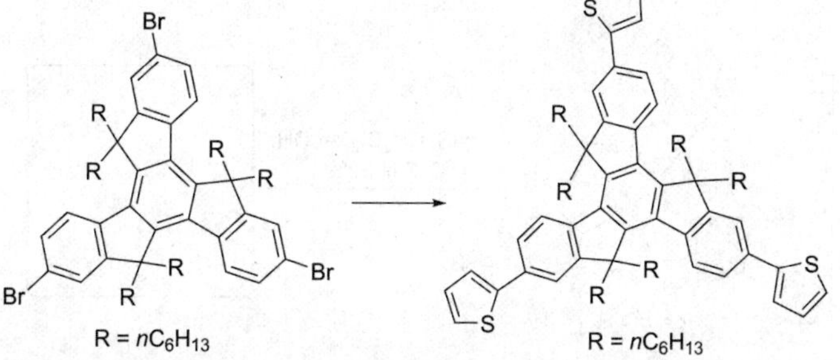

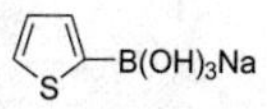

提示：
- 这是一步金属催化的偶联反应。我们在第 3 章中已经讨论过许多钯催化的碳碳键偶联反应。

解答：

4, NaOH, Pd(PPh$_3$)$_4$, THF, reflux, 12 h, 92%。

讨论：

常用于连接芳环和芳环的偶联反应有 Suzuki 反应[13]、Negishi 反应[14]和 Stille 反应[15]等。其中 Negishi 反应对于无水无氧的要求较为严格，而 Stille 反应中用到的有机锡试剂毒性相对较大。相比之下，Suzuki 反应条件较为温和，且可供筛选的反应条件也较多，因而在构筑芳环和芳环直接相连的共轭体系中得到了广泛的应用。常用的偶联底物可以是硼酸或硼酸酯。另一方偶联底物可以是 C—Br, C—I, C—OTf 等（一般是 sp^2 杂化的碳原子）。反应中常用到的碱有 NaOH, K$_2$CO$_3$, K$_3$PO$_4$ 等，常用的催化剂有 Pd(PPh$_3$)$_4$, Pd$_2$(dba)$_3$/PCy$_3$ 等。

在这步反应中，我们采用的是硼酸 **4**，它是个商业化试剂。此步 Suzuki 反应所用的碱是 2 mol/L NaOH 水溶液，催化剂为 Pd(PPh$_3$)$_4$，溶剂为 THF，回流 12 小时。[16] Suzuki 反应通常在碱性条件下进行，碱的加入究竟是活化硼酸还是将 Pd(0) 对碳卤键氧化加成后与卤素进行交换的途径，还有不同的见解。

这是一个多位点的反应。此反应的难点是，如何控制反应条件而使得三个反应位点都能完全反应。此外，在反应过程中发现硼酸 **4** 在此条件下并不稳定，因此通常采用加入过量的硼酸 **4**（6 倍于原料的量）来实现多位点的反应。

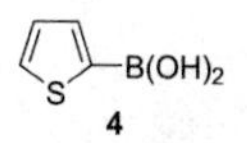

4

此化合物不太稳定，通常将其与 NaOH 反应经提纯后再保存。

Cy: 环己基

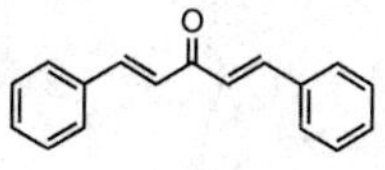

二亚苄基丙酮（dba）
dibenzylideneacetone

RB(OH)$_2$ $\xrightarrow{OH^-}$ RB(OH)$_3^{\ominus}$

RB(OR^1)$_2$ $\xrightarrow{OH^-}$ RB(OR^1)$_2^{\ominus}$ | OH

这样增加了硼的亲核能力。

RPd-X $\xrightarrow{OH^-}$ RPd-OH + X$^-$

这样就增加了钯的亲电能力。

问题 4:

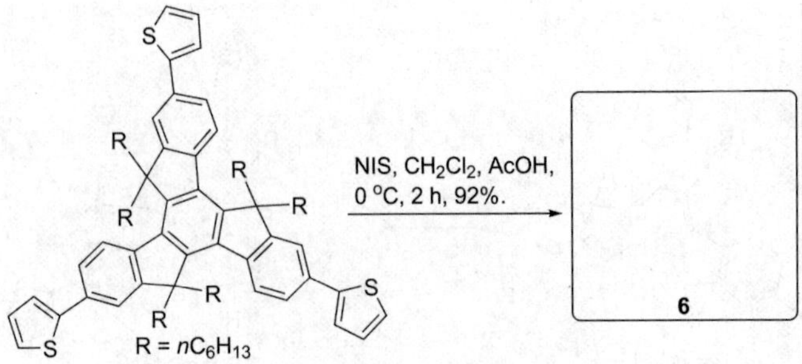

[反应式: 化合物 5 经 NIS, CH₂Cl₂, AcOH, 0 °C, 2 h, 92% 得到化合物 6]

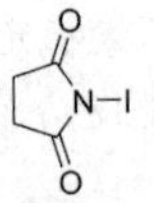

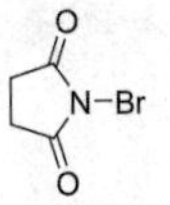

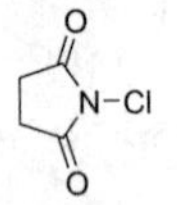

提示:
- NIS 是一种常用碘化试剂,类似的还有 NBS 和 NCS。NIS 的结构式是什么?
- 这是芳香亲电取代反应,不是自由基反应。
- 通常噻吩环比苯环更富电子,因此更易进行芳香亲电取代反应。
- NIS 碘化噻吩环的反应位点在哪里?

解答:

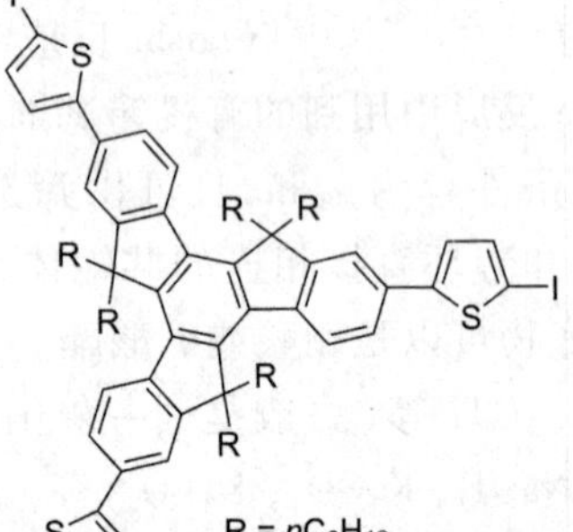

[化合物 6 的结构图: 三碘代产物,碘代在噻吩环的 α 位]

思考题:

为什么以下化合物均是 α 位比 β 位更易进行芳香亲电取代反应?

[呋喃、噻吩、吡咯结构式]

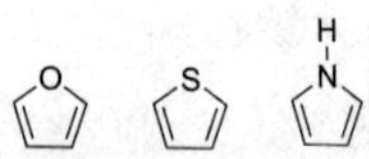

而吲哚则是 β 位比 α 位更易进行芳香亲电取代反应?

[吲哚结构式]

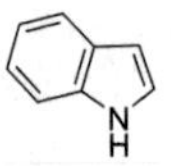

讨论:

NIS 的中文名称为 N-碘代琥珀酰亚胺,常用做温和的碘化试剂,用于碘化富电子的芳香杂环体系。[17] 反应的机理是 NIS 与噻吩环先亲电加成,接着发生消除反应失去质子重新芳构化,得到芳香亲电取代的产物。化合物 5 中最外端噻吩环的 α 位电子云密度最高,所以碘化反应优先在噻吩环的 α 位进行,最终得到三碘化物 6。通过控制反应温度(0 ℃),可以很好地保证碘化反应仅在噻吩环的三个 α 位进行,而不在噻吩环的 β 位上发生。

常用的溴化试剂为 NBS,氯化试剂为 NCS,碘化试剂为 NIS。这三种试剂特别是 NBS 都能发生自由基取代反应。如在非极性溶剂中和在自由基引发剂的作用下可进行自由基溴化取代反应。如:

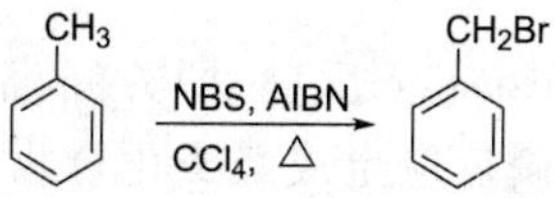

但是,在强极性的质子溶剂中,上述三种试剂又是很好的卤素正离子(I^+,Br^+,Cl^+)的提供体,这是由于氮负离子可与羰基形成稳定的共轭离域体系。

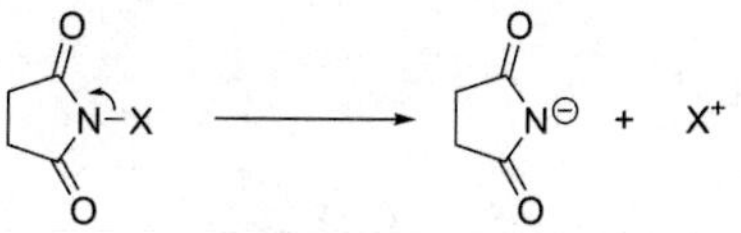

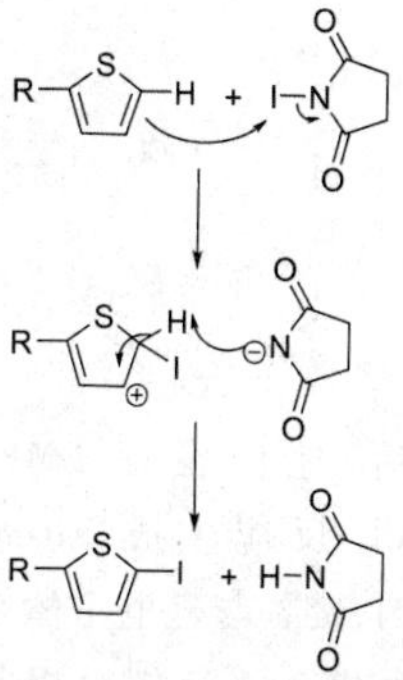

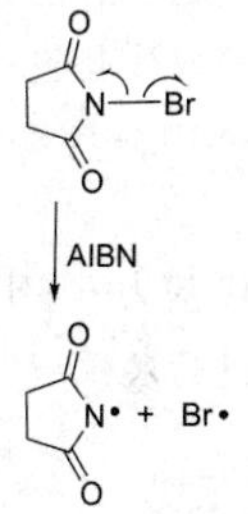

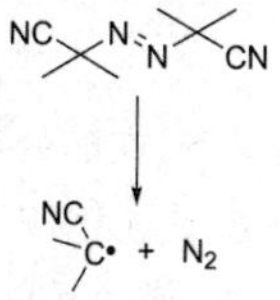

问题 5:

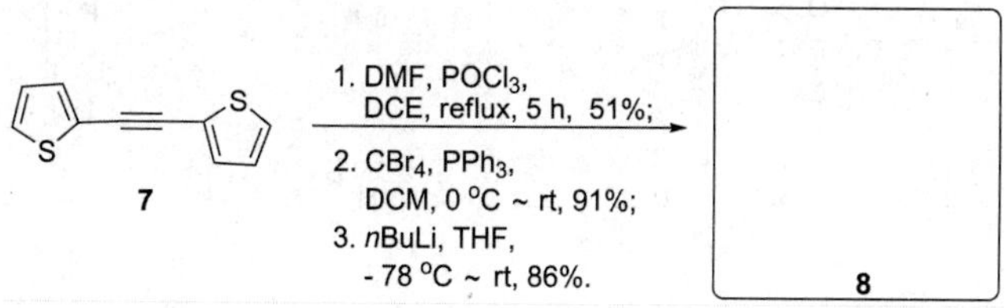

提示:
- 第一步反应是一种噻吩环甲酰化的方法。这也是一个芳香亲电取代反应。那么其亲电试剂是什么?
- 这个反应的名称是什么?
- 第二步反应类似于 Wittig 反应。那么使用的 Wittig 试剂的结构是怎样的?
- 第三步反应实际上是一个消除反应,需要强碱的参与。
- 正丁基锂是作为强碱来使用的。需要加入过量的正丁基锂才能使反应顺利进行。
- 第二步和第三步反应合起来是一个人名反应。

AIBN: 2,2′-偶氮二异丁腈

思考题:

NCS,NBS,NIS 在什么条件下是自由基试剂?在什么条件下是卤素正离子提供体?

Vilsmeier 反应:

1925 年,A. Vilsmeier 将 N-甲基-N-苯基乙酰胺与 $POCl_3$ 反应得到了 1,2-二甲基-4-氯喹啉氯化盐:

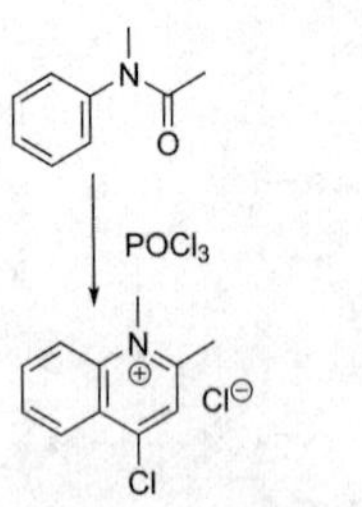

随后，他们发现 DMF 与 POCl₃ 反应生成 Vilsmeier 试剂，接着与富电子体系的芳香化合物反应生成各种芳基取代的甲醛衍生物。芳环上的取代基包括：
—OH，—OR，—NR₂。

思考题：
如果取代基为—NH₂ 时，是否可以进行此反应？

Vilsmeier 试剂：

通常情况下，在醇的氯代反应中，SOCl₂ 与 DMF 也能发生反应生成 Vilsmeier 试剂，在这个过程中主要是提供反应所需的氯离子。而在 Vilsmeier 反应中，是为反应提供所需的亲电试剂，因此富电子体系的芳环才能发生此反应，苯基或烷基取代的芳环都不能进行。

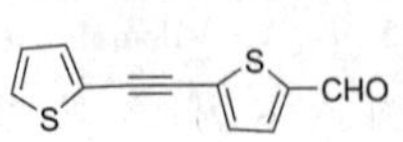

解答：

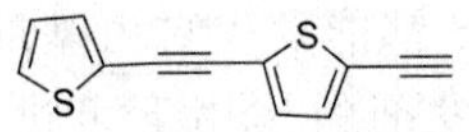

化合物 **8**

讨论：

第一步反应是 Vilsmeier 反应，即芳烃、活泼烯烃化合物和二取代甲酰胺及三氯氧磷反应生成醛类化合物的反应。[18] 这是目前在富电子芳环上引入甲酰基的最常用方法。N,N-二甲基甲酰胺（DMF）、N-甲基-N-苯基甲酰胺都是常用的甲酰化试剂。

Vilsmeier 反应：

$$\text{ArH} + \text{RR'NCHO} \xrightarrow{\text{POCl}_3} \text{ArCHO} + \text{RR'NH}$$

其反应机理如下：

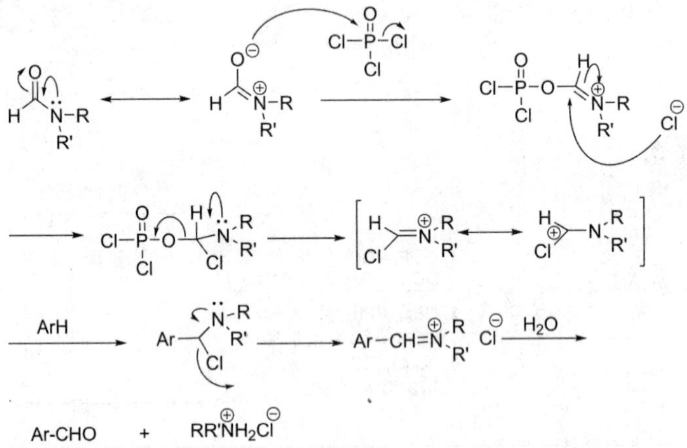

$$\text{Ar-CHO} + \text{RR'NH}_2\text{Cl}$$

在这里第一步反应中通过控制 DMF 和 POCl₃ 的用量，可以使反应只在其中一个噻吩环的 α 位反应，得到一个甲酰基取代的化合物 **7a**。通过简单的柱分离，可以得到纯品而回收原料 **7** 并得到少量的两个甲酰基取代的化合物 **7b**。

得到的化合物 **7a** 在四溴化碳和三苯基膦的作用下，发生 Corey-Fuchs 反应中的第一步反应，得到化合物 **8a**。[19] 这步反应的过程与 Wittig 反应类似。首先，PPh₃ 进攻溴，生成三溴化碳负离子 Br₃C⁻，接着此碳负离子进攻 BrP⁺Ph₃，生成 Br₃CP⁺Ph₃；另一分子的 PPh₃ 继续进攻此正离子中的溴，生成了 Wittig 反应的原料磷叶立德 Br₂C=PPh₃。接下来，醛与磷叶立德的反应与经典的 Wittig 反应一致，生成磷杂氧杂环丁烷衍生物。最后，由于氧与磷的强成键能力，发生逆的 [2+2] 环加成反应开环生成碳碳双键。

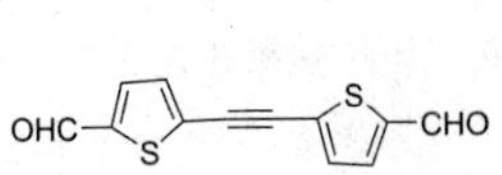

Br_3C-Br
:PPh_3
$^{\ominus}CBr_3$ + $Br-\overset{\oplus}{P}Ph_3$
:PPh_3
$Br-\overset{\oplus}{P}Ph_3$
$^{\ominus}CBr_3$
$Br\overset{\oplus}{P}Ph_3$ +
$Br_2C=PPh_3$
Ph_3P-O
R H
$O=PPh_3$

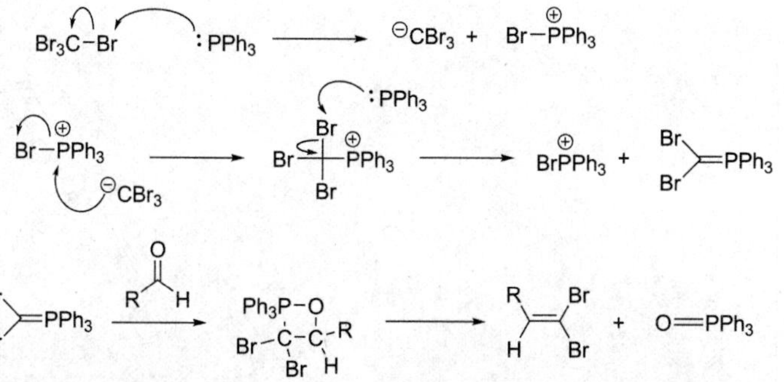

在分离提纯化合物 **8a** 后，再在强碱的作用下得到端炔化合物 **8**。其作用机理如下：

H_2O
R—≡—H

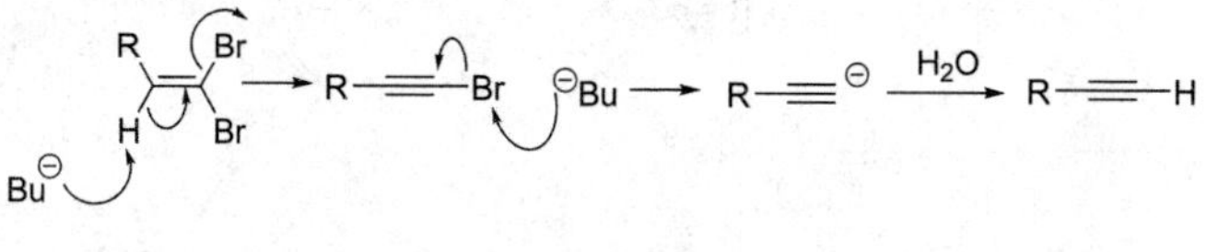

以上两个转化过程联合起来称为 Corey-Fuchs 反应。这是一种高产率地将甲酰基转化成端炔基（比原料多一个碳原子）的方法。[20] 此外，这种合成方法的另一个优点是，每个步骤中产物和原料的极性差别比较大，容易通过柱分离提纯。

问题 6:

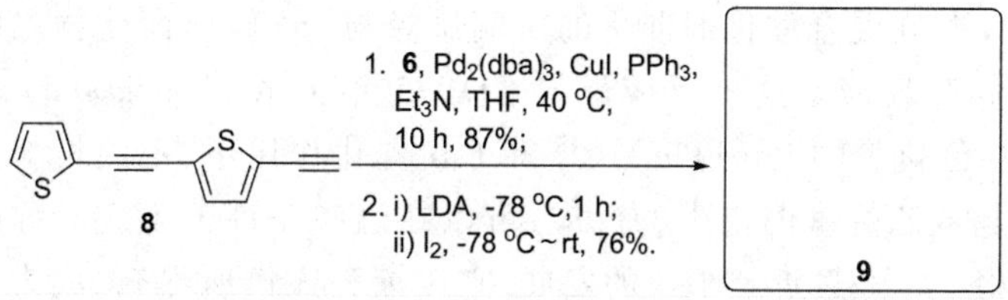

1. **6**, $Pd_2(dba)_3$, CuI, PPh_3, Et_3N, THF, 40 °C, 10 h, 87%;
2. i) LDA, -78 °C,1 h; ii) I_2, -78 °C~rt, 76%.
8
9

提示：

- 第一步反应是第 3 章已经提到过的碳碳键偶联的反应，即一种金属催化的炔烃与芳基卤代物的偶联反应。
- 在第二步反应中，采用了另一种噻吩环 α 位碘化的方法。为什么？

此处先进攻溴而不进攻碳的原因在于，四溴化碳中的碳原子已经被四个溴原子紧密地包裹在中间。

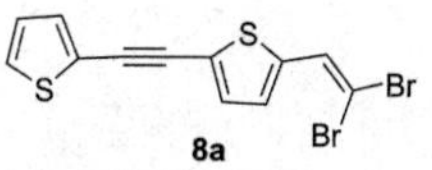

8a

Corey-Fuchs 反应：
1972 年，E. J. Corey 和 P. L. Fuchs 尝试了将醛类化合物转化为多一个碳原子的末端炔烃类化合物。他们试验了以下两种方法：
方法一：将醛加入到 PPh_3（4 倍量）和 CBr_4（2 倍量）的 CH_2Cl_2 溶液中，在 0℃ 反应 5 分钟；
方法二：先将 PPh_3（2 倍量）和 CBr_4（2 倍量）的 CH_2Cl_2 溶液与锌粉（2 倍量）在室温下反应一天，然后加入醛再反应 1～2 小时。
第一种方法的产率通常在 80%～90%。 而第二种方法在使用锌粉和少量的 PPh_3 后得到了更高的产率并简化了分离步骤。 得到的二溴烯烃用 2 倍量的 *n*BuLi 在 −78℃ 通过锂卤交换再用水后处理后生成了末端炔烃。
其中中间体炔基锂也可以与各种亲电试剂反应生成各类化合物。 目前报道了一种更简洁的“一锅煮”法反应： 将醛与 *t*BuOK/(Ph_3PCBr_2)Br 反应，最后再用过量的 *n*BuLi 处理。

解答:

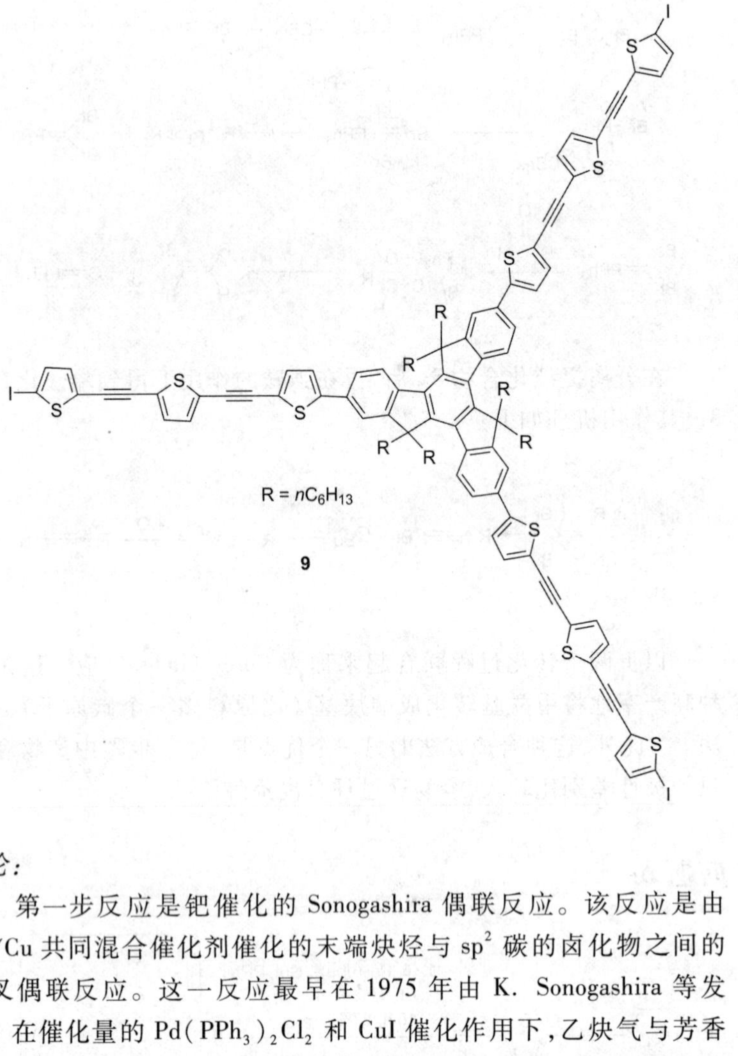

9 (R = nC₆H₁₃)

讨论:

第一步反应是钯催化的 Sonogashira 偶联反应。该反应是由 Pd/Cu 共同混合催化剂催化的末端炔烃与 sp^2 碳的卤化物之间的交叉偶联反应。这一反应最早在 1975 年由 K. Sonogashira 等发现:在催化量的 Pd(PPh₃)₂Cl₂ 和 CuI 催化作用下,乙炔气与芳香碘化物或乙烯基溴衍生物反应,可以在温和条件下生成对称的取代炔烃。[21] 经过近三十年的发展,它逐渐为人们所熟知,成为一个重要的人名反应。Sonogashira 反应在取代炔烃的合成中得到了广泛的应用,并且在很多天然化合物的合成、农药医药的发展,以及新兴材料以及纳米分子器件的制备中发挥了关键的作用。[22] 在通常条件下,Sonogashira 反应对于活泼卤代烃类化合物(如碘代和溴代烃)具有较好的反应活性;而氯代烃由于其反应活性通常较低,要求的反应条件就较为苛刻。其次,Sonogashira 反应通常要求反应体系严格除去氧气,以防止炔烃化合物自身氧化偶联反应的

同样在 1975 年, R. F. Heck 和 L. Cassar 报道了在比较剧烈的条件下且没有铜催化剂存在时,由钯催化剂也能发生同样的反应。

Sonogashira 偶联反应的特点:

(1) 反应条件温和,通常在室温下即可反应;

(2) 使用催化量的铜盐,而避免使用具有爆炸性的炔基铜;

(3) 铜盐通常用的是商品可得的 CuI 或 CuBr,用量是 0.5~1 mol%;

(4) 最好的钯催化剂为 Pd(PPh₃)₂Cl₂ 和 Pd(PPh₃)₄;

(5) 溶剂和试剂不需要绝对干燥;

发生以及催化剂效率的降低,从而有利于反应向所期待的方向进行。反应试剂包括活泼卤代烃、末端炔烃、钯催化剂、碘化亚铜(助催化剂),以及作为碱使用的有机胺。反应通式如下:

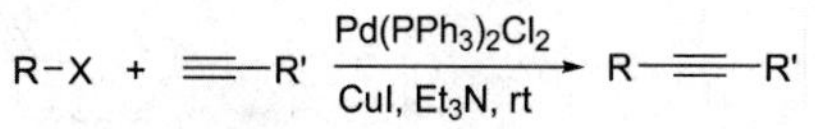

$$R-X + \equiv\!\!-R' \xrightarrow[CuI, Et_3N, rt]{Pd(PPh_3)_2Cl_2} R-\!\!\equiv\!\!-R'$$

反应机理如下:

(6)有机碱通常也可以作为溶剂使用,偶尔使用共溶剂;
(7)反应在少量和大量(>100 g)下均可以进行;
(8)此反应是立体专一性的,且底物中的手性中心可以保留;
(9)取代基的反应活性如下:

$$I > OTf \approx Br > Cl$$

在溴取代基存在的情况下,优先与碘反应;
(10)大多数官能团均可兼容。

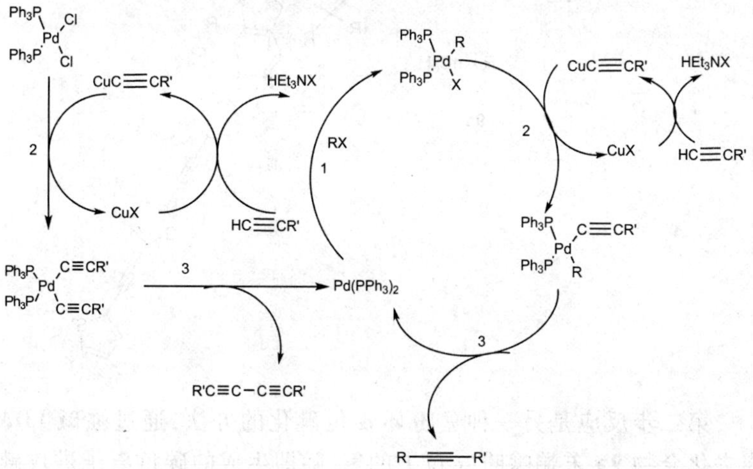

左边的循环是将起始催化剂中的二价钯转化成零价钯,只有零价钯才能进入催化循环中。其中过程 1 为氧化加成过程,过程 2 为转金属过程,过程 3 为还原消除过程。因此,在这一步反应中发生了三个位点的 Sonogashira 反应,生成化合物 **9a**。本例中用到的钯催化剂是零价的 $Pd_2(dba)_3$,其中文名称为二-(二亚苄叉丙酮)钯(0)。有文献报道,采用活性更高的 $Pd_2(dba)_3$ 代替常用的 $Pd(PPh_3)_2Cl_2$,可以抑制二聚体副产物的生成,从而提高反应的产率。[23]

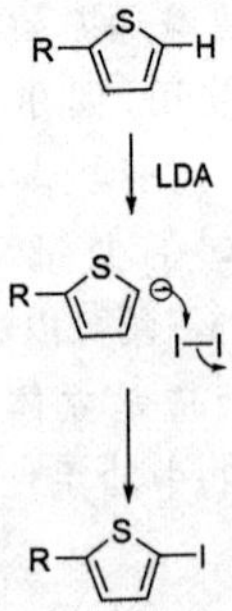

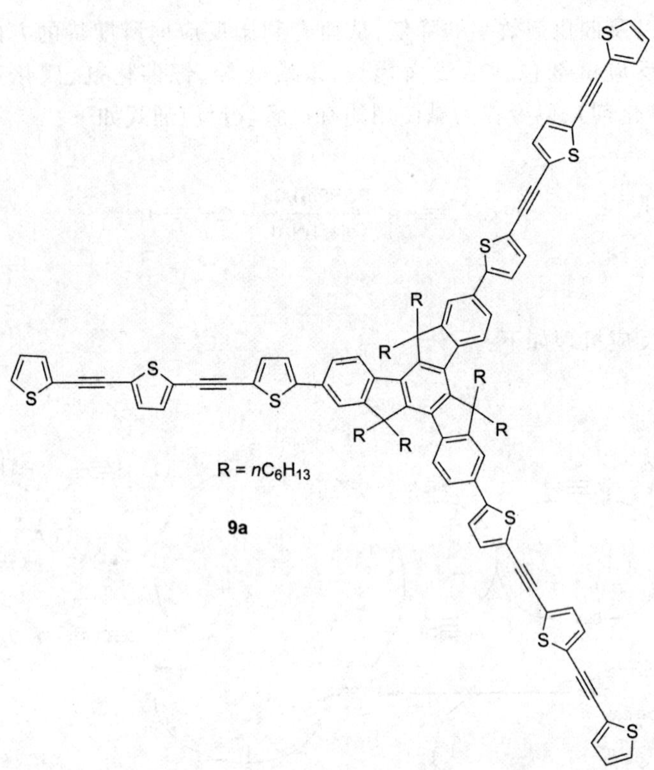

第二步反应是另一种噻吩环 α 位碘化的方法，通过强碱 LDA 攫去化合物 **9a** 末端噻吩 α 位上的氢，随即生成的碳负离子进攻碘单质给出化合物 **9**。所得产物是我们合成 **G2** 所需要的其中一个核心片段。[24] 这里之所以不采用 NIS 来碘化，是因为与高电负性 sp 杂化的碳相连的噻吩环活性降低了，无法用该条件碘化。

问题 7:

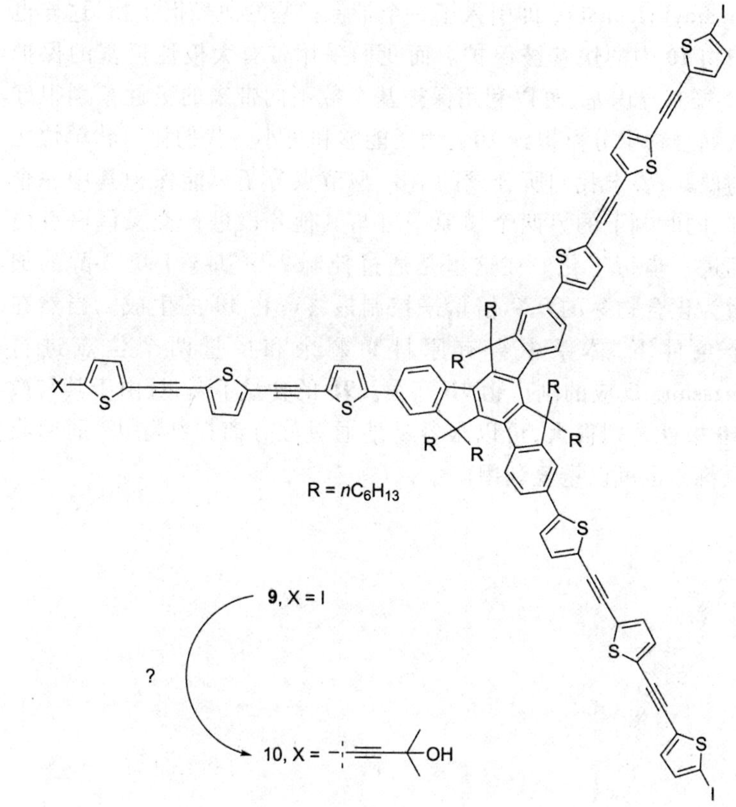

提示:
- 这步反应还是 Sonogashira 偶联反应。需要一个新的含炔基的反应试剂,其结构式是什么?
- 为了后面的反应,需要控制仅在一个位点进行 Sonogashira 偶联反应。为何只能在一个位点反应,而留下两个碘取代基呢?
- 如何控制仅在一个位点进行 Sonogashira 偶联反应?反应条件是什么?

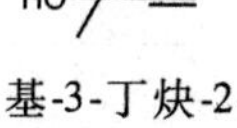

解答:
  Proparayl alcohol, Pd(PPh$_3$)$_2$Cl$_2$, CuI, NEt$_3$, THF, rt, 1 h, 28%。

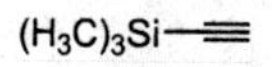

讨论:
  利用前面得到的合成 G2 所需要的核心片段三碘代物 9,可以构建最后偶联所需要的树冠状单炔化合物。这里采用的是通过单炔醇保护的 AB$_2$ 型双碘化合物作为树枝状化合物的内部核心的

2-甲基-3-丁炔-2-醇

三甲基硅基乙炔

在这里没有选用三甲基硅基乙炔作为反应底物是因为,得到的三甲基硅基保护基使产物 10 不易通过柱分离提纯。此外,三甲基硅基保护基不稳定,很容易在后续反应中被脱除。

节点来实现的。所以，另一个反应底物是 2-甲基-3-丁炔-2-醇 (proparayl alcohol)，即引入了一个带保护基的炔烃衍生物，这样也使产物 10 中的炔基被保护。而我们采用带有大极性羟基的保护基，2-羟基异丙基，可以利用保护基个数不同带来的极性差别很好地从混合物中分离提纯 10。为了能够和更小一代的树冠状单炔化合物偶联，要求我们所合成的 AB$_2$ 型节点分子只能保护其中一个炔基，同时剩下的另两个碘原子可与其他片段进行交叉偶联反应从而进一步衍生化。在这里是通过控制 2-甲基-3-丁炔-2-醇的加入量为化合物 9 的 0.9 倍量来控制最终产物 10 的生成。当然在这个条件下，体系中会有原料 9 剩余和少量两个位点进行 Sonogashira 反应的副产物 **9b** 存在。**9b** 的含量不高，且由于其与产物 10 极性差别很大，可以很容易地通过柱分离提纯除去，而回收的原料 9 也可以重复利用。

在噻吩环引入甲酰基的方法有很多种，目前常用的大致有以下两种[25]：(1) nBuLi, DMF, −78°C；(2) 前文提到的 Vilsmeier 反应。从操作的简便性和节约试剂成本角度考虑，这里我们选择了 Vilsmeier 反应进行噻吩环的甲酰化。

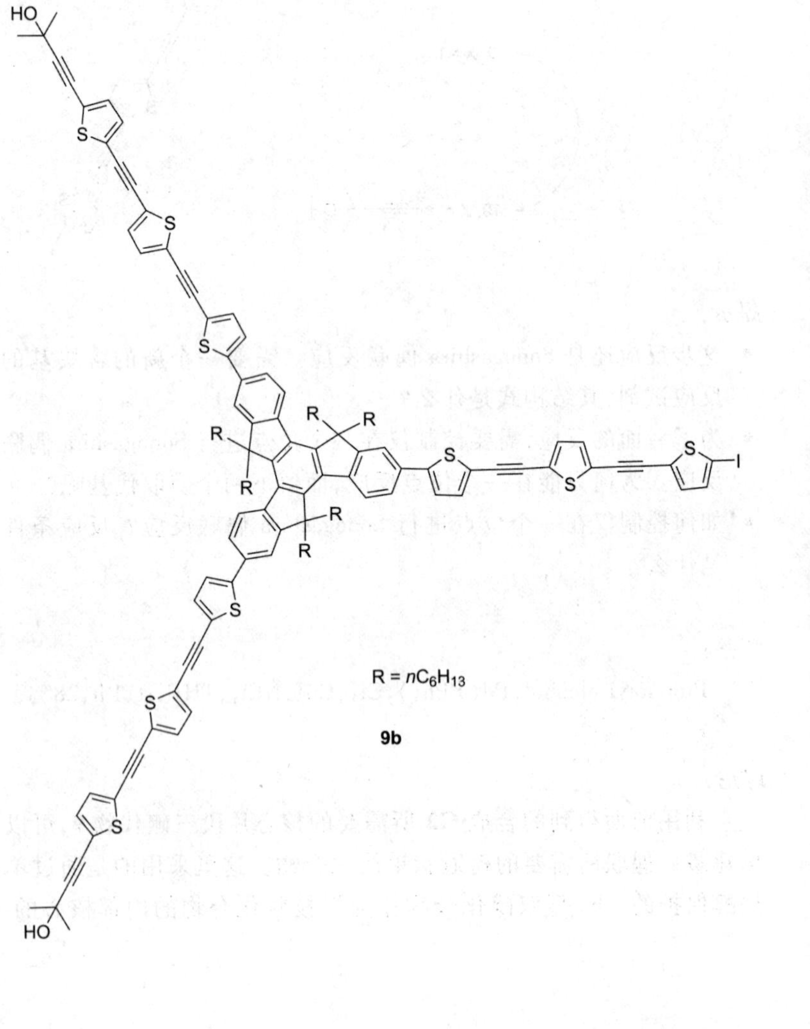

$R = n\text{C}_6\text{H}_{13}$

9b

问题 8:

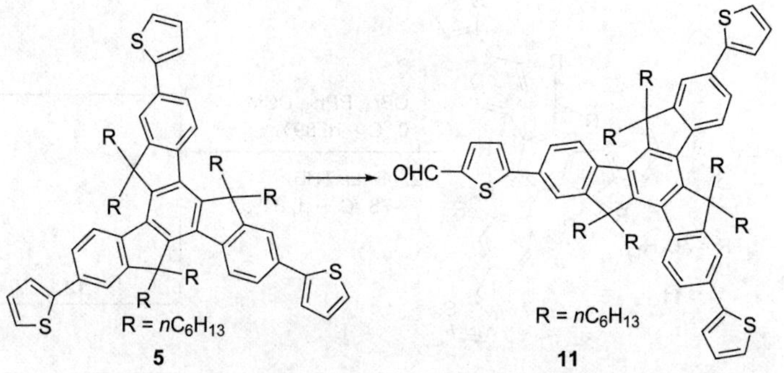

提示:

- 这步反应是我们前面提到的噻吩环 α 位的甲酰化反应。前面已经讨论过为什么噻吩环的 α 位比 β 位活泼。关键是我们只需要在一个反应位点进行甲酰化反应。
- 如何控制得到主要产物是单甲酰化的产物 **11**？
- 还有其他的合成方法可以得到单甲酰化的目标化合物。是什么反应？
- 这个反应的产物同样可作为构筑树枝状结构的节点片段。

解答:

DMF（2.5 equiv.），$POCl_3$（2.0 equiv.），CH_2Cl_2，reflux，2 h，46%。

讨论:

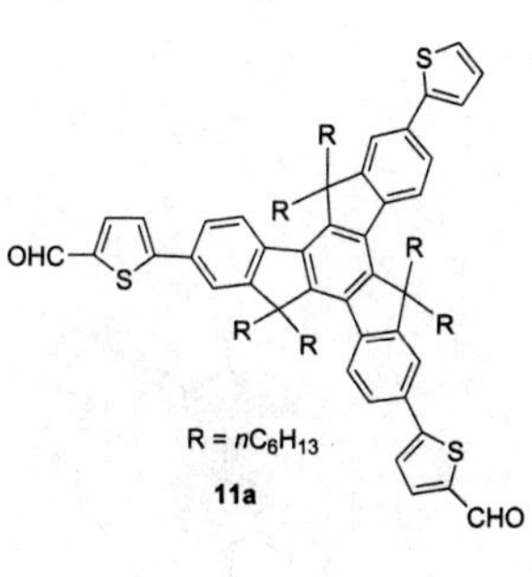

在这里我们用到了前面提到的用于噻吩环甲酰化的 Vilsmeier 反应来获得单醛分子 **11**。在此反应中通过控制 DMF 和 $POCl_3$ 的用量可以使得单醛 **11** 成为主产物，通过柱色谱分离可以提纯 **11**，并回收原料 **5** 以及得到少量的双醛化合物 **11a**。制备 **11** 是为了后面将其转化成最小的树枝状片段作准备。

问题 9:

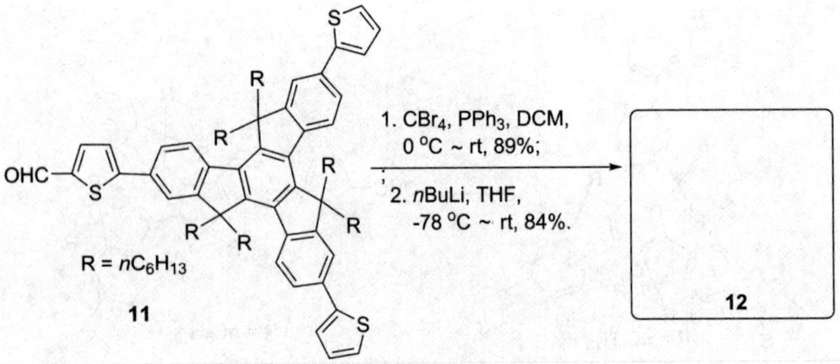

[反应式: 化合物 11 经过 1. CBr₄, PPh₃, DCM, 0 °C ~ rt, 89%; 2. *n*BuLi, THF, -78 °C ~ rt, 84% 两步反应得到化合物 12]

提示:
- 这两步反应是我们已经使用过的反应。最终产物是一个带末端炔基的化合物。
- 在第一步反应中,醛基转化成了什么基团?
- 在第二步反应中,正丁基锂的作用位点在哪里?至少需要加几倍量的正丁基锂才可以得到产物?

解答:

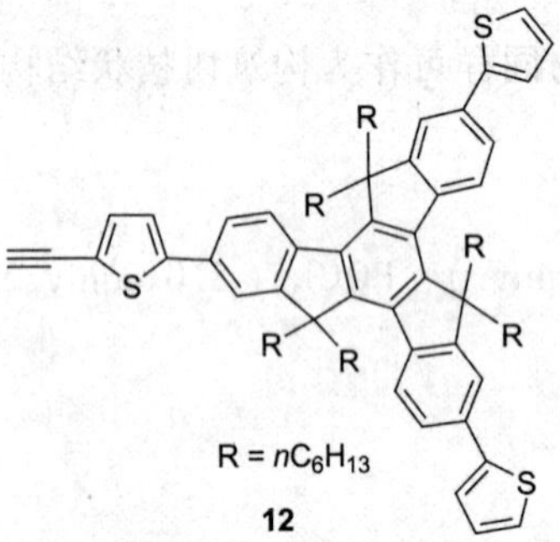

[化合物 12 的结构式,R = nC₆H₁₃]

讨论:

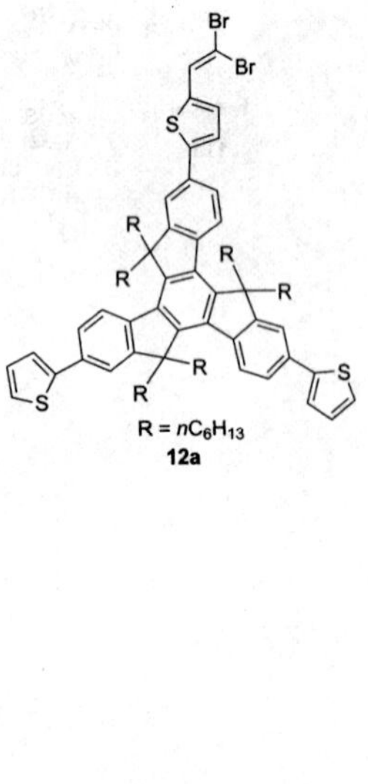

前面已经提到,单醛分子 **11** 是作为构筑最小的树枝状片段的前体分子来合成的。单醛分子 **11** 在 CBr₄ 和 PPh₃ 的作用下发生 Corey-Fuchs 反应,得到含末端炔基的化合物 **12**。

在完成第一步 Wittig 反应后得到二溴烯烃 **12a**,再利用 *n*BuLi 将二溴烯烃取代基转化为末端炔基,需要 2 倍量的 *n*BuLi,分别攫氢和攫溴才可以得到端炔化合物,但在这里因为分子中另外两个噻吩环上的 α 位氢都具有酸性,因此至少要 4 倍量的 *n*BuLi 才可以得到目标化合物。此末端炔烃片段是构筑整个 **G2** 分子所需的关键官能团。在这里我们没有采用文献中常用的先引入卤素原子,随后通过 Sonogashira 交叉偶联反应,最后去保护基得到炔烃的

[化合物 **12a** 的结构式,R = nC₆H₁₃]

方法。[26] 主要原因是，这里是星状分子结构，引入单取代的卤素很难控制反应位点，同时很难分离提纯，而引入甲酰基则使得分离变得较为容易。

问题 10：

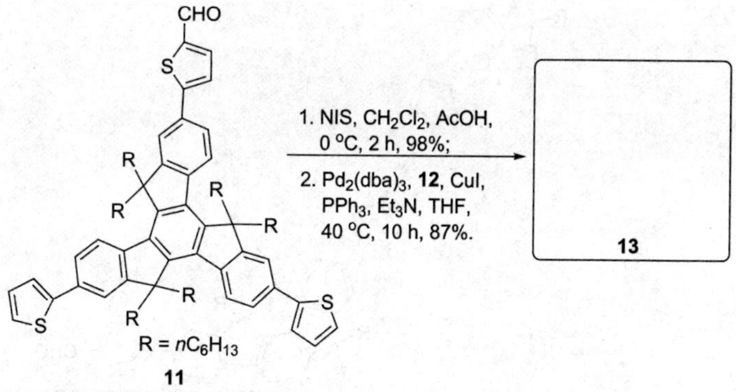

提示：
- 这两步反应是我们已经使用过的反应。
- 第一步反应是噻吩环的碘化反应。
- 第二步反应是 Sonogashira 偶联反应。

解答：

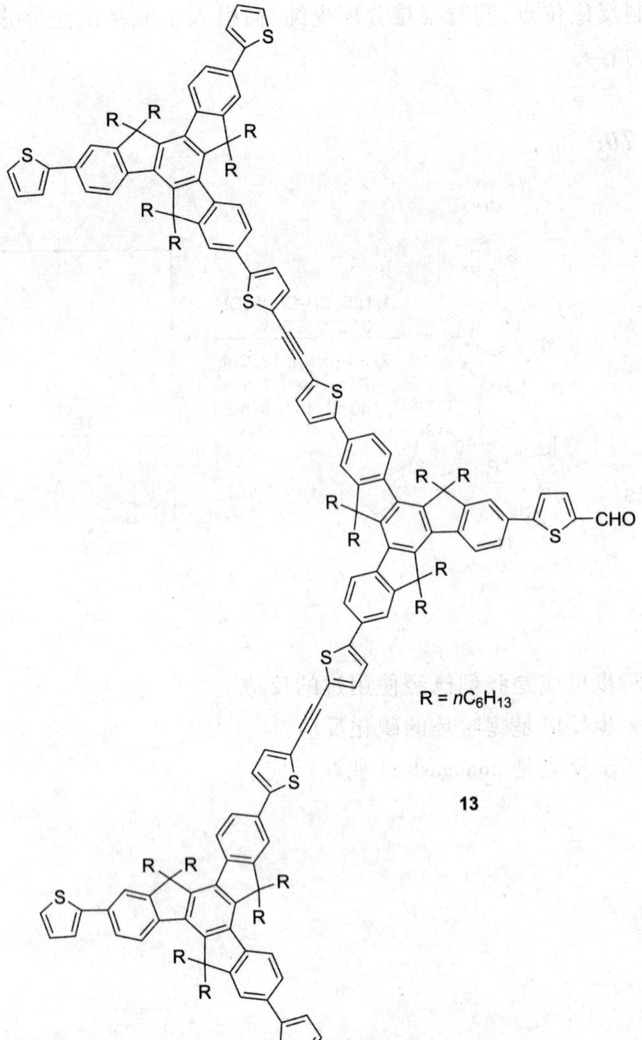

13
R = nC_6H_{13}

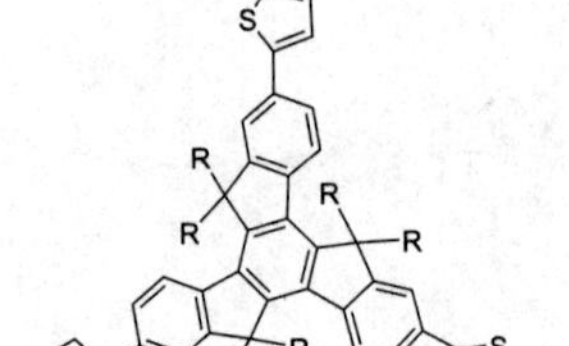

13a
R = nC_6H_{13}

讨论：

前面一步反应我们构筑出了树枝状化合物 **G2** 的最外端的单炔结构单元，在这里需要构筑出 AB_2 型单甲酰化双碘代化合物，并将其用于和前面的单炔分子 **12** 相偶联，从而得到下一代树枝状片段。因此第一步反应是碘化反应，用于引入偶联反应所需的卤素原子。因为有甲酰基的存在，在这里只能用到 NIS 碘化法来合成。化合物 **11** 在极性溶剂体系中被 NIS 碘化生成 **13a**。双碘代化合物 **13a** 再与 **12** 进行两个位点的 Sonogashira 偶联反应，得到产物 **13**。可以看出，其中的两个噻吩环的臂是通过"1 + 1"的合成策略完成的。这个反应的特点是,甲酰基的存在使得产物极性比较大,因而可以很容易地通过柱分离将产物 **13** 和炔炔自身偶联的二聚体分离提纯。

问题 11:

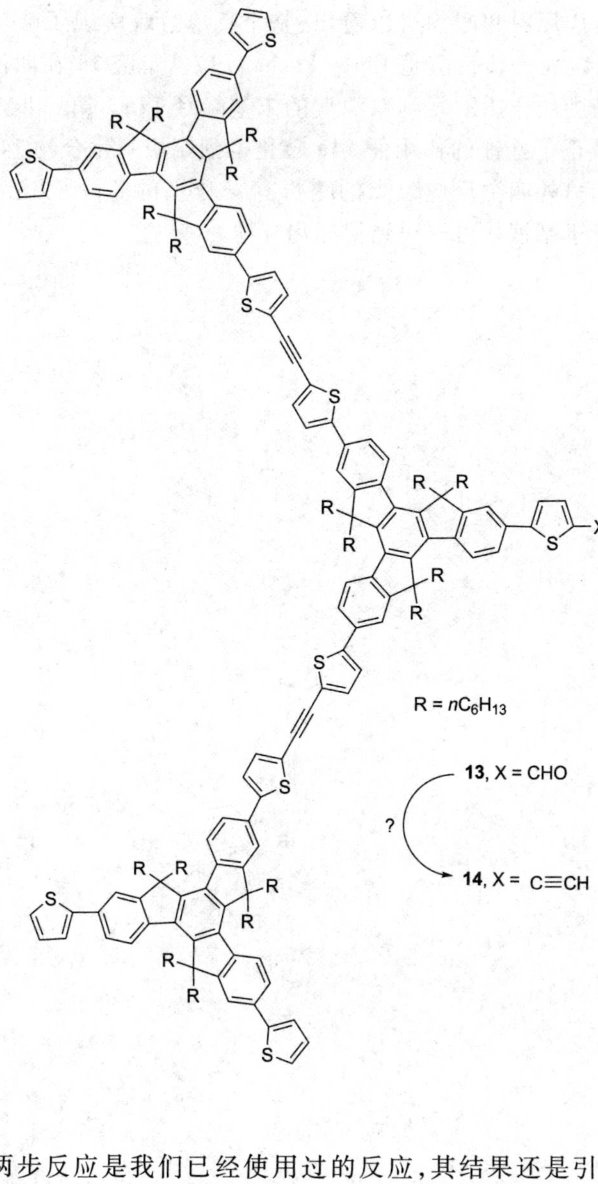

R = nC_6H_{13}

13, X = CHO

14, X = C≡CH

提示:
- 这两步反应是我们已经使用过的反应,其结果还是引入末端炔烃。
- 第一步反应引入了什么基团?
- 第二步反应的反应试剂用量比较特殊。如何计算其用量?

解答:

1. CBr$_4$, PPh$_3$, DCM, 0℃～rt, 89%;
2. nBuLi, THF, −78℃～rt, 84%。

讨论:

从反应原料和产物可以看出,整个反应过程实现了醛基到端炔的转换。第一步反应是 Corey-Fuchs 反应。单醛 **13** 在四溴化碳和三苯基膦的作用下得到双溴代的末端烯烃 **14a**。第二步反应通过与强碱正丁基锂的作用使 **14a** 转化得到端炔基化合物 **14**,但在这里因为另外四个反应位点的噻吩有 α 位上的氢,所以至少要 6 倍量的正丁基锂才可以得到目标化合物。

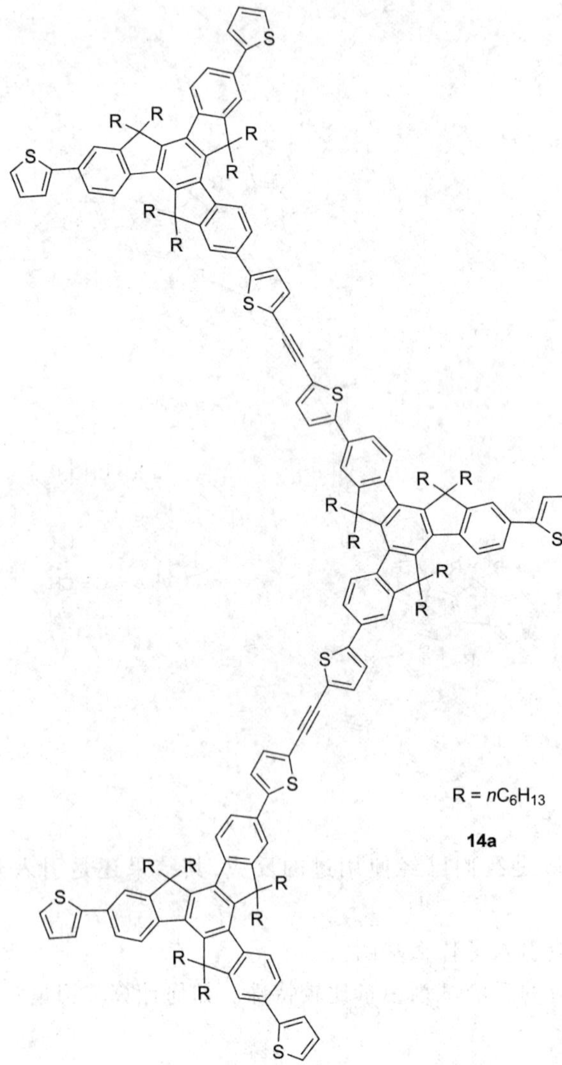

R = nC$_6$H$_{13}$

14a

问题 12:

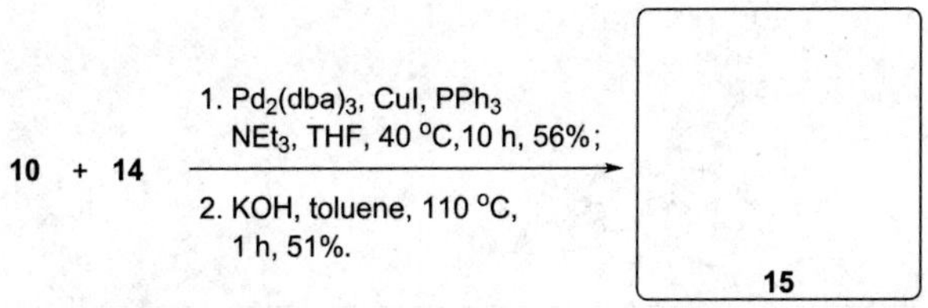

$$10 + 14 \xrightarrow[\substack{2.\ \text{KOH, toluene, 110 °C,} \\ 1\ \text{h, 51\%.}}]{\substack{1.\ \text{Pd}_2(\text{dba})_3,\ \text{CuI, PPh}_3 \\ \text{NEt}_3,\ \text{THF, 40 °C, 10 h, 56\%;}}} \mathbf{15}$$

提示:
- 第一步反应是 Sonogashira 偶联反应。其产物是什么?
- 第二步反应是碱性条件下的脱保护基反应。产物是什么?

解答:

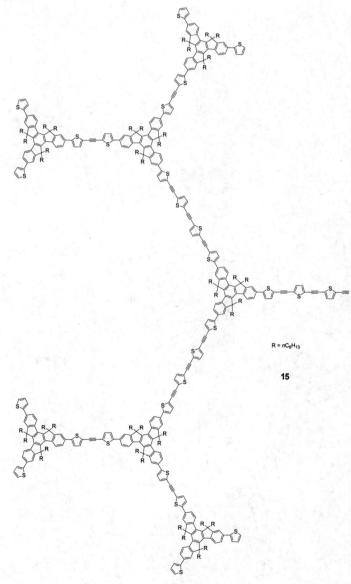

15

讨论：

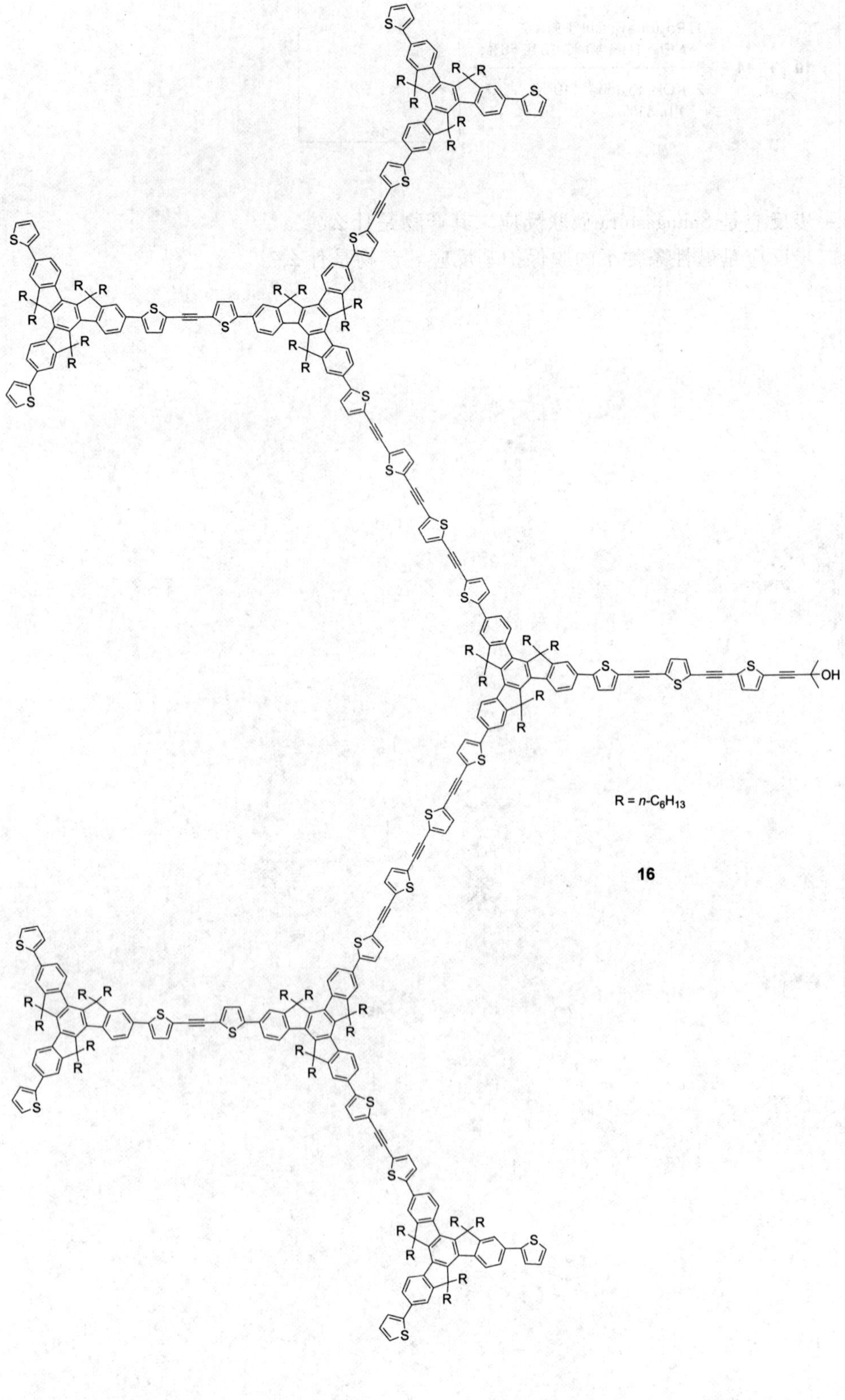

R = *n*-C$_6$H$_{13}$

16

第 10 章 树枝状化合物 G2：模拟光合作用的分子 / 293

在上面的反应过程中，通过 Sonogashira 偶联反应合成了前面提到的构筑最大的树枝状片段所需的 AB$_2$ 型的双碘化合物和较小一代的单炔基化合物。产物 **16** 是一个含有被保护的末端炔烃的分子。可以看出，其中四个噻吩环的臂是通过 [1+3] 的合成策略完成的。由于产物中羟基的存在，使得产物极性比较大，可以很容易地通过柱分离将炔炔自身偶联的二聚体分开。随后，在氢氧化钾碱性条件下脱除保护基，得到 G2 所需要的树冠状单炔基化合物 **15**，分离产率为 51%。[27] 脱除保护基的机理如下：

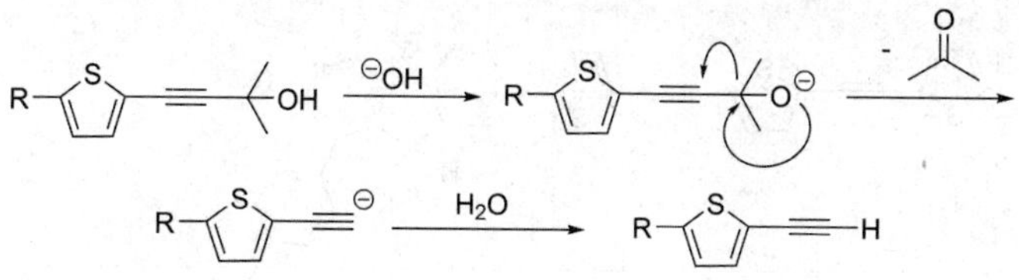

问题 13：

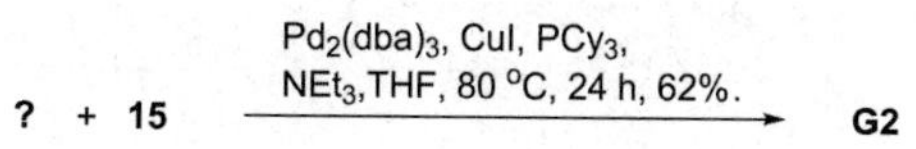

$$? + 15 \xrightarrow[\text{NEt}_3, \text{THF}, 80\ ^\circ\text{C}, 24\ \text{h}, 62\%]{\text{Pd}_2(\text{dba})_3,\ \text{CuI},\ \text{PCy}_3} \text{G2}$$

提示：

- 反应的另一个原料是碘代物，其结构是什么？是否可以使用溴代物代替碘代物？
- 这步反应还是 Sonogashira 偶联反应，反应条件和前面类似的反应有什么不同？
- 这步反应是构筑本章目标化合物的最后一步。反应难点在哪里？

解答:

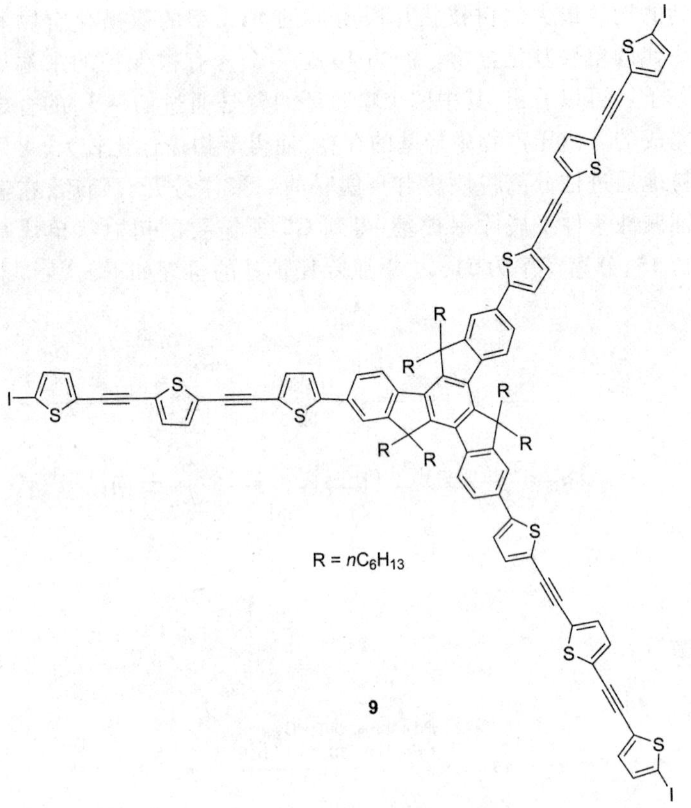

R = nC_6H_{13}

9

讨论:

在得到树枝状分子的核心和树冠片段分子后,我们通过一步三个位点的 Sonogashira 偶联反应就可以得到目标树枝状分子。当然,从反应类型上看,这步反应与前面的偶联反应没有什么区别。在前面的 Sonogashira 偶联反应的反应体系中都能监测到由单炔形成的二聚副产物的存在,但是含量都很少,可以通过柱分离纯化目标化合物 **G2**。但是 **G2** 的实际合成过程遇到了巨大的挑战,当我们采用前面传统的反应条件来合成 **G2** 时仅得到了炔炔二聚的产物,甚至连偶联不完全的副产物都很少。这个结果一方面可能是由于催化剂的量很少,要求十分严格的无氧条件来保证催化剂的活性;另一方面可能是体积巨大的树枝状单炔分子和碘代物反应受到位阻的影响导致反应活性不够,因而优先发生了自身偶联的反应。于是,我们优化了反应条件,用活性更高的膦配体 PCy_3 来代替 PPh_3,并且将反应温度提高到 80℃,以加大偶联反应的活性。采用优化后的反应条件所得到的产物主要是所需要的目标化合物、少量的二聚分子以及偶联不完全的产物。最终以62%的分离产率得到 **G2**。可以看出,其中含六个噻吩单元的臂是通过[3+3]的合成策略完成的。

10.4 表征

为了鉴定所合成的树枝状大分子的结构和纯度,我们首先用它们的核磁共振谱氢谱和碳谱来表征。通过对各个区域氢的归属和积分比例与所设计的分子相比较,可以鉴定出所合成结构的正确性和纯度。

MALDI-TOF质谱给化合物的鉴定提供了相对分子质量上的证据,尤其在鉴定 **G2** 时起了很重要的作用。下图给出的是 **G2** 的 MALDI-TOF 质谱结果,从图中可以看出,在很宽的范围内仅仅有一个27 024的单峰(理论值为27 072),并没有显示出任何反应副产物(炔的二聚体和偶联不完全产物)存在的信号(理论值为16 896和18 710)。从而进一步说明我们所合成得到的 **G2** 的正确性和纯度。另外,我们还通过元素分析表征了化合物的组成,测定结果在理论值的误差范围内。

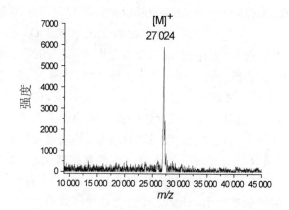

这种全刚性的骨架结构,使得分子无论是在表面还是溶液中均以平面的圆盘状的构型存在。在云母基底上,我们成功观察到了分散的单个树枝状分子,其高度与理论模拟值十分吻合。我们进而研究了在这一类共轭树枝状大分子中的能量转移过程。当外围的生色团被光照激发后,能量可以高效、定向地转移到内部的发色团;所有合成的树枝状分子的能量转移效率均在95%以上。这种通过能量梯度所实现的能量转移是对自然界光合作用的一种很好的模拟。

10.5 总结

在这个大尺度树枝状化合物的合成中,我们发展了一类新型的刚性共轭树枝状分子。在新合成的分子中,我们通过在分子内核和外端引入长度不同的共轭基团,构建了一系列具有能量梯度的树枝状分子。通过这种能量梯度,我们实现了高效、单向的能量转移。

我们完成了以寡聚噻吩修饰的三聚茚为核心和重复单元,不同臂长的寡聚噻吩乙炔基单元为桥的零代、第一代、第二代全共轭树枝状大分子的合成和表征工作。这类分子的特点是,从外端到核心代与代之间的连接桥——寡聚噻吩乙炔基单元逐渐变长,呈梯度的变化。其中在第二代树枝状大分子中,其外端到核心的连接桥分别为 1,2,4,6 个寡聚噻吩乙炔基单元。这样一个变化有以下几个优点:首先,可以形成分子内的从外端到核心的能量梯度;其次,整个分子有较大的吸光范围;最后,有利于避免外围片段过于拥挤,使得整个分子完全舒展开,有利于提高汇聚式合成产率。其中第二代树枝状化合物分子半径达到了 10 nm。

这类树枝状分子有较宽的吸收范围,从 300 nm 到 500 nm 都有较强的吸收,其中在 343 nm 的吸收峰是由三代分子外端基团造成的,并随着代数增大吸收强度明显增大。另一个吸收带是由三代分子里面不同的连接桥的吸收峰叠加得到的,我们发现随着代数的增大,最大吸收峰逐渐红移,吸收的强度也逐渐增大,其中 G2 最大摩尔吸光系数为 9.6×10^6 L·mol^{-1}·cm^{-1}。通过荧光光谱我们发现,树枝状分子和对应的模型化合物有很相似的荧光峰,同时随着代数的增大逐渐红移。另一方面我们对比其他化合物的荧光光谱和 G2 结构中的三种结构片段的吸收光谱,发现有很好的重叠。当我们选取吸收范围内不同的波长激发所合成的分子,其荧光光谱几乎是一致的,说明整个分子存在比较好的能量转移。同时,我们也通过瞬态荧光光谱测定了不同激发波长的荧光的寿命,发现没有明显的区别,树枝状分子和对应的模型化合物有相近的荧光寿命。通过对比其他化合物的荧光量子产率和在三代分子中所剩余荧光的荧光量子产率,就可以得到三代分子的能量转移效率,其结果分别是 96%,97%,98%。能量转移效率并没有随着代数的增大而明显减弱。这些数据表明,这类分子是一类很好的能量转移和光捕获材料。与前人所合成的相同代数的分子相比,有着更大的相对分子质量、更大的摩尔吸光系数、更宽的吸收范围,以及更高的能量转移效率。

10.6 树枝状大分子背景介绍

树枝状分子的诞生源于人类对于自然界的积极仿效以及科研思路中基于人性的完美主义思潮。早在 1941 年,高分子化学家 Flory 就提出树枝状大分子在多官能团单体聚合产物中存在的可能性。20 世纪 70 年代末,主客体化学和超分子化学的兴起促进了树枝状分子的发展。1978 年德国化学家 F. Vögtle 首次尝试用逐步重复的方法合成树枝状分子。由于所选择的反应产率较低,仅仅第二代的树枝状分子被合成出来,但这种合成策略因被随后的科学家们广泛采用而产生深远影响。1984 年可以认为是树枝状分子发展史上具有重要里程碑意义的一年,该领域的奠基人之一 D. A. Tomalia 等人合成并表征了真正意义上的聚酰胺(PAMAM)——胺型树枝状大分子,第一次提出了"dendrimer"这一概念[29],并首次发展了一种真正的树枝状分子的外向发散合成方法。这种名为"聚酰胺"(PAMAM)的树枝状分子已经成为当今研究最彻底、功能最全面的树枝状分子的代表。不久,G. R. Newkome 报道了另一系列的树枝状大分子"arborol"。[30]此后,各种由不同结构单元构筑的树枝状大分子相继被合成和报道。[31]随后一系列的树枝状分子被合成出来,合成方法也随着这些研究的深入而不断革新。1990 年,J. M. J. Fréchet 等首次报道了用一种全新的内向汇聚法合成树枝状分子。这种方法合成出来的聚苯醚型树枝状分子已经成为树枝状分子的重要分支。而 1993 年,A. de Meijer 等用外向发散法合成出来的聚酰亚胺型(PPI)树枝状分子首次实现了大规模合成和商业化,从而为树枝状分子的广泛应用奠定了坚实的基础。

arborol

在自然界中,树之所以选择这种枝状结构,是为了获得更多机会吸收阳光以用于光合作用,即获得更多的能量物质;雪花选择这种枝状结构,是为了生成更加稳定的晶体结构;神经元细胞或者枝状细胞选择这种结构,是为了获得更多的信号传导机会。因此针对树枝状分子,自然而然会有这样一些问题摆在我们面前:树枝状化合物的枝状结构到底具有什么优点?这种结构可以给我们带来些什么?也许这正是树枝状分子在过去二十多年里吸引了如此之多的关注的重要原因。

Dendrimer 这种化合物的美妙之处在于,它有着规则重复和高度支化的完美结构,并且人们能够根据各种各样的特殊需要方便而且精确地调整和控制其分子的大小尺寸(例如纳米级尺寸)及内外结构,从而方便地获得各种各样优良的特殊性能。正因为这样,dendrimer 已在光电转换材料、高效特殊催化剂、信息储存材料、药物传输与控释、生物传感器、污水处理以及人体组织工程等诸多方面都得到了广泛应用。特别是它在太阳能高效率光电转换方面的成功应用,有望为人类从根本上彻底解决能源危机做出重大贡献。

树枝状大分子的合成主要包括两种经典方法:发散式(divergent)和汇聚式(convergent)。发散式合成,是指从所合成的树枝状分子的中心核开始往外围一步一步生长的一种合成策略。首先具有三个或三个以上官能团的中心分子与另一个多官能团的单体反应,而单体只有一种官能团是有活性的,其余的官能团则被保护,将得到的分子脱除保护基,变成多官能团的分子,再与单体反应,如此经过多步反应就可以得到目标分子。这种合成方式中最具有代表性的工作是 K. Müllen 研究组所合成的 1,3,4 取代的全苯型共轭树枝状大分子。[32]在发散式合成中,随着一代一代往外生长,反应位点会越来越多,这就要求利用活性很高的反应使所有位点完全反应;否则,即使能够得到最终产物,也很难将其与其他副产物完全分开。最初的树枝状大分子都是利用发散式合成得到的。汇聚式合成,是指从最终成为端基的基团或外围树冠分子(dendron)逐步向内部连接单体长大的一种合成策略。

J. M. J. Fréchet 与其合作者在合成聚苄醚树枝状大分子时开创了这种合成方式。[33]随着代数的增长,发散法的反应位点呈现几何级数的增加,而汇聚式合成反应仅局限在几个活性位点进行,避免了采用过量的反应试剂以及反应位点低活性等导致反应不完全所带来的分离困难,但由于 dendron 会随代数的增大而体积越来越大,其与中心点的反应基团反应时的空间位阻随之增大,很难得到高代数的树枝状大分子。

根据树枝状大分子结构中共轭基团的有无和位置的不同,可将树枝状分子分为全共轭、部分共轭、非共轭树枝状分子。全共轭树枝状大分子,是指这类树枝状分子的端基、支化结构以及核均含有共轭基团,整个分子形成连续共轭体系的树枝状分子。[34]合成过程中一般通过经典的碳碳键偶联反应得到共轭的分子骨架,这样就给这类分子的合成带来了很大的困难。因为这类反应的效率一般不够高,尤其要达到高代数的共轭树枝状大分子,对位点的反应活性和反应条件的要求非常高。

全共轭树枝状大分子,由于具有独特的共轭结构和特殊的光物理性质,在生物标记、光电材料、主客体化学等领域都有着广泛的应用。[35]树枝状大分子高度支化的结构赋予其许多特殊的物理和化学性质。近年来,通过可控合成,人们发现树枝状大分子还具有类似自然界中光合作用的光捕获特性。在具有许多能量给体和受体基团的树枝状大分子中,可以把受体基团作为中心核,而把具有光捕获功能的官能团精确地分布在树枝状大分子的外围或者支化单元的其他位置,来实现分子内的能量转移。该类分子可以用来模拟自然界光合作用中的光捕获体系。[36]其次,还可以利用这种能量转移的特点设计新的光电子材料,用于发光二极管、激光等器件。[37]

最早成功实现能量从外围到核心转移的非等臂型刚性共轭树枝状大分子,是 J. S. Moore 教授所发展的如下图所示的分子。[38]其能量转移效率并不随着分子代数的增大显著降低,保持在 95% 以上,同时大大提高了能量转移的速度常数(比等臂树枝状分子高了两个数量级)。从这点可以看出,这样的结构设计有利于能量梯度的产生,最终有利于保持较高的能量转移效率,是一类很好的光富集材料。在此之后,也陆续有新的共轭树枝状分子被报道,但总体而言,对这类分子的研究尚不完善,尤其是其中的光物理过程的细节尚不明了。同时,由于合成上的难度,其很多应用方向尚未得到开发。我们相信,随着研究的深入,这类分子将会有更多独特的应用,同时也为我们研究复杂光物理过程提供一个很好的平台。

总的来说,树枝状化合物作为一类新型、高效、生物兼容的材料,在生物医药以及材料领域有着极为广阔的应用前景。化学家们通过高超的设计能力可以使得树枝状化合物具有精确的结构和形态,可以在纳米尺度上实现多种生物医学和材料用途。我们完全有理由相信:随着树枝状化合物的应用体系日益完善,以及人类生活需求的不断提高,基于树枝状化合物的材料以及药物运输系统必定会进入实际应用,为人类的发展开创新的局面。

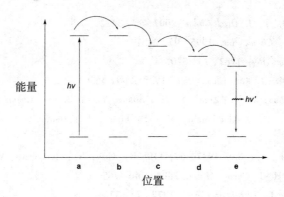

J. S. Moore 教授发展的树枝状大分子

参 考 文 献

1. a) Newkome, G. R.; Moorefield, C. N.; Vögtle, F. In *Dendritic Molecules: Concepts, Syntheses, Perspectives*; VCH: Weinheim, 1996; b) Tomalia, D. A.; Fréchet, J. M. J. In *Dendrimers and Other Dendritic Polymers*; J. Wiley & Sons Ltd., Chichester, 2001; pp 1.

2. a) Miller, T. M.; Neenan T. X. *Chem. Mater.* **1990**, *2*, 346; b) Miller, T. M.; Neenan T. X.; Zayas R.; Bair, H. E. *J. Am. Chem. Soc.* **1992**, *114*, 1018.

3. a) Xu, Z.; Moore, J. S. *Angew. Chem. Int. Ed. Engl.* **1993**, *32*, 246; b) Xu, Z.; Kahr, M.; Walker, K. L.; Wilkins, C. L.; Moore, J. S. *J. Am. Chem. Soc.* **1994**, *116*, 4537.

4. Takanashi, K.; Chiba, H.; Masayoshi, H.; Yamamoto, K. *Org. Lett.* **2002**, *6*, 1709.

5. a) Xia, C.; Fan, X.; Locklin, J.; Advincula, R. C. *Org. Lett.* **2002**, *4*, 2067; b) Xia, C.; Fan, X.; Locklin, J.; Advincula, R. C.; Gies, A.; Nonodez, W. *J. Am. Chem. Soc.* **2004**, *126*, 8735.

6. a) Deb, S. K.; Maddux, T. M.; Yu, L. *J. Am. Chem. Soc.* **1997**, *119*, 9079; b) Halim, M.; Pillow, J. N. G.; Samuel, I. D. W.; Burn, P. L. *Adv. Mater.* **1999**, *11*, 371.
7. a) Boorum, M. M.; Vasil'ev, Y. V.; Drewello, T.; Scott, L. T. *Science* **2001**, *294*, 828; b) Scott, L. T., Boorum, M. M.; McMahon, B. J.; Hagen, S.; Mack, J.; Wegner, H.; de Meijere, A. *Science* **2002**, *295*, 1500; c) Fontes, E.; Heiney, P. A.; Ohba, M.; Haseltine, J. N.; Smith, A. B. *Phys. Rev. A.* **1988**, *37*, 1329; d) Gómez-Lor, B.; de Frutos, Ó.; Ceballos, P. A.; Granier, T.; Echavarren, A. M. *Eur. J. Org. Chem.* **2001**, *11*, 2107; e) de Frutos, Ó.; Granier, T.; Gómez-Lor, B.; Jiménez-Barbero, J.; Monge, M. Á.; Gutiérrez-Puebla, E.; Echavarren, A. M. *Chem. Eur. J.* **2002**, *8*, 2879; f) Ruiz, M.; Gómez-Lor, B.; Santos, A.; Echavarren, A. M. *Eur. J. Org. Chem.* **2004**, *4*, 858.
8. a) Cao, X.-Y.; Zhang, W.-B.; Wang, J.-L.; Zhou, X.-H.; Lu, H.; Pei, J. *J. Am. Chem. Soc.* **2003**, *125*, 12430; b) Sun, Y.; Xiao, K.; Liu, Y.; Wang, J.-L.; Pei, J.; Yu, G.; Zhu, D. *Adv. Funct. Mater.* **2005**, *15*, 818; c) Wang, J.-L.; Duan, X.-F.; Jiang, B.; Gan, L.-B.; Pei, J.; He, C.; Li, Y.-F. *J. Org. Chem.* **2006**, *71*, 4400.
9. a) Wang, J.-L.; Luo, J.; Liu, L.-H.; Zhou, Q.-F.; Ma, Y.; Pei, J. *Org. Lett.* **2006**, *8*, 2281; b) Jiang, Y.; Lu, Y.-X.; Cui, Y.-X.; Zhou, Q.-F.; Ma, Y.; Pei, J. *Org. Lett.* **2007**, *9*, 4539.
10. Wang, J.-L.; Yan, J.; Tang, Z.-M.; Xiao, Q.; Ma, Y.; Pei, J. *J. Am. Chem. Soc.* **2008**, *130*, 9952.
11. a) Dehmlow, E. W.; Kelle, T. *Synth. Commun.* **1997**, *27*, 2021; b) De Frutos, ó.; Gomez-Lor, B.; Granier, T.; Monge, M. A.; Gutierrez-Puebla, F.; Exhavarren, A. M. *Angew. Chem. Int. Ed.* **1999**, *38*, 204.
12. Amick, A. W.; Scott, L. T. *J. Org. Chem.* **2007**, *72*, 3412.
13. Miyaura, N.; Suzuki, A. *Chem. Rev.* **1995**, *95*, 2457.
14. Negishi, E.-I. *Acc. Chem. Res.* **1982**, *15*, 340.
15. Milstein, D.; Stille, J. K. *J. Am. Chem. Soc.* **1978**, *100*, 3636.
16. Pei, J.; Wang, J.-L.; Cao, X.-Y.; Zhou, X.-H.; Zhang, W.-B. *J. Am. Chem. Soc.* **2003**, *125*, 9944.
17. Melucci, M.; Barbarella, G.; Zambianchi, M.; Di Pietro, P.; Bongini, A. *J. Org. Chem.* **2004**, *69*, 4821.
18. a) Vilsmeier, A.; Haack, A. *Ber.* **1937**, *60*, 119; b) Kiriy, N.; Bocharova, V.; Kiriy, A.; Stamm, M.; Krebs, F.; Adler, H.-J. *Chem. Mater.* **2004**, *16*, 4765.
19. Corey, E. J.; Fuchs, P. L. *Tetrahedron Lett.* **1972**, *13*, 3769.
20. Zeng, X.; Zeng, F.; Negishi, E.-i. *Org. Lett.* **2004**, *6*, 3245.
21. Sonogashira K.; Tohda, Y.; Hagihara, N. *Tetrahedron Lett.* **1975**, 4467.
22. a) Wang, J.-L.; Luo, J.; Liu, L.-H.; Zhou, Q.-F.; Ma, Y.; Pei, J. *Org. Lett.* **2006**, *8*, 2281; b) Chinchilla, R.; Najera, C. *Chem. Rev.* **2007**, *107*, 874.
23. Xu, Z.; Moore, J. S. *Angew. Chem. Int. Ed. Engl.* **1993**, *32*, 1354.
24. Ringenbach, C.; De Nicala, A.; Ziessel, R. *J. Org. Chem.* **2003**, *68*, 4708.
25. a) Stuhr-Hansen, N.; Christensen, J. B.; Harrit, N.; Bjornholm, T. *J. Org. Chem.* **2003**, *68*, 1275; b) Jestin, I.; Frére, P.; Mercier, N.; Levillain, E.; Stievenard, D.; Roncali, J. *J. Am. Chem. Soc.* **1998**, *120*, 8150.
26. Tour, J. M. *Acc. Chem. Res.* **2000**, *33*, 791.
27. Wang, J.-L.; Tang, Z.-M.; Xiao, Q.; Zhou, Q.-F.; Ma, Y.; Pei, J. *Org. Lett.* **2008**, *10*, 17.
28. a) Stuhr-Hansen, N.; Christensen, J. B.; Harrit, N.; Bjornholm, T. *J. Org. Chem.* **2003**, *68*, 1275; b) Jestin, I.; Frére, P.; Mercier, N.; Levillain, E.; Stievenard, D.; Roncali, J. *J. Am. Chem. Soc.* **1998**,

120, 8150.

29. a) Tomalia, D. A. ; Baker, H. ; Dewald, J. R. ; Hall, M. ; Kallos, G. ; Martín, S. ; Roeck, J. ; Ryder, J. ; Smith, P. *Polym. J. (Tokyo)* **1985**, *17*, 117; b) Tomalia, D. A. ; Baker, H. ; Dewald, J. R. ; Hall, M. ; Kallos, G. ; Martín, S. ; Roeck, J. ; Ryder, J. ; Smith, P. *Macromolecules* **1986**, *19*, 2466.
30. Newkome, G. R. ; Yao, Z. -Q. ; Baker, G. R. ; Gupta, K. *J. Org. Chem.* **1985**, *50*, 2003.
31. a) Zeng, F. ; Zimmerman, S. C. *Chem. Rev.* **1997**, *97*, 1681; b) Grayson, S. M. ; Fréchet, J. M. J. *Chem. Rev.* **2001**, *101*, 3819.
32. Morgenroth, F. ; Reuther, E. ; Müllen, K. *Angew. Chem. Int. Ed. Engl.* **1997**, *36*, 631.
33. Hawker, C. ; Fréchet, J. M. J. *J. Chem. Soc. Chem. Commun.* **1990**, 1010.
34. Rajadurai, M. S. ; Shifrina, Z. B. ; Kuchkina, N. V. ; Rusanov, A. L. ; Müllen, K. *Russ. Chem. Rev.* **2007**, *76*, 767.
35. a) Ma, C. -Q. ; Mena-Osteritz, E. ; Debaerdemaeker, T. ; Wienk, M. M. ; Janssen, R. A. J. ; Bäuerle, P. *Angew. Chem. Int. Ed.* **2007**, *46*, 1679; b) Lo, S. -C. ; Burn, P. L. *Chem. Rev.* **2007**, *107*, 1097.
36. a) Sato, T. ; Jiang, D. -L. ; Aida, T. *J. Am. Chem. Soc.* **1999**, *121*, 10658; b) Gust, D. ; Moore, T. A. ; Moore, A. L. *Acc. Chem. Res.* **2001**, *34*, 40.
37. Lawrence, J. R. ; Namdas, E. B. ; Richards, G. J. ; Burn, P. L. ; Samuel, I. D. W. *Adv. Mater.* **2007**, *19*, 3000.
38. a) Devadoss, C. ; Bharathi, P. ; Moore, J. S. *J. Am. Chem. Soc.* **1996**, *118*, 9635; b) Moore, J. S. *Acc. Chem. Res.* **1997**, *30*, 402.

（本章初稿由王金亮完成）

缩写对照表

缩 写	中文名称	英文名称	结构式
Ac	乙酰基	**Ac**etyl	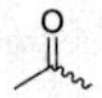
AIBN	2,2′-偶氮二异丁腈	2,2′-**A**zob**i**s(2-methylpropa**n**enitrile); α,α′-**A**zo**i**sо**b**utyro**n**itrile; (E)-2,2′-(Diazene-1,2-diyl)bis(2-methylpropanenitrile)	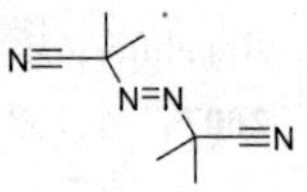
aq.	水溶液	aqueous	
Ar	芳基	**Ar**omatic	
9-BBN	9-硼杂双环[3.3.1]壬基	9-**B**ora**b**icyclo[3.3.1]**n**onyl	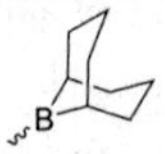
Bn	苄基	**Bn**enzyl	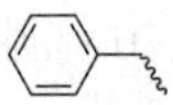
Boc	叔丁氧基羰基	t-**B**ut**o**xy**c**arbonyl	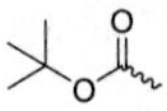
nBu	正丁基	n-**Bu**tyl	
sBu	二级丁基	s-**Bu**tyl	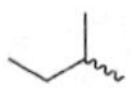
tBu	三级丁基	t-**Bu**tyl	
Bz	苯甲酰基	**B**en**z**oyl	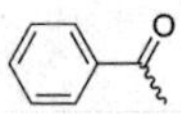
18-C-6	18-冠-6	18-crown-6; 1,4,7,10,13,16-Hexaoxacyclooctadecane	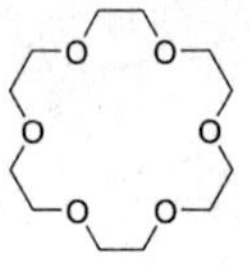
cat.	催化剂	catalyst	
Cbz	苄氧基羰基	**B**en**z**yloxy**c**arbonyl	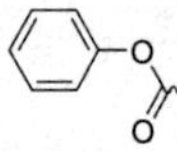
CDMT	2-氯-4,6-二甲氧基-1,3,5-三嗪	2-**C**hloro-4,6-**d**i**m**ethoxy-1,3,5-**t**riazine	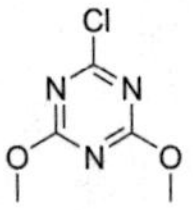

缩　写	中文名称	英文名称	结构式
mCPBA	间氯过氧苯甲酸	3-Chlorobenzoperoxoic acid； m-Chlorobenzoperoxoic acid	
CSA	樟脑磺酸	Camphorsulfonic acid； ((1S,4S)-7,7-Dimethyl-2-oxobicyclo[2.2.1]heptan-1-yl) methanesulfonic acid	
Cp	茂基	Cyclopentadienyl	
Cy	环己基	Cyclohexyl	
DBA dba	二亚苄基丙酮	Dibenzylideneacetone； (1E,4E)-1,5-Diphenylpenta-1,4-dien-3-one	
DBU	1,8-二氮杂双环 [5.4.0]十一-7-烯	1,8-Diazabicyclo[5.4.0]undec-7-ene； 2,3,4,6,7,8,9,10-Octahydropyrimido[1,2-a]azepine	
DCC	二环己基碳 二亚胺	N,N'-Dicyclohexylcarbodiimide； N,N'-Methanediylidenedicyclohexanamine	
DCM	二氯甲烷	Dichloromethane	CH_2Cl_2
DDQ	2,3-二氯-5,6- 二氰基对苯醌	2,3-Dichloro-5,6-dicyano-1,4-benzoquionone	
DEAD	偶氮二羧酸 二乙酯	Diethyl azodicarboxylate	
DIAD	偶氮二羧酸 二异丙酯	Diisopropyl azodicarboxylate	
DIBAL DIBAH DIBAL-H	二异丁基氢化铝	Diisobutylaluminium hydride	
DIC	二异丙基碳 二亚胺	N,N'-Diisopropylcarbodiimide； N,N'-Methanediylidenedipropan-2-amine	
DIEA DIPEA	二异丙基乙胺	Diisopropylethyl amine； N-Ethyl-N-isopropylpropan-2-amine	

续表

缩　写	中文名称	英文名称	结构式
DMAP	N,N-4-二甲氨基吡啶	4-(**D**i**m**ethyl**a**mino)**p**yridine; N,N-Dimethylpyridin-4-amine	
DMF	N,N-二甲基甲酰胺	N,N-**D**i**m**ethyl**f**ormamide	
DMP	Dess-Martin 高碘氧化剂	1,1,1-Tris(acetyloxy)-1,1-dihydro-1,2-benziodoxol-3-(1H)-one	
DMSO	二甲亚砜	**D**i**m**ethyl **s**ulf**ox**ide	
$d.r.$	非对映选择性比例	**D**iastereomeric **r**atio	
DPPB dppb	1,4-二-(二苯基膦基)丁烷	1,4-Bis(**d**i**p**henyl**p**hosphino)**b**utane	
DPPE dppe	1,2-二-(二苯基膦基)乙烷	1,2-Bis(**d**i**p**henyl**p**hosphino)**e**thane	
DTBMP	2,6-二特丁基-4-甲基吡啶	2,6-**D**i-t-**b**utyl-4-**m**ethyl**p**yridine	
EDC EDAC	1-乙基-3-(3-二甲氨基丙基)碳二亚胺	N-(3-**D**imethylaminopropyl)-N'-**e**thyl**c**arbodiimide; N^1-((**E**thylimino)methylene)-N^3,N^3-**d**imethylpropane-1,3-diamine	
EDCI	1-乙基-3-(3-二甲氨基丙基)碳二亚胺盐酸盐	N-(3-**D**imethylaminopropyl)-N'-**e**thyl**c**arbod**i**imide hydrochloride	
equiv.	当量	Equivalent	
Et	乙基	**Et**hyl	
Et$_2$O	乙醚	Ethyl ether	
HFIP	六氟异丙醇	**H**exa**f**luoro**i**so**p**ropanol; 1,1,1,3,3,3-Hexafluoropropan-2-ol	
HMDS	1,1,1,3,3,3-六甲基二硅氨基	**H**exa**m**ethyl**d**i**s**ilazane	
HMPA	六甲基磷酸三酰胺	**H**exa**m**ethyl**p**hosphorous triamide	

续表

缩 写	中文名称	英文名称	结构式
HMTA	六亚甲基四胺	**H**exa**m**ethylene**t**etr**a**mine; Urotropine; 1,3,5,7-Tetraazatricyclo[3.3.1.1^{3,7}]decane	
HOMO	最高占有分子轨道	**H**ighest **O**ccupied **M**olecular **O**rbital	
IBX	邻碘酰苯甲酸	2-Iodoxybenzoic acid	
ImH	咪唑	Imidazole	
LDA	二异丙基氨基锂	**L**ithium **d**iisopropyl**a**mide	
LUMO	最低未占有分子轨道	**L**owest **U**noccupied **M**olecular **O**rbital	
2,6-lut	2,6-二甲基吡啶	2,6-lutidine	
Me	甲基	**Me**thyl	CH$_3$—
MOM	甲氧基甲基	**M**eth**o**xy**m**ethyl	
M.S.	分子筛	**M**olecular **S**ieves	
MsCl	甲磺酰氯	**M**ethane**s**ulfonyl **c**hloride	
NBS	N-溴代丁二酰亚胺	*N*-**B**romo**s**uccinimide; 1-Bromo-1*H*-pyrrole-2,5-dione	
NCS	N-氯代丁二酰亚胺	*N*-**C**hloro**s**uccinimide; 1-Chloro-1*H*-pyrrole-2,5-dione	
NIS	N-碘代丁二酰亚胺	*N*-**I**odo**s**uccinimide; 1-Iodo-1*H*-pyrrole-2,5-dione	
NMO	N-甲基吗啉-N-氧化物	4-**M**ethylmorpholine *N*-**o**xide	

续表

缩 写	中文名称	英文名称	结构式
OTf	三氟甲磺酸根	Trifluoromethanesulfonate	F_3C-SO_2-O-
oxone	过硫酸氢钾	Potassium peroxymonosulfate	$KHSO_5$
PCC	氯铬酸吡啶盐	**P**yridinium **c**hloro**c**hromate	吡啶鎓·ClCrO₃⁻
PDC	重铬酸吡啶盐	**P**yridinium **d**i**c**hromate	(吡啶鎓)₂·$Cr_2O_7^{2-}$
Ph	苯基	**Ph**enyl	C₆H₅-
PMB	对甲氧基苄基	*p*-**M**ethoxy**b**enzyl	H₃CO-C₆H₄-CH₂-
PPTS	对甲苯磺酸吡啶盐	**P**yridinium *p*-**t**oluene**s**ulfonate; Pyridinium 4-methylbenzenesulfonate	吡啶鎓·*p*-MeC₆H₄SO₃⁻
*i*Pr	异丙基	**I**so**pr**opyl	(CH₃)₂CH-
N-PSP	*N*-苯硒基邻苯二甲酰亚胺	*N*-(**P**henyl**s**eleno)**p**hthalimide; 2-(Phenylselanyl)isoindoline-1,3-dione	邻苯二甲酰亚胺-SePh
Py	吡啶	**P**yridine	C₅H₅N
Quinoline	喹啉	Quinoline	喹啉结构
Red-Al	二(2-甲氧基乙氧基)氢化铝钠	**R**e**d**uctive-**Al**; Bis(2-methoxyethoxy)aluminum(III) sodium hydride	(MeOCH₂CH₂O)₂AlH₂Na
TBAB	四正丁基溴化铵	**T**etra**b**utyl**a**mmonium **b**romide	$nBuN_4Br$
TBAF	四正丁基氟化铵	**T**etra**b**utyl**a**mmonium **f**luoride	$nBuN_4F$
TBDPS	特丁基二苯基硅基	*t*-**B**utyl**di**phenyl**s**ilyl	$tBu(Ph)_2Si-$
TBS	三正丁基硅基	**T**ri**b**utyl**s**ilyl	nBu_3Si-

续表

缩 写	中文名称	英文名称	结构式
TES	三乙基硅基	**T**ri**e**thyl**s**ilyl	Et_3Si-
TFA	三氟乙酸	**T**ri**f**luoro**a**cetic acid	CF_3COOH
TFAA	三氟乙酸酐	**T**ti**f**luoro**a**cetic **a**nhydride	$(CF_3CO)_2O$
THF	四氢呋喃	**T**etra**h**ydro**f**uran	
TIPB	1,3,5-三异丙基苯	1,3,5-**T**ri**i**so**p**ropyl**b**enzene	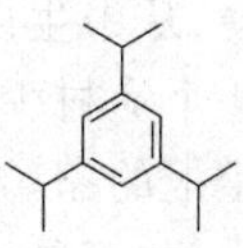
TIPS	三异丙基硅基	**T**ri**i**so**p**ropyl**s**ilyl	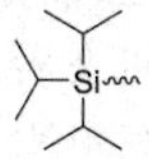
TMEDA	N,N,N,N-四甲基乙二胺	N^1,N^1,N^2,N^2-**T**etra**m**ethyl**e**thane-1,2-**dia**mine	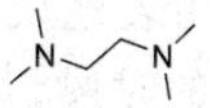
TMS	三甲基硅基	**T**ri**m**ethyl**s**ilyl	Me_3Si-
tol	甲苯	**T**o**l**uene	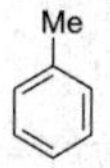
TPAP	四正丙基过钌酸铵	**T**etra**p**ropyl**a**mmonium **p**erruthenate	$nPrN^+RuO_3^-$
pTsOH	对甲苯磺酸	p-Tolylsulfonic acid; 4-Methylbenzenesulfonic acid	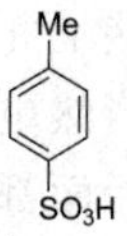
Tr	三苯甲基	Triphenylmethyl	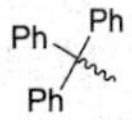

后　　记

　　回到北大工作已经十年了。在这十年中,有了许多与自己当年在北大求学时代不同的体会和感受。从学生到教师,从受教育者到站在讲台上传授知识的人,这是两种完全不同的心境,从中生出无数复杂的情怀。上世纪 80 年代我在此学习、成长、恋爱、成家,于是,北大从一个渔村少年的求学圣地,变成了魂牵梦绕的家——不仅是精神上的家园,也是现实中落地生根的家。所以当游学六年准备回国时,我没有所谓选择的问题,我不是选择我未来工作的单位,而是回家。我哪有资格讨价还价,只要母校要我就行。

　　回来后,我又建起了自己的另一个小家——实验室和课题组。十年来,我一直把实验室和课题组当成自己的家在经营,学生犹如自己的孩子,看到他们的成长犹如看到儿子长高一样,由衷地快乐和激动。特别是看到他们从一个毛手毛脚的学生成长为可以独当一面的"学者"的时候,觉得自己的一切付出都是值得的。

　　在北大的讲台上,我也站了快十年了。在教室里,看到那些十分聪明、好学、向上,但又被过度填鸭式的应试教育弱化了主动学习能力的孩子,觉得自己在教学上的投入也是十分值得的。当年我们的老师的风范始终在影响着我们,我们有责任把北大的精神传递下去。但是做好一名老师又是很难的,这些聪明孩子们的每一个问题迫使你去更新自己的知识。在这十年的讲台上,我觉得自己对有机化学的认识和理解在这些学生们的督促下得到了长足的进步,真的让我体会到了什么是教学相长。学生教会了我许多,此书的完成的确需要感谢那些上此课的学生们,是他们的好学和努力让我完成了此书。

　　当然更要感谢我自己实验室的这些学生,是他们努力完成了此书的初稿,因此我在每一章的后面都写了完成这一章初稿学生的姓名。尽管初稿已经被我改得面目皆非,但是没有他们的努力,绝对不可能有此书最终的出版。此外,还有许多章节没有进入到最终的书稿中,但是写那些章节的学生们也做出了许多的努力。谢谢你们,我亲爱的学生和孩子们!也感谢晏琦帆同学为全书的文字和图片所做的大量工作。

　　非常感谢裴伟伟老师审读了此书。从二十多年前跟裴老师做本科毕业论文,在她的帮助下在北大完成了我从本科到博士的学习,接着回国后给裴老师当"基础有机化学"课程的助教。她的敬业、认真、对学生的爱以及在教学工作中的无私付出一直是我学习的样板,有些我学会了,有些我一直努力在学,有些我可能永远也学不会。谢谢裴老师,她真的是北大老师的典范。

　　还要感谢所有帮助过我的人,正是你们的帮助,才使我今天能站在北大的讲台上。

　　也谢谢郑月娥老师的宽容和耐心。真的很抱歉此书一直拖到现在。

　　最后的感谢留给我的太太和儿子。十年来,儿子和我的课题组一起长大,从那时的牙牙学语到如今的翩翩少年。由于自己在实验室和教学工作中努力投入,少了许多陪伴他们的时间,也忽略了他们的许多感受。感谢他们对我的包容和支持。

裴坚

于上第 MOMA

2011 年 9 月